高职高专教育“十三五”规划教材·公共基础类



# 工程数学

主　编　赵国瑞　崔庆岳　何月俏
副主编　冯兰军　刘　君　左双勇
编　委　田振明　黎志宾　王荣涛　连　丽　印宝权

北京邮电大学出版社
www. buptpress. com

## 内容简介

本教材是根据教育部最新制定的《高职高专教育高等数学教学基本要求》，结合编写团队多年从事高职高专数学教学实践、改革和探索的经验基础上，精心编写而成的。

本书主要有如下特点：

(1) 与工科专业相结合. 本书编写贯彻“与工科专业相结合，必需、够用为度”的原则，争取实现数学与工程技术，尤其是建筑工程类专业相对接的目标. 内容虽简练，但其中渗透了大量的建筑工程技术的相关实例，力求缩短数学课程与专业课的距离.

(2) 注重学生的可持续发展，兼顾专插本学生的需要. 编者将 2006 年至 2015 年专插本原题进行了细致的梳理，将其整理为每章后面的复习题，有助于专插本学生的备考.

(3) 依托 HexStudy(十六进制学习)网络教学平台，延伸课堂教学. 配备了教材电子版、可参考的电子课件及自主学习的网络课程等，教师可实现实时答疑、批改作业、网络考试等教学活动.

本教材分为两篇，第一篇为基础模块，介绍微积分及其在工程中的应用；第二篇为拓展模块，介绍多元函数微积分、微分方程、线性代数、概率论等.

教材使用方面，可按授课教师需求进行模块化教学. 参考学时：第一篇 58 学时，第二篇 40 学时.

本教材可作为高职高专工科类(尤其建工专业)工程数学教学用书和参考用书，也可作为参加广东省本科插班生考试的考生选用教材，还可作为高职高专数学建模基础模块培训教材.

**图书在版编目（CIP）数据**

工程数学 / 赵国瑞，崔庆岳，何月俏主编. -- 北京 ：北京邮电大学出版社，2016.8

ISBN 978-7-5635-4893-4

Ⅰ. ①工… Ⅱ. ①赵… ②崔… ③何… Ⅲ. ①工程数学－高等职业教育－教材 Ⅳ. ①TB11

中国版本图书馆 CIP 数据核字（2016）第 187416 号

**书　　名**：工程数学
**著作责任者**：赵国瑞　崔庆岳　何月俏　主编
**责 任 编 辑**：满志文
**出 版 发 行**：北京邮电大学出版社
**社　　址**：北京市海淀区西土城路 10 号(邮编：100876)
**发 行 部**：电话：010-62282185　传真：010-62283578
**E-mail**：publish@bupt.edu.cn
**经　　销**：各地新华书店
**印　　刷**：保定市中画美凯印刷有限公司
**开　　本**：787 mm×1 092 mm　1/16
**印　　张**：21.25(含随书练习册)
**字　　数**：522 千字
**版　　次**：2016 年 8 月第 1 版　2016 年 8 月第 1 次印刷

ISBN 978-7-5635-4893-4　　定　价：38.80 元

# 前　言

本教材是根据教育部最新制订的《高职高专教育高等数学教学基本要求》，结合编写团队多年从事高职高专数学教学实践、改革和探索的经验基础上，精心编写而成的.

本书力求体现如下几个特点：

(1) 与工科专业相结合.本书编写贯彻“以数学为体，工程为用，必需、够用为度”的原则，争取实现数学与工程技术，尤其是建筑工程类专业相对接的目标.内容虽简练，但其中渗透了大量的建筑工程技术的相关实例，力求缩短数学课程与专业课的距离.另外，本书对于电子、机械等工科专业学生也适用.

(2) 每章专门开辟一节详尽介绍该章理论经典的应用实例，力求扭转读者对于传统数学教学仅是停留在理论上，空对空，缺乏应用的笼统认识.

(3) 教学内容及习题的编写富有新意.我们把教学内容分为基本内容、一般内容和提高内容三个层次，教师可根据专业及学生的实际情况灵活掌握；课后练习也作了相应编排，分为基本题、一般题、提高题三部分，基本题和一般题是要求大多数学生应该掌握的，提高题则留给学有余力的学生选做.另外，编者各章节里插入了很多的工程类研讨题，引导学生相互讨论、协作，达到综合运用数学知识的能力.

(4) 注重学生的可持续发展，兼顾专插本学生的需要.编者将2006年至2015年专插本原题进行了细致的梳理，将其整理为每章后面的复习题，有助于专插本学生的备考、实现学历提升.

(5) 依托HexStudy(十六进制学习)网络教学平台，延伸课堂教学.配备了教材电子版、可参考的电子课件及自主学习的网络课程等，教师可实现实时答疑、批改作业、网络考试等教学活动.

(6) 本书附赠配套的习题集，便于学生练习使用，也便于教师测验使用.

本教材分为两篇，第一篇为基础模块，介绍微积分及其在工程中的应用；第二篇为拓展模块，介绍多元函数微积分、微分方程、线性代数、概率论等.

教材使用方面，可按授课教师需求进行模块化教学.参考学时：第一篇58学时，第二篇40学时.

本教材可作为高职高专工科类(尤其建工专业)工程数学教学用书和参考用

书，也可作为参加广东省本科插班生考试的考生选用教材，还可作为高职高专数学建模基础模块培训教材.

本教材由广州城建职业学院数理教研室老师和建工专业老师联合编撰，赵国瑞（第一章第8节，第二章第6节，第三章第7、8节，第六章、第九章）、崔庆岳（第四章、第五章第6节，第七章）任主编，何月俏（第一章、第二章）、冯兰军（第五章）、刘君（第三章）、左双勇（第八章）任副主编. 赵国瑞负责统一编写思想，全书由赵国瑞、崔庆岳统稿。另外，田振明、黎志宾、王荣涛、连丽、印宝权搜集了大量的建筑工程实例，并对习题和部分内容进行了初审.

在教材的编写过程中，得到了广州城建职业学院的陈健飞、鲁岩、徐国莉等领导和专家的大力支持和帮助，在此我们表示由衷的感谢！

由于编者水平有限，不足之处在所难免，恳请广大的教师和读者斧正！

编　者
2016 年 4 月
于广州

# 目　　录

## 第 1 篇　基础模块

# 第2篇　拓展模块

第1篇

# 基础模块

# 第1章　函数和极限

大千世界中的一切都在运动着、变化着，从汽车的行驶到星转月移，从世界人口的不断增长到股市的涨跌，从国民经济的增长到商品价格的变化等等. 这些变化的量都有一个共同的特点：就是它们的变化受到其他一些变化量的制约或者与其他一些变化的量相互制约. 这种制约关系在数学上表现为函数，它是我们定性、定量地研究各种变化的量的一个重要工具. 而人们研究事物变化的趋势，从有限到无限，从近似到精确、从离散到连续、从量变到质变，这些都需要极限的知识. 本章我们主要是先对函数进行复习和作一些有关的补充，然后介绍数列与函数的极限概念、求极限的方法以及函数的连续性.

## 1.1　函　　数

### 1.1.1　预备知识

**1. 常用集合的符号**

$\varnothing$表示空集.

**N** 表示非负整数集，即自然数集.

$N^+$表示正整数集.

**Z** 表示整数集.

$Q$ 表示有理数集.

**R** 表示实数集.

$A\subseteq B$ 表示集合 $A$ 是集合 $B$ 的子集.

$A\cup B$ 表示集合 $A$ 与集合 $B$ 的并集.

$A\cap B$ 表示集合 $A$ 与集合 $B$ 的交集.

**2. 区间**

(1) 将满足不等式 $a\leqslant x\leqslant b$ 的所有实数 $x$ 组成的集合称为以 $a,b$ 为端点的闭区间，记作 $[a,b]$，即 $[a,b]=\{x|a\leqslant x\leqslant b\}$.

(2) 将满足不等式 $a<x<b$ 的所有实数 $x$ 组成的集合称为以 $a,b$ 为端点的开区间，记作 $(a,b)$，即 $(a,b)=\{x|a<x<b\}$.

(3) 将满足不等式 $a\leqslant x<b$ 的所有实数 $x$ 组成的集合称为以 $a,b$ 为端点的左闭右开区间，记作 $(a,b]$，即 $(a,b]=\{x|a\leqslant x<b\}$.

(4) 将满足不等式 $a<x\leqslant b$ 的所有实数 $x$ 组成的集合称为以 $a,b$ 为端点的左开右闭区间，记作 $(a,b]$，即 $(a,b]=\{x|a<x\leqslant b\}$.

以上定义的四个区间统称为有限区间，以下定义的五个区间统称为无穷区间.

(5) $(a,+\infty)=\{x|x>a\}$，表示满足不等式 $x>a$ 的全体实数.

(6) $[a,+\infty)=\{x|x\geqslant a\}$，表示满足不等式 $x\geqslant a$ 的全体实数.

(7) $(-\infty,a)=\{x|x<a\}$，表示满足不等式 $x<a$ 的全体实数.

(8) $(-\infty,a]=\{x|x\leqslant a\}$，表示满足不等式 $x\leqslant a$ 的全体实数.

(9) $(-\infty,+\infty)=\{x|-\infty<x<+\infty\}$，表示全体实数. 其中"$+\infty$"读作"正无穷大"，"$-\infty$"读作"负无穷大".

**3. 邻域**

设 $\delta>0$，$x_0$ 是一个实数，称集合 $\{x||x-x_0|<\delta\}$ 为点 $x_0$ **的 $\delta$ 邻域**，记为 $U(x_0,\delta)$，即 $U(x_0,\delta)=\{x||x-x_0|<\delta\}$. 其中 $x_0$ 为邻域的中心，$\delta$ 为邻域的半径.

在数轴上，点 $x_0$ 的 $\delta$ 邻域表示以点 $x_0$ 为中心，长度为 $2\delta$ 的开区间 $(x_0-\delta,x_0+\delta)$.

如果 $x$ 在 $x_0$ 的 $\delta$ 邻域内变化但不能取 $x_0$，即 $x$ 满足不等式 $0<|x-x_0|<\delta$，则称此邻域为点 $x_0$ 的**去心邻域**，记为 $\mathring{U}(x_0,\delta)$，即 $\mathring{U}(x_0,\delta)=\{x|0<|x-x_0|<\delta\}$.

例如，3 的 0.01 邻域，就是满足不等式 $|x-3|<0.01$ 的实数 $x$ 的集合，即 $2.99<x<3.01$，也就是开区间 $(2.99,3.01)$.

又如，满足不等式 $0<|x+2|<0.01$ 的实数 $x$ 的集合，就表示点 $-2$ 的去心邻域，半径也是 0.01. 该邻域即开区间 $(-2.01,-2)\cup(-2,-1.99)$.

其中符号 $\cup$ 是集合运算的一种符号，表示两个集合的并集，即 $A\cup B=\{x|x\in A \text{ 或 } x\in B\}$.

**练 一 练：**

用区间表示下列各邻域.

(1) $U(1,0.1)$；　(2) 点 3 的 0.001 邻域；　(3) 点 $-3$ 的 0.002 去心邻域.

### 1.1.2　函数的概念

**1. 函数的定义**

函数是高等数学的主要研究对象，为了解它，我们先给出以下几个有关概念：

(1) 常量：在考查的过程中不会发生变化的量称为常量，常用 $a,b,c,d,\cdots$ 表示，例如圆周率 $\pi$.

(2) 变量：在考查的过程中会发生变化的量称为变量，常用 $x,y,z,u,v,\cdots$ 表示，例如一天中气温的变化.

值得注意的是：

① 常量、变量依赖于所研究的过程，同一个量在不同研究过程可为常量，也可为变量，如商品的价格.

② 一个变量所能取得数值的集合称为这个变量的变化区域.

③ 连续变量的变化区域常用一个区间、多个区间的交、并或不等式来表示.

在我们的周围变化无处不在，无时不有. 在同一个自然现象或技术过程中，往往同时存在着几个变量，这些变量不是彼此孤立的，而是按照一定的规律相互联系着，其中一个量变化时，另外的变量也跟着变化；前者的值一旦确定，后者的值也就随之唯一确定. 现实世界中广泛存在着的变量间这种相依关系，这正是函数关系的客观背景. 将变量间的这种相依关系抽象化并用数学语言表达出来，便得到了函数的概念.

**定义 1-1-1**　设 $x$ 和 $y$ 为两个变量，$D$ 为一个给定的非空数集，如果按照某个法则 $f$，对每

一个 $x\in D$,变量 $y$ 总有唯一确定的数值与之对应,那么 $y$ 称为 $x$ 的函数,记作 $y=f(x),x\in D$. 其中变量 $x$ 称为**自变量**,变量 $y$ 称为函数或**因变量**,自变量的取值范围 $D$ 称为函数的**定义域**.

$f$ 是函数符号,它表示 $y$ 与 $x$ 的对应规则. 有时函数符号也可以用其他字母来表示,如 $y=g(x)$,$y=\varphi(x)$ 等.

当 $x$ 取数值 $x_0\in D$ 时,根据 $f$ 的对应值称为函数 $y=f(x)$ 在 $x=x_0$ 时的函数值,记作 $f(x_0)$ 或 $y\big|_{x=x_0}$. 只有 $x_0\in D$ 时,才有对应的函数值,这时称函数 $y=f(x)$ 在 $x_0$ 有定义,否则称函数 $f(x)$ 在 $x_0$ 无定义. 所有函数值组成的集合 $W=\{y\,|\,y=f(x),x\in D\}$ 称为函数 $y=f(x)$ 的**值域**.

**【例 1-1-1】** 设 $f(x)=\dfrac{1}{x}\sin\dfrac{1}{x}$,求 $f\left(\dfrac{2}{\pi}\right)$,$f(x+1)$.

**解** $f\left(\dfrac{2}{\pi}\right)=\dfrac{\pi}{2}\sin\dfrac{\pi}{2}=\dfrac{\pi}{2}$;　　$f(x+1)=\dfrac{1}{x+1}\sin\dfrac{1}{x+1}$.

**【例 1-1-2】** 设 $f(x+1)=x^2-3x$,求 $f(x)$.

**解** 令 $x+1=t$,则 $x=t-1$,有　$f(t)=(t-1)^2-3(t-1)=t^2-5t+4$,

所以　$f(x)=x^2-5x+4$.

**【例 1-1-3】** 求下列函数的定义域.

(1) $y=\dfrac{2x}{x^2-3x+2}$

**解** 函数是分式,由分式的分母不为零,所以 $x^2-3x+2\neq 0$,解得 $x\neq 1,x\neq 2$,故所求定义域为 $(-\infty,1)\cup(1,2)\cup(2,+\infty)$.

(2) $y=\sqrt{3x+4}$

**解** 所给函数是二次根式,所以被开方式应不小于零,故 $3x+4\geqslant 0$,解之得 $x\geqslant -\dfrac{4}{3}$,所以所求定义域为 $\left[\dfrac{-4}{3},+\infty\right)$.

(3) $y=\dfrac{1}{1-x^2}+\sqrt{x+2}$

**解** 所给函数是分式函数 $\dfrac{1}{1-x^2}$ 与二次根式 $\sqrt{x+2}$ 之和,对于 $\dfrac{1}{1-x^2}$ 要求 $1-x^2\neq 0$,即 $x\neq\pm 1$,对于 $\sqrt{x+2}$,要求 $x+2\geqslant 0$,即 $x\geqslant -2$,所以所求定义域为 $[-2,-1)$,$(-1,1)$,$(1,+\infty)$.

根据以上例题总结出求定义域的常用方法,即自变量的取值要满足:

(1) 分式的分母不能为零;

(2) 在偶次根式中,被开方式必须大于或等于零;

(3) 对数函数的真数必须大于零;

(4) 若干项组成的函数式,它的定义域是各项定义域的公共部分.

**【例 1-1-4】** 下列各对函数是否为同一函数?

(1) $f(x)=x,g(x)=\sqrt{x^2}$;　　(2) $f(x)=\sin^2x+\cos^2x,g(x)=1$;

(3) $y=f(x),u=f(t)$;　　(4) $f(x)=\dfrac{x}{x},g(x)=1$.

**解** (1) 不相同. 因为对应法则不同,事实上 $g(x)=|x|$.

(2) 相同.因为定义域与对应法则都相同.

(3) $y=f(x)$与$u=f(t)$是表示同一函数,因为对应法则相同,函数的定义域也相同.

(4) 不相同,因为定义域不同.

由此可知一个函数由定义域与对应法则完全确定,而与用什么字母表示无关.

**2. 函数的表示法**

表示函数的方法有许多,最常见的有解析法、图像法及表格法:

解析法:用数学式子表示自变量与函数的对应关系.

图像法:用一条平面曲线表示自变量与函数的对应关系,它是函数关系的几何表示.

表格法:把自变量的一系列数值与对应的函数值列成表格来表示它们的对应关系.

**3. 分段函数**

有时,我们会遇到一个函数在自变量不同的取值范围内用不同的式子来表示.

**【例 1-1-5】** 邮电局规定信函邮包重量不超过 50 g 支付邮资 0.80 元,超过部分按 0.40 元/g 支付邮资,信函邮包重量不得超过 5000 g,则邮资 $y$(单位:元)与邮包重量 $x$(单位:g)的关系可由解析表达式表示为

$$y=\begin{cases}0.80, & 0<x\leqslant 50,\\ 0.80+0.40(x-50), & 50<x\leqslant 5000.\end{cases}$$

该函数的定义域为$(0,5000]$,但它在定义域内不同的区间上是用不同的解析式来表示的,这样的函数称为**分段函数**.

如下面几个特殊函数:

绝对值函数 $y=|x|=\begin{cases}x, & x\geqslant 0\\ -x, & x<0\end{cases}$ (图 1-1)与符号函数 $y=\operatorname{sgn}x=\begin{cases}-1, & x<0\\ 0, & x=0\\ 1, & x>0\end{cases}$ (图 1-2).

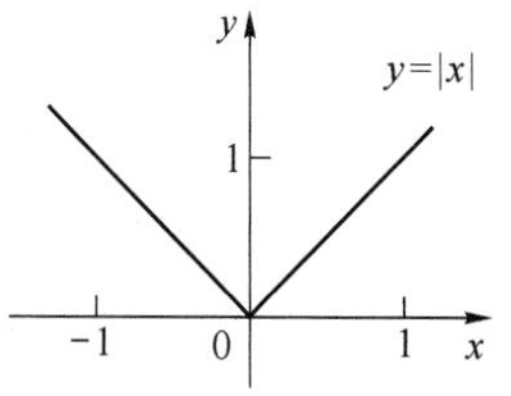


图 1-1

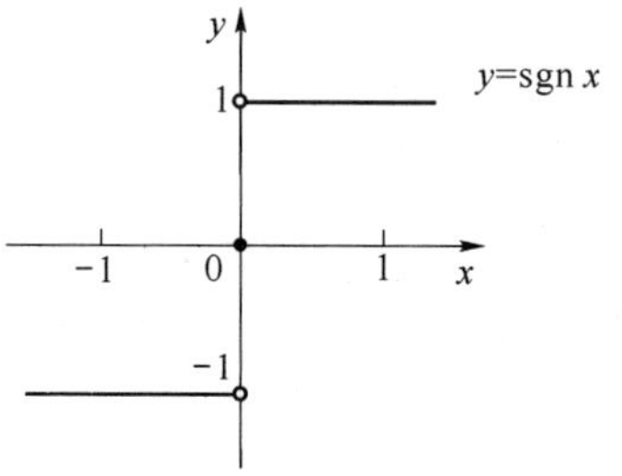


图 1-2

**注意**:分段函数是由几个关系式合起来表示一个函数,而不是几个函数.对于自变量 $x$ 在定义域内的某个值,分段函数 $y$ 只能确定唯一的值.分段函数的定义域是各段自变量取值集合的并集.

**【例 1-1-6】** $f(x)=\begin{cases}0, & 0\leqslant x<1,\\ \dfrac{1}{2}, & x=1,\\ 1, & 1<x\leqslant 2.\end{cases}$ 求 $f(0),f\left(\dfrac{1}{2}\right),f\left(\dfrac{3}{2}\right),f(1)$.

**解** 因为 $0\in[0,1)$,所以 $f(0)=0$.

因为$\frac{1}{2}\in[0,1)$，所以$f\left(\frac{1}{2}\right)=0$.

因为$\frac{3}{2}\in[1,2)$，所以$f\left(\frac{3}{2}\right)=1$.

因为$x=1$，所以$f(1)=\frac{1}{2}$.

**练一练：**

1. 求下列函数的定义域.

(1) $y=\frac{1}{\sqrt{2x-3}}$；　(2) $y=\frac{1}{x}+\ln(x^2-4)$；　(3) $y=\arcsin\frac{x-1}{3}$.

2. 设函数 $f(x)=\begin{cases}x+1, x\leqslant 0,\\ x^2-2, x>0.\end{cases}$ 求 $f(0)$，$f(-2)$，$f(x-1)$.

### 1.1.3　函数的几种特性

**1. 函数的有界性**

**定义 1-1-2**　设函数 $y=f(x)$在集合 $D$ 上有定义，如果存在正数 $M$，对于一切 $x\in D$，都有$|f(x)|\leqslant M$，则称函数 $f(x)$在 $D$ 上是**有界的**. 否则称函数 $f(x)$在 $D$ 上是**无界的**.

函数 $y=f(x)$在区间$(a,b)$内有界的几何意义是：曲线 $y=f(x)$在区间$(a,b)$内被限制在$y=-M$ 和 $y=M$ 两条直线之间.

**注意：**

(1) 一个函数在某区间内有界，正数 $M$(也称界数)的取法不是唯一的. 例如：$y=\sin x$ 在$(-\infty,+\infty)$内是有界的，$|\sin x|\leqslant 1=M$，我们还可以取 $M=2$.

(2) 有界性跟区间有关. 例如：$y=\frac{1}{x}$在区间$(1,2)$内有界，但在区间$(0,1)$内无界. 由此可见，笼统地说某个函数是有界函数或无界函数是不确切的，必须指明所考虑的区间.

**2. 函数的奇偶性**

**定义 1-1-3**　设函数 $f(x)$的定义域 $D$ 关于原点对称，如果对于任意的 $x\in D$，恒有 $f(-x)=f(x)$，则称 $f(x)$为偶函数；如果对于任意的 $x\in D$，恒有 $f(-x)=-f(x)$，则称 $f(x)$为奇函数.

偶函数的图像关于 $y$ 轴对称，奇函数的图像关于原点对称.

**【例 1-1-7】**　判断下列函数的奇偶性.

(1) $y=\sin x-\cos x$；

(2) $y=a^{-x}-a^{-x}(a>0,a\neq 1)$；

(3) $y=\frac{a^x+a^{-x}}{2}$.

**解**　由基本初等函数的性质和奇、偶函数的定义易知

(1) 是非奇非偶函数；　(2) 是奇函数；　(3) 是偶函数.

详细解题过程请读者自行完成.

**3. 函数的单调性**

**定义 1-1-4**　设函数 $y=f(x)$在区间$(a,b)$内有定义，如果对于$(a.b)$内任意点 $x_1$ 和 $x_2$，当

$x_1<x_2$ 时，有 $f(x_1)<f(x_2)$，则称函数 $y=f(x)$ 在 $(a,b)$ 内是单调增加的，此时称区间 $(a,b)$ 为单调增区间；如果当 $x_1<x_2$ 时，有 $f(x_1)>f(x_2)$，则称函数 $y=f(x)$ 在 $(a,b)$ 内是单调减少的，此时称区间 $(a,b)$ 为单调减区间.

单调增函数图像沿 $x$ 轴正向逐渐上升；单调减函数图像沿 $x$ 轴正向逐渐下降.

单调增函数与单调减函数统称为单调函数，对应的区间也统称为单调区间.

**【例 1-1-8】** 验证函数 $y=2x-1$ 在区间 $(-\infty,+\infty)$ 内是单调增加的.

**证明** 在区间 $(-\infty,+\infty)$ 内任取两点 $x_1<x_2$，于是

$f(x_1)-f(x_2)=(2x_1-1)-(2x_2-1)=2(x_1-x_2)<0$，

即 $f(x_1)<f(x_2)$，所以 $y=2x-1$ 在区间 $(-\infty,+\infty)$ 内是单调增加的.

**4. 函数的周期性**

**定义 1-1-5** 对于函数 $y=f(x)$，如果存在正数 $a$，使 $f(x+a)=f(x)$ 成立，则称此函数为周期函数. 满足这个等式的最小正数 $a$ 称为函数的周期. 例如 $y=\sin x$ 以 $2\pi$ 为周期.

**练一练：**

1. 判别函数 $y=\dfrac{1}{x}$ 在下列区间内的有界性.

(1) $(-\infty,-2)$； (2) $(-2,0)$； (3) $(0,2)$； (4) $(1,2)$； (5) $(2,+\infty)$.

2. 判断下列函数的奇偶性.

(1) $y=x^2\cos x$； (2) $y=\dfrac{1}{2}(e^x-e^{-x})$； (3) $f(x)=\begin{cases}-x, & x<-1,\\ 1, & |x|\leqslant 1,\\ x, & x>1.\end{cases}$

## 1.1.4 反函数

**定义 1-1-6** 设 $y=f(x)$ 是 $x$ 的函数，其值域为 $D$，如果对于 $D$ 中的每一个 $y$ 值，都有一个确定的且满足 $y=f(x)$ 的 $x$ 值与之对应，则得到一个定义在 $D$ 上的以 $y$ 为自变量，$x$ 为因变量的新函数，称它为 $y=f(x)$ 的反函数，记 $x=f^{-1}(y)$. 习惯上，用 $y$ 表示函数，$x$ 表示自变量，通常将 $x=f^{-1}(y)$ 改写为 $y=f^{-1}(x)$.

由反函数的定义，得到求反函数的方法：

(1) 从 $y=f(x)$ 解出 $x=f^{-1}(y)$；

(2) 交换字母 $x$ 和 $y$，将 $x=f^{-1}(y)$ 改写为 $y=f^{-1}(x)$.

**【例 1-1-9】** 求 $y=3x-2$ 的反函数.

**解** 由 $y=3x-2$ 得到 $x=\dfrac{y+2}{3}$，

然后交换 $x$ 和 $y$，得到 $y=\dfrac{x+2}{3}$，即 $y=\dfrac{x+2}{3}$ 是 $y=3x-2$ 的反函数.

## 1.1.5 初等函数

**1. 基本初等函数**

在大量的函数关系中，有几种函数是最常见的，最基本的，它们是常数函数、幂函数、指数

函数、对数函数、三角函数以及反三角函数. 这几类函数称为**基本初等函数**.

(1) 常数函数 $y=c$

它的定义域是$(-\infty,+\infty)$,由于无论 $x$ 取何值,都有 $y=c$. 所以,它的图像是过点$(0,c)$平行于 $x$ 轴的一条的直线,如图 1-3 所示,它是偶函数.

(2) 幂函数 $y=x^a$($a$ 为实数)

幂函数的情况比较复杂,下面分 $a>0$ 和 $a<0$ 来讨论. 当 $a$ 取不同值时,幂函数的定义域不同,为了便于比较,只讨论 $x\geqslant 0$ 的情形,而 $x<0$ 时的图像可以根据函数的奇偶性确定.

当 $a>0$ 时,函数的图像过原点$(0,0)$和点$(1,1)$,在$(0,+\infty)$内单调增加且无界(图 1-4).

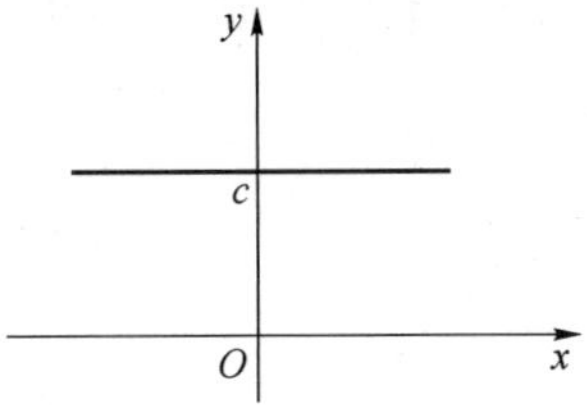


图 1-3

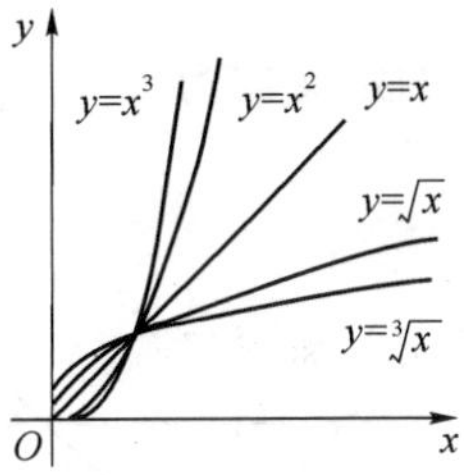


图 1-4

当 $a<0$ 时,图像不过原点,但仍过点$(1,1)$,在$(0,+\infty)$内单调减少、无界,曲线以 $x$ 轴和 $y$ 轴为渐近线.

(3) 指数函数 $y=a^x$($a>0,a\neq 1$)

它的定义域是$(-\infty,+\infty)$. 由于无论 $x$ 取何值,总有 $a^x>0$,且 $a^0=1$,所以它的图像全部在 $x$ 轴上方,且通过点$(0,1)$. 也就是说,它的值域是$(0,+\infty)$.

当 $a>1$ 时,函数单调增加且无界,曲线以 $x$ 轴的负半轴为渐近线;

当 $0<a<1$ 时,函数单调减少且无界,曲线以 $x$ 轴的正半轴为渐近线,如图 1-5 所示.

(4) 对数函数 $y=\log_a x$($a>0,a\neq 1$)

它的定义域是$(0,+\infty)$,图像全部在 $y$ 轴右方,值域是$(-\infty,+\infty)$. 无论 $a$ 取何值,曲线都通过点$(1,0)$.

当 $a>1$ 时,函数单调增加且无界,曲线以 $y$ 轴的负半轴为渐近线;

当 $0<a<1$ 时,函数单调减少且无界,曲线以 $y$ 轴的正半轴为渐近线,如图 1-6 所示.

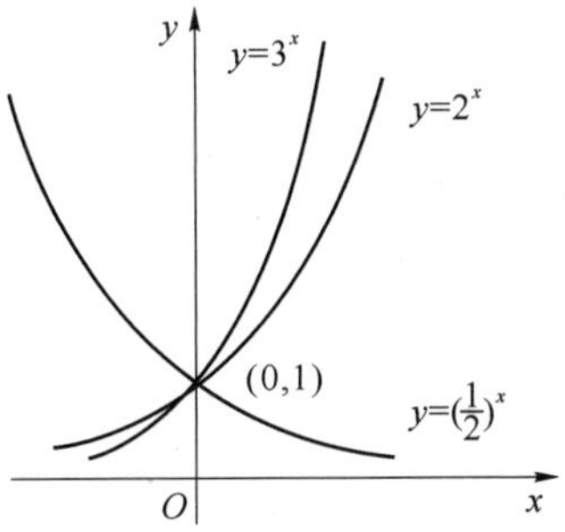


图 1-5

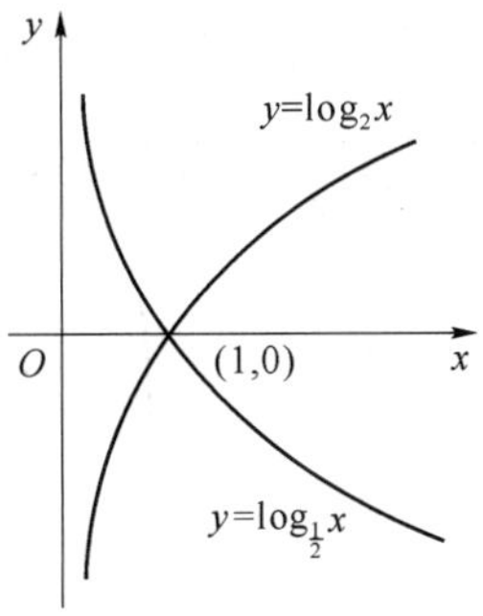


图 1-6

对数函数 $y=\log_a x$ 和指数函数 $y=a^x$ 互为反函数,它们的图像关于 $y=x$ 对称.

以无理数 $e=2.7182818\cdots$为底的对数函数 $y=\log_e x$ 称为自然对数函数,简记作

$y=\ln x$,是微积分中常用的函数.

(5) 三角函数

三角函数包括下面六个函数:正弦函数 $y=\sin x$,余弦函数 $y=\cos x$,正切函数 $y=\tan x$,余切函数 $y=\cot x$,正割函数 $y=\sec x$,余割函数 $y=\csc x$.

注:①在微积分中,三角函数的自变量 $x$ 采用弧度制,而不用角度制.例如用 $\sin\frac{\pi}{6}$ 而不用 $\sin 30°$. $\sin 1$ 表示 1 弧度角的正弦值;②角度与弧度之间可以用公式 $\pi$ 弧度 $=180°$ 来换算.

函数 $y=\sin x$ 的定义域为 $(-\infty,+\infty)$,值域为 $[-1,1]$,奇函数,以 $2\pi$ 为周期,有界,如图 1-7 所示.

函数 $y=\cos x$ 的定义域为 $(-\infty,+\infty)$,值域为 $[-1,1]$,偶函数,以 $2\pi$ 为周期,有界,如图 1-8 所示.

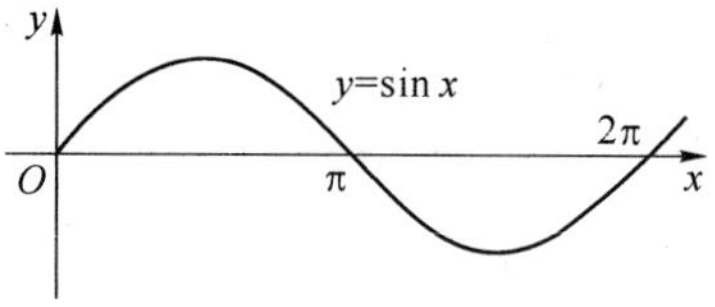


图 1-7

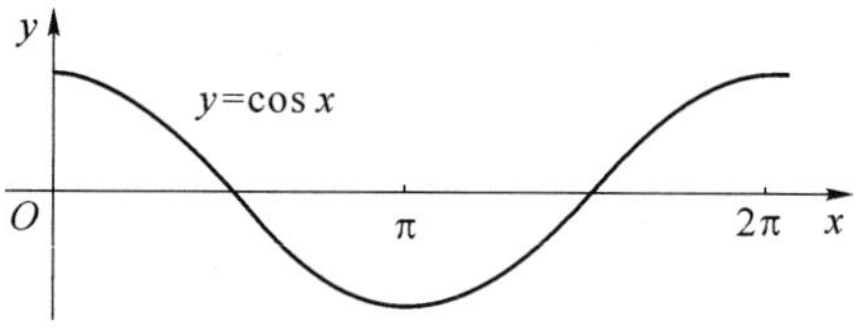


图 1-8

函数 $y=\tan x$ 的定义域为 $x=k\pi+\frac{\pi}{2}(k=0,\pm1,\pm2,\cdots)$,值域为 $(-\infty,+\infty)$,奇函数,以 $\pi$ 为周期,在每一个周期内单调增加,以直线 $x=k\pi+\frac{\pi}{2}(k=0,\pm1,\pm2,\cdots)$ 为渐近线,如图 1-9 所示.

函数 $y=\cot x$ 的定义域为 $x\neq k\pi(k=0,\pm1,\pm2,\cdots)$,值域为 $(-\infty,+\infty)$,奇函数,以 $\pi$ 为周期,在每一个周期内单调减少,以直线 $x=k\pi(k=0,\pm1,\pm2,\cdots)$ 为渐近线,如图 1-10 所示.

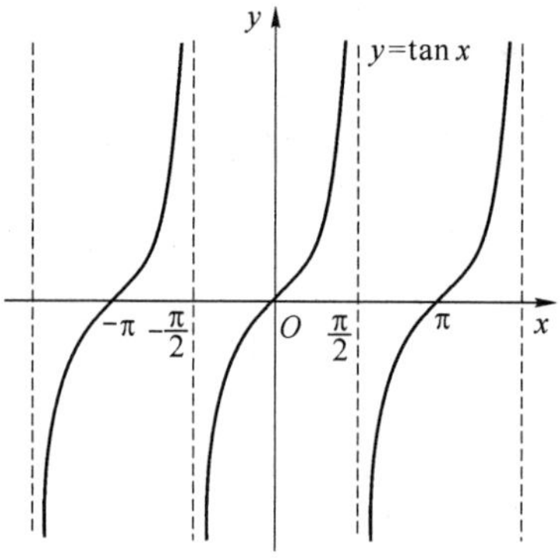


图 1-9

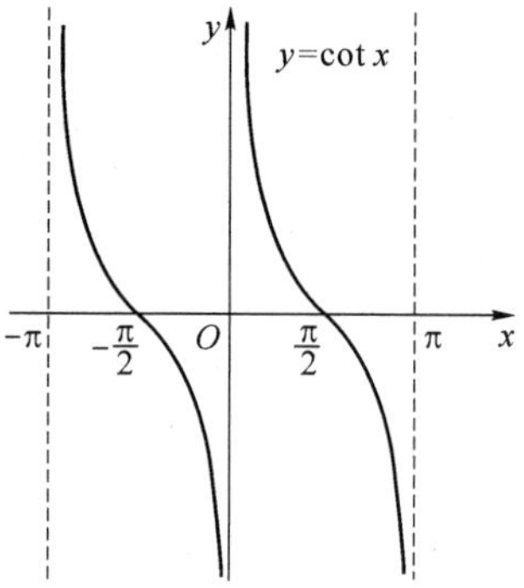


图 1-10

关于函数 $y=\sec x$ 和 $y=\csc x$ 不作详细讨论,只需知道它们分别为 $\sec x=\frac{1}{\cos x}$ 和 $\csc x=\frac{1}{\sin x}$.

(6) 反三角函数

常用的反三角函数有四个:反正弦函数 $y=\arcsin x$,反余弦函数 $y=\arccos x$,反正切函数

$y=\arctan x$，反余切函数 $y=\text{arccot}\, x$. 它们是相应三角函数的反函数.

$y=\arcsin x$，定义域是$[-1,1]$，值域$\left[-\frac{\pi}{2},\frac{\pi}{2}\right]$，是单调增加的奇函数，有界，如图 1-11 所示.

$y=\arccos x$，定义域是$[-1,1]$，值域$[0,\pi]$，是单调减少的函数，有界，如图 1-12 所示.

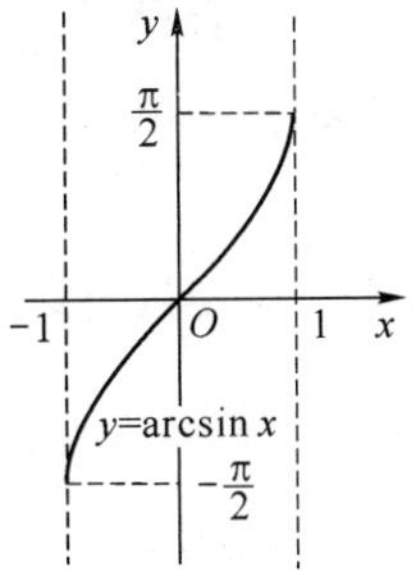


图 1-11

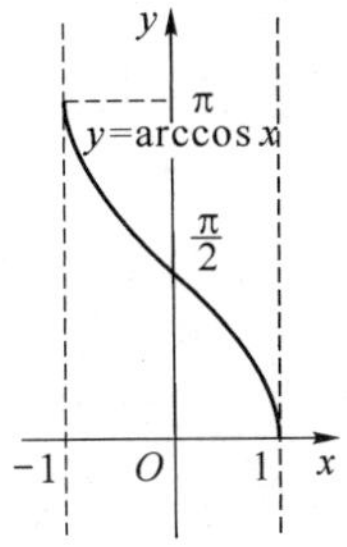


图 1-12

$y=\arctan x$，定义域是$(-\infty,+\infty)$，值域是$\left(-\frac{\pi}{2},\frac{\pi}{2}\right)$，它是单调增加的奇函数，在定义域上有界，如图 1-13 所示.

$y=\text{arccot}\, x$，定义域是$(-\infty,+\infty)$，值域是$(0,\pi)$，它是单调减少的函数，在定义域上有界，如图 1-14 所示.

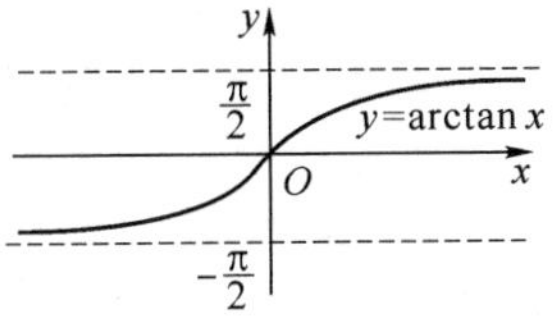


图 1-13

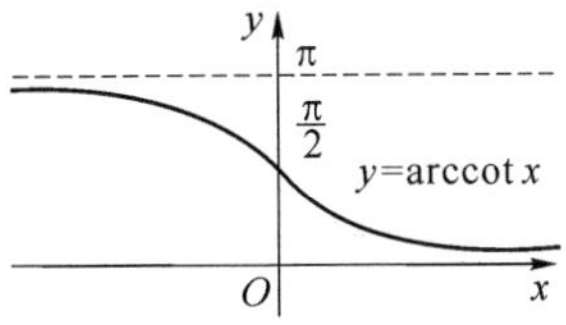


图 1-14

这些函数的图像、性质在中学里已经学过，后续内容中会经常用到，请同学们课后认真复习.

**2. 复合函数**

复合函数并不是一类新函数，它只是反映了函数在表达式或者结构方面有着某些特点. 在很多实际问题中，两个变量的联系有时不是直接的. 例如，质量为 $m$ 的物体，以速度 $v_0$ 向上抛，由物理学知道，其动能 $E=\frac{1}{2}mv^2$，即动能 $E$ 是速度 $v$ 的函数；而 $v=v_0-gt$，即速度 $v$ 又是时间 $t$ 的函数(不计空气阻力)，于是得 $E=\frac{1}{2}m(v_0-gt)^2$，这样就能把动能 $E$ 通过速度 $v$ 表示成了时间 $t$ 的函数. 又如，在函数 $y=\sin 2x$ 中，不难看出，这个函数值不是直接由自变量 $x$ 来确定，而是通过 $2x$ 来确定的. 如果用 $u$ 表示 $2x$，那么函数 $y=\sin 2x$ 就可以表示成 $y=\sin u$，而 $u=2x$. 这也说明 $y$ 与 $x$ 函数的关系是通过变量 $u$ 来确定的. 我们给出下面的定义：

**定义 1-1-7**　设函数 $y=f(u)$的定义域为 $D_f$，函数 $u=\phi(x)$的值域为 $W_\phi$，若 $W_\phi$ 与 $D_f$ 的交集不等于空集，则对于任一 $x\in W_\phi\cap D_f$，通过 $u=\phi(x)$可将函数 $y=f(u)$表示成 $x$ 的函数

$y=f[\phi(x)]$，这个新函数称为 $x$ 的**复合函数**.

通常称 $f(u)$ 为外层函数，称 $\phi(x)$ 为内层函数，$u$ 称为中间变量.

**【例 1-1-10】** 设 $f(x)=x^3$，$g(x)=3^x$，求 $f[g(x)]$，$g[f(x)]$.

**解** $f[g(x)]=[g(x)]^3=(2^x)^3=8^x$，$g[f(x)]=3^{f(x)}=3^{x^3}$.

注意：

(1) 只有当 $W_\varphi \cap D_f \neq \varnothing$ 时，两个函数才可以构成一个复合函数. 例如：$y=\ln u$ 与 $u=x-\sqrt{x^2+1}$ 就不能构成复合函数，因为 $u=x-\sqrt{x^2+1}$ 的值域 $u<0$ 与 $y=\ln u$ 的定义域 $u>0$ 的交集为空集.

(2) 复合函数还可以由两个以上的函数复合而成，即中间变量可以有多个. 例如：$y=\lg u$，$u=\sin v$，$v=\dfrac{x}{2}$，则 $y=\lg\sin\dfrac{x}{2}$，这里的 $u$，$v$ 都是中间变量.

(3) 利用复合函数的概念，可以把一个较复杂的函数分解为若干个**简单函数**(即基本初等函数，或由基本初等函数经过有限次四则运算而成的函数).

下面举例分析复合函数的复合过程，正确熟练的掌握这个方法，将会给以后的学习带来很多方便.

方法：从最外层开始，层层剥皮，逐层分解，有几层运算就能分解出几个简单函数.

**【例 1-1-11】** 写出下列复合函数的复合过程.

(1) $y=2^{\sin x}$；

(2) $y=\lg(1-x)$；

(3) $y=\tan^3(2x^2+1)$；

(4) $y=\sqrt{\ln(a^x+3)}$.

**解** (1) 由外层 $y=2^u$ 和内层 $u=\sin x$ 构成.

(2) $y=\lg u$ ，$u=1-x$.

(3) $y=u^3$，$u=\tan v$，$v=2x^2+1$.

(4) $y=u^{\frac{1}{2}}$，$u=\ln v$，$v=a^x+3$.

另外，在土建工程中要研究振动问题，常见的简谐振动

$$y=A\sin(\omega t+\varphi)$$

就是时间 $t$ 的函数，它是由函数 $y=A\sin u$ 与函数 $u=\omega t+\varphi$ 复合而成的复合函数.

### 3. 初等函数

**定义 1-1-8** 由基本初等函数经过有限次的四则运算及有限次的复合而成的函数称为初等函数.

一般来说，初等函数都可以用一个解析式子表示.

如 $y=\arctan\sqrt{\dfrac{1+\cos x}{1-\cos x}}$，$y=\sqrt[3]{\ln\cos^2 x}$，$y=e^{\arctan\frac{\pi}{6}}$ 都是初等函数.

$y=1+x+x^2+x^3+\cdots$ 不满足有限次运算，所以不是初等函数.

$y=\begin{cases}2, & x>0\\ 0, & x=0\\ -2, & x<0\end{cases}$ 不能用一个解析式子表达，因此也不是初等函数.

# 习题 1-1

## A. 基本题

1. 下列各题中，函数 $f(x)$ 和 $g(x)$ 是否相同？为什么？

(1) $f(x)=\ln x^2$，　　$g(x)=2\ln x$；

(2) $f(x)=\sqrt{x^2}$，　　$g(x)=|x|$；

(3) $f(x)=\sqrt{1-\sin^2 x}$，　　$g(x)=\cos x$；

(4) $f(x)=\sqrt[3]{x^4-x^3}$，　　$g(x)=x\cdot\sqrt[3]{x-1}$.

2. 设函数 $f(x)=\begin{cases} x^2, & -2\leqslant x<0 \\ 2, & x=0. \\ \dfrac{1}{2}x-1, & 0<x\leqslant 6 \end{cases}$　求 $f(-1),f(0),f(3),f(6)$.

3. 设 $f(x)=2x^2-3x+7$，求 $f(0),f(4),f\left(-\dfrac{1}{2}\right),f(a),f(x+1)$.

4. 求下列函数的定义域.

(1) $y=\sqrt{x^2-4x+3}$；

(2) $y=\sqrt{4-x^2}+\dfrac{1}{\sqrt{x+1}}$；

(3) $y=\lg(x+2)+1$.

5. 下列函数可以看成由哪些简单函数复合而成？

(1) $y=\sqrt{3x-1}$；　　(2) $y=(1+\lg x)^5$；

(3) $y=\mathrm{e}^{-x}$；　　(4) $y=\ln(1-x)$.

## B. 一般题

6. 求下列函数的定义域.

(1) $y=\arcsin(x-3)$；　　(2) $y=\ln\dfrac{1+x}{1-x}$；

(3) $y=\sqrt{\ln(x-2)}$；　　(4) $y=\sqrt{x^2+x-6}+\arcsin\dfrac{2x+1}{7}$；

(5) $y=\dfrac{\lg(3-x)}{\sqrt{|x|}-1}$.

7. 判断下列函数的奇偶性.

(1) $y=\dfrac{1-x^2}{1+x^2}$；　　(2) $y=x(x-1)(x+1)$；　　(3) $y=|\sin x|$；

(4) $y=\sin x-\cos x$；　　(5) $y=\ln(x+\sqrt{1+x^2})$.

8. 求下列函数的反函数.

(1) $y=\frac{x+2}{x-2}$;　　(2) $y=x^3+2$;　　(3) $y=1+\lg(2x-3)$.

9. 下列函数可以看成由哪些简单函数复合而成?

(1) $y=\ln\sqrt{1+x}$;　　(2) $y=\arccos(1-x^2)$;　　(3) $y=e^{\sqrt{x+1}}$;

(4) $y=\sin^3(2x^2+3)$;　　(5) $y=\ln\sin(2x+1)^2$;　　(6) $y=\arctan^2\left(\frac{2x}{1-x^2}\right)$.

10. 设 $f(x)=x^2$,$\varphi(x)=2^x$,求 $f(f(x))$,$f(\varphi(x))$,$\varphi(f(x))$.

**C. 提高题**

11. 证明:$\frac{\ln(x+h)-\ln x}{h}=\frac{1}{x}\ln\left(1+\frac{h}{x}\right)^{\frac{x}{h}}$.

12. 求函数 $y=\frac{e^x-e^{-x}}{2}$的反函数.

13. 用铁皮做一个容积为 $V$ 的圆柱形罐头筒,将它的全面积 $A$ 表成底面半径 $r$ 的函数.

14. 讨论函数 $y=\frac{x}{1+x^2}$的有界性.

# 1.2 数列的极限

人们已经有了函数的概念,但如果只停留在函数概念本身去研究运动,即如果仅仅把运动看成物体在某一时刻的位置,那就还没有达到揭示变量变化的内部规律的目的,就还没有脱离初等数学的领域,只有用动态的观点揭示出函数 $y=f(x)$所确定的两个变量之间的变化关系时,才算真正开始进入高等数学的研究领域.极限是进入高等数学的钥匙和工具,从最简单的也是最基本的数列极限开始研究.

## 1.2.1 数列的定义

在中学,已经接触过一些数列,比如等比数列、等差数列等,下面给出数列的定义.

**定义 1-2-1** 以正整数 $n$ 为自变量的函数,把它的函数值 $x_n=f(n)$依次写出来,就称为一个数列,即 $x_1,x_2,x_3,\cdots,x_n,\cdots$,记作$\{x_n\}$. $x_n$ 称为数列的通项.

简单地,也可以表述为:按一定规则排列的无穷多个数 $x_1,x_2,x_3,\cdots,x_n,\cdots$称为数列,简记作$\{x_n\}$,其中,$x_1$ 称为数列的第一项,$x_2$ 称为数列的第二项,$\cdots$,$x_n$ 称为数列的第 $n$ 项,又称一般项或通项.

下面列举几个数列:

(1) 数列 $1,\frac{1}{2},\frac{1}{4},\frac{1}{8},\cdots,\frac{1}{2^n},\cdots$

(2) 数列 $1,-1,1,-1,\cdots,(-1)^{n+1},\cdots$

(3) 数列$\sqrt{2},\sqrt{4},\sqrt{6},\cdots,\sqrt{2n},\cdots$

### 1.2.2　数列极限的概念

极限概念是由于求某些实际问题的精确解而产生的. 在很早以前,人们只知道直线长度和多边形面积的计算方法,而要借此得到圆面积的计算公式却是非常困难的.我国古代数学家刘徽(公元三世纪)利用圆内接正多边形来推算圆面积的方法——割圆术,成功地推算出圆周率和圆的面积.其基本思想如下:

对于一个圆,先作圆内接正六边形,其面积记为 $A_1$;再作圆内接正十二边形,其面积记为 $A_2$;再作圆内接正二十四边形,其面积记为 $A_3$;循此下去,每次边数成倍增加,则得到一系列圆内接正多边形的面积

$$A_1, A_2, A_3, \cdots, A_n, \cdots$$

其中,$A_n$ 表示圆内接正 $6\times 2^{n-1}$ 边形的面积($n\in N$).

由此构成的一列有序的数 $A_1, A_2, A_3, \cdots, A_n, \cdots$ 称为一个数列. 显然,当 $n$ 越大,对应的圆内接正多边形的面积就越接近于圆的面积(如图 1-15 所示),但无论 $n$ 多大,$A_n$ 始终不是圆的面积,只是圆面积的近似值. 因此设想,如果 $n$ 无限增大时(记作 $n\to\infty$,读作 $n$ 趋于无穷大),$A_n$ 无限接近某个确定的数 $A$,则称该确定的数 $A$ 为数列 $A_1, A_2, A_3, \cdots, A_n, \cdots$ 当 $n\to\infty$ 时的极限,该极限就是圆面积的精确值.

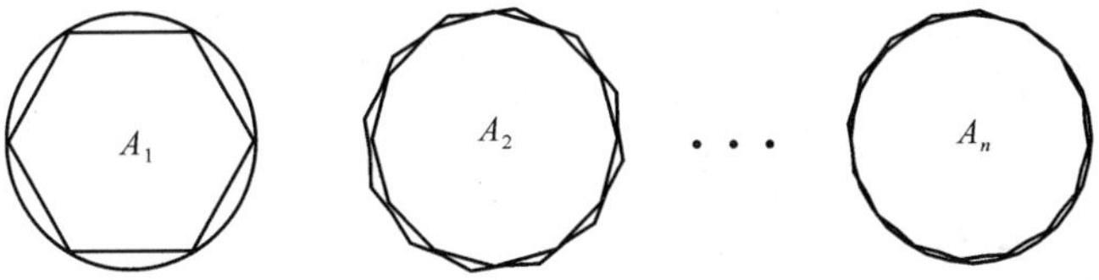

图 1-15

设有一圆,首先作内接正六边形,把它的面积记作 $A_1$;再作内接正十二边形,其面积记为 $A_2$;再作内接正二十四边形,其面积记为 $A_3$;循此下去每次边数加倍,一般地把内接正 $6\times 2^{n-1}$ 边形的面积记为 $A_n(n=1,2,3,\cdots)$. 这样就得到一系列内接正多边形的面积:

$$A_1, A_2, A_3, \cdots, A_n, \cdots$$

它们构成一无限数列. $n$ 越大,内接正多边形与圆的差别就越小,从而以 $A_n$ 作为圆面积的近似值也越精确. 但是无论 $n$ 取得多么大. 只要 $n$ 取定了,$A_n$ 终究只是多边形的面积,还不是圆面积. 因此,设想 $n$ 无限增大(记为 $n\to\infty$,读作 $n$ 趋向无穷大). 即内接正多边形的边数无限增加,在这过程中,内接正多边形无限接近于圆,同时 $A_n$ 也无限接近于某一确定的数值,这个确定的数值便理解为圆的面积. 这个确定的数值在数学上称为上面这个数列 $A_1, A_2, A_3, \cdots, A_n, \cdots$ 当 $n\to\infty$ 的极限. 在圆面积问题中我们看到,正是这个数列的极限精确地表达了圆的面积. 在解决实际问题中逐渐形成的这种极限方法,正是微积分的基本方法.

一个数列有无穷多项,常常需要了解这无穷多项的变化趋势.

**【例 1-2-1】**　观察下列数列的变化趋势

(1) 数列 $1, \frac{1}{2}, \frac{1}{4}, \frac{1}{8}, \cdots, \frac{1}{2^n}, \cdots$

这个数列的通项为 $x_n=\frac{1}{2^n}$,当 $n$ 无限增大时,考查 $\frac{1}{2^n}$ 的变化趋势.

| $n$ | 1 | 5 | 10 | 20 | 30 |
| --- | --- | --- | --- | --- | --- |
| $2^n$ | 2 | 32 | 1024 | 1048576 | 1073741824 |
| $\frac{1}{2^n}$ | 0.5 | 0.03125 | 0.0009765625 | 0.00000095367 | 0.00000000093 |

可见，当 $n$ 无限增大时，$2^n$ 无限增大，其倒数$\frac{1}{2^n}$无限地趋近于常数 0.

（2）数列 $1,-1,1,-1,\cdots,(-1)^{n+1},\cdots$

数列的通项为 $x_n=(-1)^{n+1}$，当 $n$ 无限增大时，$x_n$ 总在 1 和 $-1$ 两个数值上跳跃，永远不趋于一个固定的数.

（3）数列$\sqrt{2},\sqrt{4},\sqrt{6},\cdots,\sqrt{2n},\cdots$

数列的通项为 $x_n=\sqrt{2n}$，当 $n$ 无限增大时，数列的通项 $x_n$ 将随着 $n$ 的增大而无限增大，不趋于一个固定的数.

上述三个数列，当 $n$ 无限增大时的变化趋势各不相同. 如果数列中 $x_n$ 随着 $n$ 的无限增大而趋于某一个固定的常数，就认为该数列以这个常数为极限. 即有

**定义 1-2-2** 给定数列$\{x_n\}$，如果当 $n$ 无限增大时，$x_n$ 无限接近于一个确定的常数 $A$，那么 $A$ 就称为数列$\{x_n\}$的**极限**，记为$\lim\limits_{n\to\infty} x_n=A$ 或当 $n\to\infty$时，$x_n\to A$.

如果$\lim\limits_{n\to\infty} x_n=A$，也称数列$\{x_n\}$**收敛于** $A$. 如果数列没有极限，就说数列是**发散的**.

由【例 1-2-1】(1)知数列$\left\{\frac{1}{2^n}\right\}$是收敛的，且有$\lim\limits_{n\to\infty}\frac{1}{2^n}=0$.

由【例 1-2-1】(2)、(3)知数列$\{(-1)^{n+1}\}$和$\{\sqrt{2n}\}$都是发散的.

一般地，有以下结论成立：

（1）$\lim\limits_{n\to\infty} C=C$；

（2）当$|q|<1$ 时，$\lim\limits_{n\to\infty} q^n=0$；

（3）当 $p>0$ 时，$\lim\limits_{n\to\infty}\frac{1}{n^p}=0$.

### 1.2.3 数列极限的四则运算

下面给出数列极限的四则运算法则（证明从略）：

设有数列$\{x_n\}$和$\{y_n\}$，且$\lim\limits_{n\to\infty} x_n=a$，$\lim\limits_{n\to\infty} y_n=b$，则

（1）$\lim\limits_{n\to\infty}(x_n\pm y_n)=\lim\limits_{n\to\infty} x_n\pm\lim\limits_{n\to\infty} y_n=a\pm b$；

（2）$\lim\limits_{n\to\infty}(x_n\cdot y_n)=\lim\limits_{n\to\infty} x_n\cdot\lim\limits_{n\to\infty} y_n=a\cdot b$；

（3）$\lim\limits_{n\to\infty}(C\cdot x_n)=C\cdot\lim\limits_{n\to\infty} x_n=C\cdot a$ （$C$ 是常数）；

（4）$\lim\limits_{n\to\infty}\left(\frac{x_n}{y_n}\right)=\lim\limits_{n\to\infty} x_n/\lim\limits_{n\to\infty} y_n=a/b$ （$b\neq 0$）.

**【例 1-2-2】** 求下列各式的极限.

（1）$\lim\limits_{n\to\infty}\left(1+\frac{1}{n}\right)^3$；　　（2）$\lim\limits_{n\to\infty}\frac{3n+2}{2n-1}$.

**解** （1）$\lim\limits_{n\to\infty}\left(1+\frac{1}{n}\right)^3=\lim\limits_{n\to\infty}\left(1+\frac{1}{n}\right)\lim\limits_{n\to\infty}\left(1+\frac{1}{n}\right)\lim\limits_{n\to\infty}\left(1+\frac{1}{n}\right)$

$=(1+0)(1+0)(1+0)=1$.

(2) 当 $n$ 无限增大时，分式$\frac{3n+2}{2n-1}$的分子和分母同时无限增大，上面的极限运算法则不能直接运用，此时可将分式中的分子和分母同时除以 $n$.

$$\lim_{n\to\infty}\frac{3n+2}{2n-1}=\lim_{n\to\infty}\frac{3+\frac{2}{n}}{2-\frac{1}{n}}=\frac{\lim\limits_{n\to\infty}(3+\frac{2}{n})}{\lim\limits_{n\to\infty}(2-\frac{1}{n})}=\frac{3+0}{2-0}=\frac{3}{2}.$$

## 习题 1-2

1. 判别下列数列是否收敛.

(1) $\frac{1}{2},\frac{2}{3},\frac{3}{4},\cdots,\frac{n}{n+1},\cdots$

(2) $2,-2,2,-2,\cdots,(-2)^{n+1},\cdots$

(3) $0,\frac{1}{3},0,\frac{1}{6},0,\frac{1}{9},\cdots$

2. 求下列各极限.

(1) $\lim\limits_{n\to\infty}\frac{5n-3}{n}$；　　(2) $\lim\limits_{n\to\infty}\frac{n^2-3}{n^2+1}$；

(3) $\lim\limits_{n\to\infty}\left(\frac{1}{1\cdot 2}+\frac{1}{2\cdot 3}+\cdots+\frac{1}{n(n+1)}\right)$；　　(4) $\lim\limits_{n\to\infty}\sqrt{n+1}-\sqrt{n-1}$.

# 1.3　函数的极限

数列是定义在自然数集 $N$ 上的整标函数 $y_n=f(n)$. 在前面讨论了这种特殊函数的极限，在理解了“无限逼近，无限趋近”的基础上，本节将沿着数列极限的思路，讨论一般函数的极限，主要研究以下两种情形：

1. 当自变量 $x$ 的绝对值 $|x|$ 无限增大即趋向无穷大（记作 $x\to\infty$）时，对应的函数值 $f(x)$ 的变化趋势；

2. 当自变量 $x$ 任意地接近于 $x_0$ 或者说趋向于有限值 $x_0$（记作 $x\to x_0$）时，对应的函数值 $f(x)$ 的变化趋势.

### 1.3.1　当 $x\to\infty$ 时函数的极限

考查 $y=\frac{1}{x}$，当 $x>0$ 且 $x$ 无限增大时变化趋势.

由函数 $y=\frac{1}{x}$ 的图形（图 1-16），

当 $x>0$ 时，且 $x$ 无限增大时，$\frac{1}{x}$无限趋于常数 0.

类似于数列极限有：

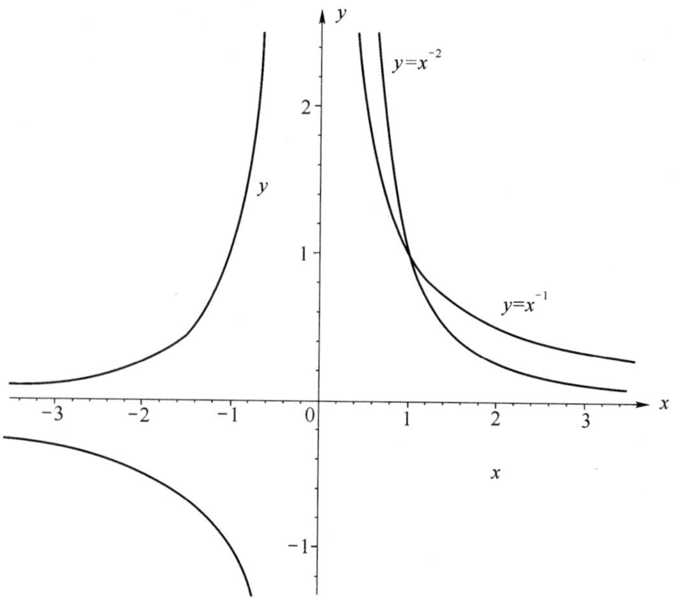


图 1-16

**定义 1-3-1** 如果当 $x>0$ 且 $x$ 无限增大时，函数 $f(x)$ 趋于一个常数 $A$，则称当 $x$ 趋于正无穷时，$f(x)$ 以 $A$ 为极限，记作

$$\lim_{x\to+\infty} f(x)=A \quad 或\ f(x)\to A\ (x\to+\infty)$$

如果函数 $f(x)$ 不趋于一个常数，则称当 $x$ 趋于正无穷时，$f(x)$ 的极限不存在.

由此定义和前面的讨论有 $\lim\limits_{x\to+\infty}\dfrac{1}{x}=0$.

类似地有：

**定义 1-3-2** 如果当 $x<0$ 且 $x$ 绝对值无限增大时，函数 $f(x)$ 趋于一个常数 $A$，则称当 $x$ 趋于负无穷时，$f(x)$ 以 $A$ 为极限，记作

$$\lim_{x\to-\infty} f(x)=A \quad 或\ f(x)\to A(x\to-\infty)$$

**定义 1-3-3** 如果当 $x$ 的绝对值无限增大时，函数 $f(x)$ 趋于一个常数 $A$，则称当 $x$ 趋于无穷大时，函数 $f(x)$ 以 $A$ 为极限，记作

$\lim\limits_{x\to\infty} f(x)=A$ 或 $f(x)\to A(x\to\infty)$

由图 1-13 可知也有 $\lim\limits_{x\to-\infty}\dfrac{1}{x}=0$ 和 $\lim\limits_{x\to\infty}\dfrac{1}{x}=0$ 成立.

**【例 1-3-1】** 求 $\lim\limits_{x\to+\infty}\dfrac{1}{5^x}$.

**解** 因为 $\lim\limits_{x\to+\infty}\dfrac{1}{5^x}=\lim\limits_{x\to+\infty}\left(\dfrac{1}{5}\right)^x$，由指数函数图像可知，当 $x$ 无限增大时，$\left(\dfrac{1}{5}\right)^x$ 无限趋于 0，所以

$$\lim_{x\to+\infty}\frac{1}{5^x}=0$$

**【例 1-3-2】** 讨论当 $x\to\infty$ 时，函数 $y=2^x$ 的极限.

**解** $\lim\limits_{x\to-\infty} 2^x=0$，$\lim\limits_{x\to+\infty} 2^x=+\infty$，虽然 $\lim\limits_{x\to-\infty} 2^x$ 存在，但 $\lim\limits_{x\to+\infty} 2^x$ 不存在，所以 $\lim\limits_{x\to\infty} 2^x$ 不存在.

从图 1-13 和【例 1-3-2】可知，$\lim\limits_{x\to\infty}\frac{1}{x}=0$ 反映出直线 $y=0$ 是函数 $y=\frac{1}{x}$ 的图像的水平渐近线；$\lim\limits_{x\to-\infty}2^x=0$ 反映出直线 $y=0$ 是函数 $y=2^x$ 的图像的水平渐近线.

一般地，如果 $\lim\limits_{x\to\infty}f(x)=c$〔或 $\lim\limits_{x\to+\infty}f(x)=c$，$\lim\limits_{x\to-\infty}f(x)=c$〕，则直线 $y=c$ 是函数 $y=f(x)$ 图像的水平渐近线.

### 1.3.2　当 $x\to x_0$ 时函数的极限

**定义 1-3-4**　设函数 $y=f(x)$ 在点 $x_0$ 的某个邻域(点 $x_0$ 本身可以除外)内有定义，如果当 $x$ 趋于 $x_0$(但 $x\neq x_0$)时，函数 $f(x)$ 趋于一个常数 $A$，则称当 $x$ 趋于 $x_0$ 时，$f(x)$ 以 $A$ 为极限，记作

$$\lim_{x\to x_0}f(x)=A \quad 或\ f(x)\to A\ (x\to x_0)$$

亦称当 $x$ 趋于 $x_0$ 时，$f(x)$ 的极限存在；否则称当 $x\to x_0$ 时，$f(x)$ 的极限不存在.

极限实质上是描述在自变量的某个变化过程中函数是否有确定的变化趋势，函数有确定的变化趋势，就可能有极限，否则函数就一定没有极限.

**【例 1-3-3】**　求 $\lim\limits_{x\to x_0}c$.

**解**　$y=c$ 是常量函数，无论自变量如何变化，函数 $y$ 始终为常数 $c$，所以，

$$\lim_{x\to x_0}c=c$$

从上述例题我们知道常数函数的极限是它本身.

**【例 1-3-4】**　求 $\lim\limits_{x\to x_0}x$.

**解**　当 $x\to x_0$ 时，有 $y=x\to x_0$，所以 $\lim\limits_{x\to x_0}x=x_0$.

### 1.3.3　当 $x\to x_0$ 时函数的左极限与右极限

**引例**　求分段函数 $f(x)=\begin{cases}x, & x<0\\ 2, & x\geqslant 0\end{cases}$，当 $x\to 0$ 时的极限.

$f(x)$ 在 $x=0$ 的任一邻域，函数的表达式不同，由函数极限的定义直接求极限是不可能的. 对于这一类型的极限怎样求，为此引入：

**定义 1-3-5**　设函数 $y=f(x)$ 在点 $x_0$ 右侧的某个邻域(点 $x_0$ 本身可以除外)内有定义，如果当 $x>x_0$ 且 $x$ 趋于 $x_0$ 时，函数 $f(x)$ 趋于一个常数 $A$，则称当 $x$ 趋于 $x_0$ 时，$f(x)$ 的右极限是 $A$，记作

$$\lim_{x\to x_0^+}f(x)=A \quad 或\ f(x)\to A\ (x\to x_0^+)$$

**定义 1-3-6**　设函数 $y=f(x)$ 在点 $x_0$ 左侧的某个邻域(点 $x_0$ 本身可以除外)内有定义，如果当 $x<x_0$ 且 $x$ 趋于 $x_0$ 时，函数 $f(x)$ 趋于一个常数 $A$，则称当 $x$ 趋于 $x_0$ 时，$f(x)$ 的左极限是 $A$，记作

$$\lim_{x\to x_0^-}f(x)=A \quad 或\ f(x)\to A\ (x\to x_0^-)$$

**【例 1-3-5】**　设 $f(x)=\begin{cases}x, x<0\\ 2, x\geqslant 0\end{cases}$，求 $\lim\limits_{x\to 0^-}f(x)$ 和 $\lim\limits_{x\to 0^+}f(x)$.

**解** $\lim\limits_{x\to 0^-} f(x)=\lim\limits_{x\to 0^-} x=0$,

$\lim\limits_{x\to 0^+} f(x)=\lim\limits_{x\to 0^+} 2=2$.

当 $x\to x_0$ 时,$f(x)$的左、右极限与 $f(x)$在 $x\to x_0$ 时的极限有如下关系:

**定理 1-3-1** 当 $x\to x_0$ 时,$f(x)$以 $A$ 为极限的充分必要条件是 $f(x)$在点 $x_0$ 处左、右极限存在且都等于 $A$,即

$$\lim_{x\to x_0} f(x)=A \Leftrightarrow \lim_{x\to x_0^-} f(x)=\lim_{x\to x_0^+} f(x)=A$$

如【例 1-3-5】,因为

$$\lim_{x\to 0^-} f(x)\neq \lim_{x\to 0^+} f(x)$$

所以当 $x\to 0$ 时,$f(x)$的极限不存在.

## 习题 1-3

### A. 基本题

1. 观察并写出下列函数的极限.

(1) $\lim\limits_{x\to 2}(x+2)$;  (2) $\lim\limits_{x\to 2}\dfrac{x^2-4}{x-2}$;  (3) $\lim\limits_{x\to -\infty} 2^x$;  (4) $\lim\limits_{x\to 2} x^2$.

### B. 一般题

2. 设函数 $f(x)=\begin{cases} x+1, & 0<x<1 \\ 2, & 1\leqslant x<2 \end{cases}$,求 $f(x)$在 $x=1$ 处的左、右极限并讨论 $f(x)$在 $x=1$ 处是否有极限存在.

3. 设函数 $f(x)=\begin{cases} x+3, & x<1 \\ 6x-2, & x\geqslant 1 \end{cases}$,求 $\lim\limits_{x\to 1^-} f(x)$和 $\lim\limits_{x\to 1^+} f(x)$,并判断$\lim\limits_{x\to 1} f(x)$是否存在?

4. 分析函数的变化趋势,并求极限

(1) $y=\dfrac{1}{x^3}\ (x\to\infty)$;  (2) $y=\sin x\left(x\to \dfrac{\pi}{2}\right)$

### C. 提高题

5. 证明极限$\lim\limits_{x\to 0}\dfrac{|x|}{x}$不存在.

## 1.4 无穷小与无穷大

在思考无穷时,人们常往大的方面考虑.而实际上,它涉及两个方向:绝对值朝大的和小的两种方向的无穷.朝大的方向的问题称为无穷大问题,朝小的方向的问题就是无穷小的问题.

无穷是一个抽象的说法,在有了极限概念之后,可以用极限来准确地定义这两个量,它们反映了自变量在某个变化过程中函数的两种特殊的变化趋势.

### 1.4.1　无穷小(量)

#### 1. 无穷小(量)的概念

在实际问题中,经常遇到以零为极限的变量.例如,单摆离开铅直位置而摆动,由于空气阻力和机械摩擦力的作用,它的振幅随着时间的增加而逐渐减小并趋近于零.又如,电容器放电时,其电压随着时间的增加而逐渐减小并趋近于零.

对于这样的变量,给出下面的定义:

**定义 1-4-1**　如果当 $x\to x_0$(或 $x\to\infty$)时,函数 $f(x)$的极限为 0,那么函数 $f(x)$称为当 $x\to x_0$(或 $x\to\infty$)时的**无穷小量**,简称为**无穷小**.

例如,$\lim\limits_{x\to1}(x-1)=0$,所以函数 $x-1$ 是当 $x\to1$ 时的无穷小;又如,$\lim\limits_{x\to\infty}\dfrac{1}{x}=0$,所以函数$\dfrac{1}{x}$是当 $x\to\infty$时的无穷小.

经常用希腊字母 $\alpha,\beta,\gamma$ 等来表示无穷小量.

**注意:**

(1) 切不可将无穷小与绝对值很小的数混为一谈,因为绝对值很小的数(如 0.00000001)当 $x\to x_0$(或 $x\to\infty$)时,其极限是这个常数本身,并不是零.

(2) 说一个函数 $f(x)$是无穷小,必须指明自变量 $x$ 的变化趋向.如函数 $x-1$ 是当 $x\to1$ 时的无穷小,而当 $x$ 趋向其他数值时,$x-1$ 就不是无穷小.

(3) 常数“0”是可以看成无穷小的唯一的常数,而无穷小不一定是常数“0”.

#### 2. 极限与无穷小的关系

**定理 1-4-1**　在自变量的同一变化过程 $x\to x_0$(或 $x\to\infty$)中,函数 $f(x)$的极限为 $A$ 的充要条件是 $f(x)=A+\alpha(x)$,其中 $\alpha(x)$是当 $x\to x_0$(或 $x\to\infty$)时的无穷小.

#### 3. 无穷小的性质

在自变量的同一变化过程中的无穷小具有以下性质:

**性质 1**　有限个无穷小的代数和仍是无穷小.

**性质 2**　有限个无穷小的乘积仍是无穷小.

**性质 3**　有界函数与无穷小的乘积仍是无穷小.

这些性质可以利用无穷小的定义和有界函数的定义来证明,这里从略.

**【例 1-4-1】**　求 $\lim\limits_{x\to0}x\sin\dfrac{1}{x}$.

**解**　当 $x\to0$ 时,因为$\lim\limits_{x\to0}x=0$,$\left|\sin\dfrac{1}{x}\right|\leqslant1$,即 $\sin\dfrac{1}{x}$是有界函数,根据无穷小的性质 3,可知$\lim\limits_{x\to0}x\sin\dfrac{1}{x}=0$.

### 1.4.2　无穷大

**定义 1-4-2**　如果当 $x\to x_0$(或 $x\to\infty$)时,函数 $f(x)$的绝对值无限增大,那么函数 $f(x)$称

为当 $x \to x_0$（或 $x \to \infty$）时的**无穷大量**，简称为**无穷大**.

**注** 函数 $f(x)$ 的绝对值无限增大表示 $f(x) \to \infty$（或 $\pm\infty$）. 如果 $\lim\limits_{\substack{x \to x_0 \\ (x \to \infty)}} f(x) = +\infty$，就说函数 $f(x)$ 是当 $x \to x_0$（或 $x \to \infty$）时的正无穷大；如果 $\lim\limits_{\substack{x \to x_0 \\ (x \to \infty)}} f(x) = -\infty$，就说函数 $f(x)$ 是当 $x \to x_0$（或 $x \to \infty$）时的负无穷大.

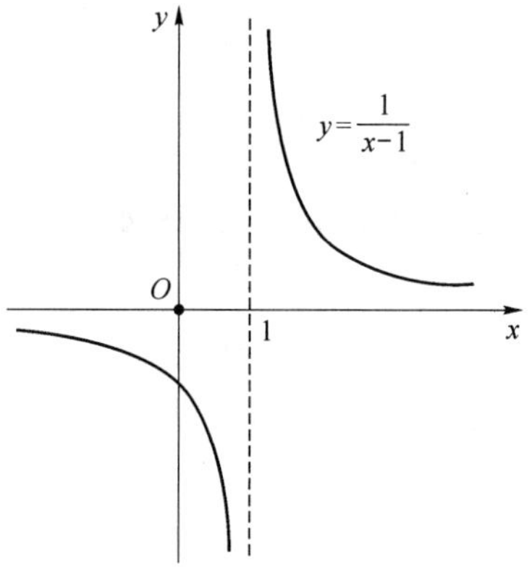


图 1-17

例如，函数 $f(x) = \dfrac{1}{x-1}$，当 $x \to 1$ 时，$\left|\dfrac{1}{x-1}\right|$ 无限增大，

所以 $\lim\limits_{x \to 1} \dfrac{1}{x-1} = \infty$，如图 1-17 所示.

在几何上，上式表明直线 $x=1$ 是曲线 $y=\dfrac{1}{x-1}$ 的铅垂渐近线.

一般地，若 $\lim\limits_{x \to x_0} f(x) = \infty$（$\lim\limits_{x \to x_0^-} f(x) = \infty$ 或 $\lim\limits_{x \to x_0^+} f(x) = \infty$），则直线 $x = x_0$ 是曲线 $y = f(x)$ 的铅垂渐近线.

又如，因 $\lim\limits_{x \to 0} \dfrac{1}{x} = \infty$，$\lim\limits_{x \to +\infty} e^x = +\infty$，$\lim\limits_{x \to 0^+} \ln x = -\infty$，故 $y = \dfrac{1}{x}$ 是当 $x \to 0$ 时的无穷大；$y = e^x$ 是当 $x \to +\infty$ 时的正无穷大；$y = \ln x$ 是当 $x \to 0^+$ 时的负无穷大.

**注意：**

（1）无穷大量是变量，一个不论多大的常数，例如：1000 万等都不能作为无穷大量.

（2）无穷大量与自变量的变化过程有关. 例如，当 $x \to \infty$ 时，$x^2$ 是无穷大量，而当 $x \to 0$ 时，$x^2$ 是无穷小量.

（3）两个无穷大量的商不一定是无穷大，两个无穷大量的和或差也不一定是无穷大量. 然而，两个正无穷大之和仍为正无穷大，两个负无穷大之和仍为负无穷大.

例如，$\lim\limits_{x \to \infty} \dfrac{x}{x} = 1$，　　$\lim\limits_{x \to \infty} [(1+x) - x] = 1$，　　$\lim\limits_{x \to +\infty} (e^x + x) = +\infty$.

无穷大与无穷小之间有一种简单的关系，即

**定理 1-4-2** 在自变量的同一变化过程中，如果 $f(x)$ 为无穷大，则 $\dfrac{1}{f(x)}$ 为无穷小；反之，若 $f(x)$ 为无穷小，且 $f(x) \neq 0$，则 $\dfrac{1}{f(x)}$ 为无穷大.

**【例 1-4-2】** 求极限 $\lim\limits_{x \to 1} \dfrac{1}{x^2 - 1}$.

**解** 因为 $\lim\limits_{x \to 1} (x^2 - 1) = 0$，所以 $\lim\limits_{x \to 1} \dfrac{1}{x^2 - 1} = \infty$.

### 1.4.3 无穷小的比较

由无穷小的性质可知，两个无穷小的和、差、积仍是无穷小. 但两个无穷小的商却会出现不同的情况. 例如，当 $x \to 0$ 时，$10x$、$3x$、$x^2$ 都是无穷小，而

$$\lim_{x \to 0} \frac{x^2}{3x} = 0, \quad \lim_{x \to 0} \frac{3x}{x^2} = \infty, \quad \lim_{x \to 0} \frac{3x}{10x} = \frac{3}{10}.$$

两个无穷小之比的极限的各种不同情况，反映不同的无穷小趋向于零的相对“快慢”程度．就上面几个例子来说，在 $x\to 0$ 的过中，$x^2\to 0$ 比 $3x\to 0$“快些”，反过来，$3x\to 0$ 比 $x^2\to 0$“慢些”，而 $3x\to 0$ 与 $10x\to 0$“快慢相仿”．

为说明两个无穷小相比较的差异，给出如下定义：

**定义 1-4-3**　设 $\alpha$ 和 $\beta$ 都是在自变量的同一变化过程中的无穷小．

如果 $\lim\dfrac{\beta}{\alpha}=0$，就说 $\beta$ 是比 $\alpha$ **高阶的无穷小**，记作 $\beta=o(\alpha)$；

如果 $\lim\dfrac{\beta}{\alpha}=\infty$，就说 $\beta$ 是比 $\alpha$ **低阶的无穷小**；

如果 $\lim\dfrac{\beta}{\alpha}=c\neq 0$，就说 $\beta$ 是与 $\alpha$ **同阶的无穷小**；

如果 $\lim\dfrac{\beta}{\alpha}=1$，就说 $\beta$ 是与 $\alpha$ **等价的无穷小**，记作 $\alpha\sim\beta$.

显然，等价无穷小是同阶无穷小的特殊情形，即 $c=1$ 的情形．

**【例 1-4-3】**　当 $x\to 0$ 时，比较无穷小 $x^4$ 与 $x^2$ 的阶．

**解**　因 $\lim\limits_{x\to 0}\dfrac{x^4}{x^2}=\lim\limits_{x\to 0}x^2=0$，故当 $x\to 0$ 时，$x^4$ 为较 $x^2$ 高阶无穷小，即 $x^4=o(x^2)$，反之，$x^2$ 为较 $x^4$ 低阶无穷小．

**【例 1-4-4】**　当 $x\to 2$ 时，比较无穷小 $x^2-4$ 与 $x-2$ 的阶．

**解**　因 $\lim\limits_{x\to 2}\dfrac{x^2-4}{x-2}=\lim\limits_{x\to 2}(x+2)=4$，故当 $x\to 2$ 时，$x^2-4$ 与 $x-2$ 为同阶无穷小．

## 习题 1-4

1. 下列函数中哪些是无穷小？哪些是无穷大？

(1) $100x^2(x\to 0)$；　　(2) $100x^2(x\to\infty)$；

(3) $x^2+0.01(x\to 0)$；　　(4) $x^2+0.01(x\to\infty)$.

2. 当 $x\to 1$ 时，无穷小 $1-x^2$ 与下列无穷小是否同阶？是否等价？

(1) $1-x$；　　(2) $2(1-x)$.

## 1.5　极限的运算法则

本节讨论极限的求法，主要介绍函数极限的四则运算法则，利用这些法则，可以求出某些函数的极限，以后我们还将介绍求函数极限的其他方法．

### 1.5.1　极限的四则运算法则

在下面的讨论中，记号 lim 下面没有标明自变量的变化过程，实际上，下面的结论对 $x\to x_0$ 和 $x\to\infty$ 都是成立的．

**定理 1-5-1**　设 $\lim f(x)=A$，$\lim g(x)=B$，则

(1) $\lim(f(x)\pm g(x))=\lim f(x)\pm\lim g(x)=A\pm B$;

(2) $\lim(f(x)g(x))=\lim f(x)\cdot\lim g(x)=AB$;

(3) 当 $\lim g(x)=B\neq 0$ 时，$\lim\dfrac{f(x)}{g(x)}=\dfrac{\lim f(x)}{\lim g(x)}=\dfrac{A}{B}$.

**推论 1** 若 $\lim f(x)=A$，则

(1) $\lim[f(x)]^n=[\lim f(x)]^n=A^n$，$n$ 为正整数.

(2) $\lim cf(x)=cA$，其中 $c$ 是常数.

**注意：**

(1) 在使用这些法则时要求每个参与极限运算的函数的极限必须存在；

(2) 商的极限运算法则有个前提，作为分母的函数的极限不能为零.

当上面的条件不具备时，不能使用极限的四则运算法则.

### 1.5.2 当 $x\to x_0$ 时有理分式函数的极限

**【例 1-5-1】** 求$\lim\limits_{x\to 1}\dfrac{x^3+5x}{x^2-4x+1}$.

**解** 因为分母的极限$\lim\limits_{x\to 1}(x^2-4x+1)=1^2-4\times1+1=-2\neq 0$，所以

$$\lim_{x\to 1}\frac{x^3+5x}{x^2-4x+1}=\frac{\lim\limits_{x\to 1}(x^3+5x)}{\lim\limits_{x\to 1}(x^2-4x+1)}=\frac{1^3+5\times1}{1^2-4\times1+1}=\frac{6}{-2}=-3$$

**【例 1-5-2】** 求$\lim\limits_{x\to 1}\dfrac{2x}{x^2-5x+4}$.

**解** $x\to 1$ 时，分母的极限是零，分子的极限是 2. 不能用关于商的极限的定理将分子、分母分别取极限来计算. 但因

$$\lim_{x\to 1}\frac{x^2-5x+4}{2x}=\frac{0}{2}=0$$

故由 1.4 中的定理 1-4-2 得 $\lim\limits_{x\to 1}\dfrac{2x}{x^2-5x+4}=\infty$.

**【例 1-5-3】** 求$\lim\limits_{x\to 3}\dfrac{x-3}{x^2-9}$.

**解** $x\to 3$ 时，分子分母的极限都是零，不能用关于商的极限的定理将分子、分母分别取极限来计算. 因分子分母有公因式 $x-3$，而当 $x\to 3$ 时，$x\neq 3$，$x-3\neq 0$，可约去这个不为零的公因子. 所以

$$\lim_{x\to 3}\frac{x-3}{x^2-9}=\lim_{x\to 3}\frac{1}{x+3}=\frac{1}{6}$$

对于 $x\to x_0$ 时有理分式函数的极限，我们通常用这种因式分解约去零因子的方法.

### 1.5.3 当 $x\to\infty$ 时有理分式函数的极限

**【例 1-5-4】** 求$\lim\limits_{x\to\infty}\dfrac{2x^3+3x^2-5}{6x^3-5x+7}$.

**解** 当 $x\to\infty$ 时，分子分母的极限都是$\infty$，而$\infty$不是有限数，故不能用关于商的极限的定理将分子、分母分别取极限来计算. 在这里我们先用 $x^3$ 去除分子及分母，然后取极限：

$$\lim_{x\to\infty}\frac{2x^3+3x^2-5}{6x^3-5x+7}=\lim_{x\to\infty}\frac{2+\frac{3}{x}-\frac{5}{x^3}}{6-\frac{5}{x^2}+\frac{7}{x^3}}=\frac{2}{6}=\frac{1}{3}$$

**【例 1-5-5】** 求$\lim\limits_{x\to\infty}\dfrac{2x^2-x+3}{4x^3+x^2-2}$.

**解** 先用 $x^3$ 去除分子及分母,然后取极限得

$$\lim_{x\to\infty}\frac{2x^2-x+3}{4x^3+x^2-2}=\lim_{x\to\infty}\frac{\frac{2}{x}-\frac{1}{x^2}+\frac{3}{x^3}}{4+\frac{1}{x}-\frac{2}{x^3}}=\frac{0}{4}=0$$

**【例 1-5-6】** 求$\lim\limits_{x\to\infty}\dfrac{4x^3+x^2-2}{2x^2-x+3}$.

**解** 应用【例 1-5-5】的结果并根据 1.4 中定理 1-4-2,即得

$$\lim_{x\to\infty}\frac{4x^3+x^2-2}{2x^2-x+3}=\infty$$

当 $a_0\neq0,b_0\neq0,m$ 和 $n$ 为非负整数时有下列结论成立:

$$\lim_{x\to\infty}\frac{a_0x^m+a_1x^{m-1}+\cdots+a_m}{b_0x^n+b_1x^{n-1}+\cdots+b_n}=\begin{cases}\dfrac{a_0}{b_0}, & 当\ n=m\\ 0, & 当\ n>m\\ \infty, & 当\ n<m.\end{cases}$$

### 1.5.4 特例

**【例 1-5-7】** 求$\lim\limits_{x\to1}\left(\dfrac{1}{1-x}-\dfrac{3}{1-x^3}\right)$.

分析 当 $x\to1$ 时,上式两项极限都是$\infty$,所以不能用差的极限运算法则,但先通分再求极限.

**解**

$$\begin{aligned}\lim_{x\to1}\left(\frac{1}{1-x}-\frac{3}{1-x^3}\right)&=\lim_{x\to1}\left(\frac{1+x+x^2-3}{1-x^3}\right)\\&=\lim_{x\to1}\frac{(x-1)(x+2)}{(1-x)(1+x+x^2)}\\&=\lim_{x\to1}\frac{-(x+2)}{1+x+x^2}=-1\end{aligned}$$

**【例 1-5-8】** 求$\lim\limits_{x\to0}\dfrac{\sqrt{1+x^2}-1}{x^2}$.

**解** $\lim\limits_{x\to0}\dfrac{\sqrt{1+x^2}-1}{x^2}$

$$\begin{aligned}&=\lim_{x\to0}\frac{\left(\sqrt{1+x^2}-1\right)\cdot\left(\sqrt{1+x^2}+1\right)}{x^2\left(\sqrt{1+x^2}+1\right)}\\&=\lim_{x\to0}\frac{x^2}{x^2\left(\sqrt{1+x^2}+1\right)}\\&=\lim_{x\to0}\frac{1}{\sqrt{1+x^2}+1}\\&=\frac{1}{2}\end{aligned}$$

# 习题 1-5

## A. 基本题

1. 求下列函数的极限.

(1) $\lim\limits_{x\to 0}(3x^2-5x+2)$； (2) $\lim\limits_{x\to\sqrt{3}}\dfrac{x^2-3}{x^4+x^2+1}$； (3) $\lim\limits_{x\to 0}(1-\dfrac{2}{x-3})$；

(4) $\lim\limits_{x\to 2}\dfrac{x^2-3}{x-2}$； (5) $\lim\limits_{x\to 1}\dfrac{x^2-1}{2x^2-x-1}$

## B. 一般题

2. 求下列函数的极限.

(1) $\lim\limits_{x\to 2}\dfrac{x^2+5}{x-3}$； (2) $\lim\limits_{x\to 1}\dfrac{x}{1-x}$；

(3) $\lim\limits_{x\to 4}\dfrac{x^2-6x+8}{x^2-5x+4}$； (4) $\lim\limits_{x\to 4}\dfrac{x^2-2x+1}{x^3-x}$；

(5) $\lim\limits_{x\to\infty}\dfrac{x^3+x}{x^4-3x^2+1}$； (6) $\lim\limits_{x\to\infty}\dfrac{x^3+2x-5}{x+7}$；

(7) $\lim\limits_{x\to\infty}\dfrac{-3x^3+x+1}{3x^3+x^2+1}$； (8) $\lim\limits_{x\to\infty}\dfrac{\sqrt[3]{x^2+x}}{x+2}$；

(9) $\lim\limits_{x\to\infty}\dfrac{x^2+x+1}{(x-1)^2}$； (10) $\lim\limits_{x\to\infty}\dfrac{(3x-1)^3(1-2x)^8}{(2x+1)^{11}}$.

## C. 提高题

3. 已知$\lim\limits_{x\to 1}\dfrac{x^2+ax+b}{1-x}=5$，求 $a,b$ 的值.

# 1.6 两个重要极限

这一节里，将讨论以下两个重要的极限：

$$\lim_{x\to 0}\frac{\sin x}{x}=1 \text{ 及 } \lim_{x\to\infty}(1+\frac{1}{x})^x=\mathrm{e}$$

## 1.6.1 极限存在的两个准则

**准则 Ⅰ (夹逼准则)** 在自变量的同一变化过程中，如果函数 $f(x)$，$g(x)$，$h(x)$总满足

(1) $g(x)\leqslant f(x)\leqslant h(x)$；

(2) $\lim g(x)=\lim h(x)=A$；

则 $\lim f(x)=A$.

**准则Ⅱ(单调有界准则)**　如果数列 $x_n=f(n)$ 是单调有界的,则 $\lim\limits_{n\to\infty}f(n)$ 一定存在.

### 1.6.2　两个重要极限

**1. $\lim\limits_{x\to 0}\dfrac{\sin x}{x}=1$**

由图 1-18 可以直观地看出,当 $x\to 0$ 时,函数 $\dfrac{\sin x}{x}\to 1$.

作为准则Ⅰ的应用,下面来严格证明极限 $\lim\limits_{x\to 0}\dfrac{\sin x}{x}=1$.

**证**　作如图 1-19 所示的单位圆,设圆心角 $\angle AOB=x\left(0<x<\dfrac{\pi}{2}\right)$,点 $A$ 处的切线与 $OB$ 延长线相交于 $D$,又 $BC\perp OA$,则 $\sin x=BC$,$AB$ 的弧长为 $x$,$\tan x=AD$.

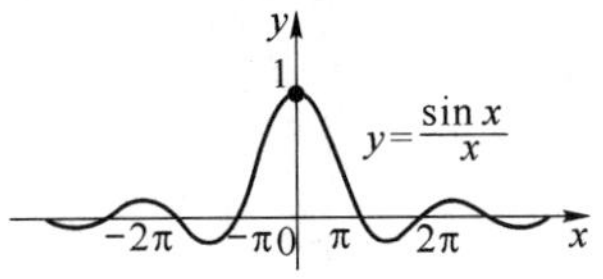


图 1-18

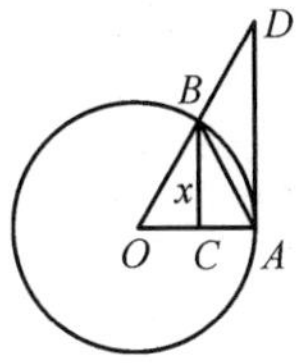


图 1-19

因为　　$\triangle AOB$ 的面积<扇形 $AOB$ 的面积<$\triangle AOD$ 的面积,

所以　　$\dfrac{1}{2}\sin x<\dfrac{1}{2}x<\dfrac{1}{2}\tan x$,即 $\sin x<x<\tan x$.

除以 $\sin x$,就有 $1<\dfrac{x}{\sin x}<\dfrac{1}{\cos x}$,从而

$$\cos x<\frac{\sin x}{x}<1$$

因为上式中的三个函数都是偶函数,所以上面的不等式对于开区间 $\left(-\dfrac{\pi}{2},0\right)$ 内的一切 $x$ 也是成立的.

而当 $x\to 0$ 时,$\lim\limits_{x\to 0}\cos x=1$,$\lim\limits_{x\to 0}1=1$,由准则Ⅰ即得 $\lim\limits_{x\to 0}\dfrac{\sin x}{x}=1$.

**【例 1-6-1】**　求 $\lim\limits_{x\to 1}\dfrac{\sin(x-1)}{x-1}$.

**解**　令 $u=x-1$,当 $x\to 1$ 时,$u=x-1\to 0$

于是有

$$\lim_{x\to 1}\frac{\sin(x-1)}{x-1}=\lim_{u\to 0}\frac{\sin u}{u}=1$$

**【例 1-6-2】**　求 $\lim\limits_{x\to 0}\dfrac{\sin kx}{x}$,$k\neq 0$.

**解**　　令 $t=kx$,则当 $x\to 0$ 时,$t\to 0$.

$$\lim_{x\to 0}\frac{\sin kx}{x}=\lim_{t\to 0}\frac{\sin t}{\frac{t}{k}}=k\lim_{t\to 0}\frac{\sin t}{t}=k$$

当熟练之后可不必引入中间变量,第一个重要公式的一般形式

$$\lim_{\square\to 0}\frac{\sin\square}{\square}=1\quad \text{其中}\square\text{表示关于 } x \text{ 的函数}$$

【例 1-6-2】 计算时可以省略 $t$,直接写成

$$\lim_{x\to 0}\frac{\sin kx}{x}=\lim_{x\to 0}k\cdot\frac{\sin kx}{kx}=k\lim_{x\to 0}\frac{\sin kx}{kx}=k$$

【例 1-6-3】 求$\lim\limits_{x\to 0}\dfrac{\tan x}{x}$.

解 $$\lim_{x\to 0}\frac{\tan x}{x}=\lim_{x\to 0}\left(\frac{\sin x}{x}\cdot\frac{1}{\cos x}\right)=\lim_{x\to 0}\frac{\sin x}{x}\cdot\lim_{x\to 0}\frac{1}{\cos x}=1$$

【例 1-6-4】 求$\lim\limits_{x\to 0}\dfrac{1-\cos x}{x^2}$.

解 $$\lim_{x\to 0}\frac{1-\cos x}{x^2}=\lim_{x\to 0}\frac{2\sin^2\frac{x}{2}}{x^2}=\lim_{x\to 0}\frac{1}{2}\cdot\frac{\sin^2\left(\frac{x}{2}\right)}{\left(\frac{x}{2}\right)^2}=\frac{1}{2}\lim_{x\to 0}\left(\frac{\sin\frac{x}{2}}{\frac{x}{2}}\right)^2=\frac{1}{2}\times 1^2=\frac{1}{2}.$$

【例 1-6-5】 求$\lim\limits_{n\to\infty}n\sin\dfrac{\pi}{n}$.

解 当 $n\to\infty$时,有$\dfrac{\pi}{n}\to 0$,因此

$$\lim_{n\to\infty}n\sin\frac{\pi}{n}=\lim_{n\to\infty}\pi\frac{\sin\frac{\pi}{n}}{\frac{\pi}{n}}=\pi\times 1=\pi$$

**2. $\lim\limits_{x\to\infty}\left(1+\dfrac{1}{x}\right)^x=e$**

**引例** 在经济学中,复利计息问题是一个重要的概念. 所谓复利计息问题,就是将前一期的利息与本金之和作为后一期的本金,然后反复计息. 设本金为 $p$,年利率为 $r$,一年后的本利和为 $s_1$,则

$$s_1=p+pr=p(1+r)$$

把 $s_1$ 作为本金存入,第二年末的本利和为

$$s_2=s_1+s_1r=s_1(1+r)=p(1+r)^2$$

再把 $s_2$ 存入,如此反复,第 $n$ 年末的本利和为

$$s_n=p(1+r)^n$$

这就是以年为期的复利公式.

若把一年均分为 $t$ 期计息,这样每期利率可以认为是$\dfrac{r}{t}$,于是 $n$ 年的本利和为

$$s_n=p\left(1+\frac{r}{t}\right)^m,m=nt$$

假设计息期无限缩短,则期数无限增大,如何得到计算复利公式呢? 这就需要用到第二个重要极限公式.

这里不加证明地给出第二个重要极限:$\lim\limits_{x\to\infty}\left(1+\dfrac{1}{x}\right)^x=\mathrm{e}$ 或$\lim\limits_{x\to 0}(1+x)^{\frac{1}{x}}=\mathrm{e}$.

**【例 1-6-6】** 求$\lim\limits_{x\to\infty}\left(1+\frac{2}{x}\right)^{x}$.

**解** 令 $u=\frac{2}{x}$,当 $x\to\infty$时,$u\to 0$

于是有

$$\lim_{x\to\infty}\left(1+\frac{2}{x}\right)^{x}=\lim_{u\to 0}(1+u)^{\frac{2}{u}}=[\lim_{u\to 0}(1+u)^{\frac{1}{u}}]^{2}=e^{2}.$$

**【例 1-6-7】** 求$\lim\limits_{x\to\infty}\left(1-\frac{1}{x}\right)^{x}$

**解** $u=-\frac{1}{x}$,当 $x\to\infty$时,$u\to 0$,于是有

$$\lim_{x\to\infty}\left(1-\frac{1}{x}\right)^{x}=\lim_{u\to 0}(1+u)^{-\frac{1}{u}}=[\lim_{u\to 0}(1+u)^{\frac{1}{u}}]^{-1}=e^{-1}$$

熟练之后可不引入新变量,而抓住第二个重要极限的实质,有

$$\lim_{\square\to 0}(1+\square)^{\frac{1}{\square}}=e \quad 或 \quad \lim_{\square\to\infty}\left(1+\frac{1}{\square}\right)^{\square}=e$$

**【例 1-6-8】** 求$\lim\limits_{x\to\infty}\left(1+\frac{1}{x}\right)^{x+5}$.

**解** $\lim\limits_{x\to\infty}\left(1+\frac{1}{x}\right)^{x+5}=\lim\limits_{x\to\infty}\left(1+\frac{1}{x}\right)^{x}\cdot\left(1+\frac{1}{x}\right)^{5}$

$=\lim\limits_{x\to\infty}\left(1+\frac{1}{x}\right)^{x}\cdot\lim\limits_{x\to\infty}\left(1+\frac{1}{x}\right)^{5}=e\times 1^{5}=e$

**【例 1-6-9】** 求$\lim\limits_{x\to 0}(1+2x)^{\frac{1}{x}}$.

**解** $\lim\limits_{x\to 0}(1+2x)^{\frac{1}{x}}=\lim\limits_{x\to 0}[(1+2x)^{\frac{1}{2x}}]^{2}=e^{2}$

**【例 1-6-10】** 求$\lim\limits_{x\to\infty}\left(1+\frac{1}{2x}\right)^{x}$.

**解** $\lim\limits_{x\to\infty}\left(1+\frac{1}{2x}\right)^{x}=\lim\limits_{x\to\infty}\left[\left(1+\frac{1}{2x}\right)^{2x}\right]^{\frac{1}{2}}=e^{\frac{1}{2}}$

在上述介绍复利公式时,提到假设计息期无限缩短,则期数无限增大(即 $t\to\infty$),那么如何列出和计算连续复利的复利公式呢?现在我们可以利用极限的知识和第二个重要极限公式来解决.

因计息期无限缩短,则期数 $t\to\infty$,于是得到计算连续复利的复利公式为

$$s_n=\lim_{t\to\infty}p\left(1+\frac{r}{t}\right)^{nt}=p\lim_{t\to\infty}\left(1+\frac{r}{t}\right)^{nt}=pe^{rn}$$

### 1.6.3 利用等价无穷小代换求极限

前面我们求出了一些极限,如$\lim\limits_{x\to 0}\frac{\sin x}{x}=1$,$\lim\limits_{x\to 0}\frac{\tan x}{x}$等,从这些极限中可以得出

$$\sin x\sim x(当\ x\to 0\ 时);\ \tan x\sim x(当\ x\to 0\ 时).$$

关于等价无穷小,有一个非常的重要性质,

**定理 1-6-1** [等价无穷小代换] 设 $\alpha\sim\alpha'$, $\beta\sim\beta'$ ,且 $\lim\frac{\beta'}{\alpha'}$存在,则

$$\lim\frac{\beta}{\alpha}=\lim\frac{\beta'}{\alpha'}$$

**证** $\lim\frac{\beta}{\alpha}=\lim\frac{\beta}{\beta'}\cdot\frac{\beta'}{\alpha'}\cdot\frac{\alpha'}{\alpha}=\lim\frac{\beta}{\beta'}\lim\frac{\beta'}{\alpha'}\lim\frac{\alpha'}{\alpha}=\lim\frac{\beta'}{\alpha'}$.

这个定理通常称为等价无穷小代换定理,利用这个性质,求两个无穷小之比的极限时,分子及分母都可用等价无穷小来代替,更进一步,分子及分母中的无穷小乘积因子也可用等价无穷小来代替.因此,如果用来代替的无穷小选得适当的话,可使计算简化.

下面再给出一些当 $x\to 0$ 时的等价无穷小(证略).

$$\arcsin x\sim x;\qquad \arctan x\sim x;\qquad 1-\cos x\sim\frac{x^2}{2};$$

$$\sqrt[n]{1+x}-1\sim\frac{x}{n};\qquad \ln(1+x)\sim x;\qquad e^x-1\sim x.$$

**【例 1-6-11】** 求 $\lim\limits_{x\to 0}\frac{\tan 2x}{\sin 3x}$.

**解** 当 $x\to 0$ 时,$\tan 2x\sim 2x$,$\sin 3x\sim 3x$,所以

$$\lim_{x\to 0}\frac{\tan 2x}{\sin 3x}=\lim_{x\to 0}\frac{2x}{3x}=\frac{2}{3}$$

**【例 1-6-12】** 求 $\lim\limits_{x\to 0}\frac{\sin^2 5x}{x\sin 2x}$.

**解** 当 $x\to 0$ 时,$\sin 5x\sim 5x$,$\sin 2x\sim 2x$,所以

$$\lim_{x\to 0}\frac{\sin^2 5x}{x\sin 2x}=\lim_{x\to 0}\frac{(5x)^2}{x\cdot 2x}=\frac{25}{2}$$

**注意**:只有当分子或分母为函数的连乘积时,各个乘积因子才可以分别用它们的等价无穷小量代换.而对于和或差中的函数,一般不能分别用等价无穷小量代换.例如:

$$\lim_{x\to 0}\frac{\tan x-\sin x}{\sin^3 x}=\lim_{x\to 0}\frac{x-x}{x^3}=\lim_{x\to 0}0=0$$ 是不正确的.正确做法如下:

$$\lim_{x\to 0}\frac{\tan x-\sin x}{\sin^3 x}=\lim_{x\to 0}\frac{1-\cos x}{\cos x\cdot\sin^2 x}=\lim_{x\to 0}\frac{\frac{x^2}{2}}{\cos x\cdot x^2}=\frac{1}{2}\lim_{x\to 0}\frac{1}{\cos x}=\frac{1}{2}$$

**【研讨题】**各位同学可否试用极限论的方法证明刘徽的“割圆术”,并计算圆周长?

# 习题 1-6

## A. 基本题

1. 求下列函数的极限.

(1) $\lim\limits_{x\to 0}\frac{\sin\frac{3x}{2}}{x}$;  (2) $\lim\limits_{x\to\infty}x\sin\frac{2}{x}$;  (3) $\lim\limits_{x\to 0}\frac{x}{x+\sin x}$;  (4) $\lim\limits_{x\to\infty}(1-\frac{1}{2x})^x$;

(5) $\lim\limits_{x\to 0}(1+2x)^{\frac{1}{x}}$.

## B. 一般题

2. 求下列函数的极限.

(1) $\lim\limits_{x\to 0}\frac{\sin 2x}{\sin 5x}$;  (2) $\lim\limits_{x\to 0}\frac{x}{4\sin 4x}$;  (3) $\lim\limits_{x\to\infty}\left(\frac{x+5}{x}\right)^x$;  (4) $\lim\limits_{x\to\infty}\left(1+\frac{1}{3x}\right)^x$;

(5) $\lim\limits_{x\to\infty}\left(1-\dfrac{3}{x}\right)^{x}$；　(6) $\lim\limits_{x\to\infty}\left(1+\dfrac{1}{x}\right)^{x+2}$；　(7) $\lim\limits_{x\to0}(1+x)^{\frac{1}{\sin x}}$；　(8) $\lim\limits_{n\to\infty}n\sin\dfrac{x}{n}$.

**C. 提高题**

3. 利用等价无穷小的性质求下列函数的极限.

(1) $\lim\limits_{x\to0}\dfrac{1-\cos 5x}{\sin x^2}$；　(2) $\lim\limits_{x\to0^+}\dfrac{\sin 3x}{\sqrt{1-\cos x}}$.

# 1.7　函数的连续性

在生活中有许多连续变化的现象，如物体运动的速率、气温的变化等，这些现象反映到数学上就形成了连续的概念. 在微分学中，连续的概念是与极限概念紧密相关的一个基本概念，在几何图形上表示一条连续不断开的曲线. 讨论函数的连续性对研究变量在局部变化的性态有重要的意义.

## 1.7.1　函数的连续性

下面先引入增量的概念，然后给出函数连续的定义.

**1. 函数的增量**

**定义 1-7-1**　设函数 $y=f(x)$在点 $x_0$ 的某一邻域内有定义，当自变量从初值 $x_0$ 变到终值 $x$，对应的函数值也由 $f(x_0)$变到 $f(x)$，则自变量的终值与初值的差 $x-x_0$，称为**自变量的增量**，记作 $\Delta x$，即 $\Delta x=x-x_0$；而函数的终值与初值的差 $f(x)-f(x_0)$，称为**函数的增量**，记作 $\Delta y$，即

$$\Delta y=f(x)-f(x_0)$$

由于 $\Delta x=x-x_0$，自变量的终值 $x=x_0+\Delta x$，所以函数的增量可表示为

$$\Delta y=f(x_0+\Delta x)-f(x_0)$$

应当注意：增量记号 $\Delta x$，$\Delta y$ 是不可分割的整体，都是代数量，可正可负.

例如，当 $x<x_0$ 时，就有 $\Delta x<0$. 函数增量的几何解释如图 1-20 所示. 从图可见，当自变量的增量 $\Delta x$ 变化时，相应的函数的增量 $\Delta y$ 一般也随着改变.

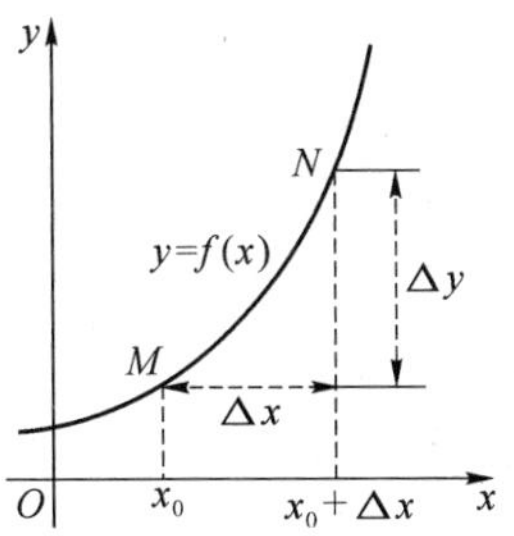


图 1-20

**【例 1-7-1】**　设 $y=f(x)=3x^2-1$，求适合下列条件的自变量的增量 $\Delta x$ 和相应的函数的增量 $\Delta y$.

(1) 当 $x$ 由 1 变到 1.5；　(2) 当 $x$ 由 1 变到 $1+\Delta x$.

**解**　(1) $\Delta x=1.5-1=0.5$，$\Delta y=f(1.5)-f(1)=5.75-2=3.75$.

(2) 自变量的增量为 $1+\Delta x-1=\Delta x$，函数的增量

$$\Delta y=f(1+\Delta x)-f(1)=[3(1+\Delta x)^2-1]-2=6\Delta x+3(\Delta x)^2$$

**2. 函数的连续性**

我们知道人体的高度 $h$ 是时间 $t$ 的函数 $h(t)$，而且 $h$ 随着 $t$ 的变化而连续变化. 即当时间

$t$ 的变化很微小时，人的高度的变化也很微小，即当 $\Delta t\to 0$ 时，$\Delta h\to 0$. 由此可以看出，函数在某点连续具有以下数学特征：

$$\lim_{\Delta x\to 0}\Delta y=0$$

据此给出定义：

**定义 1-7-2** 设函数 $y=f(x)$ 在点 $x_0$ 的某一邻域内有定义，如果当自变量在 $x_0$ 的增量 $\Delta x=x-x_0$ 趋近于零时，函数的增量 $\Delta y=f(x_0+\Delta x)-f(x_0)$ 也趋近于零，即

$$\lim_{\Delta x\to 0}\Delta y=\lim_{\Delta x\to 0}[f(x_0+\Delta x)-f(x_0)]=0$$

则称函数 $y=f(x)$ **在点** $x_0$ **处连续**.

由于 $\Delta x=x-x_0$，$\Delta y=f(x)-f(x_0)$，当 $\Delta x\to 0$ 时，$x\to x_0$，所以 $y=f(x)$ 在点 $x_0$ 处连续也可写成

$$\lim_{x\to x_0}[f(x)-f(x_0)]=0 \quad 即 \lim_{x\to x_0}f(x)=f(x_0)$$

因此，函数 $y=f(x)$ 在点 $x_0$ 处连续的定义又可叙述如下：

**定义 1-7-3** 设函数 $y=f(x)$ 在点 $x_0$ 的某一邻域内有定义，如果当 $x\to x_0$ 时，函数 $f(x)$ 的极限存在，且等于它在点 $x_0$ 的函数值 $f(x_0)$，即

$$\lim_{x\to x_0}f(x)=f(x_0)$$

则称**函数** $y=f(x)$ **在点** $x_0$ **处连续**.

如果 $\lim\limits_{x\to x_0^+}f(x)=f(x_0)$，则称函数 $y=f(x)$ 在点 $x_0$ 处**右连续**；

如果 $\lim\limits_{x\to x_0^-}f(x)=f(x_0)$，则称函数 $y=f(x)$ 在点 $x_0$ 处**左连续**；

显然，函数 $y=f(x)$ 在点 $x_0$ 处连续的充要条件是函数 $y=f(x)$ 在点 $x_0$ 处左、右都连续.

**【例 1-7-2】** 设函数 $f(x)=\begin{cases}x^2-1, & x<0,\\ x^2+1, & x\geqslant 0.\end{cases}$ 讨论 $f(x)$ 在点 $x=0$ 处的连续性.

**解** 这是分段函数，$x=0$ 是其分段点. 因 $f(0)=1$，又

$$\lim_{x\to x_0^-}f(x)=\lim_{x\to 0^-}(x^2-1)=-1,\quad \lim_{x\to x_0^+}f(x)=\lim_{x\to 0^+}(x^2+1)=1$$

所以函数在点 $x=0$ 处右连续，但左不连续，从而它在点 $x=0$ 处不连续.

函数在一点连续的定义很自然地可以推广到一个区间上.

如果函数 $y=f(x)$ 在开区间 $(a,b)$ 内的每一点都连续，则称函数 $y=f(x)$ 在**开区间** $(a,b)$ **内连续**；

如果函数 $y=f(x)$ 在闭区间 $[a,b]$ 上有定义，在区间 $(a,b)$ 内连续，且在右端点左连续，在左端点右连续，则称函数 $y=f(x)$ 在**闭区间** $[a,b]$ **上连续**.

连续函数的图形是一条连续而不间断的曲线.

### 1.7.2 初等函数的连续性

由连续函数定义可得出以下结论：

(1) 若函数 $f(x)$ 在点 $x_0$ 处连续，则 $f(x)$ 在点 $x_0$ 处的极限一定存在；反之，若 $f(x)$ 在点 $x_0$ 处的极限存在，则函数 $f(x)$ 在点 $x_0$ 处不一定连续，如：$f(x)=\dfrac{\sin x}{x}$ 在 $x=0$ 处.

(2) 若函数 $f(x)$ 在点 $x_0$ 处连续，要求 $x\to x_0$ 时 $f(x)$ 的极限，只需求出 $f(x)$ 在点 $x_0$ 处的

函数值 $f(x_0)$ 即可.

(3) 当函数 $y=f(x)$ 在点 $x_0$ 处连续时,有 $\lim\limits_{x\to x_0}f(x)=f(x_0)=f(\lim\limits_{x\to x_0}x)$.

这一等式意味着在函数连续的前提下,极限符号与函数符号可以互换.

由连续的定义及极限的运算和复合函数的极限运算法则,容易证明得到连续函数以下性质:

(1) 若函数 $f(x)$ 与 $g(x)$ 在点 $x_0$ 处连续,则 $f(x)\pm g(x)$、$f(x)g(x)$、$\dfrac{f(x)}{g(x)}$(当 $g(y)\neq 0$ 时)在点 $x_0$ 处连续.

(2) 设函数 $u=\varphi(x)$ 在点 $x_0$ 处连续 $y=f(u)$ 在点 $u_0$ 处连续,且 $u_0=\varphi(x_0)$,则复合函数 $y=f[\varphi(x)]$ 在点 $x_0$ 处连续.

由第 1 章基本初等函数的图像在其定义域内都是连续的曲线,故基本初等函数在其定义域内都是连续的.由连续函数的上述两个性质,得到下列重要的结论:**初等函数在其定义区间内都是连续的.**

由此可得,初等函数在其定义区间内任一点处的极限值等于该点处的函数值.

【例 1-7-3】 求 $\lim\limits_{x\to 2}\dfrac{x^2+5}{x-3}$.

**解** $\lim\limits_{x\to 2}\dfrac{x^2+5}{x-3}=\dfrac{2^2+5}{2-3}=-9$

【例 1-7-4】 求 $\lim\limits_{x\to\frac{\pi}{2}}\dfrac{\ln(1+\cos x)}{\sin x}$.

**解** 因为函数 $f(x)=\dfrac{\ln(1+\cos x)}{\sin x}$ 是初等函数,且 $x=\dfrac{\pi}{2}$ 属于其定义区间,所以

$$\lim_{x\to\frac{\pi}{2}}\frac{\ln(1+\cos x)}{\sin x}=\frac{\ln\left(1+\cos\frac{\pi}{2}\right)}{\sin\frac{\pi}{2}}=\frac{\ln(1+0)}{1}=0$$

【例 1-7-5】 求 $\lim\limits_{x\to 0}\dfrac{\ln(1+x)}{x}$.

**解** $y=\dfrac{\ln(1+x)}{x}=\ln(1+x)^{\frac{1}{x}}$ 由 $y=\ln u,u=(1+x)^{\frac{1}{x}}$ 复合而成,

因为 $\lim\limits_{x\to 0}(1+x)^{\frac{1}{x}}=\mathrm{e}$,而函数 $y=\ln u$ 在 $u=\mathrm{e}$ 连续,所以

$$\lim_{x\to 0}\frac{\ln(1+x)}{x}=\lim_{x\to 0}\ln(1+x)^{\frac{1}{x}}=\ln[\lim_{x\to 0}(1+x)^{\frac{1}{x}}]=\ln \mathrm{e}=1$$

### 1.7.3 函数的间断点

若函数 $f(x)$ 在点 $x_0$ 不满足连续的定义,则称点 $x_0$ 为函数 $f(x)$ 的**不连续点或间断点**.

若 $x_0$ 为函数 $f(x)$ 的间断点,按连续的定义,所有可能的情形有以下三种:

(1) $f(x)$ 虽然在点 $x_0$ 的左右近旁有定义,但在点 $x_0$ 无定义;

(2) $\lim\limits_{x\to x_0}f(x)$ 不存在;

(3) 虽 $f(x_0)$ 及 $\lim\limits_{x\to x_0}f(x)$ 都存在,但 $\lim\limits_{x\to x_0}f(x)\neq f(x_0)$.

例如,下面三个函数在 $x=1$ 都不连续.

(1) 函数 $f(x)=\dfrac{x^2-1}{x-1}$ 在 $x=1$ 没有定义,故这个函数在 $x=1$ 不连续,如图 1-21 所示.

(2) 函数 $f(x)=\begin{cases}x+1, & x>1\\ 0, & x=1.\\ x-1, & x<1\end{cases}$ 虽在 $x=1$ 有定义，但由于 $\lim\limits_{x\to 1}f(x)$ 不存在，故这个函数在 $x=1$ 不连续，如图 1-22 所示.

(3) 函数 $f(x)=\begin{cases}x+1, & x\neq 1\\ 0, & x=1.\end{cases}$ 虽在 $x=1$ 有定义，$\lim\limits_{x\to 1}f(x)=2$ 也存在，但因为 $\lim\limits_{x\to 1}f(x)\neq f(1)$，故这个函数在 $x=1$ 不连续，如图 1-23 所示.

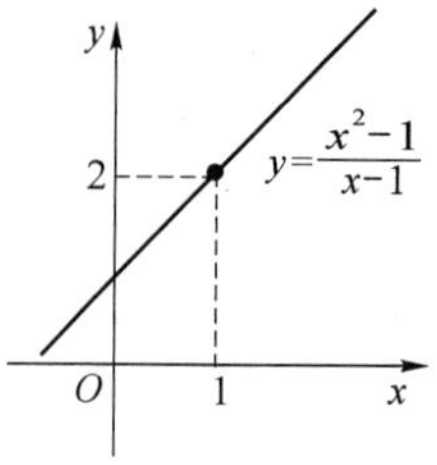


图 1-21

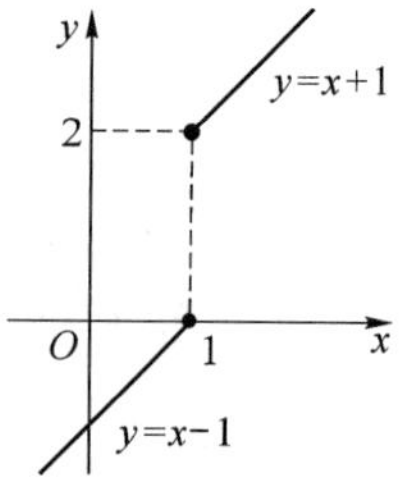


图 1-22

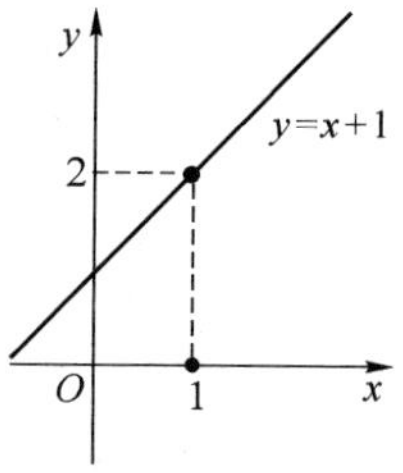


图 1-23

间断点通常分为第一类间断点和第二类间断点：

设 $x_0$ 是函数 $y=f(x)$ 的间断点，如果左极限 $\lim\limits_{x\to x_0^-}f(x)$ 与右极限 $\lim\limits_{x\to x_0^+}f(x)$ 都存在，则称 $x_0$ 为**第一类间断点**；其余的间断点称为**第二类间断点**. 在第一类间断点中，如果 $\lim\limits_{x\to x_0^-}f(x)=\lim\limits_{x\to x_0^+}f(x)$，即 $\lim\limits_{x\to x_0}f(x)$ 存在，则称这种第一类间断点为可去间断点.

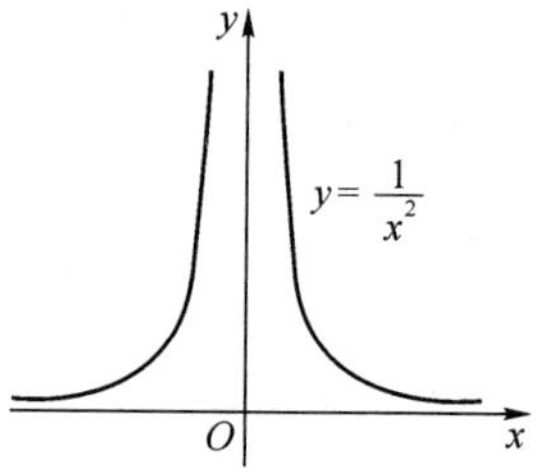


图 1-24

下面再举几个例子说明函数间断点的类型.

**【例 1-7-6】 讨论函数 $y=\frac{1}{x^2}$ 在 $x=0$ 的连续性.**

**解** 函数 $y=\frac{1}{x^2}$ 在 $x=0$ 无定义，且 $\lim\limits_{x\to 0}\frac{1}{x^2}=\infty$，因此 $x=0$ 是函数的第二类间断点.

因为 $\lim\limits_{x\to 0}\frac{1}{x^2}=\infty$，所以也称 $x=0$ 是 $y=\frac{1}{x^2}$ 的**无穷间断点**，如图 1-24 所示.

**【例 1-7-7】** 讨论函数 $f(x)=\frac{\sin x}{x}$ 在 $x=0$ 的连续性.

**解** $f(x)=\frac{\sin x}{x}$ 在 $x=0$ 无定义，又 $\lim\limits_{x\to 0}\frac{\sin x}{x}=1$，所以 $x=0$ 是函数 $f(x)=\frac{\sin x}{x}$ 的第一类间断点，这种极限存在的间断点称为**可去间断点**. 实际上如果我们补充定义：

$f(0)=1$，即 $f(x)=\begin{cases}\frac{\sin x}{x}, & x\neq 0\\ 1, & x=0\end{cases}$，那么补充定义后的函数 $f(x)$ 在 $x=0$ 连续.

**【例 1-7-8】** 函数 $f(x)=\begin{cases}x+1, & x>1\\ 0, & x=1.\\ x-1, & x<1\end{cases}$ 在 $x\to 1$ 时，左极限 $\lim\limits_{x\to 1^-}f(x)=\lim\limits_{x\to 1^-}(x-1)=0$；右极限 $\lim\limits_{x\to 1^+}f(x)=\lim\limits_{x\to 1^+}(x+1)=2$，因此 $\lim\limits_{x\to 1}f(x)$ 不存在，$x=1$ 是函数 $f(x)$ 的第一类间断点，这种间断点又称为**跳跃间断点**.

**注意**：由于初等函数在其定义区间内是连续的，故其间断点为没有定义的点；分段函数的间断点除了考虑没有定义的点外，还需考虑分段点，分段函数在分段点处有可能连续，有可能间断，一般用连续的定义 1-7-2 进行判断.

### 1.7.4 闭区间上连续函数的性质

闭区间上的连续函数具有一些重要的性质，这些性质有助于对函数进行进一步的分析. 下面将介绍在闭区间上连续函数的两个重要性质，这些性质在理论上和实践上都有着广泛的应用.

**定理 1-7-1 (最大值和最小值定理)**在闭区间上连续的函数一定有最大值和最小值.

这就是说，如果函数 $f(x)$ 在闭区间 $[a,b]$ 上连续，那么至少有一点 $x_1\in[a,b]$，使 $f(x_1)$ 是 $f(x)$ 在 $[a,b]$ 上的最大值；又至少有一点 $x_2\in[a,b]$，使 $f(x_2)$ 是 $f(x)$ 在 $[a,b]$ 上的最小值，如图 1-25 所示.

**注意：**如果函数 $f(x)$ 在开区间内连续或在闭区间上有间断点，则 $f(x)$ 不一定有最大值和最小值.

例如，函数 $f(x)=x$ 在开区间 $(0,1)$ 内连续，既没有最大值，也没有最小值. 又如，函数 $f(x)=\dfrac{1}{x}$ 在闭区间 $[-1,1]$ 有一个无穷间断点 $x=0$，它也没有最大值和最小值.

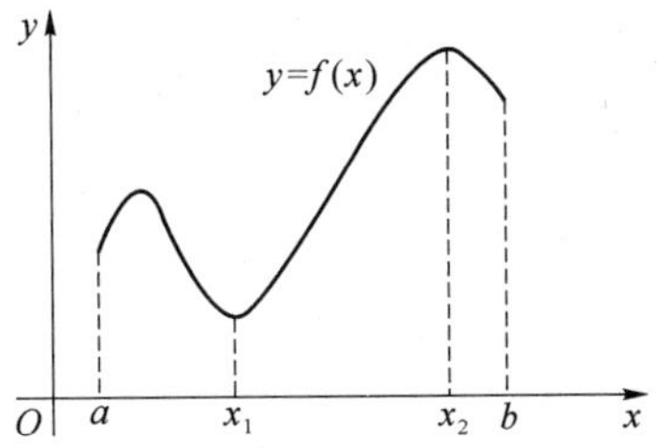


图 1-25

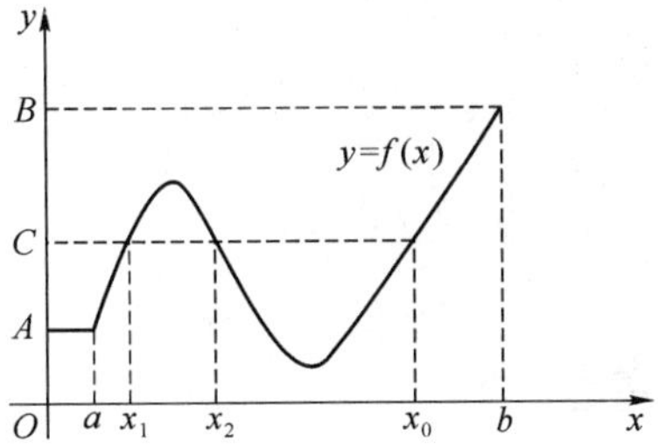


图 1-26

**定理 1-7-2** (介值定理) 设函数 $f(x)$ 在闭区间 $[a,b]$ 上连续，且在这区间的端点取不同的数值

$$f(a)=A,\quad f(b)=B$$

那么，对于 $A$ 与 $B$ 之间的任意一个常数 $C$，在开区间 $(a,b)$ 内至少存在一点 $x_0\,(a<x_0<b)$，使得 $f(x_0)=C$.

这个定理的几何意义是：连续曲线弧 $y=f(x)$ 与水平直线 $y=C$ 至少相交于一点，如图 1-26 所示. 它说明连续函数在变化过程中必定经过一切中间值，从而反映了变化的连续性.

## 习题 1-7

### A. 基本题

1. 求函数 $y=x^2+x-2$，当 $x=1,\Delta x=0.5$ 时的增量 $\Delta y$ 及当 $x=1,\Delta x=-0.5$ 时的增量 $\Delta y$.

2. 求下列函数的间断点，并判断其类型.

(1) $f(x)=x\cos\frac{1}{x}$；　(2) $f(x)=2^{-\frac{1}{x}}$；　(3) $f(x)=\begin{cases}x-1, & x\leqslant 1\\ 3-x, & x>1\end{cases}$.

**B. 一般题**

3. 论函数 $f(x)=\begin{cases}x, & 0<x<1\\ 1, & x=1\\ 2-x, & 1<x<2\end{cases}$ 在 $x=1$ 处的连续性.

4. 讨论函数 $f(x)=\begin{cases}x^2-1, & 0\leqslant x\leqslant 1\\ x+3, & x>1\end{cases}$ 在 $x=1$ 处的连续性.

5. 设函数 $f(x)=\begin{cases}\frac{2}{x}\sin x, & x<0\\ k, & x=0\\ x\sin\frac{1}{x}+2, & x>0\end{cases}$,试确定 $k$ 的值,使 $f(x)$ 在定义域内连续.

6. 下列函数在 $x=0$ 是否连续？为什么？

(1) $f(x)=\begin{cases}1-\cos x, & x<0\\ x+2, & x\geqslant 0\end{cases}$；

(2) $f(x)=\begin{cases}1+\frac{1}{x+1}, & x\leqslant 0\\ \frac{\ln(1+2x)}{x}, & x>0\end{cases}$.

**C. 提高题**

7. 若函数 $f(x)=\begin{cases}x+1, & x<1\\ ax+b, & 1\leqslant x<2\\ 3x, & x\geqslant 2\end{cases}$ 连续,求 $a,b$ 的值.

8. 证明方程 $x^3-2x^2+3x-1=0$ 在(0,1)内至少有一个实数根.

# 1.8　函数与极限的应用实例

## 1.8.1　函数的应用实例

**实例 1-8-1**　一工厂有 216 名工人接受了生产 1000 台 ***AB*** 高科技产品的任务. 已知每台 ***AB*** 型产品由 4 个 ***A*** 型装置和 3 个 ***B*** 型装置配套组成,已知每个工人每小时能加工 6 个 ***A*** 型装置或 3 个 ***B*** 型装置. 现将工人分成两组同时加工,每组分别加工一种装置. 设加工 ***A*** 型装置的工人有 $x$ 人,他们加工完 ***A*** 型装置所需时间为 $g(x)$,其余工人加工完 ***B*** 型装置所需时间为 $h(x)$(单位:小时).

(1) 写出 $g(x)$ 和 $h(x)$ 解析式；

(2) 比较 $g(x)$ 与 $h(x)$ 的大小,并写出这 216 名工人完成总任务的时间 $f(x)$ 的解析式；

(3) 问怎样分组,方能使完成任务用的时间最少?

**解**　(1) 依题意知,需要加工 **A** 型装置共 4000 个,加工 **B** 型装置共 3000 个,所用工人分别是 $x$ 人,$216-x$ 人.

$\therefore g(x)=\dfrac{4000}{6x}, h(x)=\dfrac{3000}{3(216-x)}$,

即 $g(x)=\dfrac{2000}{3x}, h(x)=\dfrac{1000}{216-x}(0<x<216, x\in\mathbf{N}^*)$.

(2) $g(x)-h(x)=\dfrac{2000}{3x}-\dfrac{1000}{216-x}=\dfrac{1000(432-5x)}{3x(216-x)}$,

$\because 0<x<216, \therefore 216-x>0$.

当 $0<x\leqslant 86(x\in\mathbf{N}^*)$ 时,$g(x)>h(x)$;当 $87\leqslant x<216(x\in\mathbf{N}^*)$ 时,$g(x)<h(x)$.

因此,$f(x)=\max\{g(x),h(x)\}=\begin{cases}\dfrac{2000}{3x} & (0<x\leqslant 86)\\ \dfrac{1000}{216-x} & (87\leqslant x<216)\end{cases}\quad(x\in\mathbf{N}^*)$.

(3) 完成任务时间最少,就是求 $f(x)$ 的最小值.

当 $0<x\leqslant 86(x\in\mathbf{N}^*)$ 时,$f(x)$ 是减函数,$\therefore f(x)_{\min}=f(86)=\dfrac{1000}{129}$,此时 $216-x=130$;

当 $87\leqslant x<216(x\in\mathbf{N}^*)$ 时,$f(x)$ 是增函数,$\therefore f(x)_{\min}=f(87)=\dfrac{1000}{129}$,此时 $216-87=129$;所以 $f(x)_{\min}=f(86)=f(87)=\dfrac{1000}{129}$,则加工 **A** 型装置,**B** 型装置的人数分别为 86,130 或 87,129.

**实例 1-8-2**　某人在一山坡 **P** 点处观看对面崖顶上的一座铁塔.如图 1-27 所示,塔所在的山崖可视为图中的竖直线 **OC**,塔高度为 $BC=80(\text{m})$,山高度为 $OB=220(\text{m})$,$OA=200(\text{m})$,图中所示的山坡可看作直线 $l$ 且点 **P** 在直线 $l$ 上,$l$ 与水平面的夹角为 $\alpha$,$\tan\alpha=\dfrac{1}{2}$.问此人距山崖的水平距离多远时,观看塔的视角 $\angle BPC$ 最大(不考虑此人的身高)?

**解**　如图 1-28 所示,建立平面直角坐标系,则 $A(200,0)$,$B(0,220)$,$C(0,300)$.

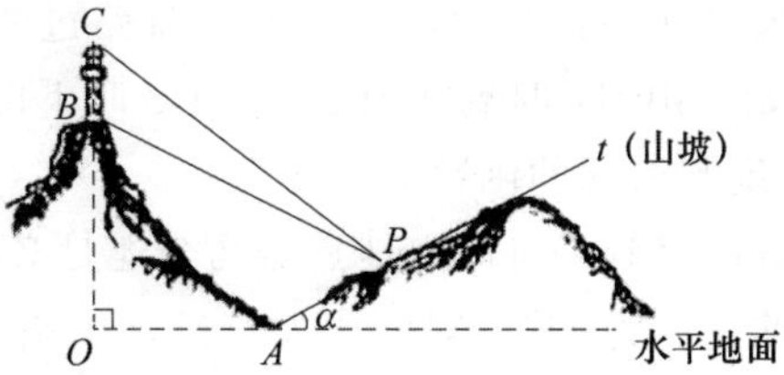


图 1-27

直线 $l$ 的方程为 $y=\tan\alpha\cdot(x-200)$,即 $y=\dfrac{1}{2}(x-200)$.

设此人距山崖脚水平距离为 $x$,则 $P\left(x,\dfrac{x-200}{2}\right)(x>200)$.

由两点的斜率公式得

$$k_{PB}=\frac{\dfrac{x-200}{2}-220}{x}=\frac{x-640}{2x},$$

$$k_{PC}=\frac{\frac{x-200}{2}-300}{x}=\frac{x-800}{2x}.$$

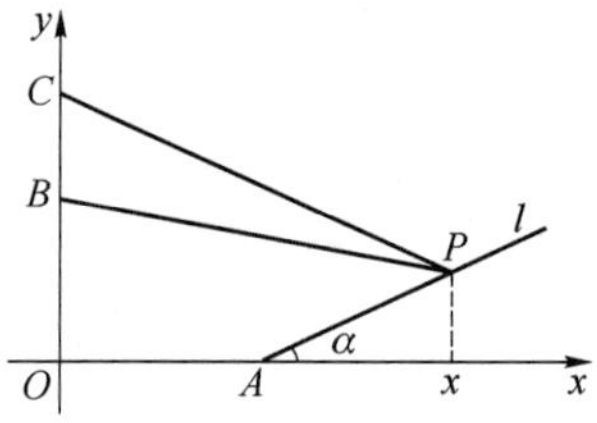


图 1-28

由直线 $PC$ 到直线 $PB$ 的角的公式得

$$\tan\angle BPC=\frac{\frac{x-640}{2x}-\frac{x-800}{2x}}{1+\frac{x-640}{2x}\cdot\frac{x-800}{2x}}=\frac{64x}{x^2-288x+160\times 640}=\frac{64}{x+\frac{160\times 640}{x}-288},$$

要使 $\tan\angle BPC$ 达到最大值，只需 $x+\frac{160\times 640}{x}-288$ 最小. 由均值不等式

$$x+\frac{160\times 640}{x}-288\geqslant 2\sqrt{160\times 640}-288=992$$

当且仅当 $x=\frac{160\times 640}{x}$时上式等号成立，故 $x=320$ 时，$\tan\angle BPC$ 最大.

由此可知，$0<\angle BPC<\frac{\pi}{2}$，所以 $\tan\angle BPC$ 最大，即$\angle BPC$ 最大.

故此人距山崖水平距离为 300 m 时，观看铁塔时的视角最大.

### 1.8.2 极限的应用实例

**实例 1-8-3** 泰山玉皇顶，黄山玉屏楼，庐山含鄱口，衡山望日台都是著名的观看日落、日出的风景点. 为了领略日落、日出的壮观景色，登山旅游者到达山顶后一般都留宿一晚. 现假设同行者数人同登泰山观日出后循原路下山. 归途中经过一石平台，这是昨日他们在此歇憩饮水之处. 忽有人偶然看手表，发觉昨天在此休息的时刻与今日路过的时刻竟是相同，于是众人皆大惊. 为方便计：假定 8 时开始登山，17 时到达山顶，次日 8 时下山，15 时到达山脚.

(1) 分别画出上、下山高度与时间的函数关系图.

(2) 你认为上山下山两日同时刻经过同一地点是巧合还是必然，试证明你的结论.

**解** (1) 设泰山观日台的高度为 $H$(相对于出发点). 上山高度函数为 $h_1(t)$，下山高度函数为 $h_2(t)$，由已知条件有 $h_1(8)=0, h_1(17)=H, h_2(8)=H, h_2(15)=0$. 显然 $h_1(t), h_2(t)$均为 $t$ 的连续函数. 它的函数关系如图 1-29 所示。

(2) 上山下山两日经过同一地点是必然的. 证明如下：

令 $f(t)=h_1(t)-h_2(t), t\in[8,15]$

因为 $h_1(t), h_2(t)$为连续函数. 所以 $f(t)$也是闭区间$[8,15]$上的连续函数.

$$f(8)=h_1(8)-h_2(8)=0-H=-H<0$$

$$f(15)=h_1(15)-h_2(15)=h_1(15)-0=h_1(15)>0$$

由闭区间上连续函数介值定理的推论(零点存在定理)，存在 $t_0\in(8,15)$

使 $f(t_0)=0$ 即 $h_1(t_0)=h_2(t_0)$

故 $t_0$ 时刻，上山、下山的高度相等. 又由于 $h_1(t)$ 为增函数，$h_2(t)$ 为减函数，沿原路返回，高度相等的地点为同一地点.

∴上山下山两日同时刻经过同一地点是必然的.

**实例 1-8-4(椅子问题)**　把 4 条腿长度相等的椅子放在起伏不平的地面上，问能不能把椅子放稳，即椅子的 4 条腿能否同时着地？

下面要建立一个简单而又巧妙的模型来回答这个问题，在下面两个合理的假设下，问题的答案是肯定的.

**假设**(1) 椅子的四条腿一样长，四角的连线是正方形.

(2) 地面是数学上的光滑曲面，即沿任何方向，切面能连续移动.

建模的关键在于恰当地寻找表示椅子位置的变量，并把要证明的“着地”这个结论归结为某个简单地数学关系.

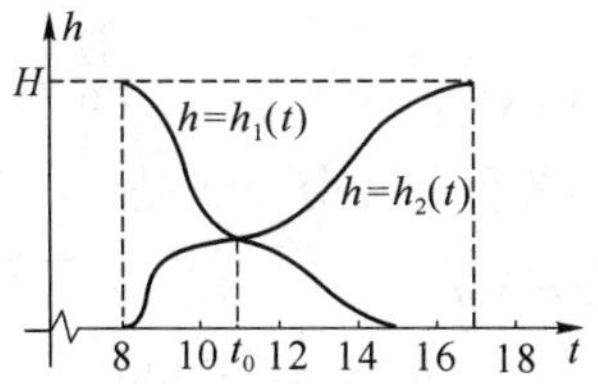


图 1-29

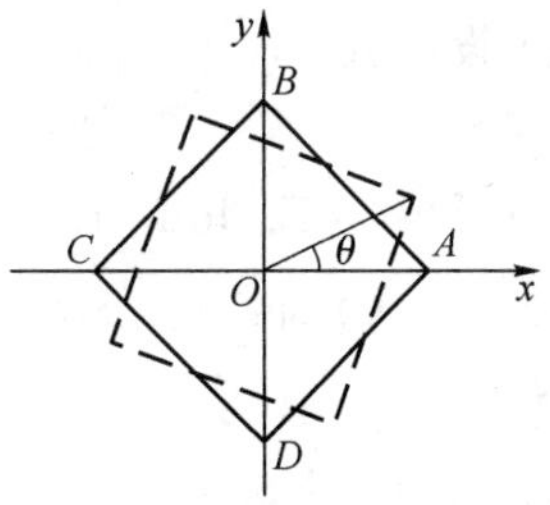


图 1-30

假定椅子中心不动，4 条腿着地点视为几何上的点，用 $A$、$B$、$C$、$D$ 表示，将 $AC$、$BD$ 连线看作 $x$ 轴、$y$ 轴，建立如图 1-30 所示的坐标系. 引入坐标系后，将几何问题代数化，即用代数方法去研究这个几何问题.

人们习惯于，当一次放不平稳椅子时，总是转动一下椅子(这里假定椅子中心不动)，因而将转动椅子联想到坐标轴的旋转.

设 $\theta$ 为对角线 $AC$ 转动后与初始位置 $x$ 轴夹角，如果定义距离为椅脚到地面的竖直距离. 则“着地”就是椅脚与地面的距离等于零.

由于椅子在不同位置时，椅脚与地面的距离不同，因而这个距离为 $\theta$ 的函数，设 $f(\theta)$ 为 $A$、$C$ 两脚与地面之和；$g(\theta)$ 为 $B$、$D$ 两脚与地面之和.

因地面光滑，所以 $f(\theta)$ 和 $g(\theta)$ 为连续函数，而椅子在任何位置总有三只脚可同时“着地”，即对任意的 $\theta$，$f(\theta)$ 和 $g(\theta)$ 总有一个为零，从而有 $f(\theta)g(\theta)=0$. 不失一般性，设 $g(\theta)=0$，$f(\theta)>0$，于是椅子问题便抽象成如下数学问题：

已知 $f(\theta)$ 和 $g(\theta)$ 是 $\theta$ 的连续函数，$g(0)=0$，$f(0)>0$，且对任意 $\theta$，$f(\theta)g(\theta)=0$.

**求证**：存在 $\theta_0$，使得 $f(\theta_0)=g(\theta_0)=0$，$0<\theta_0<\frac{\pi}{2}$.

**证明**　令 $h(\theta)=f(\theta)-g(\theta)$，则 $h(0)=f(0)-g(0)=f(0)>0$. 将椅子转动 $\frac{\pi}{2}$，对角线互换，由 $g(0)=0$，$f(0)>0$，有 $f\left(\frac{\pi}{2}\right)=0$ 和 $g\left(\frac{\pi}{2}\right)>0$，从而 $h\left(\frac{\pi}{2}\right)<0$.

而 $h(\theta)$ 在 $\left[0,\frac{\pi}{2}\right]$ 上连续，由闭区间上连续函数的零点存在定理，必存在 $\theta_0\in\left(0,\frac{\pi}{2}\right)$，使

得 $h(\theta_0)=0$. 即 $f(\theta_0)=g(\theta_0)$.

又因对任意 $\theta$, $f(\theta)g(\theta)=0$,从而 $f(\theta_0)g(\theta_0)=0$. 所以 $f(\theta_0)=g(\theta_0)=0$. 这表明在 $\theta_0$ 方向上四条腿能同时“着地”.

# 复习题 1

**(历年专插本考试真题)**

## 一、单项选择题

1. (2015/1)若当 $x\to 0$ 时, $kx=2x^2+3x^3$ 与 $x$ 是等价无穷小,则常数 $k=$(    ).

A. 0    B. 1    C. 2    D. 3

2. (2014/1) 设函数 $f(x)=\begin{cases}x+2, & x<0\\ 1, & x=0\\ 2+3x, & x>0\end{cases}$ ,则下列结论正确的是(    ).

A. $\lim\limits_{x\to 0} f(x)=1$    B. $\lim\limits_{x\to 0} f(x)=2$    C. $\lim\limits_{x\to 0} f(x)=3$    D. $\lim\limits_{x\to 0} f(x)$不存在

3. (2013/1)当 $x\to 0$ 时,下列无穷小量中,与 $x$ 不等价的无穷小量是(    ).

A. $\ln(x+1)$    B. $\arcsin x$    C. $1-\cos x$    D. $\sqrt{1+2x}-1$

4. (2012/1) 已知三个数列$\{a_n\}$、$\{b_n\}$和$\{c_n\}$满足 $a_n<b_n<c_n$,且 $\lim\limits_{n\to\infty} a_n$, $\lim\limits_{n\to\infty} c_n$,的极限分别为 $a$, $c$ 且 $a<c$,则数列$\{b_n\}$ 必定(    ).

A. 有界    B. 无界    C. 收敛    D. 发散

5. (2012/2) $x=0$ 是函数 $f(x)=\begin{cases}(1-2x)^{\frac{1}{x}}, & x\leqslant 0\\ e^x+x, & x>0\end{cases}$ 的(    ).

A. 连续点    B. 可取间断点    C. 跳跃间断点    D. 第二类间断点

6. (2012/3)极限 $\lim\limits_{x\to\infty} 2x\sin\dfrac{3}{x}=$(    ).

A. 0    B. 2    C. 3    D. 6

7. (2011/1)下列极限等式中,正确的是(    ).

A. $\lim\limits_{x\to\infty}\dfrac{\sin x}{x}=1$    B. $\lim\limits_{x\to\infty} e^x=\infty$    C. $\lim\limits_{x\to 0^-} e^{\frac{1}{x}}=0$    D. $\lim\limits_{x\to 0}\dfrac{|x|}{x}=1$

8. (2011/2) 若函数 $f(x)=\begin{cases}(1+ax)^{\frac{1}{x}}, & x>0\\ 2+x, & x\leqslant 0\end{cases}$. 在 $x=0$ 处连续,则常数 $a=$(    ).

A. $-\ln 2$    B. $\ln 2$    C. 2    D. $e^2$

9. (2010/1) 设函数 $y=f(x)$的定义域为$(-\infty,+\infty)$,则函数 $y=\dfrac{1}{2}[f(x)-f(-x)]$在其定义域上是(    ).

A. 偶函数    B. 奇函数    C. 周期函数    D. 有界函数

10. (2010/2) $x=0$ 是函数 $f(x)=\begin{cases}e^{\frac{1}{x}}, & x<0\\ 0, & x\geqslant 0\end{cases}$ 的(    ).

A. 连续点    B. 第一类可去间断点

C. 第一类跳跃间断点　　D. 第二类间断点

11. (2010/3) 当 $x\to 0$ 时,下列无穷小量中,与 $x$ 等价的是(　　).

A. $1-\cos x$　　B. $\sqrt{1-x^2}-1$　　C. $\ln(1+x)+x^2$　　D. $e^{x^2}-1$

12. (2009/1) 设 $f(x)=\begin{cases}3x+1, & x<0,\\ 1-x, & x\geqslant 0.\end{cases}$ 则 $\lim\limits_{x\to 0^+}\dfrac{f(x)-f(0)}{x}=$(　　).

A. $-1$　　B. 1　　C. 3　　D. $\infty$

13. (2009/2) 极限 $\lim\limits_{x\to 0}\left(x\sin\dfrac{2}{x}+\dfrac{2}{x}\sin x\right)=$(　　).

A. 0　　B. 1　　C. 2　　D. $\infty$

14. (2008/1)下列函数为奇函数的是(　　).

A. $x^2-x$　　B. $e^x+e^{-x}$　　C. $e^x-e^{-x}$　　D. $x\sin x$

15. (2008/2) 极限 $\lim\limits_{x\to 0}(1+x)^{-\frac{1}{x}}=$(　　).

A. e　　B. $e^{-1}$　　C. 1　　D. $-1$

16. (2007/1) 函数 $f(x)=2\ln\dfrac{x}{\sqrt{1+x^2}-1}$ 的定义域是(　　).

A. $(-\infty,0)\cup(0,+\infty)$　　B. $(-\infty,0)$

C. $(0,+\infty)$　　D. $\varnothing$

17. (2007/2) 极限 $\lim\limits_{x\to 2}(x-2)\sin\dfrac{1}{2-x}$.(　　)

A. 等于 $-1$　　B. 等于 0　　C. 等于 1　　D. 不存在

18. (2006/2)设函数 $f(x)$ 在点 $x$ 处连续,且 $\lim\limits_{x\to x_0}\dfrac{f(x)}{x-x_0}=4$,则 $f(x_0)=$(　　).

A. $-4$　　B. 0　　C. $\dfrac{1}{4}$　　D. 4

19. (2006/3) 设函数 $f(x)=\begin{cases}a(1+x)^{\frac{1}{x}}, & x>0\\ x\sin\dfrac{1}{x}+\dfrac{1}{2}, & x<0\end{cases}$ 若 $\lim\limits_{x\to 0}f(x)$ 存在,则 $a=$(　　).

A. $\dfrac{3}{2}$　　B. $\dfrac{1}{2}e^{-1}$　　C. $\dfrac{3}{2}e^{-1}$　　D. $\dfrac{1}{2}$

## 二、填空题

1. (2014/6) $\lim\limits_{n\to\infty}\dfrac{\sqrt{4n^2+3n+1}}{n}=$__________.

2. (2013/6) 要使函数 $f(x)=\dfrac{1}{x-1}-\dfrac{2}{x^2-1}$ 在 $x=1$ 处连续,应补充定义 $f(1)=$__________.

3. (2011/6) 若当 $x\to\infty$ 时,$\dfrac{kx}{(2x+3)^4}$ 与 $\dfrac{1}{x^3}$ 是等价无穷小,则常数 $k=$________.

4. (2010/6) 设 $a,b$ 为常数,若 $\lim\limits_{x\to\infty}\left(\dfrac{ax^2}{x+1}+bx\right)=2$,则 $a+b=$________.

5. (2009/6) 若当 $x\to 0$ 时,$\sqrt{1-ax^2}-1\sim 2x^2$,则常数 $a=$__________.

6.（2007/6）极限$\lim\limits_{x\to\infty}\left(\frac{x-1}{x+1}\right)^{x}=$________.

7.（2007/7）设$f(x)=\frac{\sqrt{x+1}-2}{x-3}$，要使$f(x)$在$x=3$处连续，应补充定义$f(3)=$________.

## 三、计算题

1.（2015/12）求极限$\lim\limits_{x\to 0}\frac{\arctan x-x}{x^{3}}$.

2.（2015/11）已知函数$f(x)=\begin{cases}\frac{\sin 2(x-1)}{x-1}, & x<1\\ a, & x=1\\ x+b, & x>1\end{cases}$，在点$x=1$处连续，求常数$a$和$b$的值.

3.（2014/11）$\lim\limits_{x\to 0}\left(\frac{1}{x}+\frac{1}{\mathrm{e}^{-x}-1}\right)$.

4.（2014/19）已知函数$f(x)=\begin{cases}(1+3x^{2})x^{\frac{1}{2}}\sin 3x+1, & x\neq 0,\\ a, & x=0.\end{cases}$在$x=0$处连续.

（1）求常数$a$的值；

（2）求曲线$y=f(x)$在点$(0,a)$处的切线方程.

5.（2013/11）$\lim\limits_{x\to\infty}x\sin(\mathrm{e}^{\frac{1}{x}}-1)$.

6.（2012/11）$\lim\limits_{x\to+\infty}\left(\frac{1}{1+x}\right)^{\frac{1}{\ln x}}$.

# 第 2 章　导数与微分

很多实际问题中，当研究量的变化时，变化的快慢常是一个很重要的讨论内容，例如运动物体的速度、物体温度变化的速度、放射性元素物质的蜕变速度等，所有这些在数量关系上都归结为函数的变化率，即导数. 而微分则与导数密切相关，它指明当变量有微小变化时，函数大体上的变化情况. 本章讲述微分学中的两个重要概念—导数与微分及其计算方法.

## 2.1　导数的概念

### 2.1.1　引出导数概念的实例

**引例 2-1-1**　求变速直线运动物体的瞬时速度.

假定物体作变速直线运动，其运动方程为 $s=s(t)$，求物体在 $t_0$ 时刻的瞬时速度 $v(t_0)$. 对于匀速直线运动的速度，可用公式"速度＝路程/时间"求得，而变速直线运动的速度如何来求呢？下面来讨论这个问题.

如图 2-1 所示设物体在 $t_0$ 时刻的位置为 $s(t_0)$，在 $t_0+\Delta t$ 时刻的位置为 $s(t_0+\Delta t)$，则物体在这段时间内所经过的路程为 $\Delta s=s(t_0+\Delta t)-s(t_0)$，物体的平均速度为

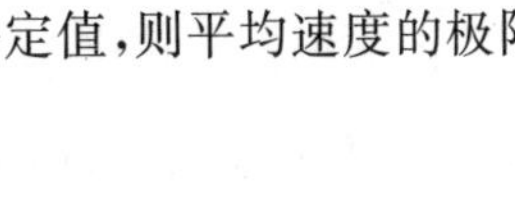

图 2-1

$$\bar{v}=\frac{\Delta s}{\Delta t}=\frac{s(t_0+\Delta t)-s(t_0)}{\Delta t}$$

由于速度是连续变化的，故当 $\Delta t$ 很小时，平均速度 $\bar{v}$ 可以作为物体在 $t_0$ 时刻瞬时速度 $v(t_0)$ 的近似值，而且 $\Delta t$ 越小，近似程度越好，所以当 $\Delta t\to 0$ 时，若 $\bar{v}$ 趋向于一定值，则平均速度的极限

$$\lim_{\Delta t\to 0}\bar{v}=\lim_{\Delta t\to 0}\frac{\Delta s}{\Delta t}=\lim_{\Delta t\to 0}\frac{s(t_0+\Delta t)-s(t_0)}{\Delta t}=v(t_0)$$

就是物体在 $t_0$ 时刻的瞬时速度.

**引例 2-1-2**　求曲线在一点处切线的斜率.

我们知道，在平面几何中圆的切线定义为"与圆只有一个交点的直线". 如果以这种方式来定义一般曲线的切线便不能成立.

我们如下定义一般曲线在某点处的切线：在曲线 $C$ 上，取一个定点 $P$，另取一个动点 $Q$，作割线 $PQ$. 当动点 $Q$ 沿着曲线 $C$ 移动而趋向于点 $P$ 时，割线 $PQ$ 的极限位置 $PT$ 称为曲线 $C$ 在定点 $P$ 处的切线. 根据此定义，可以用极限的方法求出曲线在该点切线的斜率. 设曲线 $C$ 的方程为 $y=f(x)$，点 $P$ 的坐标为 $P(x,f(x))$，点 $Q$ 的坐标为 $Q(x+h,f(x+h))$（图 2-2）. 当 $h\to 0$ 时，点 $Q$ 沿着曲线 $C$ 移动而趋向于点 $P$（图 2-3）.

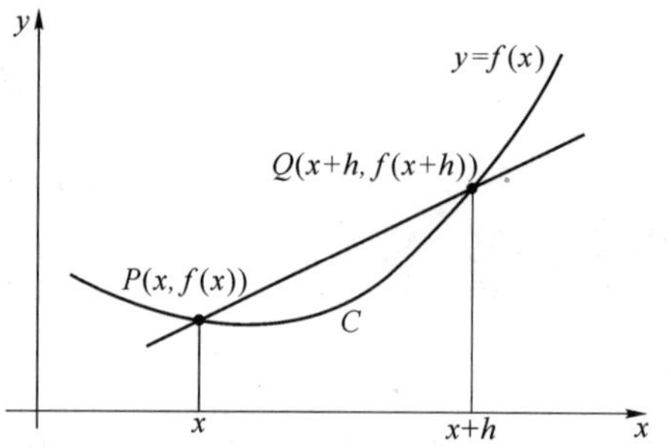


图 2-2

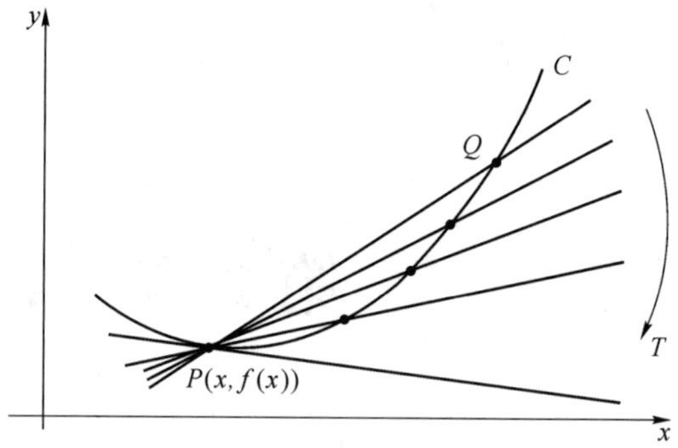


图 2-3

由中学学过的斜率公式可得：割线 $PQ$ 的斜率为

$$\frac{f(x+h)-f(x)}{(x+h)-x}=\frac{f(x+h)-f(x)}{h}$$

如果$\lim\limits_{h\to 0}\frac{f(x+h)-f(x)}{h}$存在，则切线 $PT$ 的斜率为$\lim\limits_{h\to 0}\frac{f(x+h)-f(x)}{h}$.

**归纳**：虽然它们的实际意义不同，但解决问题的数学方法是相同的，都是研究$\frac{\Delta y}{\Delta x}$在 $\Delta x\to 0$ 时的极限. 在数学中，将极限$\lim\limits_{\Delta x\to 0}\frac{\Delta y}{\Delta x}$称为函数 $y=f(x)$的导数，具体定义如下所述.

### 2.1.2 导数的定义

#### 1. $f(x)$在点 $x$ 处的导数

在科学和工程技术领域中，形如$\lim\limits_{\Delta x\to 0}\frac{f(x_0+\Delta x)-f(x_0)}{\Delta x}$的极限具有广泛的意义，它不仅可用于描述速度和切线的斜率，物理学中的电流强度，化学中的反应速度，经济学中的边际函数等都可用相同的极限形式来描述，这就是我们要引入的重要概念——导数.

**定义 2-1-1** 设函数 $y=f(x)$在 $x_0$ 的某邻域内有定义，当自变量 $x$ 在 $x_0$ 处有增量 $\Delta x$，相应地有函数的增量：$\Delta y=f(x_0+\Delta x)-f(x_0)$，若极限

$$\lim_{\Delta x\to 0}\frac{\Delta y}{\Delta x}=\lim_{\Delta x\to 0}\frac{f(x_0+\Delta x)-f(x_0)}{\Delta x}$$

存在，则称函数 $y=f(x)$在点 $x_0$ 处**可导**，此极限称为**函数** $f(x)$**在点** $x_0$ **处的导数**，记为

$$y'(x_0),\ y'\big|_{x=x_0},\ \frac{\mathrm{d}y}{\mathrm{d}x}\bigg|_{x=x_0} \text{或} \frac{\mathrm{d}}{\mathrm{d}x}f\bigg|_{x=x_0}$$

导数的定义式也可取不同的形式，常见的有：

$$f'(x_0)=\lim_{h\to 0}\frac{f(x_0+h)-f(x_0)}{h};\ f'(x_0)=\lim_{x\to x_0}\frac{f(x)-f(x_0)}{x-x_0}$$

若上述极限不存在，则称 $y=f(x)$在点 $x_0$ 不可导；若$\lim\limits_{\Delta x\to 0}\frac{f(x_0+\Delta x)-f(x_0)}{\Delta x}=\infty$，也往往说函数 $y=f(x)$在点 $x_0$ 处的导数为无穷大，记为 $f'(x_0)=\infty$.

按定义计算 $f'(x_0)$的三个步骤：

(1) 计算 $\Delta y=f(x_0+\Delta x)-f(x_0)$；

(2) 计算比值$\dfrac{\Delta y}{\Delta x}$;

(3) 计算极限$\lim\limits_{\Delta x\to 0}\dfrac{\Delta y}{\Delta x}$.

**2. 导函数**

如果 $y=f(x)$在区间$(a,b)$内每一点可导,则称函数 $f(x)$**在区间**$(a,b)$**内可导**. 这时区间$(a,b)$内每一点 $x$ 必有一个导数值与之对应,因而在区间$(a,b)$上确定了一个新的函数,称该函数为 $f(x)$的**导函数**,记作 $y'$,$f'(x)$,$\dfrac{\mathrm{d}y}{\mathrm{d}x}$或$\dfrac{\mathrm{d}f(x)}{\mathrm{d}x}$,导函数也简称为导数.

由函数的导函数的定义可知:

(1) 导函数 $y'=f'(x)=\lim\limits_{\Delta x\to 0}\dfrac{f(x+\Delta x)-f(x)}{\Delta x}$;

(2) $y=f(x)$在 $x_0$ 处的导数值 $f'(x_0)$即为它的导函数在该点处的函数值 $f'(x)\big|_{x=x_0}$,即

$$f'(x_0)=f'(x)\big|_{x=x_0}$$

**【例 2-1-1】** 求函数 $y=f(x)=x^2$ 在 $x=2$ 处的导数 $f'(2)$.

**解** $\Delta y=f(2+\Delta x)-f(2)=(2+\Delta x)^2-2^2=4\Delta x+(\Delta x)^2$

$$\frac{\Delta y}{\Delta x}=4+\Delta x$$

$$\lim_{\Delta x\to 0}\frac{\Delta y}{\Delta x}=\lim_{\Delta x\to 0}(4+\Delta x)=4$$

即 $f'(2)=4$.

由【例 2-1-1】可知,函数 $f(x)$在某一点处的导数是一个常数,而导函数是一个函数. 求函数在某一点处的导数可以直接用函数在某一点处的导数的定义来求,也可以用导函数的定义先把导函数求出,然后把这一点代入即可.

**3. 左导数和右导数**

**定义 2-1-2** 若极限$\lim\limits_{\Delta x\to 0^-}\dfrac{f(x_0+\Delta x)-f(x_0)}{\Delta x}$存在,则称此极限为 $f(x)$在 $x_0$ 的**左导数**,记作 $f'_-(x_0)$,即 $f'_-(x_0)=\lim\limits_{h\to 0^-}\dfrac{f(x_0+h)-f(x_0)}{h}$;同理,$f(x)$在 $x_0$ 的**右导数**为

$$f'_+(x_0)=\lim_{\Delta x\to 0^+}\frac{f(x_0+\Delta x)-f(x_0)}{\Delta x}$$

**【例 2-1-2】** 求函数 $f(x)=\begin{cases}\dfrac{1}{x}, & x<1\\ x^2, & x\geqslant 1\end{cases}$在 $x=1$ 处的左右导数.

**解** 在 $x=1$ 处的左导数为

$$f'_-(1)=\lim_{\Delta x\to 0^-}\frac{f(1+\Delta x)-f(1)}{\Delta x}=\lim_{\Delta x\to 0^-}\frac{\dfrac{1}{1+\Delta x}-1}{\Delta x}=\lim_{\Delta x\to 0^-}\frac{-1}{1+\Delta x}=-1$$

在 $x=1$ 处的右导数为

$$f'_+(1)=\lim_{\Delta x\to 0^+}\frac{f(1+\Delta x)-f(1)}{\Delta x}=\lim_{\Delta x\to 0^+}\frac{(1+\Delta x)^2-1}{\Delta x}=\lim_{\Delta x\to 0^+}(2+\Delta x)=2$$

**4. 可导与连续的关系**

**定理 2-1-1** 若函数 $f(x)$在点 $x_0$ 可导,则函数 $f(x)$在点 $x_0$ 连续.

**证明**:因为 $\lim\limits_{x\to x_0}\dfrac{f(x)-f(x_0)}{x-x_0}=f'(x_0)$

所以 $\lim\limits_{x\to x_0}[f(x)-f(x_0)]=\lim\limits_{x\to x_0}\dfrac{f(x)-f(x_0)}{x-x_0}(x-x_0)$

$$=\lim_{x\to x_0}\frac{f(x)-f(x_0)}{x-x_0}\cdot\lim_{x\to x_0}(x-x_0)=f'(x_0)\cdot 0=0$$

应注意:此命题的逆命题不成立,即一个函数在某点连续但不一定在该点处可导.

**【例 2-1-3】** 讨论函数 $y=f(x)=|x|$ 在 $x=0$ 处的连续性和可导性.

**解** 函数 $f(x)=|x|=\begin{cases}-x, & x<0,\\ x, & x\geqslant 0.\end{cases}$

首先讨论函数 $f(x)$ 在 $x=0$ 处的连续性:

因为 $\lim\limits_{x\to 0^-}f(x)=\lim\limits_{x\to 0^-}(-x)=0$, $\lim\limits_{x\to 0^+}f(x)=\lim\limits_{x\to 0^+}x=0$,

所以 $\lim\limits_{x\to 0}f(x)=0$;又因为 $f(0)=0$,故 $\lim\limits_{x\to 0}f(x)=f(0)$,从而函数 $f(x)$ 在 $x=0$ 处连续.

然后讨论函数 $f(x)$ 在 $x=0$ 处的可导性:

因 $f'_-(0)=\lim\limits_{\Delta x\to 0^-}\dfrac{\Delta y}{\Delta x}=\lim\limits_{\Delta x\to 0^-}\dfrac{f(0+\Delta x)-f(0)}{\Delta x}$

$$=\lim_{\Delta x\to 0^-}\frac{f(\Delta x)-f(0)}{\Delta x}$$

$$=\lim_{\Delta x\to 0^-}\frac{-\Delta x-0}{\Delta x}=\lim_{\Delta x\to 0^-}\frac{-\Delta x}{\Delta x}=-1$$

$f'_+(0)=\lim\limits_{\Delta x\to 0^+}\dfrac{\Delta y}{\Delta x}=\lim\limits_{\Delta x\to 0^+}\dfrac{f(0+\Delta x)-f(0)}{\Delta x}$

$$=\lim_{\Delta x\to 0^+}\frac{f(\Delta x)-f(0)}{\Delta x}$$

$$=\lim_{\Delta x\to 0^+}\frac{\Delta x-0}{\Delta x}=\lim_{\Delta x\to 0^+}\frac{\Delta x}{\Delta x}=1$$

$$f'_+(0)\neq f'_-(0)$$

所以,函数 $y=|x|$ 在 $x=0$ 处不可导,如图 2-4 所示.

由此可见:函数在某点连续是函数在该点可导的**必要条件**,但**不是充分条件**.

从几何意义上来看:$y=|x|$ 在 $x=0$ 处没有断开,是连续的.但在 $x=0$ 处,曲线出现尖点,不平滑,在 $x=0$ 处的切线不存在,故 $y=|x|$ 在 $x=0$ 处不可导.

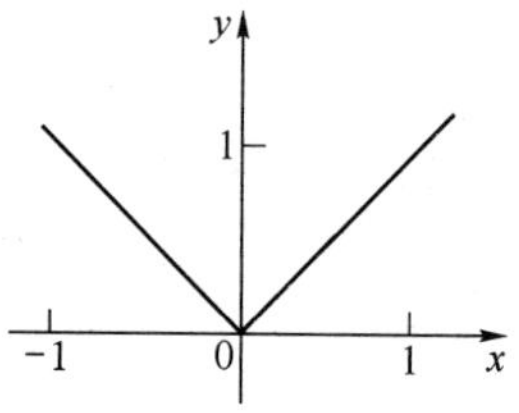


图 2-4

**练一练:**

讨论函数 $f(x)=\begin{cases}2x, & x\leqslant 1,\\ x^2+1, & x>1.\end{cases}$ 在 $x=1$ 处的连续性和可导性.

## 2.1.3 基本初等函数求导公式

### 1. 求导数举例

由导数定义可知,求导数的一般步骤为

(1) 求增量 $\Delta y=f(x+\Delta x)-f(x)$;

(2) 算比值$\dfrac{\Delta y}{\Delta x}=\dfrac{f(x+\Delta x)-f(x)}{\Delta x}$；

(3) 求极限 $y'=\lim\limits_{\Delta x\to 0}\dfrac{\Delta y}{\Delta x}$.

**【例 2-1-4】** 设 $y=c$($c$ 为常数)，求 $y'$.

**解**　因为 $\Delta y=f(x+\Delta x)-f(x)=c-c=0$，

所以 $y'=\lim\limits_{\Delta x\to 0}\dfrac{\Delta y}{\Delta x}=\lim\limits_{\Delta x\to 0}\dfrac{0}{\Delta x}=0$ ，即 $c'=0$.

因此，**常数的导数为 0.**

**【例 2-1-5】** 设 $y=x^n$，$n$ 是自然数，求 $y'$.

**解**　应用二项式定理，有

$$\Delta y=(x+\Delta x)^n-x^n=C_n^1x^{n-1}\Delta x+C_n^2x^{n-2}\Delta x^2+\cdots+C_n^n\Delta x^n$$

$$\frac{\Delta y}{\Delta x}=C_n^1x^{n-1}+C_n^2x^{n-2}\Delta x+\cdots+C_n^n\Delta x^{n-1}$$

所以
$$y'=\lim_{\Delta x\to 0}\frac{\Delta y}{\Delta x}=nx^{n-1}.$$

更一般地，有$(x^\mu)'=\mu x^{\mu-1}$，其中 $\mu$ 为常数.

**【例 2-1-6】** 已知 $y=\sin x$，求 $y'$.

**解**
$$y'=\lim_{\Delta x\to 0}\frac{\Delta y}{\Delta x}=\lim_{\Delta x\to 0}\frac{\sin(x+\Delta x)-\sin x}{\Delta x}$$

$$=\lim_{\Delta x\to 0}\frac{2\sin\frac{\Delta x}{2}\cos\left(x+\frac{\Delta x}{2}\right)}{\Delta x}$$

$$=\lim_{\Delta x\to 0}\frac{\sin\frac{\Delta x}{2}}{\frac{\Delta x}{2}}\cdot\cos\left(x+\frac{\Delta x}{2}\right)$$

$$=\lim_{\Delta x\to 0}\frac{\sin\frac{\Delta x}{2}}{\frac{\Delta x}{2}}\cdot\lim_{\Delta x\to 0}\cos\left(x+\frac{\Delta x}{2}\right)=\cos x$$

所以$(\sin x)'=\cos x$

同理可得$(\cos x)'=-\sin x$

**【例 2-1-7】** 已知 $y=a^x(a>0,a\neq 1)$，求 $y'$.

**解**
$$y'=\lim_{\Delta x\to 0}\frac{\Delta y}{\Delta x}=\lim_{\Delta x\to 0}\frac{a^{x+\Delta x}-a^x}{\Delta x}=a^x\cdot\lim_{\Delta x\to 0}\frac{a^{\Delta x}-1}{\Delta x}$$

$$=a^x\lim_{u\to 0}\frac{u}{\log_a(1+u)}（令 u=a^{\Delta x}-1）$$

$$=a^x\frac{1}{\lim\limits_{u\to 0}\log_a(1+u)^{\frac{1}{u}}}=a^x\frac{1}{\log_a e}=a^x\ln a$$

所以$(a^x)'=a^x\ln a$

特别地，当 $a=e$ 时，有公式$(e^x)'=e^x$.

**【例 2-1-8】** 求函数 $f(x)=\log_a x(a>0,a\neq 1)$ 的导数.

**解** $f'(x)=\lim\limits_{h\to 0}\dfrac{f(x+h)-f(x)}{h}=\lim\limits_{h\to 0}\dfrac{\log_a(x+h)-\log_a x}{h}$

$\vdots$

$$=\lim_{h\to 0}\frac{1}{h}\log_a\left(\frac{x+h}{x}\right)=\frac{1}{x}\lim_{h\to 0}\frac{x}{h}\log_a\left(1+\frac{h}{x}\right)=\frac{1}{x}\lim_{h\to 0}\log_a\left(1+\frac{h}{x}\right)^{\frac{x}{h}}$$

$$=\frac{1}{x}\log_a \mathrm{e}=\frac{1}{x\ln a}$$

即 $(\log_a x)'=\dfrac{1}{x\ln a}$

特殊地 $(\ln x)'=\dfrac{1}{x}$

**2. 基本初等函数求导公式**

(1) $(C)'=0$($C$ 为常数);

(2) $(x^a)'=ax^{a-1}$($a$ 为实数);

(3) $(\log_a x)'=\dfrac{1}{x\ln a}$;

(4) $(\ln x)'=\dfrac{1}{x}$;

(5) $(a^x)'=a^x\ln a$;

(6) $(\mathrm{e}^x)'=\mathrm{e}^x$;

(7) $(\sin x)'=\cos x$;

(8) $(\cos x)'=-\sin x$;

(9) $(\tan x)'=\dfrac{1}{\cos^2 x}=\sec^2 x$;

(10) $(\cot x)'=-\dfrac{1}{\sin^2 x}=-\csc^2 x$;

(11) $(\sec x)'=\sec x\tan x$;

(12) $(\csc x)'=-\csc x\cot x$;

(13) $(\arcsin x)'=\dfrac{1}{\sqrt{1-x^2}}$;

(14) $(\arccos x)'=-\dfrac{1}{\sqrt{1-x^2}}$;

(15) $(\arctan x)'=\dfrac{1}{1+x^2}$;

(16) $(\mathrm{arccot} x)'=-\dfrac{1}{1+x^2}$.

这 16 个基本初等函数的求导公式在今后的学习当中经常引用,请大家要记牢.

**练一练:**

求下列函数的导数.

(1) $y=x^{10}$;

(2) $y=\sqrt[5]{x^3}$

(3) $y=\sqrt{x\sqrt{x}}$;

(4) $y=\dfrac{x\cdot\sqrt[3]{x}}{\sqrt{x}}$;

(5) $y=\ln x$;

(6) $y=\sin\dfrac{\pi}{6}$.

### 2.1.4 导数的实际意义

在导数的定义中,$\dfrac{\Delta y}{\Delta x}$ 表示自变量 $x$ 在以 $x_0$ 和 $x_0+\Delta x$ 为端点的区间内变化 1 个单位时函数 $y$ 所产生的平均变化量,它表明了在该区间上函数 $y$ 随自变量 $x$ 变化的平均快慢程度,称为函数 $f(x)$ 在该区间上的**平均变化率**. 而导数 $f'(x_0)$ 表明了在点 $x_0$ 处函数 $y$ 随自变量 $x$ 变化的快慢程度,称为函数在点 $x_0$ 的**变化率**. 一般而言,表示不同实际问题的函数 $y=f(x)$,$\dfrac{\Delta y}{\Delta x}$ 和 $f'(x_0)$ 具有不同的实际意义.

**1. 导数的几何意义**

由导数的定义容易知道，函数 $y=f(x)$ 在点 $x_0$ 处的导数 $f'(x_0)$ 是曲线 $y=f(x)$ 在点 $M_0(x_0,f(x_0))$ 处的切线的斜率，即 $f'(x_0)=\tan\alpha=k$. 这就是导数的几何意义.

接下来引入一个概念，过切点 $M_0(x_0,f(x_0))$ 且垂直于切线的直线称为曲线 $y=f(x)$ 在点 $M_0$ 处的**法线**.

由上述分析可得出切线方程与法线方程.

切线方程为：$y-f(x_0)=f'(x_0)(x-x_0)$；

法线方程为：$y-f(x_0)=-\dfrac{1}{f'(x_0)}(x-x_0)$.

**注意**：(1) 如果 $f'(x_0)=0$，则曲线 $y=f(x)$ 在点 $(x_0,f(x_0))$ 处的切线平行于 $x$ 轴，曲线的切线方程为 $y=y_0$，法线方程为 $x=x_0$.

(2) 如果 $f'(x_0)=\infty$，则曲线 $y=f(x)$ 在点 $(x_0,f(x_0))$ 处的切线垂直于 $x$ 轴，曲线的切线方程为 $x=x_0$，法线方程为 $y=y_0$.

**【例 2-1-9】** 求 $f(x)=\sqrt{x}$ 在点 $(4,2)$ 处的切线方程和法线方程.

**解** 因为 $f'(x)=(\sqrt{x})'=(x^{\frac{1}{2}})'=\dfrac{1}{2}x^{-\frac{1}{2}}=\dfrac{1}{2\sqrt{x}}$，所以切线的斜率 $k=f'(4)=\dfrac{1}{4}$.

因此，所求切线方程为 $y-2=\dfrac{1}{4}(x-4)$，即 $x-4y+4=0$；

所求法线方程为 $y-2=-4(x-4)$，即 $4x+y-18=0$.

**练一练：**

求函数 $y=x^3$ 在点 $(2,8)$ 处的切线方程和法线方程.

**2. 导数的经济意义**

某公司生产 $x$ 单位产品所需成本 $C$ 是 $x$ 的函数：$C(x)$（称为**成本函数**），销售 $x$ 单位产品所得收益 $R$ 也是 $x$ 的函数：$R(x)$（称为**收益函数**），当 $x$ 在点 $x_0$ 有增量 $\Delta x$，函数 $C(x)$ 与 $R(x)$ 分别有相应的增量 $\Delta C=C(x_0+\Delta x)-C(x_0)$、$\Delta R=R(x_0+\Delta x)-R(x_0)$.

$\dfrac{\Delta C}{\Delta x}$ 就表示产量从 $x_0$ 变到 $x_0+\Delta x$ 时，生产 1 个单位产品所需的平均成本；$C'(x)$ 称为在点 $x_0$ 的**边际成本**，可以理解为当产量达到 $x_0$ 的前后，生产 1 个单位产品所需成本.

$\dfrac{\Delta R}{\Delta x}$ 就表示销售量从 $x_0$ 变到 $x_0+\Delta x$ 时，销售 1 个单位产品所需的平均收益；$R'(x)$ 称为在点 $x_0$ 的**边际收益**，可以理解为当销售量达到 $x_0$ 的前后，销售 1 个单位产品所得收益.

最后请大家研讨一个导数在生物学中应用的实例.

**【研讨题】** 海洋生物学家研究表明：某些品种的鲸鱼已经濒临灭绝，若从现在起采取强有力的保护措施，则在第 $t$ 年末，鲸鱼数量 $N(t)$ 将缓慢增长达到

$$N(t)=3t^3+2t^2+t+600\text{（只）},\ (0\leqslant t\leqslant 10)$$

根据该研究分别求第 2 年末、第 8 年末鲸鱼数量的增长率，并解释所得到的结果.

# 习题 2-1

## A. 基本题

1. 设 $f'(x_0)=-2$,求下列各极限.

(1) $\lim\limits_{\Delta x\to 0}\dfrac{f(x_0+\Delta x)-f(x_0)}{\Delta x}$;  (2) $\lim\limits_{\Delta x\to 0}\dfrac{f(x_0+3\Delta x)-f(x_0)}{\Delta x}$

2. 根据定义,求下列函数的导数.

(1) $f(x)=x^2-x$;  (2) $f(x)=\sqrt{x}$.

3. 求下列函数的导数.

(1) $y=\dfrac{1}{x}$;  (2) $y=\sqrt[3]{x}$;  (3) $y=x^2\sqrt{x}$;  (4) $y=\sqrt{x\sqrt{x\sqrt{x}}}$.

## B. 一般题

4. 已知物体的运动方程为 $s=t^4$,求它在 $t=1$ 时的速度.

5. 求 $y=x^2$ 在点(3,9)处的切线方程.

6. 曲线 $y=x^2$ 上哪一点的切线平行于直线 $y=12x-1$? 哪一点的法线垂直于直线 $3x-y-1=0$?

## C. 提高题

7. 讨论函数 $f(x)=\begin{cases}x\sin\dfrac{1}{x}, & x\neq 0,\\ 0, & x=0.\end{cases}$ 在 $x=0$ 处的连续性和可导性.

8. 已知一物体作旋转运动,转过的角度 $\theta$ 是时间 $t$ 的函数:$\theta=\theta(t)$. 试描述该物体在时间段 $[0,t]$ 内的平均角速度,以及在时刻 $t_0$ 的角速度.

9. 假设 $Q$ 为在 $t$ 年时地球石油的总蕴藏量,而且没有新的石油产生. $\dfrac{\mathrm{d}Q}{\mathrm{d}t}$ 的实际意义是什么? 它的符号是正的还是负的? 你怎样着手实地估算此导数,为作出这一估算你还需要知道些什么?

# 2.2 导数的四则运算法则

初等函数是由基本初等函数经过有限次四则运算和有限次复合运算构成的,前面给出了基本初等函数的求导公式,这里先介绍导数的四则运算法则,利用这些法则可以求出一些简单的初等函数的导数.

**定理 2-2-1** 设函数 $u=u(x)$ 与函数 $v=v(x)$ 在点 $x$ 处均可导,则它们的和、差、积、商(当

分母不为零时)在点 $x$ 处也可导,并且有

(1) $(u\pm v)'=u'\pm v'$;

(2) $(uv)'=u'v+uv'$;

(3) $(cu)'=cu'$ ($c$ 为常数);

(4) $\left(\dfrac{u}{v}\right)'=\dfrac{u'v-uv'}{v^2}$.

**证明**　(1)设 $y=u(x)+v(x)$,给自变量 $x$ 以增量 $\Delta x$,函数 $u=u(x)$,$v=v(x)$ 及 $y=u(x)+v(x)$ 相应地有增量 $\Delta u,\Delta v,\Delta y$.

因为 
$$\begin{aligned}\Delta y&=[u(x+\Delta x)+v(x+\Delta x)]-[u(x)+v(x)]\\&=[u(x+\Delta x)-u(x)]+[v(x+\Delta x)-v(x)]\\&=\Delta u+\Delta v\end{aligned}$$

所以 $\dfrac{\Delta y}{\Delta x}=\dfrac{\Delta u}{\Delta x}+\dfrac{\Delta v}{\Delta x}$

于是
$$y'=\lim_{\Delta x\to 0}\frac{\Delta y}{\Delta x}=\lim_{\Delta x\to 0}\frac{\Delta u}{\Delta x}+\lim_{\Delta x\to 0}\frac{\Delta v}{\Delta x}=u'+v'$$

即
$$(u+v)'=u'+v'$$

类似的也有
$$(u-v)'=u'-v'$$

其他运算法则类似可证,此处不再给出.

**注意:**

① 法则(1)和法则(2)可以推广到有限个函数的情形,例如:$(u+v-w)'=u'+v'-w'$;$[uvw]'=u'vw+uv'w+uvw'$;

② 法则(3)是法则(2)的特殊情况;

③ 一般地,$(uv)'\neq u'v'$;$\left(\dfrac{u}{v}\right)'\neq\dfrac{u'}{v'}$.

**【例 2-2-1】**　求函数 $f(x)=x^2+\sin x$ 的导数.

**解**　
$$\begin{aligned}f'(x)&=(x^2+\sin x)'=(x^2)'+(\sin x)'\\&=2x+\cos x\end{aligned}$$

**【例 2-2-2】**　求函数 $y=\cos x-\dfrac{1}{\sqrt[3]{x}}+\dfrac{1}{x}+\ln 3$ 的导数.

**解**　
$$\begin{aligned}y'&=(\cos x)'-(x^{-\frac{1}{3}})'+(x^{-1})'+(\ln 3)'\\&=-\sin x+\frac{1}{3}x^{-\frac{4}{3}}-x^{-2}+0\\&=-\sin x+\frac{1}{3x\cdot\sqrt[3]{x}}-\frac{1}{x^2}\end{aligned}$$

**【例 2-2-3】**　$f(x)=x^3+\cos x-\sin\dfrac{\pi}{2}$,求 $f'(x)$ 及 $f'\left(\dfrac{\pi}{2}\right)$.

**解**　
$$f'(x)=3x^2-\sin x$$
$$f'\left(\frac{\pi}{2}\right)=\frac{3}{4}\pi^2-1$$

**【例 2-2-4】**　求函数 $y=\sqrt{x}\cos x$ 的导数.

**解**　$y'=(\sqrt{x})'\cos x+\sqrt{x}(\cos x)'$

$$=\frac{1}{2\sqrt{x}}\cos x-\sqrt{x}\sin x$$

**【例 2-2-5】** 设函数 $f(x)=(1+x^3)\left(5-\frac{1}{x^2}\right)$,求 $f'(1),f'(-1)$.

**解** $f'(x)=(1+x^3)'\left(5-\frac{1}{x^2}\right)+(1+x^3)\left(5-\frac{1}{x^2}\right)'$

$$=3x^2\left(5-\frac{1}{x^2}\right)+(1+x^3)\frac{2}{x^3}$$

$$=15x^2+\frac{2}{x^3}-1$$

则 $f'(1)=15+2-1=16$； $f'(-1)=15-2-1=12$.

**【例 2-2-6】** 求函数 $y=x\cdot\ln x\cdot\sin x$ 的导数.

**解** 由乘法法则:$y'=(x\cdot\ln x\cdot\sin x)'=(x)'\cdot\ln x\cdot\sin x+x(\ln x)'\sin x+x\cdot\ln x(\sin x)'=\ln x\cdot\sin x+\sin x+x\cdot\ln x\cdot\cos x$

**【例 2-2-7】** 求函数 $y=\frac{2-3x}{2+x}$的导数.

**解** $y'=\frac{(2-3x)'(2+x)-(2-3x)(2+x)'}{(2+x)^2}$

$$=\frac{-3(2+x)-(2-3x)}{(2+x)^2}=-\frac{8}{(2+x)^2}$$

**【例 2-2-8】** 求函数 $y=\frac{1+x}{\sqrt{x}}$的导数.

**解** $y=\frac{1}{\sqrt{x}}+\sqrt{x}=x^{-\frac{1}{2}}+x^{\frac{1}{2}}$

$$y'=-\frac{1}{2}x^{-\frac{3}{2}}+\frac{1}{2}x^{-\frac{1}{2}}$$

**练一练:**

1. 求下列函数的导数.

(1) $y=2x^4-\frac{1}{x}+\frac{1}{x^2}-\ln 5$；

(2) $y=3\cdot\sqrt[3]{x^2}-\log_a x+\sin\frac{\pi}{3}$；

(3) $y=\cos x\cdot\ln x$；

(4) $y=\tan x\cdot\sin x$；

(5) $y=\frac{e^x}{x}$；

(6) $s=\frac{t}{1-\cos t}$.

2. 求下列函数在指定点的导数.

(1) 设 $y=f(x)=\sin x-\cos x$,求 $f'\left(\frac{\pi}{4}\right),f'\left(\frac{\pi}{2}\right)$；

(2) 设 $y=\frac{1-x}{1+x}$,求 $y'(1)$.

**【研讨题】** 在建工技术中,新浇混凝土的抗压强度是混凝土龄期 $n$ 的函数

$$f(n)=\frac{f_{28}}{\ln 28}\ln n$$

其中,$f_{28}$是龄期为 28 天的混凝土设计抗压强度,求混凝土抗压强度的增长速度 $f'(n)$；另外,

若取 $f_{28}=29.4\ \mathrm{kN/mm^2}$，求 $n=1,5,28$ 天时，$f'(n)$的值.思考一下，这组数据说明什么？

# 习题 2-2

## A. 基本题

1. 求下列函数的导数.

(1) $y=3x^2-x+7$；　(2) $y=x^2(2+\sqrt{x})$；

(3) $y=\dfrac{x^5+\sqrt{x}+1}{x^3}$；　(4) $y=2\sqrt{x}-\dfrac{1}{x}+4\sqrt{3}$；

(5) $y=\dfrac{2x^2-3x+4}{\sqrt{x}}$；　(6) $y=(1-\sqrt{x})\left(1+\dfrac{1}{\sqrt{x}}\right)$；

(7) $y=\dfrac{x^2}{2}+\dfrac{2}{x^2}$.

2. 求下列函数在指定点的导数.

(1) $f(x)=x\sin x+\dfrac{1}{2}\cos x$，　$x=\dfrac{\pi}{4}$；　(2) $f(x)=\dfrac{x-\sin x}{x+\sin x}$，　$x=\dfrac{\pi}{2}$.

## B. 一般题

3. 求下列函数的导数.

(1) $y=\dfrac{1}{1+\sqrt{x}}+\dfrac{1}{1-\sqrt{x}}$；　(2) $y=5(2x-3)(x+8)$；　(3) $y=x^2\mathrm{e}^x$；

(4) $y=\dfrac{3^x-1}{x^3+1}$；　(5) $y=\dfrac{\sin x}{\cos x}$；　(6) $y=\dfrac{\ln x}{\sin x}$；

(7) $y=\dfrac{x\cdot\sin x}{1+x^2}$.

4. 在曲线上 $y=\dfrac{1}{1+x^2}$上求一点，使通过该点的切线平行于 $x$ 轴.

## C. 提高题

5. 求函数 $y=x\cdot\mathrm{e}^x\cos x$ 的导数.

6. 某商品房的销售量 $y$(套)取决于销售价格 $x$(万元)，因此有 $y=f(x)$；已知 $f(17.8)=180$，$f'(17.8)=-5$.

(1) 从 $f(17.8)=180$ 和 $f'(17.8)=-5$　中，你对这些商品房的销售情况了解到什么？

(2) 房子的销售总收入 $R$ 由 $R=xy$ 给出，求 $\left.\dfrac{\mathrm{d}R}{\mathrm{d}x}\right|_{x=17.8}$.

(3) 若当前每套房子的售价是 17.8 万元，是提高还是降低该价格才能使总收入增加？

# 2.3 复合函数的求导法则

运用导数的四则运算法则，只能求出一些简单地初等函数的导数，但在实际中，常常会遇到一些函数是复合函数的情形，下面介绍复合函数求导法则.

已知$(e^x)'=e^x$，如果$y=e^{2x}$，是否有$y'=(e^{2x})'=e^{2x}$呢？

由指数运算公式$e^{2x}=e^x\cdot e^x$，再用乘积求导法则，得到$y'=(e^{2x})'=(e^x\cdot e^x)'=e^x\cdot e^x+e^x\cdot e^x=2e^{2x}$，这说明$(e^{2x})'\neq e^{2x}$，其原因在于$y=e^{2x}$是复合函数，它是由$y=e^u$，$u=2x$复合而成的，直接套用基本初等函数求导公式求复合函数的导数是不行的.

$y=g[f(x)]$由$u=f(x)$，$y=g(u)$复合而成，用导数和微分的关系，可以证明复合函数重要求导法则.

一般来说，对于复合函数的求导，有如下法则：

**定理 2-3-1** 设函数$u=\varphi(x)$在点$x$处有导数$\frac{du}{dx}=\varphi'(x)$，函数$y=f(u)$在点$x$的对应点$u$处有导数$\frac{dy}{du}=f'(u)$，则复合函数$y=f[\varphi(x)]$在点$x$处也有导数，且

$$\frac{dy}{dx}=\frac{dy}{du}\cdot\frac{du}{dx}=f'(u)\cdot g'(x)\text{或}\ y'_x=y'_u\cdot u'_x$$

**注意**：复合函数求导法则可推广到有限次复合的复合函数的情形. 即如果$y=f(u)$，$u=\varphi(v)$，$v=\psi(x)$，则有

$$\frac{dy}{dx}=\frac{dy}{du}\cdot\frac{du}{dv}\cdot\frac{dv}{dx}=f'(u)\cdot\varphi'(v)\cdot\psi'(x)$$

**【例 2-3-1】** 设$y=\sin 3x$，求$\frac{dy}{dx}$.

**解** $y=\sin 3x$是由$y=\sin u$和$u=3x$复合而成，故

$$\frac{dy}{dx}=\frac{dy}{du}\cdot\frac{du}{dx}=\cos u\cdot 3=3\cos 3x$$

**【例 2-3-2】** 设$y=e^{-x^2+3x}$，求$\frac{dy}{dx}$

**解** $y=e^{-x^2+3x}$是由$y=e^u$和$u=-x^2+3x$复合而成，所以

$$\frac{dy}{dx}=\frac{dy}{du}\cdot\frac{du}{dx}=e^u\cdot(-2x+3)=(-2x+3)e^{-x^2+3x}$$

**【例 2-3-3】** 设$y=\ln(x^3-2x+6)$，求$\frac{dy}{dx}$.

**解** $y=\ln(x^3-2x+6)$是由$y=\ln u$和$u=x^3-2x+6$复合而成的，所以

$$\frac{dy}{dx}=\frac{dy}{du}\cdot\frac{du}{dx}=\frac{1}{u}\cdot(3x^2-2)=\frac{3x^2-2}{x^3-2x+6}$$

**【例 2-3-4】** 设$y=\sqrt{1-x^2}$，求$\frac{dy}{dx}$.

**解** $y=\sqrt{1-x^2}$是由$y=\sqrt{u}=u^{\frac{1}{2}}$和$u=1-x^2$复合而成的，所以

$$\frac{\mathrm{d}y}{\mathrm{d}x}=\frac{\mathrm{d}y}{\mathrm{d}u}\cdot\frac{\mathrm{d}u}{\mathrm{d}x}=\frac{1}{2\sqrt{u}}\times(-2x)=-\frac{x}{\sqrt{1-x^2}}$$

从以上例子看出，求复合函数的导数，应先分析所给函数的复合过程，并设出中间变量，再使用复合函数的求导公式，求出导数.具体**步骤**如下：

（1）分析所给函数的复合过程，写出复合函数的分解式；

（2）求每个分解函数的导数；

（3）用复合函数的求导法则：复合函数的导数等于各分解函数导数的乘积；

（4）将中间变量还原为 $x$ 的函数.

对复合函数的复合过程掌握较好之后，就不必再写出中间变量，只要把中间变量所代替的式子默记在心里，按照复合的先后次序，应用复合函数的求导法则，由外到内，层层剥皮，逐层求导即可.

**【例 2-3-5】** 求 $y=\cos^2 x$ 的导数.

**解** $y'=(\cos^2 x)'=2\cos x(\cos x)'$

$=-2\cos x\sin x$

$=-\sin 2x$

**【例 2-3-6】** $y=\arcsin\sqrt{x}$，求 $y'$.

**解** $y'=(\arcsin\sqrt{x})'=\dfrac{1}{\sqrt{1-(\sqrt{x})^2}}(\sqrt{x})'=\dfrac{1}{2\sqrt{x-x^2}}$

复合函数的求导法则可以推广到多个中间变量的情形，例如，设 $y=f(u)$，$u=\varphi(v)$，$v=\psi(x)$，则

$$\frac{\mathrm{d}y}{\mathrm{d}x}=\frac{\mathrm{d}y}{\mathrm{d}u}\cdot\frac{\mathrm{d}u}{\mathrm{d}v}\cdot\frac{\mathrm{d}v}{\mathrm{d}x}$$

**【例 2-3-7】** 求函数 $y=\mathrm{e}^{\sin^2 x}$ 的导数.

**解** $y'=\mathrm{e}^{\sin^2 x}(\sin^2 x)'=\mathrm{e}^{\sin^2 x}2\sin x(\sin x)'=\mathrm{e}^{\sin^2 x}\sin 2x$

**【例 2-3-8】** $y=\ln(\cos(\mathrm{e}^x))$，求$\dfrac{\mathrm{d}y}{\mathrm{d}x}$.

**解** $\dfrac{\mathrm{d}y}{\mathrm{d}x}=[\ln\cos(\mathrm{e}^x)]'=\dfrac{1}{\cos(\mathrm{e}^x)}\cdot[\cos(\mathrm{e}^x)]'$

$=\dfrac{1}{\cos(\mathrm{e}^x)}\cdot[-\sin(\mathrm{e}^x)]\cdot(\mathrm{e}^x)'=-\mathrm{e}^x\tan(\mathrm{e}^x)$

## 练一练：

求下列函数的导数.

（1）$y=\sin 5x$；

（2）$y=\mathrm{e}^{-2x+3}$；

（3）$y=\ln(x^2-x+1)$；

（4）$y=\sqrt{5x^2-1}$；

（5）$y=\cos^3 x$；

（6）$y=(x+\sin^6 x)^7$；

（7）$y=\arctan\sqrt{x}$；

（8）$y=\ln(\sin(\mathrm{e}^x))$.

# 习题 2-3

## A. 基本题

1. 求下列函数的导数.

(1) $y=\sin(x^2+1)$;　(2) $y=\sqrt{2x+3}$;　(3) $y=e^{-x}$;

(4) $y=\ln(x^2+x+1)$;　(5) $y=\cos x^3$;　(6) $y=\cos^3 x$;

(7) $y=\sin x^3$;　(8) $y=\sin^3 x$.

## B. 一般题

2. 求下列函数的导数.

(1) $y=(1+x^2)^2$;　(2) $y=(3x-5)^4(5x+4)^3$;

(3) $y=(2x-1)\sqrt{1-x^2}$;　(4) $y=(2+3x^2)\sqrt{1+5x^2}$;

(5) $y=\dfrac{(2x+5)^2}{3x+4}$;　(6) $y=\sqrt{x^2-2x+5}$;

(7) $y=\dfrac{3x+1}{\sqrt{1-x^2}}$;　(8) $y=\ln(3+2x^2)$;

(9) $y=e^{x^2-1}$;　(10) $y=\sin^2 x\cos 2x$;

(11) $y=\cos^3\dfrac{x}{2}$;　(12) $y=x^2\sin\dfrac{1}{x}$;

(13) $y=e^{-x}\cos 3x$.

## C. 提高题

3. 已知 $y=f(e^x+x^e)$,且 $f$ 可导,求$\dfrac{dy}{dx}$.

4. 设 $f(x)$是可导偶函数,且 $f'(0)$存在,求证 $f'(0)=0$.

# 2.4 特殊函数求导法和高阶导数

## 2.4.1 隐函数及其求导法

前面讨论的函数,如 $y=x^2-\dfrac{1}{x}+\ln x$,$y=e^x+\sin 2x$ 等,其特点是函数 $y$ 是用自变量 $x$ 的关系式 $y=f(x)$来表示的,这种函数称为**显函数**. 但是有时会遇到另一类函数,如 $x^2+y^2=R^2$($R$ 是常数),$xy-e^x+e^y=0$ 等,其特点是变量 $y$,$x$ 之间的函数关系 $y=f(x)$是用方程 $F(x,y)=0$ 来表示的,这种函数就称为**隐函数**.

隐函数如何求导呢？如果能把隐函数化为显函数，问题就解决了. 但不少情况下，隐函数是很难甚至不可能化为显函数的，因此有必要掌握隐函数的求导方法. 隐函数的求导方法可分为如下两步：

(1) 将方程 $F(x,y)=0$ 两边对 $x$ 求导(注意 $y$ 是 $x$ 的函数)；

(2) 从已求得的等式中解出 $y'$.

**【例 2-4-1】** 求由方程 $x^2+y^2=R^2$($R$ 是常数)确定的隐函数的导数$\frac{dy}{dx}$.

**解**　方程两边同时对 $x$ 求导得

$$(x^2)'+(y^2)_x{}'=(R^2)'$$

$$2x+2y\cdot y'=0$$

从中解出 $y'$，得

$$y'=-\frac{x}{y}$$

**【例 2-4-2】** 求由方程 $xy-e^x+e^y=0$ 所确定的隐函数的导数 $y'$.

**解**　把方程 $xy-e^x+e^y=0$ 的两端对 $x$ 求导得

$$y+xy'-e^x+e^y y'=0$$

由上式解出 $y'$，得

$$y'=\frac{e^x-y}{x+e^y}(x+e^y\neq 0)$$

从上面的例子可以看出，求隐函数的导数时，可以将方程两边同时对自变量 $x$ 求导，遇到 $y$ 就看成 $x$ 的函数，遇到 $y$ 的函数就看成 $x$ 的复合函数，然后从关系式中解出 $y'_x$ 即可.

**练一练：**

求由下列方程确定的隐函数的导数$\frac{dy}{dx}$.

(1) $x^2+y^2+2x=0$；　　(2) $e^y+xy-e=0$.

### 2.4.2　对数求导法

**对数求导法**即等号两边取对数，将其化为隐函数，而后利用隐函数的求导方法求导. 它可用来解决两种类型函数的求导问题.

**1. 求幂指函数的导数(形如 $y=\varphi(x)^{\psi(x)}$ 的函数称为幂指函数)**

**【例 2-4-3】** 求 $y=x^{\sin x}$的导数.

**解**　为了求这函数的导数，可以先在两边取对数，得

$$\ln y=\sin x\cdot\ln x$$

上式两边对 $x$ 求导，注意到 $y$ 是 $x$ 的函数，把 $y$ 当作中间变量，按复合函数求导法则，得

$$\frac{1}{y}y'=\cos x\cdot\ln x+(\sin x)\frac{1}{x}$$

于是

$$y'=y\left(\cos x\ln x+\frac{\sin x}{x}\right)=x^{\sin x}\left(\cos x\ln x+\frac{\sin x}{x}\right)$$

**【例 2-4-4】** 已知 $y=(1+x^2)^{\cos x}$，求 $y'$.

**解**　先将已知函数取自然对数，得 $\ln y=\cos x\cdot\ln(1+x^2)$，上式两边同时对 $x$ 求导(注意 $y$ 是 $x$ 的函数)，得

$$\frac{1}{y}\cdot y'=-\sin x\cdot\ln(1+x^2)+\cos x\cdot\frac{1}{1+x^2}\cdot 2x$$

所以 $y'=(1+x^2)^{\cos x}\left[\frac{2x\cos x}{1+x^2}-\sin x\cdot\ln(1+x^2)\right]$

**2. 由多个因子的积、商、乘方、开方而成的函数的求导问题**

**【例 2-4-5】** 已知 $y=\sqrt{\frac{(x+1)(x+2)}{(x+3)(x+4)}}\,(x>-1)$，求 $y'$.

**解** 先将已知函数取自然对数，整理得

$$\ln y=\frac{1}{2}[\ln(x+1)+\ln(x+2)-\ln(x+3)-\ln(x+4)]$$

上式两边同时对 $x$ 求导(注意 $y$ 是 $x$ 的函数)，得

$$\frac{1}{y}y'=\frac{1}{2}\left(\frac{1}{x+1}+\frac{1}{x+2}-\frac{1}{x+3}-\frac{1}{x+4}\right)$$

$$y'=\frac{1}{2}\sqrt{\frac{(x+1)(x+2)}{(x+3)(x+4)}}\left(\frac{1}{x+1}+\frac{1}{x+2}-\frac{1}{x+3}-\frac{1}{x+4}\right)$$

**练一练：**

求下列函数的导数.

(1) $y=x^{\frac{1}{x}},x>0$； (2) $y=x\cdot\sqrt[3]{(3x+1)^2(x-2)}$.

### 2.4.3 由参数方程所确定的函数的导数

前面讨论了由 $y=f(x)$ 或 $F(x,y)=0$ 给出的函数关系的导数问题，但在研究物体运动轨迹时，曲线常被看作质点运动的轨迹，动点 $M(x,y)$ 的位置随时间 $t$ 变化，因此动点坐标 $x,y$ 可分别利用时间 $t$ 的函数表示.

例如，研究抛射物体运动(空气阻力不计)时，抛射物体的运动轨迹可表示为

$$\begin{cases}x=v_1t\\y=v_2t-\frac{1}{2}gt^2\end{cases}$$

其中，$v_1,v_2$ 分别是抛射物体的初速度的水平和垂直分量；$g$ 是重力加速度；$t$ 是时间；$x,y$ 分别是抛射物体的横坐标和纵坐标，如图 2-5 所示.

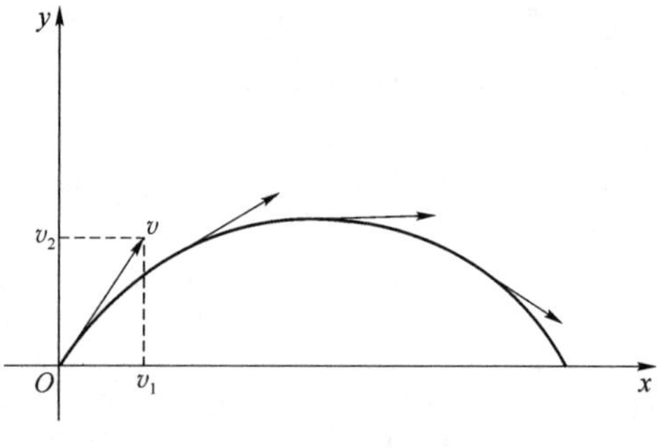


图 2-5

在上式中，$x,y$ 都是 $t$ 的函数，因此，$x$ 与 $y$ 之间通过 $t$ 发生联系，这样 $y$ 与 $x$ 之间存在着确定的函数关系，消去 $t$，得

$$y=\frac{v_2}{v_1}x-\frac{g}{2v_1^2}x^2$$

这就是上述参数方程所确定的函数的显函数形式.

一般地,如果参数方程

$$\begin{cases}x=\varphi(t)\\y=\psi(t)\end{cases}$$

确定了 $y$ 与 $x$ 之间的函数关系,则称此函数关系所表示的函数为**由参数方程所确定的函数**.

对于参数方程所确定的函数的导数,通常也并不需要首先由参数方程消去参数 $t$ 化为 $y$ 与 $x$ 之间的直接函数关系后再求导.

由参数方程确定的函数可以看成是由 $y=\psi(t)$ 与 $t=\varphi^{-1}(x)$ 复合而成的函数,如果函数 $x=\varphi(t)$,$y=\psi(t)$ 都可导,且 $\varphi'(t)\neq 0$,根据复合函数的求导法则有

$$\frac{\mathrm{d}y}{\mathrm{d}t}=\frac{\mathrm{d}y}{\mathrm{d}x}\cdot\frac{\mathrm{d}x}{\mathrm{d}t}$$

由此有

$$\frac{\mathrm{d}y}{\mathrm{d}x}=\frac{\frac{\mathrm{d}y}{\mathrm{d}t}}{\frac{\mathrm{d}x}{\mathrm{d}t}}=\frac{\psi'(t)}{\varphi'(t)}$$

**【例 2-4-6】** 求由参数方程 $\begin{cases}x=a(t-\sin t),\\y=a(1-\cos t).\end{cases}$ 所确定的函数的导数 $\frac{\mathrm{d}y}{\mathrm{d}x}$.

**解** $\frac{\mathrm{d}y}{\mathrm{d}x}=\frac{[a(1-\cos t)]'}{[a(t-\sin t)]'}=\frac{\sin t}{1-\cos t}$

**【例 2-4-7】** 已知椭圆的参数方程为

$$\begin{cases}x=a\cos t\\y=b\sin t\end{cases}$$

求椭圆在 $t=\frac{\pi}{4}$ 相应的点处的切线方程.

**解** 当 $t=\frac{\pi}{4}$ 时,椭圆上的相应点 $M_0$ 的坐标是

$$x_0=a\cos\frac{\pi}{4}=\frac{\sqrt{2}}{2}a\ ,y_0=b\cos\frac{\pi}{4}=\frac{\sqrt{2}}{2}b$$

曲线在点 $M_0$ 的切线斜率为

$$\frac{\mathrm{d}y}{\mathrm{d}x}\Big|_{t=\frac{\pi}{4}}=\frac{(b\sin t)'}{(a\cos t)'}\Big|_{t=\frac{\pi}{4}}=\frac{b\cos t}{-a\sin t}\Big|_{t=\frac{\pi}{4}}=-\frac{b}{a}$$

代入点斜式方程,即得椭圆在点 $M_0$ 处的切线方程

$$y-\frac{\sqrt{2}}{2}b=-\frac{b}{a}\left(x-\frac{\sqrt{2}}{2}a\right)$$

**练一练:**

求由参数方程 $\begin{cases}x=\arctan t,\\y=\ln(1+t^2).\end{cases}$ 所确定的函数的导数 $\frac{\mathrm{d}y}{\mathrm{d}x}$.

## 2.4.4 高阶导数

### 1. 高阶导数的概念

在实际问题中，常常会遇到对某一函数多次求导的情况. 连续两次或两次以上对某个函数求导数，所得结果称为这个函数的高阶导数.

如果 $f(x)$的导函数 $f'(x)$可以继续对 $x$ 求导数，则称 $f(x)$的一阶导数的导数为 $f(x)$的二阶导数.

函数 $f(x)$的二阶导数记为

$$y'',f''(x),\frac{d^2y}{dx^2},\frac{d^2f(x)}{dx^2},\frac{d^2}{dx^2}f(x)$$

即有 $y''=(y')'$.

类似地，函数 $f(x)$二阶导数的导数称为 $f(x)$的三阶导数记为

$$y''',f'''(x),\frac{d^3y}{dx^3},\frac{d^3f(x)}{dx^3},\frac{d^3}{dx^3}f(x)$$

函数 $f(x)$的 $n$ 阶导数记为

$$y^{(n)},f^{(n)}(x),\frac{d^ny}{dx^n},\frac{d^nf(x)}{dx^n},\frac{d^n}{dx^n}f(x)$$

一般的有 $y^{(n)}=(y^{(n-1)})'$.

求高阶导数不需要新的公式、新的法则.

**【例 2-4-8】** 求下列函数的二阶导数.

(1) $y=2x+3$;　　(2) $y=x\ln x$;　　(3) $y=e^{-t}\cos t$.

**解** (1) $y'=2$，　$y''=0$.

(2) $y'=\ln x+x\dfrac{1}{x}=\ln x+1$，　$y''=\dfrac{1}{x}$.

(3) $y'=-e^{-t}\cos t-e^{-t}\sin t=-e^{-t}(\cos t+\sin t)$

$y''=e^{-t}(\cos t+\sin t)-e^{-t}(-\sin t+\cos t)=e^{-t}(2\sin t)=2e^{-t}\sin t$.

**【例 2-4-9】** 设 $f(x)=e^{2x-1}$，求 $f''(0)$.

**解** $f'(x)=2e^{2x-1},f''(x)=4e^{2x-1},f''(0)=4e^{-1}=\dfrac{4}{e}$

**【例 2-4-10】** 求指数函数 $y=a^x\ (a>0,a\neq1)$和 $y=e^x$ 的 $n$ 阶导数.

**解** $y'=a^x\ln a$，$y''=a^x\ (\ln a)^2,\cdots,y^{(n)}=a^x\ (\ln a)^n$，

所以 $(a^x)^{(n)}=a^x\ (\ln a)^n$

对于 $y=e^x$，有 $(e^x)^{(n)}=e^x\ (\ln e)^n=e^x$.

**【例 2-4-11】** $y=x\ln x+e^{2x}$，求 $y''$.

**解** $y'=\ln x+x\cdot\dfrac{1}{x}+2e^{2x}=\ln x+2e^{2x}+1,y''=\dfrac{1}{x}+4e^{2x}$

**【例 2-4-12】** 求 $y=\sin x$ 与 $y=\cos x$ 的 $n$ 阶导数.

**解** $y=\sin x$，

$$y'=\cos x=\sin\left(x+\frac{\pi}{2}\right)$$

$$y''=\cos\left(x+\frac{\pi}{2}\right)=\sin\left(x+\frac{\pi}{2}+\frac{\pi}{2}\right)=\sin\left(x+2\cdot\frac{\pi}{2}\right)$$

$$y'''=\cos\left(x+2\cdot\frac{\pi}{2}\right)=\sin\left(x+3\cdot\frac{\pi}{2}\right)$$

$$\vdots$$

$$y^{(n)}=\sin\left(x+n\cdot\frac{\pi}{2}\right)$$

即

$$(\sin x)^{(n)}=\sin\left(x+n\cdot\frac{\pi}{2}\right)$$

同理可得

$$(\cos x)^{(n)}=\cos\left(x+n\cdot\frac{\pi}{2}\right)$$

**2. 二阶导数的物理意义**

设物体作变速直线运动，其运动方程为 $s=s(t)$，则物体运动速度是路程 $s$ 对时间 $t$ 的导数，即

$$v=s'(t)=\frac{\mathrm{d}s}{\mathrm{d}t}$$

此时，若速度 $v$ 仍是时间 $t$ 的函数，我们可以求速度 $v$ 对时间 $t$ 的导数，用 $a$ 表示，即

$$a=v'(t)=s''(t)=\frac{\mathrm{d}^2s}{\mathrm{d}t^2}$$

$a$ 就是物体运动的加速度，它是路程 $s$ 对时间 $t$ 的二阶导数. 通常把它称为二阶导数的物理意义.

**【例 2-4-13】** 已知物体运动方程为 $s=A\cos(\omega t+\varphi)$（$A$、$\omega$、$\varphi$ 是常数），求物体的加速度.

**解**

$$s=A\cos(\omega t+\varphi)$$

$$v=s'=[A\cos(\omega t+\varphi)]'=-A\omega\sin(\omega t+\varphi)$$

$$a=s''=[-A\omega\sin(\omega t+\varphi)]'=-A\omega^2\cos(\omega t+\varphi)$$

**练一练：**

1. 求下列函数的二阶导数.

(1) $y=\mathrm{e}^{2x-1}$；　(2) $y=x\mathrm{e}^{-x}$；　(3) $y=x^2\ln x$.

2. 求函数 $y=\mathrm{e}^{2x}$ 的 $n$ 阶导数.

3. 求函数 $y=x^n$ 的 $n$ 阶导数.

## 习题 2-4

### A. 基本题

1. 求由下列方程确定的隐函数的导数$\frac{\mathrm{d}y}{\mathrm{d}x}$.

(1) $x^2-xy-y^2=0$；　(2) $\sqrt{x}+\sqrt{y}=1$；

(3) $x\mathrm{e}^y+y\mathrm{e}^x=0$；　(4) $x^3+y^3-3x^2y=0$.

2. 利用对数求下列函数的导数.

(1) $y=(\cos x)^{\sin x}$；　(2) $y=x\sqrt{\frac{1-x}{1+x}}$；　(3) $y=\frac{\sqrt{2+x}(3-x)}{(2x+1)^5}$；

(4) $y=2x^{\sqrt{x}}$；　(5) $y=(\sin x)^{\ln x}$.

3. 求曲线$\begin{cases}x=t^3\\y=1+t^2\end{cases}$在 $t=1$ 的切线方程.

4. 求下列函数的二阶导数.

(1) $y=x^2+\ln x$；　(2) $y=x\cos x$；

(3) $y=\frac{1-x}{1+x}$；　(4) $y=\ln(1+x^2)$，求 $y''(\frac{\pi}{4})$.

## B. 一般题

5. 求下列方程确定的隐函数的导数.

(1) $y\sin x+e^y-x=1$；　(2) $e^{x+y}-xy=1$，求$\left.\frac{dy}{dx}\right|_{x=0}$.

6. 已知物体做直线运动，其运动方程如下，求它在指定时刻的速度和加速度.

(1) $s=t^4-9t^2+2$，在 $t=3$；

(2) $s=A\cos\left(\frac{\pi}{6}t+\frac{\pi}{3}\right)$（$A$ 为常数），在 $t=2$；

7. 求由参数方程$\begin{cases}x=\ln(1+t^2)\\y=t-\arctan t\end{cases}$所确定的函数的导数$\frac{dy}{dx}$.

8. 求下列函数的高阶导数.

(1) $y=\ln(1-x^2)$，求 $y''$；

(2) $y=\sin 2x$，求 $y''$；

(3) $y=x^3\ln x$，求 $y^{(4)}$.

## C. 提高题

9. 求下列函数的高阶导数.

(1) $y=xe^x$，求 $y^{(n)}$；

(2) $y=\ln(1+x)$，求 $y^{(n)}$.

# 2.5 微分及其应用

## 2.5.1 微分的定义

在实际应用和理论研究当中，往往需要求出一个函数 $y=f(x)$ 的增量 $\Delta y$，可惜 $\Delta y$ 的精确值的确定往往十分麻烦甚至无计可施，我们强烈企盼有一种求得 $\Delta y$ 的简便可靠的近似算法，一种运算十分便捷，近似程度又可以相当满意的 $\Delta y$ 的近似值就是所谓函数的微分.

下面先讨论一个具体的例子：

一块正方形金属薄片受温度变化影响时，其边长由 $x_0$ 变到 $x_0+\Delta x$，如图 2-6 所示，问此薄片的面积改变了多少？

设此薄片的边长为 $x$，面积为 $A$，则 $A$ 是 $x$ 的函数：$A=x^2$. 薄片受温度变化影响时，面积的改变量可以看成当自变量 $x$ 自 $x_0$ 取得增量 $\Delta x$ 时，函数 $A$ 相应的增量 $\Delta A$，即

$$\Delta A=(x_0+\Delta x)^2-x_0^2=2x_0\Delta x+(\Delta x)^2$$

从上式可以看出，$\Delta A$ 可分成两部分：一部分是 $2x_0\Delta x$，它是 $\Delta x$ 的线性函数，即图中带有斜线的两个矩形面积之和；另一部分是 $(\Delta x)^2$，在图中是带有交叉斜线的小正方形的面积. 显然，如图 2-6 所示，$2x_0\Delta x$ 是面积增量 $\Delta A$ 的主要部分，而 $(\Delta x)^2$ 是次要部分，当 $|\Delta x|$ 很小时，$(\Delta x)^2$ 部分比 $2x_0\Delta x$ 要小得多. 也就是说，当 $|\Delta x|$ 很小时，面积增量 $\Delta A$ 可以近似地用 $2x_0\Delta x$ 表示，即

$$\Delta A\approx 2x_0\Delta x$$

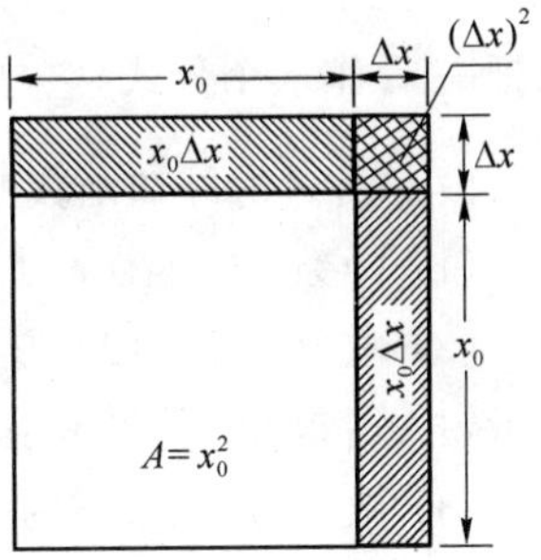

图 2-6

由此式作为 $\Delta A$ 的近似值，略去的部分 $(\Delta x)^2$ 是比 $\Delta x$ 高阶的无穷小，即

$$\lim_{\Delta x\to 0}\frac{(\Delta x)^2}{\Delta x}=\lim_{\Delta x\to 0}\Delta x=0$$

又因为 $A'(x_0)=(x^2)'|_{x=x0}=2x_0$，所以有

$$\Delta A\approx A'(x_0)\Delta x$$

这表明，用来近似代替面积改变量 $\Delta A$ 的 $2x_0\Delta x$，实际上是函数 $A=x^2$ 在点 $x_0$ 的导数 $2x_0$ 与自变量 $x$ 的改变量 $\Delta x$ 的乘积. 这种近似代替具有一定的普遍性.

**定义 2-5-1**　设函数 $y=f(x)$ 在 $x_0$ 的某个邻域内有定义，当自变量在 $x_0$ 处取得增量 $\Delta x$ 时，如果函数的增量 $\Delta y=f(x_0+\Delta x)-f(x_0)$ 可以表示为

$$\Delta y=A\Delta x+o(\Delta x)$$

其中，$A$ 是与 $x_0$ 有关而与 $\Delta x$ 无关的常数，$o(\Delta x)$ 是比 $\Delta x$ 高阶的无穷小量，则称**函数 $y=f(x)$ 在点 $x_0$ 处可微**，$A\Delta x$ 称为函数 $y=f(x)$ 在点 $x_0$ 处的**微分**，记作 $\mathrm{d}y|_{x=x_0}$，即

$$\mathrm{d}y|_{x=x_0}=A\Delta x$$

接下来的问题是什么样的函数是可微的，对这个问题有如下结论：

**定理 2-5-1**　函数 $y=f(x)$ 在点 $x_0$ 处可微的充要条件是函数 $y=f(x)$ 在点 $x_0$ 处可导，且

$$\mathrm{d}y|_{x=x_0}=f'(x_0)\Delta x$$

**证**　设函数 $y=f(x)$ 在 $x_0$ 点可微，即 $\Delta y=A\Delta x+o(\Delta x)$，则 $\dfrac{\Delta y}{\Delta x}=A+\dfrac{o(\Delta x)}{\Delta x}$，

因此 $\displaystyle\lim_{\Delta x\to 0}\frac{\Delta y}{\Delta x}=\lim_{\Delta x\to 0}\left(A+\frac{o(\Delta x)}{\Delta x}\right)=A$，即 $f'(x_0)=A$，从而，函数 $y=f(x)$ 在 $x_0$ 点可微，一定可导.

反过来，设函数 $y=f(x)$ 在 $x_0$ 点可导，$f'(x_0)=\displaystyle\lim_{\Delta x\to 0}\frac{\Delta y}{\Delta x}$，则 $\dfrac{\Delta y}{\Delta x}=f'(x_0)+\alpha$（其中 $\alpha$ 是 $\Delta x\to 0$ 时的无穷小），$\Delta y=f'(x_0)\Delta x+o(\Delta x)$，则由微分的定义知，函数 $y=f(x)$ 在 $x_0$ 点可微.

如果函数 $y=f(x)$ 在区间 $I$ 内每一点都可微，称**函数 $f(x)$ 是 $I$ 内的可微函数**，函数 $f(x)$ 在 $I$ 内任意一点 $x$ 处的微分就称之为**函数的微分**，记作 $\mathrm{d}y$，即

$$\mathrm{d}y=f'(x)\Delta x$$

因为当 $y=x$ 时，$\mathrm{d}y=\mathrm{d}x=(x)'\Delta x=\Delta x$，因此自变量 $x$ 的增量 $\Delta x$ 就是自变量的微分，

即 $dx=\Delta x$ 于是函数 $y=f(x)$的微分又可记作

$$dy=f'(x)dx$$

从而有 $\frac{dy}{dx}=f'(x)$. 这就是说，函数的微分 dy 与自变量的微分 dx 之商等于该函数的导数. 因此，导数也称为“微商”. 以前我们用$\frac{dy}{dx}$表示 $y$ 对 $x$ 的导数，$\frac{dy}{dx}$被看作一个整体记号，现在可以把$\frac{dy}{dx}$看作一个分式，它是函数的微分 dy 与自变量的微分 dx 之商.

由上面讨论可知函数的微分有如下**特点**：

(1) 函数 $f(x)$在 $x$ 处可微与可导是等价的；

(2) 微分 $f'(x_0)\Delta x$ 是增量 $\Delta y$ 的近似值，其误差 $\alpha=\Delta y-f'(x_0)\Delta x$ 是比 $\Delta x$ 高阶的无穷小量，$|\Delta x|$越小，误差越小；

(3) 微分 dy 是 $\Delta x$ 的一次函数(线性函数)；

(4) 导数$\frac{dy}{dx}$为函数的微分与自变量的微分之商.

**【例 2-5-1】** 求函数 $y=x^2$ 在 $x=1,\Delta x=0.01$ 时的增量 $\Delta y$ 与微分 dy.

**解** 函数 $y=x^2$ 在 $x=1$ 处的增量为 $\Delta y=(1+0.01)^2-1^2=0.0201$；

函数 $y=x^2$ 在 $x=1$ 处的微分为 $dy=(x^2)'|_{x=1}\Delta x=2\times0.01=0.02$ .

**【例 2-5-2】** 求出函数 $y=f(x)=x^2-3x+5$ 当 $x=1$ 且(1)$\Delta x=0.1$；(2)$\Delta x=0.01$ 时的增量 $\Delta y$ 与微分 dy.

**解** 函数增量 $\Delta y=[(x+\Delta x)^2-3(x+\Delta x)+5]-(x^2-3x+5)=(2x-3)\Delta x+(\Delta x)^2$，

函数微分 $dy=f'(x)\Delta x=(2x-3)\Delta x$，于是

(1) 当 $x=1$，$\Delta x=0.1$ 时，

$$\Delta y=(2\times1-3)\times0.1+0.1^2=-0.09$$

$$dy=(2\times1-3)\times0.1=-0.1$$

$$\Delta y-dy=0.01$$

(2) 当 $x=1,\Delta x=0.01$ 时，

$$\Delta y=(2\times1-3)\times0.01+0.01^2=-0.0099$$

$$dy=(2\times1-3)\times0.01=-0.01$$

$$\Delta y-dy=0.0001$$

由本例可以看到，$|\Delta x|$越小，$\Delta y$ 与 dy 的差越小.

**【例 2-5-3】** 设 $y=\frac{\ln x}{x}$，求 $dy|_{x=1}$.

**解** $y'=\frac{1-\ln x}{x^2}$

$$dy=y'dx=\frac{1-\ln x}{x^2}dx$$

$$dy|_{x=1}=y'(1)dx=dx$$

**【例 2-5-4】** 设 $y=\tan\frac{x}{2}$，求 dy.

**解** 因为 $y'=\frac{1}{2}\sec^2\frac{x}{2}$，所以 $dy=y'dx=\frac{1}{2}\sec^2\frac{x}{2}dx$.

**练一练：**

1. 求函数 $f(x)=x^3$ 当 $x=2$ 且 $\Delta x=0.01$ 时的 $\Delta y$ 与 $\mathrm{d}y$.

2. 求下列函数的微分 $\mathrm{d}y$.

(1) $y=x\ln x$；　　(2) $y=x^3+x^2+1$；

(3) $y=2\sqrt{x}$；　　(4) $y=\tan\dfrac{x}{2}$.

### 2.5.2　微分的几何意义

为了对微分有比较直观的了解，下面我们来说明微分的几何意义.

设如图 2-7 所示函数 $y=f(x)$ 的图像，过曲线上一点 $M$ 作切线 $MT$，设 $MT$ 的倾角为 $\alpha$，则 $\tan\alpha=f'(x)$.

当自变量有增量 $\Delta x$ 时，切线 $MT$ 的纵坐标也有增量

$QP=\Delta x\tan\alpha=f'(x)\Delta x=\mathrm{d}y$.

因此，函数 $y=f(x)$ 在 $x$ 处的微分的几何意义是：曲线 $y=f(x)$ 在点 $M(x,y)$ 的切线 $MT$ 的纵坐标对应于 $\Delta x$ 的相应增量 $QP$.

当 $|x|$ 很小时，$|y-\mathrm{d}y|$ 比 $|x|$ 小得多，因此在点 $M$ 的邻近，可以用切线段来近似代替曲线段.

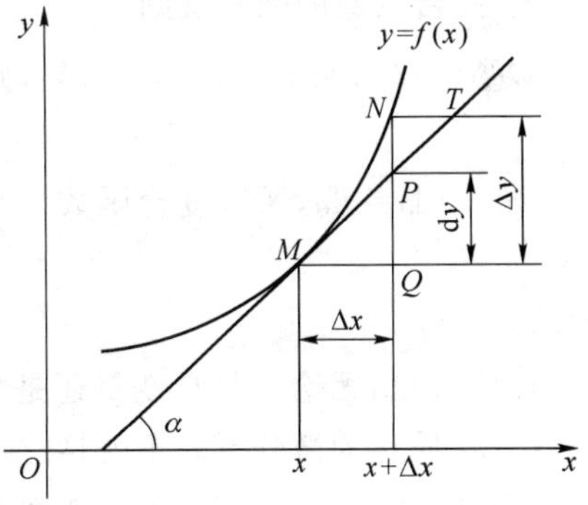


图 2-7

### 2.5.3　微分公式与微分法则

从函数的微分的表达式 $\mathrm{d}y=f'(x)\mathrm{d}x$ 可以看出，要计算函数的微分，只要计算函数的导数，再乘以自变量的微分即可. 因此，对于每一个导数公式和求导法则，都有相应的微分公式和微分法则，为了便于查阅与对照，我们汇总如下。

**1. 基本初等函数的微分公式**

由基本初等函数的导数公式，可以直接写出基本初等函数的微分公式：

(1) $\mathrm{d}c=0$($c$ 为常数)；　　(2) $\mathrm{d}(x^\mu)=\mu x^{\mu-1}\mathrm{d}x$($\mu$ 为任意常数)；

(3) $\mathrm{d}(\sin x)=\cos x\mathrm{d}x$；　　(4) $\mathrm{d}(\cos x)=-\sin x\mathrm{d}x$；

(5) $\mathrm{d}(\tan x)=\sec^2 x\mathrm{d}x$；　　(6) $\mathrm{d}(\cot x)=-\csc^2 x\mathrm{d}x$；

(7) $\mathrm{d}(\sec x)=\sec x\tan x\mathrm{d}x$；　　(8) $\mathrm{d}(\csc x)=-\csc x\cot x\mathrm{d}x$；

(9) $\mathrm{d}(a^x)=a^x\ln a\mathrm{d}x$；　　(10) $\mathrm{d}(\mathrm{e}^x)=\mathrm{e}^x\mathrm{d}x$；

(11) $\mathrm{d}(\log_a x)=\dfrac{1}{x\ln a}\mathrm{d}x$；　　(12) $\mathrm{d}(\ln x)=\dfrac{1}{x}\mathrm{d}x$；

(13) $\mathrm{d}(\arcsin x)=\dfrac{1}{\sqrt{1-x^2}}\mathrm{d}x$；　　(14) $\mathrm{d}(\arccos x)=-\dfrac{1}{\sqrt{1-x^2}}\mathrm{d}x$；

(15) $\mathrm{d}(\arctan x)=\dfrac{1}{1+x^2}\mathrm{d}x$；　　(16) $\mathrm{d}(\mathrm{arccot}\, x)=-\dfrac{1}{1+x^2}\mathrm{d}x$.

**2. 微分的四则运算法则**

由导数的四则运算法则，可推得相应的微分法则(设 $u=u(x)$，$v=v(x)$ 都可导)：

(1) $d(u\pm v)=du\pm dv$; (2) $d(cu)=cdu$($c$ 为常数);

(3) $d(uv)=vdu+udv$; (4) $d\left(\frac{u}{v}\right)=\frac{vdu-udv}{v^2}\quad(v\neq 0)$.

下面只以乘积为例加以证明,其他法则都可以用类似的方法证明,请读者自证.

根据函数微分的表达式,有

$$d(uv)=(uv)'dx$$

再根据乘积的求导法则,有

$$(uv)'=u'v+uv'$$

于是

$$d(uv)=(u'v+uv')dx=vu'dx+uv'dx$$

由于

$$u'dx=du,v'dx=dv$$

所以

$$d(uv)=vdu+udv$$

**3. 复合函数的微分法则**

设 $y=f(u)$ 及 $u=\varphi(x)$ 都可导,则复合函数 $y=f(\varphi(x))$ 的微分为

$$dy=y'_x dx=f'(u)\varphi'(x)dx$$

由于 $\varphi'(x)dx=du$,所以复合函数 $y=f(\varphi(x))$ 的微分公式可以写成

$$dy=f'(u)du$$

或

$$dy=y'_u du$$

由此可见,无论 $u$ 是自变量还是另一个变量的可微函数,微分形式 $dy=f'(u)du$ 保持不变.这一性质称为微分形式不变性.应用此性质可方便地求复合函数的微分.

**【例 2-5-5】** 求 $y=\ln(3x+2)$ 的微分 $dy$.

**解 1** 利用 $dy=y'dx$ 得

$$dy=[\ln(3x+2)]'dx=\frac{(3x+2)'}{3x+2}dx=\frac{3}{3x+2}dx$$

**解 2** 设 $u=3x+2$,则 $y=\ln u$,于是由微分形式不变性有

$$dy=(\ln u)'du=\frac{1}{u}du=\frac{1}{3x+2}d(3x+2)=\frac{3}{3x+2}dx$$

**注** 利用微分形式不变性求微分,熟练之后可不用写出 $u$,如【例 2-5-5】中的解 2 可写成如下形式:$dy=\frac{1}{3x+2}d(3x+2)=\frac{3}{3x+2}dx$.

**【例 2-5-6】** 设 $y=e^{\sin^2 x}$,求 $dy$.

**解** 利用微分形式不变性有

$$\begin{aligned}dy&=e^{\sin^2 x}d(\sin^2 x)\\&=e^{\sin^2 x}2\sin x d(\sin x)\\&=e^{\sin^2 x}2\sin x\cos x dx\\&=\sin 2x e^{\sin^2 x}dx\end{aligned}$$

**【例 2-5-7】** 求由方程 $y^3=x^2+xy+y^2$ 所确定的隐函数 $y=f(x)$ 的微分.

**解** 对方程两边求微分

$$3y^2\mathrm{d}y=2x\mathrm{d}x+x\mathrm{d}y+y\mathrm{d}x+2y\mathrm{d}y$$

$$(3y^2-x-2y)\mathrm{d}y=(2x+y)\mathrm{d}x$$

所以
$$\mathrm{d}y=\frac{2x+y}{3y^2-x-2y}\mathrm{d}x$$

**练一练：**

1. 利用微分形式不变性求下列函数的微分.

(1) $y=\ln(1-3x)$；　(2) $y=\sin(2x+1)$；

(3) $y=(1+x+x^2)^3$；　(4) $y=\tan^2 x$；

(5) $y=\sqrt{\sin x}$.

2. 求由方程 $y^6=x^6+\ln y+\ln x$ 所确定的隐函数 $y=f(x)$ 的微分.

4. 凑微分

由微分的公式 $\mathrm{d}y=y'\mathrm{d}x$ 可以得到 $y'\mathrm{d}x=\mathrm{d}y$，这一过程称为**凑微分**. 由于后面积分的计算常常要用到凑微分法，故熟练掌握凑微分的方法至关重要. 现举例说明如何进行凑微分.

**【例 2-5-8】** 填空.

(1) $x^2\mathrm{d}x=\mathrm{d}(\quad)$；　(2) $x^3\mathrm{d}x=\mathrm{d}(\quad)$；

(3) $x^\mu\mathrm{d}x=\mathrm{d}(\quad)$；　(4) $2\mathrm{d}x=\mathrm{d}(\quad)$；

(5) $\cos x\mathrm{d}x=\mathrm{d}(\quad)$；　(6) $\cos u\mathrm{d}u=\mathrm{d}(\quad)$；

(7) $\cos 2x\mathrm{d}(2x)=\mathrm{d}(\quad)$；　(8) $\cos 2x\mathrm{d}x=\mathrm{d}(\quad)$.

**解**　(1) 因为 $\left(\frac{x^3}{3}\right)'=x^2$，故 $\mathrm{d}\left(\frac{x^3}{3}\right)=x^2\mathrm{d}x$；

一般地，有 $x^2\mathrm{d}x=\mathrm{d}\left(\frac{x^3}{3}+C\right)$（$C$ 为任意常数）.

(2) 因为 $\left(\frac{x^4}{4}\right)'=x^3$，故 $\mathrm{d}\left(\frac{x^4}{4}\right)=x^3\mathrm{d}x$；

一般地，有 $x^3\mathrm{d}x=\mathrm{d}\left(\frac{x^4}{3}+C\right)$（$C$ 为任意常数）.

(3) 因为 $\left(\frac{x^{\mu+1}}{\mu+1}\right)'=x^\mu$，故 $\mathrm{d}\left(\frac{x^{\mu+1}}{\mu+1}\right)=x^\mu\mathrm{d}x$；

一般地，有 $x^\mu\mathrm{d}x=\mathrm{d}\left(\frac{x^{\mu+1}}{\mu+1}+C\right)$（$C$ 为任意常数）.

(4) 因为 $\mathrm{d}(Cu)=C\mathrm{d}u$，故 $C\mathrm{d}u=\mathrm{d}(Cu)$，从而有 $2\mathrm{d}x=\mathrm{d}(2x)$；

一般地，有 $2\mathrm{d}x=\mathrm{d}(2x+C)$（$C$ 为任意常数）.

(5) 因为 $(\sin x)'=\cos x$，故 $\mathrm{d}(\sin x)=\cos x\mathrm{d}x$；

一般地，有 $\cos x\mathrm{d}x=\mathrm{d}(\sin x+C)$（$C$ 为任意常数）.

(6) 将(5)中的变量 $x$ 改成 $u$，有 $\cos u\mathrm{d}u=\mathrm{d}(\sin u+C)$（$C$ 为任意常数）.

(7) 将(6)中的变量 $u$ 改成 $2x$，有 $\cos 2x\mathrm{d}(2x)=\mathrm{d}(\sin 2x+C)$（$C$ 为任意常数）.

(8) $\cos 2x\mathrm{d}x=\frac{1}{2}\cos 2x\cdot 2\mathrm{d}x=\frac{1}{2}\cos 2x\mathrm{d}(2x)=\mathrm{d}\left(\frac{\sin 2x}{2}+C\right)$（$C$ 为任意常数）.【例 2-5-8】中的(3)可作为公式使用.

**练一练：**

(1) $\dfrac{1}{1+x^2}dx=d(\quad)$；　　(2) $\sec^2 x dx=d(\quad)$；

(3) $x^8 dx=d(\quad)$；　　(4) $\dfrac{1}{\sqrt{x}}dx=d(\quad)$；

(5) $\cos 5x dx=d(\quad)$；　　(6) $\sin 2x dx=d(\quad)$；

(7) $e^{2x} dx=d(\quad)$；　　(8) $e^{-x} dx=d(\quad)$.

### 2.5.4 微分的应用

在工程问题中，经常会遇到一些复杂的计算公式，如果直接用这些公式进行计算，那是很费力的，利用微分往往可以把一些复杂的计算公式改用简单的近似公式来代替.

设函数 $y=f(x)$在 $x_0$ 处可微，其微分为 $dy$，当 $\Delta x$ 很小时，$\Delta y\approx dy$，$|\Delta x|$越小，近似值的精度越高. 近似计算公式为

$$f(x_0+\Delta x)-f(x_0)\approx f'(x_0)\Delta x \text{ 或 } f(x_0+\Delta x)\approx f(x_0)+f'(x_0)\Delta x$$

特别当 $x_0=0$，$x=\Delta x$，当$|x|$非常小时，则有

$$f(x)\approx f(0)+f'(0)x$$

由此可以推得几个常用的近似公式(下面都假定$|x|$是较小的数值)：

(1) $\sqrt[n]{1+x}\approx 1+\dfrac{1}{n}x$；　　(2) $\sin x\approx x$ ($x$ 用弧度作单位来表达)；

(3) $e^x\approx 1+x$；　　(4) $\tan x\approx x$ ($x$ 用弧度作单位来表达)；

(5) $\ln(1+x)\approx x$.

**【例 2-5-9】** 计算 $\sqrt[3]{1.02}$的近似值.

**解** 设 $f(x)=\sqrt[3]{x}$，则 $f'(x)=\dfrac{1}{3}x^{-\frac{2}{3}}$，取 $x_0=1$，$\Delta x=0.02$，则

$$f(1)=1, f'(1)=\frac{1}{3}$$

应用 $f(x_0+\Delta x)\approx f(x_0)+f'(x_0)\Delta x$ 得

$$\begin{aligned}\sqrt[3]{1.02}&=f(1+0.02)\approx f(1)+f'(1)\cdot 0.02\\&=1+\frac{1}{3}\times 0.02=\frac{151}{150}\approx 1.00667\end{aligned}$$

直接开方的结果是 $\sqrt[3]{1.02}=1.00662$.

**【例 2-5-10】** 利用微分计算 $\sin 30°30'$的近似值.

**解** 把 $30°30'$化为弧度，得 $30°30'=\dfrac{\pi}{6}+\dfrac{\pi}{360}$.

令 $f(x)=\sin x$，取 $x_0=\dfrac{\pi}{6}$，$\Delta x=\dfrac{\pi}{360}$，则

$$f\left(\frac{\pi}{6}\right)=\sin\frac{\pi}{6}=\frac{1}{2},\ f'\left(\frac{\pi}{6}\right)=\cos\frac{\pi}{6}=\frac{\sqrt{3}}{2}$$

应用 $f(x_0+\Delta x)\approx f(x_0)+f'(x_0)\Delta x$ 得

$$\sin 30°30'=\sin\left(\frac{\pi}{6}+\frac{\pi}{360}\right)\approx\sin\frac{\pi}{6}+\cos\frac{\pi}{6}\cdot\frac{\pi}{360}$$

$$=\frac{1}{2}+\frac{\sqrt{3}}{2}\cdot\frac{\pi}{360}\approx 0.5000+0.0076=0.5076$$

**【例 2-5-11】** 钢管内径 100 cm，管厚 2 cm，求钢管横截面积的近似值.

**解**　截面为圆环，内半径 $r=50$ cm，其截面积恰为圆半径自 $r_0=50$ 增加 $\Delta r=2$ 时，圆面积的增量，故由面积公式 $s=\pi r^2$，有

$$\Delta S\approx \mathrm{d}S=(\pi r^2)'\big|_{r=50}\cdot\Delta r$$

$$=2\pi r_0\cdot\Delta r\approx 628(\mathrm{cm}^2)$$

**【例 2-5-12】** 设某国的国民经济消费模型为 $y=10+0.4x+0.01x^{\frac{1}{2}}$，其中：$y$ 为总消费（单位：10 亿元）；$x$ 为可支配收入（单位：10 亿元）. 当 $x=100.05$ 时，问总消费是多少？

**解**　令 $x_0=100$，$\Delta x=0.05$，$y'=0.4+\dfrac{0.01}{2\sqrt{x}}$，

$$f(100.05)\approx f(100)+f'(100)\times 0.05$$

$$=(10+0.4\times 100+0.01\times 100^{\frac{1}{2}})+\left(0.4+\frac{0.01}{2\sqrt{100}}\right)\times 0.05$$

$$=50.120025(10\text{ 亿元})$$

**练一练：**

1. 计算 $\sqrt{1.05}$ 的近似值.
2. 计算 $\sin 29.5°$ 的近似值.

# 习题 2-5

## A. 基本题

1. 求下列函数在给定条件下的增量 $\Delta y$ 与微分 $\mathrm{d}y$.

(1) $y=3x-1$，$x$ 由 0 变到 0.02；　　(2) $y=x^2+2x+3$，$x$ 由 2 变到 1.95.

2. 求下列函数在指定点的微分 $\mathrm{d}y$.

(1) $y=\dfrac{x}{1+x}$，　$x=0$ 和 $x=1$；　　(2) $y=\mathrm{e}^{\sin x}$，　$x=0$ 和 $x=\dfrac{\pi}{4}$.

3. 求下列函数微分 $\mathrm{d}y$.

(1) $y=x^4+5x+6$；　(2) $y=\dfrac{1}{x}+2\sqrt{x}$；　(3) $y=\mathrm{e}^{\sin 3x}$.

### B. 一般题

4. 求下列函数微分 $\mathrm{d}y$.

(1) $y=(\mathrm{e}^x+\mathrm{e}^{-x})^2$；　　(2) $y=\dfrac{x}{\sqrt{1+x^2}}$；

(3) $y=\dfrac{1}{x+\cos x}$.

5. 利用微分近似公式求近似值.

(1) $\sqrt[3]{1010}$；　　(2) $\sqrt[3]{1.05}$.

### C. 提高题

6. 设扇形的圆心角 $\alpha=60°$，半径 $R=100$ cm，如果 $R$ 不变，$\alpha$ 减少 $30'$，问面积大约改变了多少？又如果 $\alpha$ 不变，$R$ 增加 1 cm，问面积大约改变了多少？

7. 求由方程 $xy+\mathrm{e}^y=0$ 所确定的隐函数的微分.

## 2.6 导数的应用实例

本节通过几个简单实例说明导数定义在某些实际问题中的应用.

**实例 2-6-1(药物的敏感度)** 已知注射某种药物的反应程度 $y$ 与所用剂量 $x$ 之间的关系为 $y=x^2\left(3-\dfrac{x}{3}\right)$，如果将此药物的敏感度定义为$\dfrac{\mathrm{d}y}{\mathrm{d}x}$，求当注射剂量为 $x=3$，$x=4$ 时，敏感度分别是多少？

**解** 由 $y=x^2\left(3-\dfrac{x}{3}\right)$可得敏感度为 $\dfrac{\mathrm{d}y}{\mathrm{d}x}=6x-x^2$，所以当注射剂量 $x=3$ 时，敏感度为 $\left.\dfrac{\mathrm{d}y}{\mathrm{d}x}\right|_{x=3}=6\times3-3^2=9$；当注射剂量 $x=4$ 时，敏感度为$\left.\dfrac{\mathrm{d}y}{\mathrm{d}x}\right|_{x=4}=6\times4-4^2=8$.

**实例 2-6-2(水位的上升速度)** 假设水以 2 $\mathrm{m}^3/\mathrm{s}$ 的速度倒入高为 10 m，底面半径为 5 m 的圆锥体容器中(图 2-8)，问当水深为 6 m 时，水位的上升速度为多少？

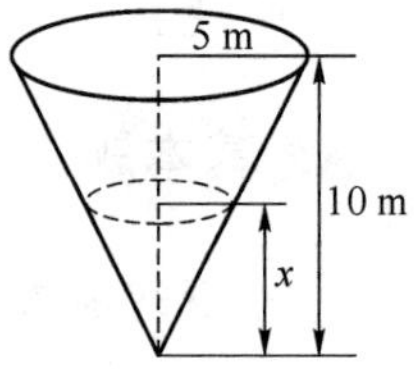

图 2-8

**解** 设在时间为 $t$ 时，容器中水的体积为 $V$，水面的半径为 $r$，容器中水的深度为 $x$. 由题意，有

$$V=\frac{1}{3}\pi r^2 x$$

又$\dfrac{r}{5}=\dfrac{x}{10}$，即 $r=\dfrac{x}{2}$，因此 $V=\dfrac{1}{12}\pi x^3$.

因为水的深度 $x$ 是关于时间 $t$ 的函数，即 $x=x(t)$，所以水的体积 $V$ 通过中间变量 $x$ 与时间 $t$ 发生联系，是关于时间 $t$ 的复合函数，即

$$V=\frac{1}{12}\pi[x(t)]^3$$

让上述等式两端关于 $t$ 求导数，得

$$\frac{dV}{dt}=\frac{dV}{dx}\cdot\frac{dx}{dt}=\frac{1}{12}\pi\cdot3x^2\cdot\frac{dx}{dt}$$

其中，$\frac{dV}{dt}$是体积的变化率，$\frac{dx}{dt}$是水的深度的变化率. 由已知条件，$\frac{dV}{dt}=2\ m^3/s$，$x=6$ 代入上式，得

$$\frac{dx}{dt}=\frac{4}{\pi x^2}\cdot\frac{dV}{dt}=\frac{4}{\pi\times6^2}\times2=\frac{2}{9\pi}\approx0.071(m/s)$$

则当水深 6 m 时，水位上升速度约为 0.071 m/s.

**实例 2-6-3(热胀冷缩)**　有一机械式挂钟的钟摆周期为 1 s，在冬季摆长因热胀冷缩而缩短了 0.01 cm，现知单摆的周期为 $T=2\pi\sqrt{\frac{l}{g}}$，其中 $g=980\ cm/s^2$，问这个挂钟每秒大约变化了多少？

**解**　钟摆的周期为 $T=1$，由 $T=2\pi\sqrt{\frac{l}{g}}$ 解得钟表的摆长为 $l=\frac{g}{(2\pi)^2}$，由摆长的改变量为 $\Delta l=-0.01$ cm，$T'(l)=\frac{dT}{dl}=\pi\frac{1}{\sqrt{gl}}$，用 $dT$ 近似计算 $\Delta T$，得

$$\Delta T\approx dT=T'(l)\Delta l=\pi\frac{1}{\sqrt{gl}}\cdot\Delta l=\pi\frac{1}{\sqrt{g\cdot\frac{g}{(2\pi)^2}}}\times(-0.01)=\frac{2\pi^2}{g}\times(-0.01)=-0.0002\ s$$

也就是说由于摆长缩短了 0.01 cm，从而使得钟摆的周期相应地减少了 0.0002 s.

**实例 2-6-4(血液流动)**　19 世纪 30 年代后期，法国著名生理学家普瓦泽伊发现了今天仍在用来估测需扩张多少受阻塞的动脉半径才能恢复血液的正常流动. 他的公式为

$$V=kr^4$$

即流体以固定的压力在单位时间内流过血管的体积 $V$ 等于一个常数乘以血管半径的四次幂. 问半径 $r$ 增加 10% 对 $V$ 的影响有多大？

**解**　因为 $V=kr^4$，所以 $\frac{dV}{dr}=4kr^3$，于是 $dV=4kr^3dr$，从而 $V$ 的相对变化为

$$\frac{dV}{V}=\frac{4kr^3dr}{kr^4}=4\frac{dr}{r}$$

即 $V$ 的相对变化为 4 倍的 $r$ 的相对变化，故 10%的 $r$ 增加将产生 40%的流量增长.

**实例 2-6-5(天文学实例)**　(1) 如图 2-9 所示圆环，外圆半径为 $R$，内圆半径为 $r$，$R-r$ 远远小于 $r$，用微分估算圆环的面积；

(2) 根据最近的观察(包括海王星探测器"旅行者 1 号"、"旅行者 2 号"传回的数据)海王星外围的环状结构比先前所了解的要复杂很多. 并不是先前认为的就是由一个大环组成，而是由大量的互相可识别的一系列环所构成(图 2-10). 其中最外层的一个环(编号为 1989$NIR$)的内半径约为 62900 km(从海王星的中心算起)，环的宽度 $R-r$ 约为 50 km. 试用这些数据，估算海王星最外层那个环的面积.

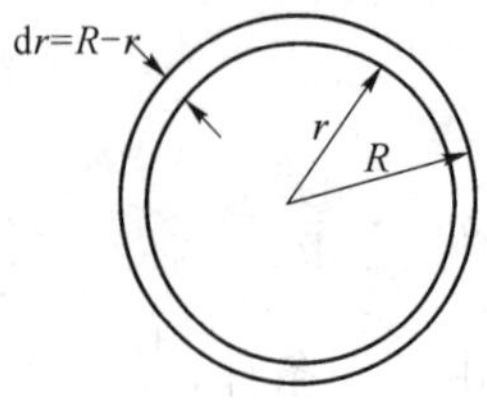


图 2-9

图 2-10

**解** (1) 圆的面积公式为 $A=\pi r^2$,所以

$$\pi R^2-\pi r^2=\Delta A\approx dA=f'(r)dr=2\pi r(R-r)$$

(2) 由(1)的计算,$r=62900$,$R-r=59$,所以海王星最外层那个环的面积约为

$$\Delta A\approx dA=2\pi r(R-r)=2\pi\cdot 62900\cdot 50=19769618\ \text{km}^2$$

这个面积大约为整个地球面积的 4%.

# 复习题 2

## 一、单项选择题

1.( 2009/3) 下列函数中,在点 $x=0$ 处连续但不可导的是(　　).

A. $y=|x|$　　B. $y=1$　　C. $y=\ln x$　　D. $y=\dfrac{1}{x-1}$

2.( 2008/3) 函数在点 $x_0$ 处连续是在该点处可导的(　　).

A. 必要非充分条件　　B. 充分非必要条件

C. 充分必要条件　　D. 既非充分也非必要条件

3.( 2006/1)函数 $f(x)=\sqrt[3]{x}+1$ 在 $x=0$ 处(　　).

A. 无定义　　B. 不连续　　C. 可导　　D. 连续但不可导

4.( 2005/3) 设 $f(x)=\cos x$,则$\lim\limits_{x\to a}\dfrac{f(x)-f(a)}{x-a}=$(　　).

A. $-\sin x$　　B. $\cos x$　　C. $-\sin a$　　D. $\sin x$

5.( 2002/12) 由方程 $e^y+xy-e=0$ 所确定的隐函数在 $x=0$ 处的导数$\dfrac{dy}{dx}\Big|_{x=0}$是(　　).

A. e　　B. $\dfrac{1}{e}$　　C. $-e$　　D. $-\dfrac{1}{e}$

## 二、填空题

1.( 2015/7) 设函数 $y=f(x)$ 由参数方程$\begin{cases}x=\tan t\\ y=t^3+2t\end{cases}$所确定,则$\dfrac{dy}{dx}\Big|_{t=0}=$________.

2.( 2015/10) 设函数 $f(x)=\log_2 x\,(x>0)$,则$\lim\limits_{\Delta x\to 0}\dfrac{f(x-\Delta x)-f(x)}{\Delta x}=$________.

3.( 2013/7) 曲线$\begin{cases}x=3^t\\y=\tan t\end{cases}$在 $t=0$ 相应点处的切线方程是 $y=$________.

4.(2013/8) 曲线 $f(x)=\begin{cases}x\ (1+x)^{\frac{1}{x}}, & x<0\\0, & x\geqslant 0\end{cases}$在 $x=0$ 处的左导数 $f'_-(0)$________.

5.(2012/6) 设函数 $f(x)$在 $x=x_0$ 处可导,且 $f'(x_0)=3$,则$\lim\limits_{\Delta x\to 0}\dfrac{f(x_0-2\Delta x)-f(x_0)}{\Delta x}=$________.

6.(2011/7) 圆$\begin{cases}x=t-t^3\\y=2^t\end{cases}$,则$\dfrac{\mathrm{d}y}{\mathrm{d}x}\Big|_{t=0}=$________.

7.(2010/7) 圆 $x^2+y^2=x+y$ 在(0,0)点处的切线方程是________.

8.(2009/8) 若曲线$\begin{cases}x=kt-3t^2\\y=(1+2t)2\end{cases}$在 $t=0$ 处的切线斜率为 1,则常数 $k=$________.

9.(2008/7) 曲线 $y=x\ln x$ 在点(1,0)处的切线方程是________.

10.(2006/7) 由参数方程$\begin{cases}x=2\sin t+1\\y=\mathrm{e}^{-t}\end{cases}$所确定的曲线在 $t=0$ 相应点处的切线方程是________.

## 三、计算题

1.(2015/13) 设 $y=\ln\dfrac{\mathrm{e}^x}{\mathrm{e}^x+1}$,求$y''|_{x=0}$.

2.(2014/12) 设 $y=x\arcsin x-\sqrt{1-x^2}$,求$y''|_{x=0}$.

3.(2014/19) 已知函数 $f(x)=\begin{cases}(1+3x^2)x^{\frac{1}{2}}\sin 3x+1, & x\neq 0\\a, & x=0\end{cases}$在 $x=0$ 处连续.

(1) 求常数 $a$ 的值;

(2) 求曲线 $y=f(x)$在点$(0,a)$处的切线方程.

4.(2013/12) 已知函数 $f(x)$具有连续的一阶导数,且 $f(0)f'(0)\neq 0$,求常数 $a,b$ 的值,使$\lim\limits_{x\to 0}\dfrac{af(x)+bf(2x)-f(0)}{x}=0$.

5.(2013/13) 求由方程 $xy\ln y+y=\mathrm{e}^{2x}$所确定的隐函数在 $x=0$ 处的导数$\dfrac{\mathrm{d}y}{\mathrm{d}x}\Big|_{x=0}$.

6.(2012/12) 设函数 $y=f(x)$由参数方程$\begin{cases}x=\ln(\sqrt{3+t^2}+t)\\y=\sqrt{3+t^2}\end{cases}$所确定,求$\dfrac{\mathrm{d}y}{\mathrm{d}x}$.

7.(2011/12) 已知函数 $f(x)$的 $n-1$ 阶导数 $f^{(n-1)}(x)=\ln(\sqrt{1+\mathrm{e}^{-2x}}-\mathrm{e}^{-x})$,求 $f^{(n)}(0)$.

8.(2010/12) 设函数 $f(x)=\begin{cases}x^2\sin\dfrac{2}{x}+\sin 2x, & x\neq 0\\0, & x=0\end{cases}$,用导数定义计算 $f'(0)$.

9.(2009/12) 设 $f(x)=\begin{cases}x(1+2x^2)\dfrac{1}{x^2}, & x\neq 0\\0, & x=0\end{cases}$,用导数定义计算 $f'(0)$.

10.(2009/13)已知函数 $f(x)$的导数 $f'(x)=x\ln(1+x^2)$,求 $f'''(1)$.

11.(2008/13) 设参数方程$\begin{cases}x=e^{2t}\\y=t-e^{-t}\end{cases}$确定函数 $y=y(x)$,计算$\frac{dy}{dx}$.

12.(2007/12) 设 $y=\cos^2 x+\ln\sqrt{1+x^2}$,求二阶导数 $y''$.

13.(2007/13) 设函数 $y=y(x)$由方程 $\arcsin x\cdot\ln y-e^{2x}+y^3=0$ 确定,求$\frac{dy}{dx}\Big|_{x=0}$.

14.(2006/13) 设函数 $y=\sin^2\left(\frac{1}{x}\right)-2^x$,求$\frac{dy}{dx}$.

15.(2006/14) 函数 $y=y(x)$是由方程 $e^y=\sqrt{x^2+y^2}$所确定的隐函数,求$\frac{dy}{dx}$在点(1,0)处的值.

# 第3章　导数的应用

## 3.1　中值定理

在第2章学习了导数的基本概念，解释了导数在一些现实问题中反映了函数变化率的物理意义. 比如，变速直线运动物体的瞬时速度，化学反应过程中化学物质的合成与分解速度，生物的生长速度等都是函数变化率在现实问题的体现. 导数是我们研究数学乃至自然科学的重要、有效工具之一. 通过导数来研究函数以及曲线的某些性态，就可以通过其性态对实际问题进行最优决策.

本章开始，将学习如何利用导数知识来研究函数的性态，如判断函数的单调性和凹凸性等，并利用这些知识解决一些实际问题，如经济活动中的最大利润. 为此首先讨论罗尔(Roll)定理，由罗尔定理推出拉格朗日(Lagrange)中值定理和柯西(Cauchy)中值定理.

### 3.1.1　罗尔(Rolle)定理

首先来观察一个几何方面的事实：如图3-1所示，函数 $y=f(x)(a\leqslant x\leqslant b)$ 的图形为一条连续曲线，除端点外每一点都存在不垂直于 $x$ 轴的切线，且两个端点的纵坐标值相等，则在曲线弧 $AB$ 上至少有一点 $C$，曲线在 $C$ 点处具有一条水平切线.

**定理 3-1-1**　设函数 $y=f(x)$ 满足条件：

(1) 在闭区间 $[a,b]$ 上连续；

(2) 在开区间 $(a,b)$ 内可导；

(3) 在区间端点的函数值相等，即 $f(a)=f(b)$；

则至少存在一点 $\xi\in(a,b)$，使得 $f'(\xi)=0$(证略).

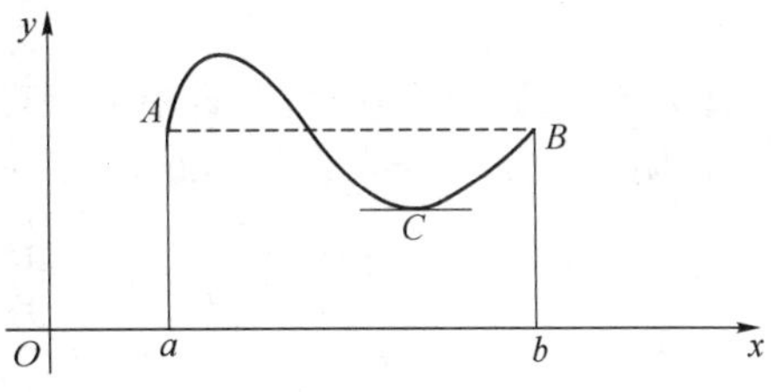

图 3-1

**注意**：罗尔定理的三个条件缺一不可，符合罗尔定理条件的曲线至少有一条水平切线. 例如：$y=|x|$ 在 $[-1,1]$ 上满足罗尔定理条件(1)、(3)，即函数连续，在端点 $-1,1$ 处函数值也都为1，但在 $(-1,1)$ 内不存在 $\xi\in(-1,1)$，使 $f'(\xi)=0$.

**【例 3-1-1】**　设函数 $f(x)=(x-1)(x-2)(x-3)$，指出方程 $f'(x)=0$ 的根在什么范围内.

**解**　首先易知，$f(1)=f(2)=f(3)=0$，函数 $f(x)$ 在闭区间 $[1,2]$，$[2,3]$ 上连续，在 $(1,2)$，$(2,3)$ 内存在一阶导数，满足罗尔定理三个条件，故至少存在一点 $\xi_1\in(1,2)$ 使得 $f'(\xi_1)=0$，同样亦至少存在一点 $\xi_2\in(2,3)$ 使得 $f'(\xi_2)=0$. 而 $f'(x)=0$ 为二次方程，最多有两个实根，故在区间 $(1,2)$，$(2,3)$ 内各有一个实根.

### 3.1.2 拉格朗日(Lagrange)中值定理

若罗尔定理中的第三个条件不满足,则此时曲线两端点相连的弦 $AB$ 不再平行于 $x$ 轴(图 3-2),但通过平移 $AB$,可与曲线上 $C$ 点处的切线重合.即在曲线上至少可以找到一点的切线平行于 $AB$,这就是微分学中十分重要的拉格朗日中值定理.

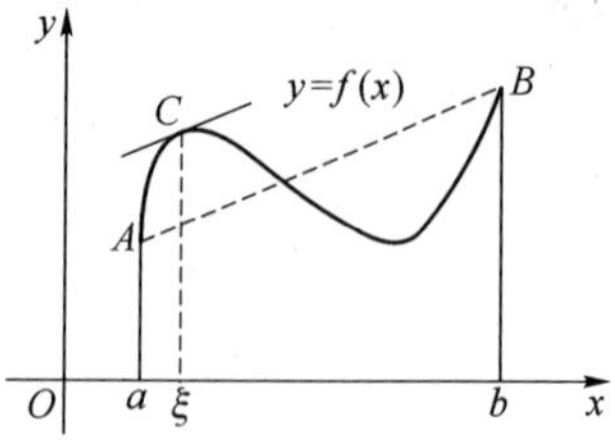


图 3-2

**定理 3-1-2** 若函数 $y=f(x)$满足条件:

(1) 在闭区间$[a,b]$上连续;

(2) 在开区间$(a,b)$内可导;

则至少存在一点 $\xi\in(a,b)$, 使得 $f'(\xi)=\dfrac{f(b)-f(a)}{b-a}$.

**注意**:若 $f(a)=f(b)$,由拉格朗日中值定理结论即可得 $f'(\xi)=0$,此即罗尔定理的结论.

定理 3-1-2 中的结论 $f(b)-f(a)=f'(\xi)(b-a)$称为**拉格朗日中值公式**,是微分学中很重要的公式之一.

由拉格朗日中值定理,我们可得到以下两个重要推论.

**推论 3-1-1** 若函数 $f(x)$在$(a,b)$内每一点的导数都为零,那么函数 $f(x)$在$(a,b)$内为常数.

**证明** $\forall x_2>x_1\in(a,b)$, 在$[x_1,x_2]$上对函数 $f(x)$使用拉格朗日中值定理,则有

$$f'(\xi)=\frac{f(x_2)-f(x_1)}{x_2-x_1}$$

又 $f'(\xi)\equiv 0$, 故 $f(x_2)-f(x_1)=0$, 即 $f(x_1)=f(x_2)$, 由 $x_1,x_2$ 的任意性可知,$f(x)$在区间$(a,b)$上为常数函数.

**推论 3-1-2** 如果函数 $f(x)$与 $g(x)$在$(a,b)$内恒有 $f'(x)=g'(x)$,则 $f(x)$和 $g(x)$在$(a,b)$内至多相差一个常数,即

$$f(x)-g(x)=C(C\text{ 为常数})$$

**证明** 由条件易知 $f'(x)-g'(x)=[f(x)-g(x)]'=0$,再由推论 3-1-1 可得:

$$f(x)-g(x)=C$$

**【例 3-1-2】** 利用拉格朗日中值定理证明不等式 $e^x>1+x(x\neq 0)$.

**证明** 设 $f(x)=e^x$,若 $x>0$,在$[0,x]$上 $f(x)$满足拉格朗日中值定理的条件,$\exists\xi\in(0,x)$,使得$\dfrac{f(x)-f(0)}{x-0}=f'(\xi)$,即$\dfrac{e^x-e^0}{x-0}=e^\xi>e^0$,即 $e^x>1+x(x>0)$,同理可证若 $x<0$,在$[x,0]$上对函数 $f(x)=e^x$,有 $e^x>1+x(x\neq 0)$.

### 3.1.3 柯西(Cauchy)中值定理

**定理 3-1-3** 如果函数 $f(x)$,$g(x)$满足条件:

(1) 在闭区间$[a,b]$上连续;

(2) 在开区间$(a,b)$内可导;

(3) 对任一 $x\in(a,b)$,$g'(x)\neq 0$;

则至少存在一点 $\xi\in(a,b)$ ,使得

$$\frac{f(b)-f(a)}{g(b)-g(a)}=\frac{f'(\xi)}{g'(\xi)}$$

在上述定理中若取 $g(x)=x$ 时，即可得拉格朗日中值定理，故柯西中值定理可看作是拉格朗日中值定理的推广.

**【例 3-1-3】** 利用柯西中值定理证明不等式：$e^x>ex(x>1)$.

**证明**　设 $f(x)=e^x$，$g(x)=x$，在 $[1,x]$ 上，$f(x)$ 满足柯西中值定理的条件，$\exists\xi\in(1,x)$，使得 $\dfrac{f(x)-f(1)}{g(x)-f(1)}=\dfrac{f'(\xi)}{g'(\xi)}=\dfrac{e^\xi}{1}>e$，即 $e^x>ex(x>1)$.

## 习题 3-1

**A. 基本题**

1. 下列函数在给定的区间上是否满足罗尔定理的条件？如果满足，求出定理中的 $\xi$.

(1) $f(x)=x^2-2x-3,[-1,3]$；(2) $f(x)=\ln\sin x,\left[\dfrac{\pi}{6},\dfrac{5\pi}{6}\right]$.

2. 下列函数在给定的区间上是否满足拉格朗日定理的条件？如果满足，求出定理中的 $\xi$.

(1) $f(x)=x^3-2x^2-3,[0,2]$；(2) $f(x)=4x^3-5x^2+x+3,[0,1]$.

**B. 一般题**

3. 证明恒等式：$\arcsin x+\arccos x=\dfrac{\pi}{2}$.

4. 证明不等式：$\dfrac{x}{1+x}<\ln(1+x)<x(x>0)$.

5. 曲线 $y=x^2$ 上哪一点的切线与连接曲线上的点 $(1,1)$ 和点 $(3,9)$ 的割线平行？

**C. 提高题**

6. 设 $a_0,a_1,\cdots,a_n$ 是满足 $a_0+\dfrac{a_1}{2}+\dfrac{a_2}{3}+\cdots+\dfrac{a_n}{n+1}=0$ 的实数，证明多项式.

$f(x)=a_0+a_1x+a_2x+\cdots+a_nx$ 在 $(0,1)$ 内至少有一个零点.

7. 设 $f(x)$ 在区间 $[a,b]$ 上连续，在 $(a,b)$ 内可导，证明：至少存在一点 $\xi\in(a,b)$，使得

$$\frac{bf(b)-af(a)}{b-a}=f(\xi)+\xi f'(\xi)$$

# 3.2　洛必达法则

上一节的中值定理一个很重要的应用就是计算一类特殊函数的极限，而这些极限一般都是不确定的，比如当 $x\to x_0$（或 $x\to\infty$）时，若有函数 $f(x)\to 0$，$g(x)\to 0$（或者 $f(x)\to\infty$，$g(x)\to\infty$），则极限 $\lim\dfrac{f(x)}{g(x)}$ 可能存在，也可能不存在，通常我们把这种极限称为**未定式**，分别简记为 $\dfrac{0}{0}$ 或 $\dfrac{\infty}{\infty}$.

例如 $\lim\limits_{x\to 0}\dfrac{x^3}{x^2}$，$\lim\limits_{x\to 0}\dfrac{\sin x}{x^2}$，$\lim\limits_{x\to+\infty}\dfrac{e^x}{x}$ 等都是未定式. 在第 1 章极限的计算方法中，这类极限一般需

要适当处理后才能求解，如两个重要极限，等价无穷小替换，变量代换等. 本节以导数为工具，给出求解此类未定式极限的一般方法——洛必达法则(L'Hospital)，它是处理这种未定式极限的一个非常有效的方法.

### 3.2.1 $\frac{0}{0}$型和$\frac{\infty}{\infty}$型未定式的极限

**定理 3-2-1(洛必达法则Ⅰ)** 若函数 $f(x)$与 $g(x)$满足下列条件：

(1) $x\to x_0$时，$f(x)\to 0$，$g(x)\to 0$；

(2) 在点 $x_0$的某去心邻域内，$f(x)$与 $g(x)$均可导，且 $g'(x)\neq 0$；

(3) $\lim\limits_{x\to x_0}\frac{f'(x)}{g'(x)}=A$($A$ 可为$\infty$).

则有$\lim\limits_{x\to x_0}\frac{f(x)}{g(x)}=\lim\limits_{x\to x_0}\frac{f'(x)}{g'(x)}=A$.

这个定理说明：在条件(1)和条件(2)下，只要$\lim\limits_{x\to x_0}\frac{f'(x)}{g'(x)}=A$(或$\infty$)，则$\lim\limits_{x\to x_0}\frac{f(x)}{g(x)}$必然存在，而且等于 $A$(或$\infty$). 这种通过对分式的分子分母分别求导再求未定式极限的方法，称为**洛必达法则**.

若$\lim\limits_{x\to x_0}\frac{f'(x)}{g'(x)}$仍为$\frac{0}{0}$型，并且 $f'(x)$，$g'(x)$仍满足定理 3-2-1 中相应的条件，则可以对$\lim\limits_{x\to x_0}\frac{f'(x)}{g'(x)}$再次使用洛必达法则，即

$$\lim_{x\to x_0}\frac{f(x)}{g(x)}=\lim_{x\to x_0}\frac{f'(x)}{g'(x)}=\lim_{x\to x_0}\frac{f''(x)}{g''(x)}\cdots$$

**【例 3-2-1】** 求下列各极限.

(1) $\lim\limits_{x\to 0}\frac{e^x-1}{\sin x}$；　　(2) $\lim\limits_{x\to 0}\frac{\sin ax}{\sin bx}$.

**解** (1) $\lim\limits_{x\to 0}\frac{e^x-1}{\sin x}=\lim\limits_{x\to 0}\frac{(e^x-1)'}{(\sin x)'}=\lim\limits_{x\to 0}\frac{e^x}{\cos x}=1$；

(2) $\lim\limits_{x\to 0}\frac{\sin ax}{\sin bx}=\lim\limits_{x\to 0}\frac{(\sin ax)'}{(\sin bx)'}=\lim\limits_{x\to 0}\frac{a\cos ax}{b\cos bx}=\frac{a}{b}$.

**【例 3-2-2】** 求$\lim\limits_{x\to 0}\frac{x-\sin x}{x^3}$.

**解** $\lim\limits_{x\to 0}\frac{x-\sin x}{x^3}=\lim\limits_{x\to 0}\frac{(x-\sin x)'}{(x^3)'}=\lim\limits_{x\to 0}\frac{1-\cos x}{3x^2}=\lim\limits_{x\to 0}\frac{(1-\cos x)'}{(3x^2)'}=\lim\limits_{x\to 0}\frac{\sin x}{6x}=\frac{1}{6}$

**注意：**上面的计算中$\lim\limits_{x\to 0}\frac{1-\cos x}{3x^2}$仍然是$\frac{0}{0}$型未定式，且满足定理 3-2-1 中的相应条件，所以可继续使用洛必达法则求解其极限.

类似于$\frac{0}{0}$型，对于$\frac{\infty}{\infty}$型不定式，也有相应的结论：

**定理 3-2-2(洛必达法则Ⅱ)** 若函数 $f(x)$与 $g(x)$满足下列条件：

(1) $x\to x_0$时(或 $x\to\infty$时)，$f(x)\to\infty$，$g(x)\to\infty$；

(2) 在点 $x_0$的某去心邻域内(或$|x|>N$ 时)，$f(x)$与 $g(x)$均可导，且 $g'(x)\neq 0$；

(3) $\lim\limits_{\substack{x\to x_0\\(x\to\infty)}}\frac{f'(x)}{g'(x)}=A$(或为无穷大).

则有 $\lim\limits_{\substack{x\to x_0\\(x\to\infty)}}\dfrac{f(x)}{g(x)}=\lim\limits_{\substack{x\to x_0\\(x\to\infty)}}\dfrac{f'(x)}{g'(x)}=A$（或为无穷大）.

**【例 3-2-3】** 求下列各极限.

(1) $\lim\limits_{x\to+\infty}\dfrac{\ln x}{x^2}$；　　(2) $\lim\limits_{x\to+\infty}\dfrac{x^5}{e^x}$.

**解** (1) $\lim\limits_{x\to+\infty}\dfrac{\ln x}{x^2}=\lim\limits_{x\to+\infty}\dfrac{(\ln x)'}{(x^2)'}=\lim\limits_{x\to+\infty}\dfrac{\frac{1}{x}}{2x}=\lim\limits_{x\to+\infty}\dfrac{1}{2x^2}=0$；

(2) $\lim\limits_{x\to+\infty}\dfrac{x^5}{e^x}=\lim\limits_{x\to+\infty}\dfrac{(x^5)'}{(e^x)'}=\lim\limits_{x\to+\infty}\dfrac{5x^4}{e^x}=\lim\limits_{x\to+\infty}\dfrac{(5x^4)'}{(e^x)'}\lim\limits_{x\to+\infty}\dfrac{5\cdot 4x^3}{e^x}$

$$=\lim_{x\to+\infty}\frac{(5\cdot 4x^3)'}{(e^x)'}=\lim_{x\to+\infty}\frac{5\cdot 4\cdot 3x^2}{e^x}=\lim_{x\to+\infty}\frac{5\cdot 4\cdot 3\cdot 2x}{e^x}=\lim_{x\to+\infty}\frac{5\cdot 4\cdot 3\cdot 2\cdot 1}{e^x}$$

$=0$.

使用洛必达法则求不定式极限时必须**注意**：

(1) 使用洛必达法则之前，需检验分式函数是否属于$\dfrac{0}{0}$型或$\dfrac{\infty}{\infty}$型未定式；

(2) 洛必达法则可结合其他极限求解方法一起使用，如等价无穷小代换或两个重要极限，这样可以使运算简便；

(3) $\lim\limits_{x\to x_0}\dfrac{f'(x)}{g'(x)}$存在（或者为∞）只是$\lim\limits_{x\to x_0}\dfrac{f(x)}{g(x)}$存在的充分条件而非必要条件，即若$\lim\limits_{x\to x_0}\dfrac{f'(x)}{g'(x)}$不存在（也不为∞），则不能断定$\lim\limits_{x\to x_0}\dfrac{f(x)}{g(x)}$不存在，这时还得用其他方法来判别这个极限是否存在.

**【例 3-2-4】** 求$\lim\limits_{x\to 0}\dfrac{\tan x-x}{x^2\sin x}$.

**解** 如果直接使用洛必达法则，那么分母的导数较繁. 如果用等价无穷小代换，那么运算就简便得多.

$$\lim_{x\to 0}\frac{\tan x-x}{x^2\sin x}=\lim_{x\to 0}\frac{\tan x-x}{x^3}=\lim_{x\to 0}\frac{\sec^2 x-1}{3x^2}=\lim_{x\to 0}\frac{\tan^2 x}{3x^2}=\lim_{x\to 0}\frac{x^2}{3x^2}=\frac{1}{3}$$

**【例 3-2-5】** 求$\lim\limits_{x\to\infty}\dfrac{x+\sin x}{x}$.

**解** 此极限为$\dfrac{\infty}{\infty}$型不定式. 若选用洛必达法则求解，则得 $\lim\limits_{x\to\infty}\dfrac{(x+\sin x)'}{(x)'}=\lim\limits_{x\to\infty}(1+\cos x)$. 而 $x\to\infty$时 $\cos x$ 的极限不存在，也不为∞，故$\lim\limits_{x\to\infty}(1+\cos x)$不存在，此时只能说明洛必达法则对此题不适用，但不能由此得出原极限也不存在. 实际上本例不满足定理 3-2-2 的条件(3)，因此不能用洛必达法则，正确的解法是

$$\lim_{x\to\infty}\frac{x+\sin x}{x}=\lim_{x\to\infty}\frac{1+\frac{\sin x}{x}}{1}=1$$

即原极限存在且等于 1.

### 3.2.2　其他类型的未定式

$0\cdot\infty, 1^\infty, 0^0, \infty^0, \infty-\infty$型，可将它们转化为$\dfrac{0}{0}$或$\dfrac{\infty}{\infty}$型，然后再利用洛必达法则.

### 1. 0·∞型可化为$\frac{0}{0}$型或$\frac{\infty}{\infty}$型

设在自变量的某一变化过程中，$f(x)\to 0$，$F(x)\to\infty$，则由无穷小与无穷大之间的关系，可知

$$f(x)\cdot F(x)=\frac{f(x)}{\dfrac{1}{F(x)}}\left(\frac{0}{0}\text{型}\right)=\frac{F(x)}{\dfrac{1}{f(x)}}\left(\frac{\infty}{\infty}\text{型}\right)$$

**【例 3-2-6】** 求极限$\lim\limits_{x\to 0^+} x\mathrm{e}^{\frac{1}{x}}(0\cdot\infty\text{型})$.

**解** $\lim\limits_{x\to 0^+} x\mathrm{e}^{\frac{1}{x}}(0\cdot\infty)=\lim\limits_{x\to 0^+}\dfrac{\mathrm{e}^{\frac{1}{x}}}{\dfrac{1}{x}}\left(\dfrac{\infty}{\infty}\text{型}\right)=\lim\limits_{x\to 0^+}\dfrac{\mathrm{e}^{\frac{1}{x}}\cdot\left(\dfrac{1}{x}\right)'}{\left(\dfrac{1}{x}\right)'}=\lim\limits_{x\to 0^+}\mathrm{e}^{\frac{1}{x}}=+\infty$

### 2. ∞－∞型可化为$\frac{0}{0}$

设在某一变化过程中，$f(x)\to\infty$，$F(x)\to\infty$，则由无穷小与无穷大之间的关系，可知

$$f(x)-F(x)=\frac{1}{\dfrac{1}{f(x)}}-\frac{1}{\dfrac{1}{F(x)}}=\frac{\dfrac{1}{F(x)}-\dfrac{1}{f(x)}}{\dfrac{1}{f(x)}\cdot\dfrac{1}{F(x)}}\left(\frac{0}{0}\text{型}\right)$$

在实际计算中，可通过通分合并即可化为$\frac{0}{0}$型.

**【例 3-2-7】** 求$\lim\limits_{x\to 1}\left(\dfrac{6}{x^2-1}-\dfrac{3}{x-1}\right)$.

**解** $\lim\limits_{x\to 1}\left(\dfrac{6}{x^2-1}-\dfrac{3}{x-1}\right)=\lim\limits_{x\to 1}\dfrac{-3x+3}{x^2-1}\left(\dfrac{0}{0}\text{型}\right)=\lim\limits_{x\to 1}\dfrac{-3}{2x}=-\dfrac{3}{2}$

**【例 3-2-8】** 求$\lim\limits_{x\to 0}\left(\dfrac{1}{x}-\dfrac{1}{\mathrm{e}^x-1}\right)$.

**解** $\lim\limits_{x\to 0}\left(\dfrac{1}{x}-\dfrac{1}{\mathrm{e}^x-1}\right)=\lim\limits_{x\to 0}\dfrac{\mathrm{e}^x-1-x}{x\cdot(\mathrm{e}^x-1)}=\lim\limits_{x\to 0}\dfrac{\mathrm{e}^x-1}{(\mathrm{e}^x-1)+x\mathrm{e}^x}=\lim\limits_{x\to 0}\dfrac{\mathrm{e}^x}{2\mathrm{e}^x+x\mathrm{e}^x}=\dfrac{1}{2}$

### 3*. $0^0$、$\infty^0$及$1^\infty$型(幂指函数的不定式)

由于$1^\infty$，$0^0$，$\infty^0$型未定式为幂指函数$[f(x)]^{F(x)}$的极限，所以可借助于取对数法将其先化为$0\cdot\infty$型，再化为$\frac{0}{0}$或$\frac{\infty}{\infty}$型求解其极限，即

$$[f(x)]^{F(x)}=\mathrm{e}^{\ln[f(x)]^{F(x)}}=\mathrm{e}^{F(x)\ln f(x)}$$

**【例 3-2-9】** 求$\lim\limits_{x\to 0^+} x^{\sin x}$.

**解** 上式为$0^0$型，设$y=x^{\sin x}$，两边取对数可得$\ln y=\sin x\cdot\ln x$，$y=\mathrm{e}^{\sin x\cdot\ln x}$，

$$\therefore \lim_{x\to 0^+} x^{\sin x}=\lim_{x\to 0^+}\mathrm{e}^{\sin x\cdot\ln x}=\mathrm{e}^{\lim\limits_{x\to 0^+}\sin x\cdot\ln x}=\mathrm{e}^{\lim\limits_{x\to 0^+}\sin x\cdot\ln x}=\mathrm{e}^{\lim\limits_{x\to 0^+}\cdot\frac{\ln x}{\frac{1}{\sin x}}}=\mathrm{e}^{\lim\limits_{x\to 0^+}\cdot\frac{\sin^2 x}{-x\cos x}}=\mathrm{e}^0=1$$

### 练一练：

求下列函数的极限.

(1) $\lim\limits_{x\to 0}\left(\dfrac{1}{x}-\dfrac{1}{\sin x}\right)$；(2) $\lim\limits_{x\to+\infty} x(\mathrm{e}^{\frac{1}{x}}-1)$；(3) $\lim\limits_{x\to 0^+} x^x$.

# 习题 3-2

**A. 基本题**

1. 利用洛必达法则求极限.

(1) $\lim\limits_{x\to 3}\dfrac{x^3-27}{x-3}$；　(2) $\lim\limits_{x\to 0}\dfrac{\ln(1+x)}{x}$；

(3) $\lim\limits_{x\to 0}\dfrac{x-\sin x}{x^3}$；　(4) $\lim\limits_{x\to 0}\dfrac{e^x-e^{-x}}{x}$；

(5) $\lim\limits_{x\to +\infty}\dfrac{\ln x}{x^2}$；　(6) $\lim\limits_{x\to \infty}\dfrac{x^2+2x-1}{2x^2-5}$；

(7) $\lim\limits_{x\to 0}\dfrac{e^x-1}{x}$；　(8) $\lim\limits_{x\to 2}\dfrac{x^2-x-2}{x^2-3x+2}$.

**B. 一般题**

2. 利用洛必达法则求下列极限.

(1) $\lim\limits_{x\to 1}\left(\dfrac{1}{x-1}-\dfrac{1}{\ln x}\right)$；　(2) $\lim\limits_{x\to \infty}x(e^{\frac{1}{x}}-1)$；

(3) $\lim\limits_{x\to 1}\dfrac{\sqrt{5x-4}-\sqrt{x}}{x-1}$；　(4) $\lim\limits_{x\to 0}\left(\dfrac{1}{x}-\dfrac{1}{e^x-1}\right)$；

(5) $\lim\limits_{x\to \infty}(\sqrt{x^2+1}-x)x$；　(6) $\lim\limits_{x\to +\infty}(3^x+9^x)^{1/x}$.

**C. 提高题**

3. 验证极限 $\lim\limits_{x\to 0}\dfrac{x^2\sin\dfrac{1}{x}}{\tan x}$ 存在，但不能用洛必达法则得出.

4. 已知 $f(x)$ 有一阶连续导数，$f(0)=f'(0)=1$，求 $\lim\limits_{x\to 0}\dfrac{f(\sin x)-1}{\ln f(x)}$.

# 3.3　函数的单调性与曲线的凹凸性

在很多的实际问题中，函数值与自变量之间一般都存在着依赖关系，比如经济问题中的商品的产量与利润，农作物的产量与种植密度等，下面所关注的当然是自变量取多少值时，能够使得产量达到最大？这其实就是函数的极值与最大值最小值的问题，要想了解函数的最值与极值问题，首先应该了解函数的相关性态. 本节里将从函数的单调性入手，通过函数的一阶、二阶导数来讨论函数的性态.

## 3.3.1　函数的单调性

一般情况下，可通过函数的图像直观地对基本初等函数的单调性进行研究，而对于初等函数来说，尤其是比较复杂的初等函数，则可通过导数研究其单调区间及极值.

函数的单调性与导数的符号之间有着十分密切的联系，由图 3-3 和图 3-4 可以直观地看出，若函数 $f(x)$ 在区间 $[a,b]$ 上单调增加（递减），则曲线在 $[a,b]$ 上各点的切线斜率大于零（小于零）.

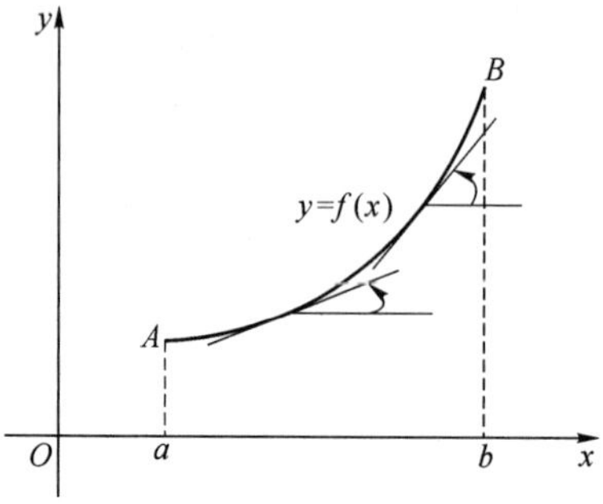


图 3-3

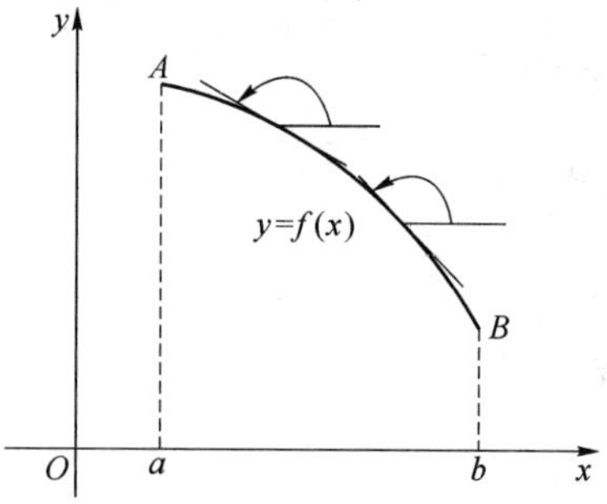


图 3-4

**定理 3-3-1(函数单调性的判定法)** 设函数 $f(x)$ 在 $[a,b]$ 上连续，在开区间 $(a,b)$ 内可导，

(1) 如果在 $(a,b)$ 内 $f'(x)>0$，那么函数 $y=f(x)$ 在 $[a,b]$ 上单调增加；

(2) 如果在 $(a,b)$ 内 $f'(x)<0$，那么函数 $y=f(x)$ 在 $[a,b]$ 上单调减少.

**注**：把定理中的区间 $[a,b]$ 换成其他区间（或无穷区间），结论同样成立.

**【例 3-3-1】** 求函数 $f(x)=x^3-3x+2$ 的单调区间.

**解** 函数的定义域为 $R$，$f'(x)=3x^2-3$，解 $f'(x)=0$ 得 $x_1=1$，$x_2=-1$，用点 $x_1=1$，$x_2=-1$ 将定义域分成三个区间，$(-\infty,-1)$，$(-1,1)$，$(1,+\infty)$.

当 $x\in(-\infty,-1)\cup(1,+\infty)$ 时，$f'(x)>0$；$x\in(-1,1)$ 时，$f'(x)<0$. 因此函数的单调增加区间为 $(-\infty,-1)$，$(1,+\infty)$，单调减少区间为 $(-1,1)$.

**【例 3-3-2】** 讨论函数 $f(x)=2x^2-\ln x$ 的单调性.

**解** 函数的定义域为 $(0,+\infty)$，$f'(x)=4x-\dfrac{1}{x}$，解 $f'(x)=0$ 得 $x_1=\dfrac{1}{2}$，$x_2=-\dfrac{1}{2}$（舍），用 $x_1=\dfrac{1}{2}$ 将函数的定义域分成两个区间 $\left(0,\dfrac{1}{2}\right)$，$\left(\dfrac{1}{2},+\infty\right)$，分别在这两个区间上讨论函数的单调性.

当 $x\in\left(0,\dfrac{1}{2}\right)$ 时，$f'(x)<0$；$x\in\left(\dfrac{1}{2},+\infty\right)$ 时，$f'(x)>0$. 由定理 3-3-1 可知，函数在区间 $\left(0,\dfrac{1}{2}\right)$ 单调减少，在区间 $\left(\dfrac{1}{2},+\infty\right)$ 单调增加.

**【例 3-3-3】** 讨论函数 $y=\sqrt[3]{x^2}$ 的单调性.

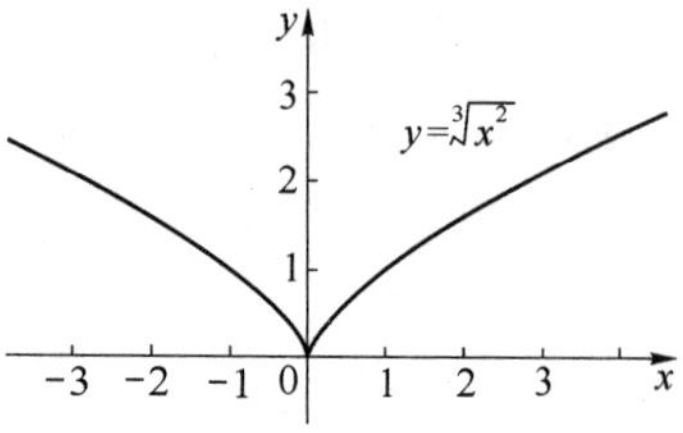


图 3-5

**解** 函数的定义域为 $R$，$y'=\dfrac{2}{3}x^{-\frac{1}{3}}$，显然函数 $y=\sqrt[3]{x^2}$ 在点 $x=0$ 导数不存在.

而当 $x<0$ 时，$y'<0$；$x>0$ 时，$y'>0$，所以函数 $y=\sqrt[3]{x^2}$ 在 $(-\infty,0]$ 上单调减少；在 $[0,+\infty)$ 上单调增加.

函数 $y=\sqrt[3]{x^2}$ 的图像如图 3-5 所示.

由上可知，讨论函数的单调性关键在于找到单调区间的分界点，而单调区间的分界点可能是导数为零的点，也可能是函数的不可导点. 通常 $f'(x)=0$ 的点我们称之为函数的驻点. 对初等函数 $f(x)$ 而言，不可导点即为使 $f'(x)$ 无定义的点.

综上所述，讨论函数单调区间的方法如下：

(1) 确定函数的定义域；

(2) 求出函数所有可能的单调区间分界点(包括驻点、不可导点等)，并根据分界点把定义域划分成小区间；

(3) 判定 $f'(x)$ 在每个开区间内的符号，由定理 3-3-1 判定函数在每个小区间上的单调性.

### 3.3.2　曲线的凹凸性与拐点

函数的单调性在图像上反映的是曲线上升或下降，但是曲线在上升或下降的过程中，曲线可以有不同的弯曲方向，因此仅了解函数曲线的上升和下降还不能完全反映图像的变化. 如图 3-6 所示函数的图像在区间内始终是上升的，但却有不同的弯曲状况，$L_1$ 是向下弯曲的凸弧，$L_2$ 向上弯曲的是凹弧，$L_3$ 既有凸弧，也有凹弧.

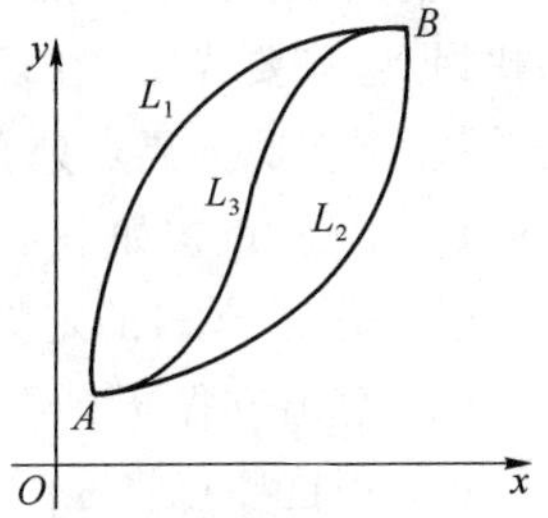


图 3-6

从图 3-6 中可观察到，曲线向下凹的弧段上任意一点的切线位于曲线的下方；而向上凸起的弧段上的任意一点的切线位于曲线的上方.

**定义 3-3-1**　在区间 $I$ 上，若曲线弧上任意点的切线都位于曲线的下方，则称此曲线弧在区间 $I$ 上是(向上)**凹的(或凹弧)**；若曲线弧上任意点的切线都位于曲线的上方，则称此曲线在区间 $I$ 上是(向上)**凸的(或凸弧)**.

由此可见，曲线的弯曲方向可由切线在曲线弧的上方或下方来确定，那么如何判别曲线在某一区间上的凹凸性呢？由图 3-7 和图 3-8 还可以看出在 $x$ 由小变大过程中：

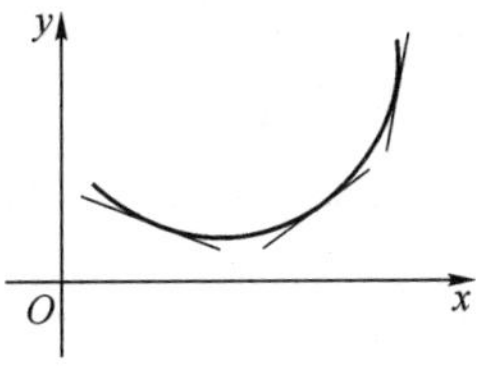


图 3-7

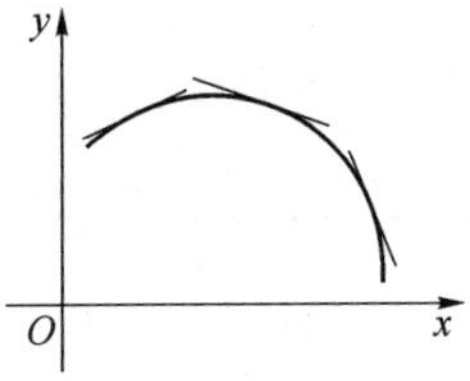


图 3-8

(1) 若曲线是凹弧，曲线上切线的斜率是逐渐增大的，即 $f'(x)$ 单调增加；

(2) 若曲线是凸弧，曲线上切线的斜率是逐渐减小的，即 $f'(x)$ 单调减小；

从而我们可由 $f'(x)$ 的单调性，或 $f''(x)$ 的正负性来判断曲线的凹凸性. 下面我们给出曲线凹凸性的判别方法.

**定理 3-3-2(曲线凹凸性的判别方法)**　设函数 $f(x)$ 在区间 $(a,b)$ 上具有二阶导数 $f''(x)$，则在该区间上，

(1) 当 $f''(x)>0$ 时，曲线 $f(x)$ 是凹的；

(2) 当 $f''(x)<0$ 时,曲线 $f(x)$ 是凸的.

**【例 3-3-4】** 判定曲线 $y=\ln(x+1)$ 的凹凸性.

**解** 函数 $y=\ln(x+1)$ 的定义域为 $(-1,+\infty)$,

$y'=\dfrac{1}{x+1}$ ,$y''=\dfrac{-1}{(x+1)^2}<0\ (-1<x<+\infty)$,所以曲线 $y=\ln(x+1)$ 是凸的.

**【例 3-3-5】** 判定曲线 $y=\dfrac{1}{x-2}$ 的凹凸性.

**解** 函数 $y=\dfrac{1}{x-2}$ 的定义域为 $(-\infty,2)$,$(2,+\infty)$. 且

$$y'=\frac{-1}{(x-2)^2},y''=\frac{2}{(x-2)^3}$$

从而当 $x<2$ 时,$y''<0$,曲线 $y=\dfrac{1}{x-2}$ 是凸的;当 $x>2$ 时,$y''>0$,曲线 $y=\dfrac{1}{x-2}$ 是凹的.

**定义 3-3-2** 连续曲线的凹弧与凸弧的分界点称为曲线的**拐点**.

如函数 $y=x^3$ 在 $(0,0)$ 的左右两侧的凹凸性不同,所以 $(0,0)$ 点是它的一个拐点.

如何寻找曲线的拐点呢?

一般来说,拐点既然是凹与凸的分界点,那么在拐点的左、右邻近 $f''(x)$ 必然异号,所以要寻找拐点,只要找出 $f''(x)$ 符号发生变化的分界点即可. 如果函数在区间 $(a,b)$ 内具有二阶连续导数,则在此分界点处必有 $f''(x)=0$;此外,$f''(x)$ 不存在的点也有可能是 $f''(x)$ 符号发生变化的点. 于是,可按如下**步骤**来判定区间 $I$ 上函数 $f(x)$ 的拐点:

(1) 确定 $f(x)$ 的定义域,并求 $f''(x)$;

(2) 解出方程 $f''(x)=0$ 的根和 $f''(x)$ 不存在的点;

(3) 用这些点将区间 $I$ 分成若干小区间,判定 $f''(x)$ 的符号,由定理 3-3-2 得出结论.

**【例 3-3-6】** 求函数 $y=3x^4-20x^3+18x^2+6x+4$ 的凹凸区间及拐点.

**解** 函数的定义域为 $(-\infty,+\infty)$,

$y'=12x^3-60x^2+36x+6$,$y''=36x^2-120x+36$,令 $y''=0$,得 $x_1=\dfrac{1}{3}$,$x_2=3$. 如表 3-1 所示.

**表 3-1**

| $x$ | $\left(-\infty,\frac{1}{3}\right)$ | $\frac{1}{3}$ | $\left(\frac{1}{3},3\right)$ | 3 | $(3,+\infty)$ |
|---|---|---|---|---|---|
| $f''(x)$ | + | 0 | − | 0 | + |
| $f(x)$ | ∪ | 拐点 | ∩ | 拐点 | ∪ |

由表 3-1 可知,函数 $f(x)$ 在 $\left(-\infty,\dfrac{1}{3}\right)$ 与 $(3,+\infty)$ 是凹的,在 $\left(\dfrac{1}{3},3\right)$ 是凸的,曲线 $f(x)$ 的拐点为 $\left(\dfrac{1}{3},\dfrac{197}{27}\right)$ 和 $(3,-113)$.

**【例 3-3-7】** 求函数 $f(x)=\sqrt[5]{x^3}$ 的凹凸区间与拐点.

**解** (1)函数的定义域为 $(-\infty,+\infty)$,$f'(x)=(x^{\frac{3}{5}})'=\dfrac{3}{5}x^{-\frac{2}{5}}$,$f''(x)=\dfrac{-6}{25}x^{-\frac{7}{5}}$.

令 $f''(x)=0$,方程无解. 而 $x=0$ 是 $f''(x)$ 不存在的点,故 $x=0$ 可能是拐点.

如表 3-2 所示.

**表 3-2**

| $x$ | $(-\infty,0)$ | 0 | $(0,+\infty)$ |
|---|---|---|---|
| $f''(x)$ | + | 0 | − |
| $f(x)$ | ∪ | 拐点 | ∩ |

所以函数 $f(x)$在$(-\infty,0)$上是凹的,在$(0,+\infty)$上是凸的,$(0,0)$是拐点.

**练一练:**

求函数 $y=x^3-5x^2+3x+5$ 的凹凸区间与拐点.

# 习题 3-3

**A. 基本题**

1. 确定下列函数的单调区间:

(1) $y=2x^3-6x^2-18x-7$;　(2) $y=3x+\dfrac{6}{x}$　;(3) $y=(x-2)(x+2)^3$.

2. 求下列函数的凹凸区间与拐点.

(1)$y=-x^2+2x$;　(2) $y=x+\dfrac{2}{x}$;　(3) $y=\ln(x^3+1)$.

**B. 一般题**

3. 求下列函数的单调区间.

(1) $y=2x^3+3x^2-12x+5$;　(2) $y=x-e^x$　;(3) $y=x-\ln(x+1)$.

4. 设 $x>0,n>1$,证明:$(1+x)^n>1+nx$.

5. 证明不等式 $1+\dfrac{1}{2}x>\sqrt{x+1}\,(x>0)$.

6. 求下列函数的凹凸区间与拐点.

(1)$y=x^2e^{-x}+1$;　(2)$y=\ln\sqrt{x^2+1}$.

**C. 提高题**

7. 已知$(2,3)$为曲线 $y=2ax^3+bx^2$ 的拐点,则 $a,b$ 为何值?

8. 试证明曲线 $y=\dfrac{x-1}{x^2+1}$有三个拐点位于同一直线上.

# 3.4　函数的极值

通过图 3-3 可以看出,在函数单调区间的分界点 $x=0$ 处的某个去心邻域内,$f(x)$的函数值均大于函数在点 $x=0$ 处的值 $f(0)$,这种性质在实际应用中比较常见.

**定义 3-4-1** 设函数 $f(x)$在$U(x_0)$内有定义，如果对$\forall x\in \dot{U}(x_0)$都有$f(x)<f(x_0)$，那么就称$f(x_0)$为函数$f(x)$的一个**极大值**；如果对$\forall x\in \dot{U}(x_0)$都有$f(x)>f(x_0)$，那么就称$f(x_0)$为函数$f(x)$的一个**极小值**.

函数的极大值与极小值统称为**极值**. 函数的极大值点与极小值点统称为函数的**极值点**.

例如，在图 3-9 中，$f(c_1)$，$f(c_4)$是函数的极大值，$c_1$，$c_4$ 是函数的极大值点；$f(c_2)$，$f(c_5)$是函数的极小值，$c_2$，$c_5$ 是函数的极小值点.

函数的极值是局部性的，即在局部范围内的最值就是函数的极值. 同一函数可能具有多个极大值点和极小值点，我们不关注极值之间的大小，而只关注极值点在局部范围内的极值性.

**定理 3-4-1(极值存在的必要条件)** 设函数 $f(x)$在 $x_0$ 点处可导，且在 $x_0$ 点处取得极值，则函数在 $x_0$ 处的导数必为零，即 $f'(x_0)=0$.

定理 3-4-1 说明可导函数的极值点一定是驻点. 比如 $f(x)=x^3$ 在 $x=0$ 点的导数为零(图 3-10)，但通过图像可看出函数在该点无极值. 但反过来，函数的极值点未必是驻点，因为函数的不可导点也有可能是极值点.

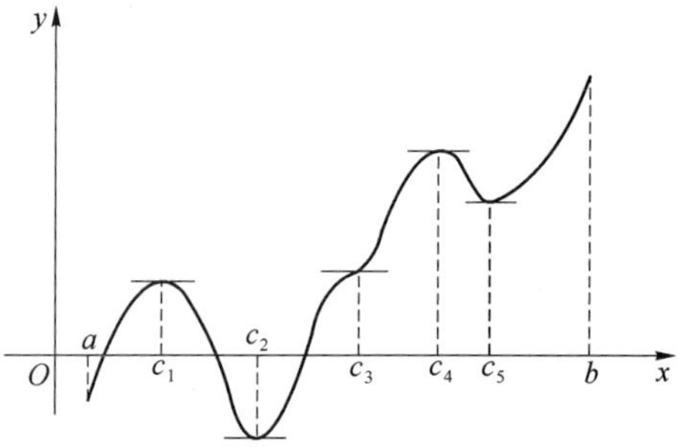


图 3-9

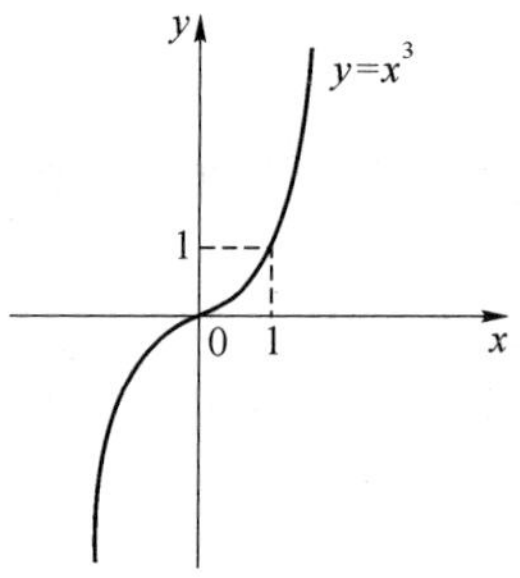


图 3-10

**定理 3-4-2(第一充分条件)** 设函数 $f(x)$在点 $x_0$ 的某邻域内可导，且 $f'(x_0)=0$.

(1) 当 $x$ 从 $x_0$ 的左侧变化到右侧时，$f'(x)$由正变负，则 $f(x)$在点 $x_0$ 处取得极大值；

(2) 当 $x$ 从 $x_0$ 的左侧变化到右侧时，$f'(x)$由负变正，则 $f(x)$在点 $x_0$ 处取得极小值；

(3) 当 $x$ 从 $x_0$ 的左侧变化到右侧时，$f'(x)$符号不改变，则 $f(x)$在点 $x_0$ 处没有极值.

**【例 3-4-1】** 求函数 $f(x)=2x^3-3x^2+5$ 的极值.

**解** 函数的定义域为 $R$. $f'(x)=6x^2-6x$，令 $f'(x)=0$ 可解得驻点：$x_1=1$，$x_1=0$ 函数在定义域内无不可导点. 如表 3-3 所示.

**表 3-3**

| $x$ | $(-\infty,0)$ | 0 | $(0,1)$ | 1 | $(1,+\infty)$ |
|---|---|---|---|---|---|
| $f'(x)$ | + | 0 | − | 0 | + |
| $f(x)$ | ↗ | 极大 | ↘ | 极小 | ↗ |

**【例 3-4-2】** 求函数 $f(x)=3-\sqrt[3]{x^2}$ 的极值.

**解** 函数的定义域为 $R$. $f'(x)=\dfrac{2}{3}x^{-\frac{1}{3}}$，可见 $f'(x)=0$ 无解，不难看出函数 $f(x)$在点 $x=0$ 不可导但连续，当 $x\in(-\infty,0)$时，$f'(x)<0$；当 $x\in(0,+\infty)$时，$f'(x)>0$，所以由定理 3-4-2，函数 $f(x)$在 $x=0$ 处取得极小值，极小值为 $f(0)=3$.

【例 3-4-3】 说明函数亦可能在不可导点处取得极小值.故结合定理 3-4-2 可知，驻点与不可导点都有可能是函数的极值点，这些点可称为函数的**极值可疑点**.

【例 3-4-4】 确定函数 $f(x)=\dfrac{2}{3}x-(x-1)^{\frac{2}{3}}$ 的极值.

**解** （1）该函数的定义域为 $(-\infty,+\infty)$.

（2）$f'(x)=\dfrac{2}{3}-\dfrac{2}{3}(x-1)^{-\frac{1}{3}}=\dfrac{2}{3}\left(1-\dfrac{1}{\sqrt[3]{x-1}}\right)$.

（3）$f'(x)=0$，得驻点 $x=2$，此外，显然 $x=1$ 为 $f(x)$ 的不可导点.

（4）如表 3-4 所示，考虑 $f'(x)$ 的符号：

**表 3-4**

| $x$ | $(-\infty,1)$ | 1 | $(1,2)$ | 2 | $(2,+\infty)$ |
|---|---|---|---|---|---|
| $f'(x)$ | + | 不存在 | − | 0 | + |
| $f(x)$ | ↗ | 极大值 $\dfrac{2}{3}$ | ↘ | 极小值 $\dfrac{1}{3}$ | ↗ |

函数的极大值为 $f(1)=\dfrac{2}{3}$，极小值为 $f(2)=\dfrac{1}{3}$.

**练一练：**

1. 指出下列函数的极值可疑点.

（1）$y=x^3-3x+2$；　（2）$y=x+\dfrac{1}{x}$；　（3）$y=x^{\frac{4}{3}}$.

2. 求下列函数的极值.

（1）$y=x^4-2x^3$；　（2）$y=1-(x-2)^{\frac{2}{3}}$.

当函数 $f(x)$ 在驻点处的二阶导数存在时，还可利用以下定理来判定函数的极值.

**定理 3-4-3（第二充分条件）** 设函数 $f(x)$ 在 $x_0$ 处二阶可导，且 $f'(x_0)=0$，$f''(x_0)\neq 0$.

（1）若 $f''(x_0)<0$，则 $f(x)$ 在 $x_0$ 处取极大值；

（2）若 $f''(x_0)>0$，则 $f(x)$ 在 $x_0$ 处取极小值；

定理 3-4-3 表明，如果函数 $f(x)$ 在驻点 $x_0$ 处的二阶导数 $f''(x_0)\neq 0$，则驻点 $x_0$ 必为极值点，并且可用定理 3-4-3 判定其是极大值还是极小值.而如果 $f''(x_0)=0$，则定理 3-4-3 就不能应用，此时函数 $f(x)$ 在 $x_0$ 处可能有极值，也可能没有极值，具体还需要利用定理 3-4-2 来判断该点是否为极值点.例如 $f(x)=x^3$，$f'(0)=f''(0)=0$，但 $f(x)$ 在 $x=0$ 处无极值；而 $g(x)=x^4$，$g'(0)=g''(0)=0$，但函数在 $x=0$ 处取得极小值.

【例 3-4-5】 求函数 $f(x)=x^3-6x^2+9x+5$ 的极值.

**解** 函数的定义域为 $R$，

$f'(x)=3x^2-12x+9=3(x-1)(x-3)$，故驻点为：$x_1=1$，$x_2=3$，

而 $f''(x)=6x-12$，$f''(1)=-6<0$，$f''(3)=6>0$，故由定理 3-4-3，$f(1)=9$ 是极大值，$f(3)=5$ 是极小值.

**练一练：**

利用二阶导数求函数 $f(x)=x^3-3x$ 的极值.

# 习题 3-4

**A. 基本题**

1. 求下列函数的极值.

(1) $y=3x^2-6x+2$； (2) $y=-x^4+4x^2$； (3) $y=x+\sqrt{1-x}$.

**B. 一般题**

2. 求下列函数的极值.

(1) $y=2x^3-6x^2-18x+1$； (2) $y=\sqrt[3]{(2x-1)(1-x)^2}$；

(3) $y=2e^x+e^{-x}$.

**C. 提高题**

3. 如果函数 $f(x)=a\sin x+\frac{1}{3}\sin 3x$ 在 $x=\frac{\pi}{3}$ 取得极值，求 $a$ 的值，它是极大值还是极小值？

# 3.5 函数的最值及其在工程技术中的应用

在各种实际问题中，往往关心的是函数的最大值和最小值(以后我们简称为最值)，比如在工农业生产、工程技术施工、科学实验、商品产量与利润等，往往会遇到一类“产品最多”、“用料最省”、“成本最低”、“利润最大”等问题，这类问题在数学上可归结为求某个函数(称为目标函数)的最大值或最小值问题. 求函数最大、最小值的问题就称为**最值问题**.

## 3.5.1 函数最值的求法

### 1. 在 $[a,b]$ 上连续函数 $y=f(x)$ 的最大值和最小值

设函数 $f(x)$ 在 $[a,b]$ 上连续，则由第 1 章闭区间上连续函数的性质可知，$f(x)$ 在 $[a,b]$ 上一定存在最大、最小值，但定理未告诉其究竟在何处？

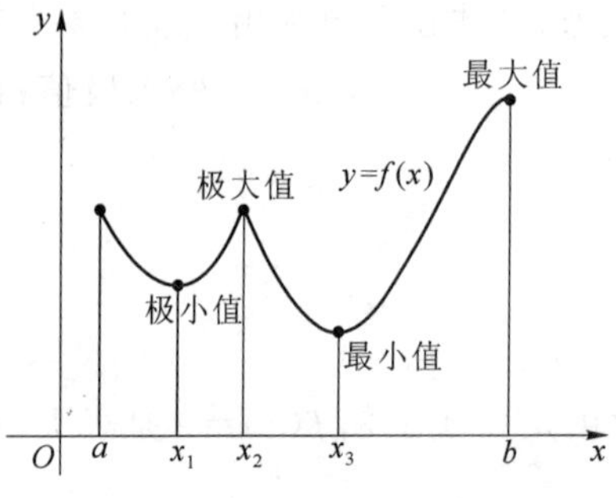


图 3-11

结合如图 3-11 所示分析：

若函数 $f(x)$ 在闭区间 $[a,b]$ 上连续，由最值定理知一定存在 $\xi_1$. $\xi_2\in[a,b]$，对于任意 $x\in[a,b]$，均有 $m=f(\xi_1)\leqslant f(x)\leqslant f(\xi_2)=M$.

(1) 如果 $m$、$M$ 在区间的端点取得，则必为 $f(a)$ 或 $f(b)$；

(2) 如果 $m$、$M$ 在区间的内部取得，即存在 $\xi_1\in(a,b)$ 或 $\xi_2\in(a,b)$，使得：$m=f(\xi_1)$ 或 $M=f(\xi_2)$，则此时的 $\xi_1$ 或 $\xi_2$ 一定 $f(x)$ 是极值点(注意：极值点产生于驻点或不可导点).

通过以上分析，可得闭区间 $[a,b]$ 上连续函数的最大值、最小值的求法：

(1) 求出函数 $f(x)$ 在开区间 $(a,b)$ 内所有的驻点及不可导点；

(2) 计算以上各点以及区间端点的函数值，比较大小，可得函数最大值及最小值.

**【例 3-5-1】** 求函数 $f(x)=x^3-5x^2+3x+10$ 在区间 $[0,4]$ 上的最值.

**解** 由于 $f'(x)=3x^2-10x+3=(x-3)(3x-1)$，解 $f'(x)=0$ 得驻点：$x_1=3x_2=\frac{1}{3}$，因为函数 $f(x)$ 在区间 $[0,4]$ 上处处可导，所以只需把这些驻点及区间端点的函数值求出，比较大小即可.

$$f(3)=1,f\left(\frac{1}{3}\right)=\frac{283}{27},f(0)=10,f(4)=6$$

因此 $f(x)=x^3-5x^2+3x+10$ 在区间 $[0,4]$ 上的最大值为 6，最小值为 1.

**【例 3-5-2】** 求函数 $f(x)=x+\sqrt{1-x}$ 在区间 $[-5,1]$ 上的最值.

**解** $f'(x)=1-\frac{1}{2\sqrt{1-x}}$，解 $f'(x)=0$ 得驻点：$x=\frac{3}{4}$，不可导点 $x=1$，把这些点及区间端点的函数值求出，比较大小：

$$f\left(\frac{3}{4}\right)=\frac{5}{4},f(1)=1,f(-5)=-5+\sqrt{6}$$

因此函数 $f(x)=x+\sqrt{1-x}$ 在区间 $[-5,1]$ 上的最大值为 $f\left(\frac{3}{4}\right)=\frac{5}{4}$，最小值 $-5+\sqrt{6}$.

**2*. 在 $(a,b)$ 上连续函数 $y=f(x)$ 最值的一种特殊情况**

开区间上连续函数的最值情况就较为复杂，有可能有，有可能没有，有可能仅有一个最大或最小值，接下来只讨论如下这种较常用的情况。

**定理 3-5-1** 如果连续函数 $y=f(x)$ 在开区间 $(a,b)$ 内可导，且只有一个极值点，则该极值点一定是函数 $y=f(x)$ 在区间 $(a,b)$ 内的最值点.

实际上，定理 3-5-1 中的开区间 $(a,b)$ 可换为一般的区间.

**【例 3-5-3】** 求函数 $f(x)=2x^2-4x+3$ 在 $(-1,4)$ 上的最值.

**解** $f'(x)=4x-4$，令 $f'(x)=0$ 得唯一驻点 $x=1$，

因为 $f''(x)=4>0$，所以 $x=1$ 函数的极小值点，从而也为最小值点，最小值为 $f(1)=1$.

### 3.5.2 在工程技术中的应用

在求实际问题的最值时，一般是先建立起描述问题的函数关系（这一步是关键，假设目标函数在定义域内可导），然后求出该函数在其有意义的区间内的驻点、不可导点，继而由上述理论求出最值（点）.

**【例 3-5-4】** 用边长为 48 cm 的正方形铁皮做一个无盖的铁盒时，在铁皮的四角各截去一个面积相等的小正方形如图 3-12(a) 所示. 然后把四边折起，就能焊成铁盒，如图 3-12(b) 所示. 问在四角应截去边长多大的正方形，方能使所做的铁盒容积最大？

**解** 设截去的小正方形边长为 $x$(cm)，则铁盒的底边长为 $48-2x$(cm)，铁盒的容积（单位：$cm^3$）为

$$V=x(48-2x)^2\ (0<x<24)$$

此问题归结为：当 $x$ 取何值时，函数 $V$ 在区间 $(0,24)$ 内取得最大值.

求导数 $V'=(48-2x)^2+2x(48-2x)(-2)=12(24-x)(8-x)$.

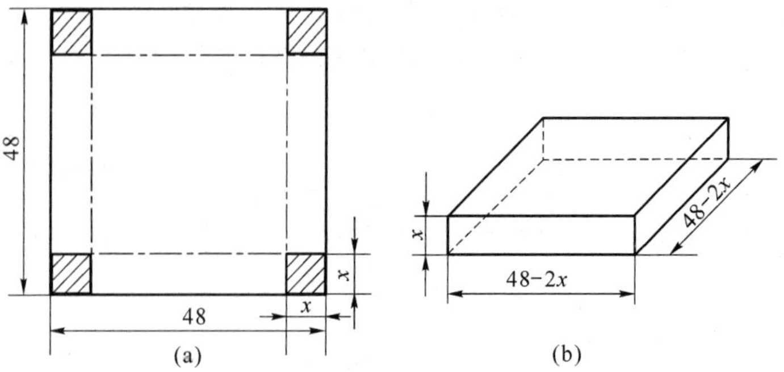


图 3-12

令 $V'=0$，得 $x_1=24$，$x_2=8$，在 $(0,24)$ 内只有唯一驻点 $x=8$，由于铁盒必然存在最大容积，因此，当 $x=8$ 时，函数 $V$ 有最大值，即当截去的小正方形边长为 8 cm 时铁盒的容积最大.

由上例看出，对于求解最值问题关键在于正确建立函数关系，有些实际问题的函数关系是较明显的，即把所求的最值量设为函数，而引起其发生变化的某变量就设为自变量. 当然有些实际问题的函数关系就不太明显，此时应仔细分析题意.

**【例 3-5-5】** 要做一个容积为 $V$ 的带盖的圆柱形容器(缸子)，问当其底半径与其高成何比例时，所用材料最省？

**解** 设其底半径为 $r$，高为 $2h$，由 $V=2\pi r^2h\Rightarrow h=V/(2\pi r^2)$，

于是其表面积 $S=2\pi r^2+2\pi r\cdot 2h=2\pi r^2+2V/r$，其中 $r>0$；

$S'=4\pi r-\dfrac{2V}{r^2}$，令 $S'=0\Rightarrow r=\sqrt[3]{\dfrac{V}{2\pi}}$(唯一驻点).

$S'=4\pi+4Vr^{-3}$，$S'\left(\sqrt[3]{\dfrac{V}{2\pi}}\right)>0$.

所以，$r=\sqrt[3]{\dfrac{V}{2\pi}}$ 是函数的极小值点；

又因为，$r=\sqrt[3]{\dfrac{V}{2\pi}}$ 是函数在定义域上唯一的极小值点，所以也是最小值点.

所以当 $r=\sqrt[3]{\dfrac{V}{2\pi}}$，$h=\sqrt[3]{\dfrac{V}{2\pi}}$ 时，圆柱形容器的表面积最小，即所用材料最省.

**【例 3-5-6】** 某建筑工地要靠墙壁盖一间长方形小屋，但是现有的材料只够砌 20 米长的墙壁，现在如果让你来设计，如何施工才能使这间小屋的面积最大？

**解** 设该长方形小屋的其中一边长为 $x$，则另一边长为 $20-2x$，从而该小屋的面积可表示为

$y=(20-2x)x$，其中 $0<x<20$.

$y'=20-4x$，令 $y'==0$，解得唯一驻点：$x=5$.

$y''=-4<0$，所以，$x=5$ 是极大值点.

又因为 $x=5$ 是函数在定义域上唯一的极大值点，所以 $x=5$ 也是最大值点.

此时，宽为 5 m，长为 10 m，面积 50 $m^2$.

综上，当小屋的长为 10 m，宽为 5 m 时，面积达到最大.

**【例 3-5-7】** 某房地产公司拟建造如图 3-13 所示胶囊式单间公寓，其中左右两端为半球

形，中间为圆柱形，设计要求该公寓的容积应达到 $y=\frac{13\pi}{3}(\mathrm{m}^3)$，假设房屋建造成本与表面积有关，圆柱形部分的单位造价为 500 元，半球形部分的单位造价为 750 元，请根据所学知识，求建造该胶囊式公寓成本最小时的两端球形半径 $r$.

**解**　(1) 由题意可知，总容积 $V=\pi r^2 l+\frac{4}{3}\pi r^3=\frac{13\pi}{3}$，

所以有 $l=\frac{13}{3r^2}-\frac{4}{3}r\geqslant 2r$，

总造价为(千元)：$y=2\pi rl\cdot(0.5)+4\pi r^2\cdot 0.75$

即 $y=\frac{13\pi}{3r}+\frac{5}{3}\pi r^2$，$r>0$，令 $y'=-\frac{13\pi}{3r^2}+\frac{10}{3}\pi r=0$，可得唯一驻点：$r=\sqrt[3]{\frac{13}{10}}$，当 $r<\sqrt[3]{\frac{13}{10}}$，$y'<0$；而当 $r>\sqrt[3]{\frac{13}{10}}$，$y'>0$，故建造成本最小时，球形半径当 $r=\sqrt[3]{\frac{13}{10}}$.

**【例 3-5-8】**　某地区建一防空洞，其横截面拟建成矩形加半圆，如图 3-14 所示，截面的面积为 6 $\mathrm{m}^2$. 问底部宽为多少时才能使截面的周长最小，从而建造时所用材料最省？

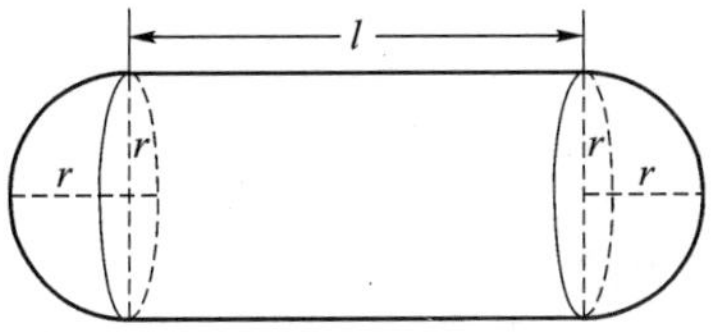

图 3-13

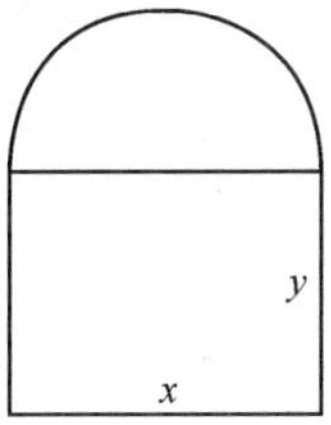

图 3-14

**解**　由题意，横截面积等于 6 $\mathrm{m}^2$，所以有

$$xy+\frac{x^2}{8}\pi=6\Rightarrow y=\frac{6}{x}-\frac{x}{8}\pi$$

由于防空洞横截面为矩形加半圆，所以横截面周长可表示为

$$L=x+2y+\frac{\pi x}{2}=\left(1+\frac{\pi}{4}\right)x+\frac{12}{x}$$

欲使周长最小，即求周长函数的最小值，对周长函数求导得

$$L'=\left(\frac{4+\pi}{4}\right)-\frac{12}{x^2}$$

令 $L'=0$ 得定义域内唯一驻点：$x=\sqrt{\frac{48}{4+\pi}}$.

故当 $x=\sqrt{\frac{48}{4+\pi}}$ 时周长达到最小值，此时建造防空洞材料最省.

**【例 3-5-9】**　如图 3-15 所示，某矿务局拟自地平上一点 $A$ 处挖一巷道至地下一点 $C$，设 $AB$ 长 600 m，$BC$ 长 240 m；地平面 $AB$ 是黏土，掘进费为 5 元/m，地下是岩石，掘进费为 13 元/m，问怎样的挖法，所用费用最省？为多少？

**解**　设先水平挖$(600-x)$m，即 $BD=x$，$AD=600-x$，其中 $0\leqslant x\leqslant 600$，

由几何知 $CD=\sqrt{x^2+240^2}$，所需费用为 $S=5(600-x)+13\sqrt{x^2+240^2}$，

$S'=-5+13x/\sqrt{x^2+240^2}$ 令 $S'=0$ 解得定义域内的唯一驻点 $x=100$.

此时，$AD=600-100=500$，$S=5880$.

所以，当 $AD$ 为 500 m 时费用最省，为 $S_{\min}=5880$（元）.

**【例 3-5-10】** 在建筑工地上，要把一根截面直径为 $d$ 的圆木锯成截面为矩形的木料，用作水平横梁（图 3-16）.问矩形截面的高 $h$ 和宽 $b$ 应如何设计才能使横梁的承载能力最大？

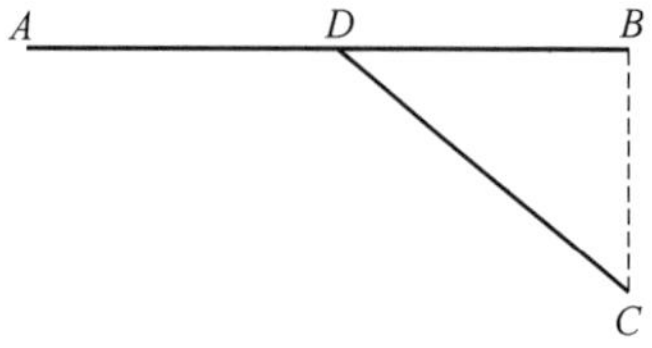


图 3-15

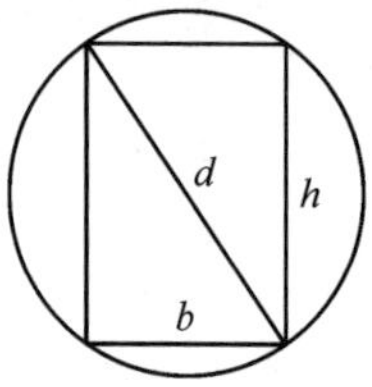


图 3-16

抗弯截面模量 $W$（由材料力学可知 $W=\frac{1}{6}bh^2$）最大？

**解** 由材料力学可知，矩形截面横梁承受弯曲的能力与横梁的抗弯截面模量 $W\left(W=\frac{1}{6}bh^2\right)$成正比，所以求承载能力最大值可看作求 $W$ 最大值.

$b$ 与 $h$ 有下面的关系： $h^2=d^2-b^2$

因而 $W=\frac{1}{6}b(d^2-b^2)\ (0<b<d)$

这样，$W$ 就是自变量 $b$ 的函数，$b$ 的变化范围是 $(0,d)$.

现在，问题是 $b$ 等于多少时目标函数 $W$ 取最大值，为此，求 $W$ 对 $b$ 的导数：

$$W'=\frac{1}{6}(d^2-3b^2)$$

解方程 $W'=0$ 得驻点 $b=\sqrt{\frac{1}{3}}d$.

由于梁的最大抗弯截面模量一定存在，而且在 $(0,d)$ 内部取得；现在，函数 $W=\frac{1}{6}b(d^2-b^2)$ 在 $(0,d)$ 内只有一个驻点，所以当 $b=\sqrt{\frac{1}{3}}d$ 时，$W$ 的值最大.

此时 $h^2=d^2-b^2=d^2-\frac{1}{3}d^2=\frac{2}{3}d^2$， 即 $h=\sqrt{\frac{2}{3}}d$.

**练一练：**

要建造一圆柱形油罐，体积为 $V$，则底面半径 $r$ 和高 $h$ 分别为多少时，才能使表面积最小？这时底面直径与高的比是多少？

实际上函数最值的应用不局限于上述工程技术中，其在经济管理中也有应用.

**【例 3-5-11】** 一房地产公司有 50 套公寓要出租，当月租金定为 2000 元时，公寓会全部租出去，当月租金每增加 100 元时，就会多一套公寓租不出去，而租出去的公寓每月需花费 200 元的维修费. 试问租金定为多少可获得最大收入？最大收入是多少？

**解** 设每套公寓租金定为 $x$，所获收入为 $y$. 则目标函数为

$$y=\left[50-\frac{x-2000}{100}\right](x-200)$$

整理得
$$y=\frac{1}{100}(-x^2+7200x-1400000)$$

则
$$y'=\frac{1}{100}(-2x+7200)$$

令 $y'=0$ 得唯一驻点 $x=3600$，而 $y''=-\frac{1}{50}<0$，

故 $x=3600$ 是使 $y$ 达到最大值的点. 最大值为

$$y=\left[50-\frac{3600-2000}{100}\right](3600-200)=115600(元)$$

所以，每套租金定为 3600 元，可获得最大收入，最大收入为 115600 元.

**【例 3-5-12】** 某工厂生产某种产品，固定成本为 4 万元，每生产一单位产品，成本增加 50 元. 已知总收益函数 $y$ 是年产量 $Q$ 的函数：

$$y=\begin{cases}400Q-\frac{1}{2}Q^2, 0\leqslant Q\leqslant 400\\ 100000, Q>400\end{cases}$$

则每年生产多少产品时，能够使总利润达到最大？最大利润是多少？

**解** 由题意，总成本函数为

$$C=40000+50Q$$

从而可得总利润函数为

$$L=\begin{cases}350Q-\frac{1}{2}Q^2-40000, 0\leqslant Q\leqslant 400\\ 60000-50Q, Q>400\end{cases}$$

对总利润函数求导得：$L'=\begin{cases}350-Q, 0\leqslant Q\leqslant 400\\ -50, Q>400\end{cases}$

令 $L'=0$ 得驻点：$Q=350$.

因为 $Q=350$ 为利润函数在定义域上唯一驻点，又由实际问题可知利润函数必有最大值，故年产量为 $Q=350$ 单位时，总利润达到最大，且最大利润为

$$L(350)=350^2-\frac{350^2}{2}-40000=21250(元)$$

## 练一练：

某公司制造销售计算器. 每日的平均成本函数为

$$\bar{C}(x)=0.0001x^2-0.08x+40+\frac{5000}{x}\ (元)\quad (x>0)$$

其中 $x$ 为每日的生产量(只). 试求出 $\bar{C}(x)$ 的最小值.

**【研讨题】** 某校房地产专业的同学对广州市某一时段内 $A$ 类商品房的销售情况作了调查，结果如表 3-5 所示.

**表 3-5**

| 售价 $p$(元/m²) | 15000 | 17000 | 19000 | 20000 | 21000 | 22000 | 23000 | 24000 | 25000 | 26000 | 28000 |
|---|---|---|---|---|---|---|---|---|---|---|---|
| 销量 $x$ (m²) | 240b | 220b | 180b | 170b | 150b | 140b | 120b | 90b | 80b | 60b | 40a |

其中 $b(\mathrm{m}^2)$表示一套 $A$ 类房的面积，如果 $A$ 类房的成本为 12000 元/$\mathrm{m}^2$，试问销售价格为多少时，房地产公司的利润最高？

## 习题 3-5

**A. 基本题**

1. 求下列函数在给定区间上的最大值和最小值.

(1) $y=x+2\sqrt{x}$，$[0,4]$；　　(2) $y=x^2-4x+6$，$[-3,10]$；

(3) $y=x+\dfrac{1}{x}$，$[0.001,100]$；　(4) $y=\dfrac{x-1}{x+1}$，$[0,4]$.

**B. 一般题**

2. 从长为 12 cm，宽为 8 cm 的矩形铁片的四个角上剪去相同的小正方形，折起来做成一个无盖的盒子，要使盒子的容积最大，剪去的小正方形的边长应为多少？

3. 把长为 24 cm 的铁丝剪成两段，一段做成圆，另一段做成正方形，应如何剪法才能使圆和正方形面积之和最小？

4. 欲做一个容积为 300 $\mathrm{m}^3$ 的无盖圆柱形蓄水池，已知池底单位造价为周围单位造价的两倍. 问蓄水池的尺寸应怎样设计才能使总造价最低？

**C. 提高题**

5. 某通信公司要从一条东西流向的河岸 $A$ 点向河北岸 $B$ 点铺设地下光缆. 已知从点 $A$ 向东直行 1000 m 到 $C$ 点，而 $C$ 点距其正北方向的 $B$ 点也恰好为 1000 m. 根据工程的需要，铺设线路是先从 $A$ 点向东铺设 $x(0\leqslant x\leqslant 1000)$ m，然后直接从河底直线铺设到河对岸的 $B$ 点. 已知河岸地下每米铺设费用是 16 元，河底每米铺设费用是 20 元. 求使总费用最少的 $x$？

6. 某工厂生产产量为 $q$(件)时，生产成本函数(元)为 $C(q)=9000+40q+0.001q^2$. 求该厂生产多少件产品时，平均成本达到最小？并求出其最小平均成本和相应的边际成本.

# 3.6　函数图像的描绘

由前面内容可知，通过一阶导数的符号，可以确定函数曲线是上升还是下降，在哪些点存在着极值；由二阶导数的符号可以确定函数图形的弯曲方向(凹凸性)和拐点. 那么知道了函数的这些性态后，就可以比较准确地画出函数的图形.

随着当代计算机技术的发展，借助于计算机和一些专业的数学软件，如 Mathematica、matlab 等，可以方便地画出各种函数的图形，但是往往根据实际问题，需要进一步选择作图范围，掌握图形中的关键点等，仍然需要进行人工干预. 所以还是需要掌握运用微分学的知识和方法来描绘出函数的图形. 具体**步骤如下**：

(1) 确定 $f(x)$的定义域以及某些特性(如奇偶性，周期性等)，并求函数的一、二阶导数；

(2) 解方程 $f'(x)=0$、$f''(x)=0$，找出到一、二阶导数为零的点以及间断点和一、二阶导数不存在的点，用这些点把定义域划分为几个小区间；

(3) 确定这些小区间上 $f'(x)$ 与 $f''(x)$ 的符号，并得出图形的单调性、凹凸性、极值点、拐点等；

(4) 确定函数图形有无水平、铅垂渐近线；

(5) 确定相应特殊点的坐标(如极值点、与坐标轴的交点、拐点、不可导点、间断点等)，综合以上各步描绘出 $y=f(x)$ 的图形.

函数的水平渐近线与铅垂渐近线可按如下方法求得：

水平渐近线：若 $a=\lim\limits_{x\to\infty}f(x)$，则 $y=a$ 是曲线 $y=f(x)$ 的一条水平渐近线；

铅垂渐近线：若 $\lim\limits_{x\to b}f(x)=\infty$，则 $x=b$ 是曲线 $y=f(x)$ 的一条铅垂渐近线.

**【例 3-6-1】** 作函数 $y=e^{-x^2}$ 的图形.

**解** (1) 函数的定义域为 $R$，偶函数，其图形关于 $y$ 轴对称，因此只讨论 $x\geqslant 0$ 即可；

(2) $\lim\limits_{x\to\infty}e^{-x^2}=0$，所以 $y=0$ 是函数图形的一条水平渐近线；

(3) $y'=-2xe^{-x^2}$，令 $y'=0$ 得驻点 $x=0$；$y''=4x^2e^{-x^2}-2e^{-x^2}$，令 $y''=0$，得 $x_{1,2}=\pm\sqrt{\dfrac{1}{2}}$；

(4) 如表 3-6 所示；

| $x$ | $0$ | $\left(0,\sqrt{\frac{1}{2}}\right)$ | $\sqrt{\frac{1}{2}}$ | $\left(\sqrt{\frac{1}{2}},+\infty\right)$ |
|---|---|---|---|---|
| $y'$ | 0 | − | − | − |
| $y''$ | − | − | 0 | + |
| $y$ | 极大 | ↘ 递减、凸的 | 拐点 | ↘ 递减、凹的 |

(5) 再取一些辅助点，如点 $(2,e^{-4})$，即可画出函数的图形(图 3-17).

**【例 3-6-2】** 作函数 $y=x^3-x^2-x+1$ 的图像.

**解** (1) 函数的定义域为 $(-\infty,+\infty)$，非奇偶函数，非周期函数；

(2) $y'=3x^2-2x-1=3\left(x+\dfrac{1}{3}\right)(x-1)$，令 $y'=0$，得驻点 $x_1=-\dfrac{1}{3}$，$x_2=1$，$y''=6x-2$

令 $y''=0$，得 $x_3=\dfrac{1}{3}$；

(3) 列表如表 3-7 所示；

| $x$ | $\left(-\infty,-\frac{1}{3}\right)$ | $-\frac{1}{3}$ | $\left(-\frac{1}{3},\frac{1}{3}\right)$ | $\frac{1}{3}$ | $\left(\frac{1}{3},1\right)$ | 1 | $(1,+\infty)$ |
|---|---|---|---|---|---|---|---|
| $y'$ | + | 0 | − | − | − | 0 | + |
| $y''$ | − | − | − | 0 | + | + | + |
| $y$ | ↗ | 极大 | ↘ | 拐点 | ↘ | 极小 | ↗ |

$y_{极大}=y\big|_{x=-\frac{1}{3}}=\dfrac{32}{27}$，$y_{极小}=y\big|_{x=1}=0$，点 $\left(\dfrac{1}{3},\dfrac{16}{27}\right)$ 为拐点；

(4) 描出一些特殊点：如：$f(-1)=0$，$f(1)=0$，$f\left(\dfrac{3}{2}\right)=\dfrac{5}{8}$，即可画出函数的图形(图 3-18).

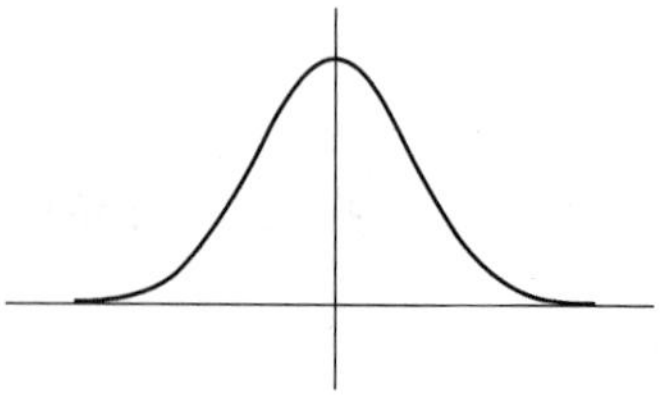

图 3-17

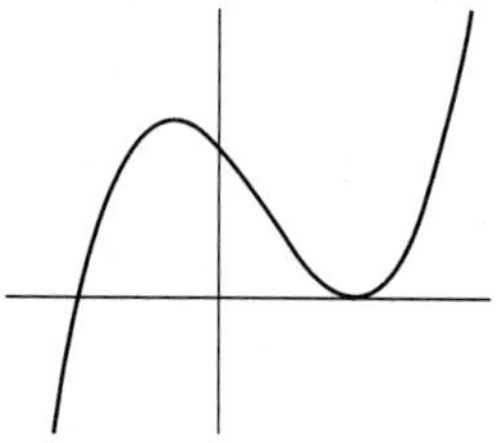

图 3-18

**练一练：**

描绘下列函数的图形：

（1）$y=x^4-6x^2+8x+7$；　　（2）$y=\frac{x}{1+x^2}$.

## 习题 3-6

**A. 基本题**

1. 求下列曲线的渐近线.

（1）$y=e^{-x^2}$；　　（2）$y=1+\frac{20x}{(x+5)^2}$；　　（3）$y=\frac{x}{(x-1)^2}$.

**B. 一般题**

2. 对下列各函数进行讨论，并做出它们的图形.

（1）$y=3x-x^3$；　　（2）$y=x^2+\frac{1}{x}$.

**C. 提高题**

3. 对下列各函数进行讨论，并做出它们的图形.

（1）$y=\frac{\cos x}{\cos 2x}$；　　（2）$y=e^{-(x-1)^2}$.

# 3.7　平面曲线的曲率

在建筑设计、土木施工和机械制造中，常常需要考虑曲线的弯曲程度，为此本节介绍曲率的概念. 为了定量地研究曲线的弯曲程度，需要引入曲率的概念与计算公式. 为此，先建立弧微分的概念.

### 3.7.1　弧微分

如图 3-19 所示，$M(x,y)$是曲线 $y=f(x)$上一点，当 $x$ 有改变量 $\Delta x=dx$ 时，得到曲线上另一点 $M'(x+\Delta x,y+\Delta y)$，弧长 $s$ 有改变量 $\Delta s=\overset{\frown}{M_0M'}-\overset{\frown}{M_0M}$. 当$|\Delta x|$很小时，可用该曲线

在点 $M(x,f(x))$ 处的切线上相应的一小段 $MT$ 的长度来近似代替 $\Delta s$，即得

$$\Delta s\approx\sqrt{(\mathrm{d}x)^2+(\mathrm{d}y)^2}=\sqrt{1+y'^2}\,\mathrm{d}x$$

可以证明，上式右端就是 $\Delta s$ 的线性主部，即函数 $s(x)$ 的微分，从而得到弧微分公式

$$\mathrm{d}s=\sqrt{1+y'^2}\,\mathrm{d}x$$

### 3.7.2　曲率及其计算公式

设曲线 $C$ 上每点的切线能够连续变动，在曲线上选定一点 $M_0$ 作为度量弧的基点.

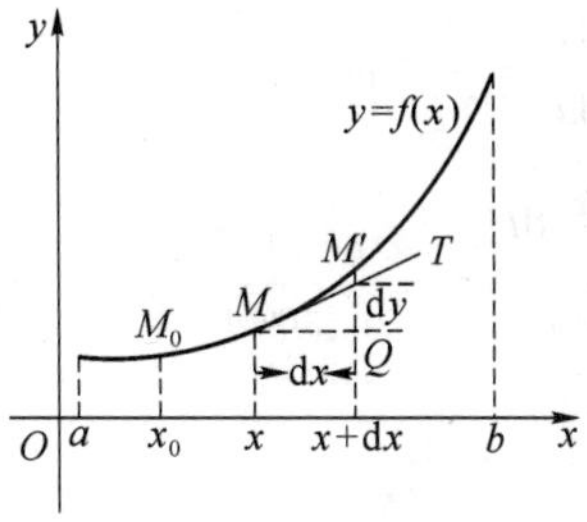


图 3-19

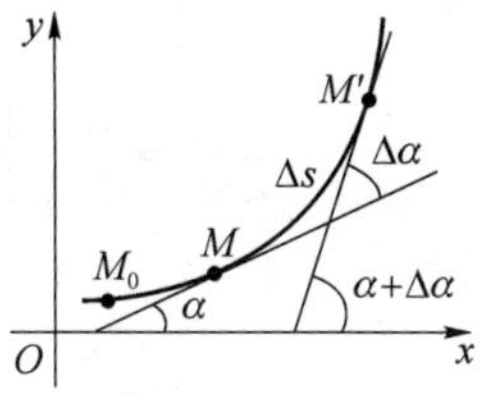


图 3-20

设曲线 $C$ 上的点 $M$ 对应于弧 $s$，切线的倾角为 $\alpha$，曲线上的另一点 $M'$ 对应于弧 $s+\Delta s$，切线的倾角为 $\alpha+\Delta\alpha$. 那么，弧段 $MM'$ 的长度为 $|\Delta s|$，当切点从 $M$ 移到点 $M'$ 时，切线转过的角度为 $|\Delta\alpha|$.

比值 $\left|\dfrac{\Delta\alpha}{\Delta s}\right|$ 表示单位弧段上的切线转角，刻画了弧 $MM'$ 的平均弯曲程度. 称它为弧段 $MM'$ 的平均曲率. 记作 $\bar{k}$，即

$$\bar{k}=\left|\frac{\Delta\alpha}{\Delta s}\right|$$

当 $\Delta s\to 0$ 时(即：$M'\to M$)，上述平均曲率的极限就称着曲线在点 $M$ 处的曲率，记作 $k$，即

$$k=\lim_{\Delta s\to 0}\left|\frac{\Delta\alpha}{\Delta s}\right|$$

当 $\lim\limits_{\Delta s\to 0}\dfrac{\Delta\alpha}{\Delta s}=\dfrac{\mathrm{d}\alpha}{\mathrm{d}s}$ 存在时，为

$$k=\left|\frac{\mathrm{d}\alpha}{\mathrm{d}s}\right|$$

利用曲率定义来计算曲率十分不便，曲线的曲率计算公式如下.

设曲线的直角坐标方程为 $y=f(x)$，且 $f(x)$ 具有二阶导数.

由曲率计算公式为

$$k=\left|\frac{\mathrm{d}\alpha}{\mathrm{d}x}\right|=\frac{|y''|}{[1+(y')^2]^{\frac{3}{2}}}$$

假设曲线方程是参数方程 $\begin{cases}x=\varphi(t)\\y=\phi(t)\end{cases}$ 给出

$$y'=\frac{\phi'(t)}{\varphi'(t)},y''=\frac{\phi''(t)\varphi'(t)-\varphi''(t)\phi'(t)}{[\varphi'(t)]^3}$$

则曲率计算公式为

$$K=\frac{|\phi''(t)\varphi'(t)-\varphi''(t)\phi'(t)|}{[(\varphi'(t))^2+(\phi'(t))^2]^{\frac{3}{2}}}$$

**【例 3-7-1】** 求直线 $y=ax+b$ 上任一点$(x,y)$处的曲率.

**解** 因 $y'=a,y''=0$,从而 $K=\frac{|y''|}{(1+y'^2)^{3/2}}=0$. 可见,直线上各点处的曲率均为零,故直线无弯曲.

**【例 3-7-2】** 求椭圆$\begin{cases}x=a\cos t\\ y=b\sin t\end{cases}(a>b>0,0\leqslant t\leqslant 2\pi)$上的点的最大曲率和最小曲率.

**解** 由于 $dx=-a\sin t dt$, $dy=b\cos t dt$,所以$\frac{dy}{dx}=-\frac{b}{a}\cot t$,

$$\frac{d^2y}{dx^2}=\frac{d}{dx}\left(\frac{dy}{dx}\right)=\frac{\frac{b}{a}\csc^2 t dt}{-a\sin t dt}=-\frac{b}{a^2}\frac{1}{\sin^3 t}$$

代入曲率公式,得

$$K=\frac{\left|-\frac{b}{a^2}\frac{1}{\sin^3 t}\right|}{\left[1+\left(-\frac{b}{a}\cot t\right)^2\right]^{3/2}}=\frac{ab}{[b^2+(a^2-b^2)\sin^2 t]^{3/2}}$$

由此可见,当 $t=0$ 或 $\pi$ 时,曲率达到最大值 $K=\frac{a}{b^2}$;当 $t=\frac{\pi}{2}$或$\frac{3}{2}\pi$时,曲率达到最小值 $K=\frac{b}{a^2}$,因此椭圆在长轴端点处有最大曲率,在短轴端点处有最小曲率.

## 习题 3-7

1. 求下列曲线在给定点处的曲率.

(1) 直线 $y=kx+b$ 在 $(x_0,y_0)$ 处;

(2) 椭圆 $x=3\cos\theta,y=2\sin\theta$ 在 $\theta=0$ 处。

# 3.8 导数的应用实例

**实例 1(市政工程问题)** 如图 3-21 所示,某市有三家工厂 $A,B,C$,已知 $A,B$ 两工厂的相距 30 km,工厂 $C$ 与 $A,B$ 两工厂的距离都等于 $15\sqrt{2}$ km,为了处理三个工厂所排放的污水,现要在三角形 $ABC$ 区域上(含边界),且与 $A$,$B$ 等距离的一点 $O$ 处建造一个污水处理厂,并铺设排污管道 $AO$,$BO$,$CO$,设排污管道的总长度为 $y$,请你解决如下问题:

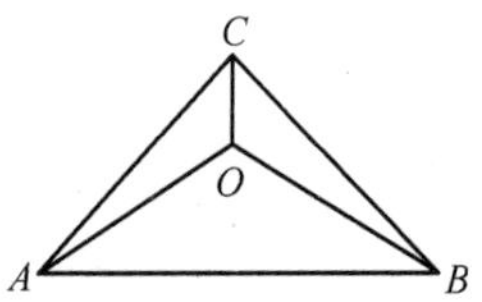

图 3-21

(1) 若$\angle ABO=\theta$,能否将 $y$ 表示成$\theta$ 的函数模型?

(2) 若设 $OC=x$(km),请建立 $y$ 与 $x$ 的数学模型.

(3) 请选用(1)或(2)中的一个函数关系式,确定污水处理厂 $O$ 的位置,使三条排污管总长度最短.

**解**　(1) 设 $AB$ 的中点为 $P$,已知 $AC=CB=15\sqrt{2}$,由条件知 $CP$ 垂直平分 $AB$,故 $CP=PA=PB=15$ km,若 $\angle ABO=\theta$,则 $BO=\dfrac{BP}{\cos\theta}=\dfrac{15}{\cos\theta}=OA$,又 $OC=15-15\tan\theta$,所以有

$$y=OA+OB+OC=\frac{30}{\cos\theta}+15-15\tan\theta\left(0<\theta<\frac{\pi}{4}\right)$$

(2) 若 $OC=x$(km),则 $OP=15-x$,从而有

$$AO=OB=\sqrt{(15-x)^2+15^2}=\sqrt{x^2-30x+450}$$

所以有 $y=x+\sqrt{x^2-30x+450}\,(0<x<15)$.

(3) 选择模型(1),$y'=\dfrac{30\sin\theta-15}{\cos^2\theta}=\dfrac{15(2\sin\theta-1)}{\cos^2\theta}$,令 $y'=0$ 可得唯一驻点 $\theta=\dfrac{\pi}{6}$,$\theta\in\left(0,\dfrac{\pi}{6}\right)$时,$y'<0$;$\theta\in\left(\dfrac{\pi}{6},\dfrac{\pi}{4}\right)$时,$y'>0$,由此可判断出 $\theta=\dfrac{\pi}{6}$为函数 $y$ 的最小值点,此时最小值为 $y=15\sqrt{3}+15$.

**实例 2(鱼群适度捕捞的问题)**　鱼群是一种可再生资源,若已知鱼群的总数为 $x$(单位:t).经过一年的成长与繁殖,第二年鱼群的总数为 $y$(单位:t).反映 $x$ 与 $y$ 两者之间相互关系的曲线称为再生产曲线,记为 $y=f(x)$.

现知鱼群的再生产曲线 $y=rx\left(1-\dfrac{x}{N}\right)$,其中 $r$ 为鱼群的自然增长率($r>1$),$N$ 为周边自然环境能够负荷的最大鱼群的数量.为了使鱼群的数量保持稳定,在捕鱼时必须注意适度捕捞.问鱼群的数量控制在多少时,才能够获得最大的持续捕捞量?

**解**　我们先对再生产曲线 $y=rx\left(1-\dfrac{x}{N}\right)$的实际意义作一下解释.

由于 $r$ 是鱼群的自然增长率,故一般可认为 $y=rx$.但是,由于自然环境的限制,当鱼群的数量过大时,其生长环境就会恶化,导致鱼群增长率的降低.为此,乘上一个修正因子$\left(1-\dfrac{x}{N}\right)$,于是 $y=rx\left(1-\dfrac{x}{N}\right)$,这样,当 $x\to N$ 时,$y\to 0$,即 $N$ 是自然环境所能容纳的鱼群的极限量.

设每年的捕获量为 $h(x)$,则第二年的鱼群总量为 $y=f(x)-h(x)$.要限制鱼群总量保持在某一数值 $x$,则 $x=f(x)-h(x)$,所以

$$h(x)=f(x)-x=rx\left(1-\frac{x}{N}\right)-x=(r-1)x-\frac{r}{N}x^2$$

现在求 $h(x)$的最大值.

由 $h'(x)=(r-1)-\dfrac{2r}{N}x=0$,得驻点 $x_0=\dfrac{(r-1)}{2r}N$.

由于 $h''(x)=-\dfrac{2r}{N}<0$,所以 $x_0=\dfrac{(r-1)}{2r}N$ 是 $h(x)$的最大值点.因此,鱼群规模控制在 $x_0=\dfrac{(r-1)}{2r}N$ 时,可以使获得最大的持续捕鱼量.此时

$$h(x_0)=(r-1)x_0-\frac{r}{N}{x_0}^2=(r-1)\frac{r-1}{2r}N-\frac{r}{N}\frac{(r-1)^2}{4r^2}N^2=\frac{(r-1)^2}{4r}N$$

即最大持续捕鱼量为$\frac{(r-1)^2}{4r}N$.

**实例 3(酒出售时机问题)** 设某酒厂有一批新酿的好酒,如果现在(假定 $t=0$)就售出,总收入为 $R_0$(元);如果窖藏起来待来年按陈酒价格出售,$t$ 年末总收入为 $R=R_0e^{\frac{2}{5}\sqrt{t}}$(元).假定银行的年利率为 $r$,并以连续复利计息,试求窖藏多少年出售可使总收入的现值最大?并求 $r=0.05$ 时的 $t$ 值.

**解** 设 $t$ 年末总收入为 $R$ 的现值为 $\bar{R}$,则

$$\bar{R}=Re^{-rt}=R_0e^{\frac{2}{5}\sqrt{t}}e^{-rt}=R_0e^{\frac{2}{5}\sqrt{t}-rt}$$

$$\bar{R}'=R_0e^{\frac{2}{5}\sqrt{t}-rt}\left(\frac{1}{5\sqrt{t}}-r\right)$$

令$\bar{R}'=0$,得唯一驻点 $t=\frac{1}{25r^2}$.由于 $t<\frac{1}{25r^2}$时,$\bar{R}'>0$;$t>\frac{1}{25r^2}$时,$\bar{R}'<0$,故 $t=\frac{1}{25r^2}$是极大值点即最大值点,所以窖藏$\frac{1}{25r^2}$年售出可使总收入的现值最大.

当 $r=0.05$ 时,$t=\frac{1}{25\times0.05^2}=16$(年).

**实例 4(利润问题)** 某航空企业建造飞机的产能为一年约 100 架,已知飞机的产量 $x$ 与产值$R(x)$间的函数关系为 $R(x)=-20x^3+60x^2+5000x$(单位:万元),成本为 $C(x)=200x+3000$(单位:万元),已知经济学领域,某个函数 $f(x)$的边际函数的定义为 $Mf(x)=f(x+1)-f(x)$,请根据已知条件解决下列问题:

(1) 建立该企业的利润函数 $P(x)$和边际利润函数 $MP(x)$;

(2) 如何决策飞机的年制造量,才能使企业的年利润达到最大?

(3) 分析边际利润函数 $MP(x)$的单调递减区间,并结合实际说明单调递减在本问题中的实际意义.

**解** (1) 利润=产值-成本,所以

$P(x)=R(x)-C(x)=-20x^3+60x^2+4800x-3000(x\in N,\leqslant x\leqslant100)$,

$MP(x)=P(x+1)-P(x)=-60x^2+60x+4840(x\in N,1\leqslant x\leqslant99)$,

(2) 令 $P'(x)=-60x^2+120x+4800=-60(x-10)(x+8)=0$,可得驻点:$x_1=10$,$x_2=-8$(舍),$0<x<10$ 时,$P'(x)>0$;$x>10$ 时,$P'(x)<0$,所以当 $x=10$ 时,利润最大,即年造机量安排 10 架时,可使企业年利润最大.

(3) $MP(x)=-60x^2+60x+4840$,$MP'(x)=-120x+60$,所以当 $x>\frac{1}{2}$时,$MP(x)$单调递减,从而 $MP(x)$的单调递减区间为$[1,99]$,$x\in N$.

边际函数的定义可知,本问题中 $MP(x)$单调递减的实际意义为:随着产量的增加,每架飞机的利润与前一架利润相比较,利润在减少.

# 复习题3
# （历年专插本考试真题）

## 一、单项选择题

1. (2015/2)已知函数 $f(x)$ 在 $x_0$ 处有二阶导数，且 $f'(x_0)=0, f''(x_0)=1$，则下列结论正确的是(　　).

A. $x_0$ 为函数 $f(x)$ 极小值点　　B. $x_0$ 为函数 $f(x)$ 极大值点

C. $x_0$ 为函数 $f(x)$ 极值点　　D. $(x_0, f(x_0))$ 是曲线 $y=f(x)$ 的拐点

2. (2015/4)若函数 $f(x)=\sqrt{1-x^2}+kx$ 在 $[0,1]$ 上满足罗尔定理的条件，则常数 $k=$(　　).

A. $-1$　　B. 0　　C. 1　　D. 2

3. (2014/2)函数 $y=\dfrac{x}{x+2\sin x}$ 的图形的水平渐近线是(　　).

A. $y=0$　　B. $y=\dfrac{1}{3}$　　C. $y=\dfrac{1}{2}$　　D. $y=1$

4. (2014/3)曲线 $y=\ln x+\dfrac{1}{2}x^2+1$ 的凸区间是(　　).

A. $(-\infty,-1)$　　B. $(-1,0)$　　C. $(0,1)$　　D. $(1,+\infty)$

5. (2013/2)函数 $y=\dfrac{x^2}{x^2-1}$(　　).

A. 只有水平渐近线　　B. 只有铅垂渐近线

C. 既有水平渐近线又有铅垂渐近线　　D. 无渐近线

6. (2013/3)下列函数中在区间 $[-1,1]$ 上满足罗尔定理条件的是(　　).

A. $y=x^{\frac{2}{3}}$　　B. $y=|x|$　　C. $y=x^{\frac{4}{3}}$　　D. $y=x^{\frac{5}{3}}$

7. (2012/4)如果曲线 $y=ax-\dfrac{x^2}{x+1}$ 的水平渐近线存在，则常数 $a=$(　　).

A. 2　　B. 1　　C. 0　　D. $-1$

8. (2011/3)已知 $f(x)$ 的二阶导数存在，且 $f(2)=1$，则 $x=2$ 是函数 $F(x)=(x-2)^2 f(x)$ 的(　　).

A. 极小值点　　B. 最小值点

C. 极大值点　　D. 最大值点

## 二、填空题

1. (2015/6)曲线 $y=\left(1-\dfrac{5}{x}\right)^x$ 的水平渐近线方程是________.

2. (2014/7)$f(x)=x^2+2x-1$ 在区间 $[0,2]$ 上应用拉格朗日中值定理时，满足定理要求的 $\xi=$________.

3. (2012/8)若曲线 $f(x)=x^3+ax^2+bx+1$ 有拐点$(-1,0)$则常数 $b=$________.

4. (2009/7)曲线 $y=\dfrac{\ln(1+x)}{x}$的水平渐近线方程是________.

5. (2008/6)极限$\lim\limits_{x\to 0}\dfrac{x}{e^x-e^{-x}}=$________.

6. (2007/8)设函数 $y=\dfrac{1-e^{-x^2}}{1+e^{-x^2}}$,则其函数图像的水平渐近线方程是________.

7. (2002/6)如果点(1,3)是曲线 $y=ax^3+bx^2$ 的拐点,则 $a=$______;$b=$______.

## 三、计算题

1. (2014/13)求函数 $f(x)=\log_4(4^x+1)-\dfrac{1}{2}x-\log_4 2$ 的单调区间和极值.

2. (2013/14)求曲线 $y=\ln\left(\sqrt{x^2+4}+x\right)$的凹、凸区间及其拐点坐标.

3. (2012/13)求函数 $f(x)=(x-1)^{e^{\frac{\pi}{4}}+\arctan x}$的单调区间和极值.

4. (2011/11)计算$\lim\limits_{x\to 0}\left(\dfrac{1}{x}-\dfrac{x+1}{\sin x}\right)$.

5. (2010/11)计算$\lim\limits_{x\to\frac{\pi}{2}}\dfrac{\ln\sin x}{(\pi-2x)^2}$.

6. (2010/13)已知点(1,1)是曲线 $y=ae^{\frac{1}{x}}+bx^2$ 的拐点,求常数 $a,b$ 的值.

7. (2008/11)计算$\lim\limits_{x\to 0}\dfrac{\tan x-x}{x-\sin x}$.

8. (2008/12)求函数 $f(x)=3-x-\dfrac{4}{(x+2)^2}$在区间$[-1,2]$上的最大值及最小值.

9. (2007/11)求极限$\lim\limits_{x\to 0}\left(\dfrac{1}{x}-\dfrac{1}{\tan x}\right)$的值.

## 四、综合题

1. (2009/20)设函数 $f(x)=x^2+4x-4x\ln x-8$. 判断 $f(x)$在区间$(0,2)$上的图形的凹凸性,并说明理由;

2. (2005/21)设 $f(x)=xe^{-\frac{x^2}{2}}$,

(1) 求 $f(x)$的单调区间及极值;

(2) 求 $f(x)$在闭区间$[0,2]$上的最大值和最小值.

# 第4章 不定积分

前面章节已经研究了一元函数的微分学，其基本内容是对于给定的函数 $F(x)$，求其导数 $F'(x)$ 或微分 $dF(x)$. 而在实际问题中，往往要研究与此相反的问题，对于给定的函数 $f(x)$，要找出 $F(x)$，使得 $F'(x)=f(x)$ 或 $dF(x)=f(x)dx$，这就是不定积分要完成的任务.

## 4.1 不定积分的概念与性质

### 4.1.1 不定积分的概念

先看一个实例.

**【例 4-1-1】(列车何时制动)** 列车快进站时，需要减速. 若列车减速后的速度为 $v(t)=1-\frac{1}{3}t$(km/min)，那么，列车应该在离站台多远的地方开始减速呢？

**解** 列车进站时开始减速，当速度为 $v(t)=1-\frac{1}{3}t=0$ 时列车停下，解出 $t=3$(min)，即列车从开始减速到列车完全停下来共需要 3 min 的时间.

设列车从减速开始到 $t$ 时刻所走过的路程为 $s(t)$，列车从减速到停下来这一段时间所走的路程为 $s(3)$，由速度与位移的关系知 $v(t)=s'(t)$，路程 $s(t)$ 满足

$$s'(t)=1-\frac{1}{3}t, \text{且 } s(0)=0$$

问题转化为求 $s(t)$，即什么函数的导数为 $1-\frac{1}{3}t$. 不难验证，可取

$$s(t)=t-\frac{1}{6}t^2+C$$

因为 $s(0)=0$，于是 $C=0$，得

$$s(t)=t-\frac{1}{6}t^2$$

列车从减速开始到停下来的 3 min 内所走的路程为

$$s(3)=3-\frac{1}{6}\cdot 3^2=1.5(\text{km})$$

即列车在距站台 1.5 km 处开始减速.

这个问题的核心是已知一个函数的导函数 $F'(x)=f(x)$，反过来求函数 $F(x)$. 这就引出了原函数与不定积分的概念.

### 1. 原函数

**定义 4-1-1** 如果在区间 $I$ 内,可导函数 $F(x)$ 的导函数为 $f(x)$,即

$$F'(x)=f(x)(x\in I) \text{ 或 } \mathrm{d}F(x)=f(x)\mathrm{d}x$$

则称 $F(x)$ 为 $f(x)$ 在区间 $I$ 内的一个**原函数**.

例如,在 $(-\infty,+\infty)$ 内,$(\sin x)'=\cos x$,故 $\sin x$ 是 $\cos x$ 的一个原函数;在 $t\in[0,T]$ 内,$s'(t)=v(t)$,故路程函数 $s(t)$ 是与它对应的速度函数 $v(t)$ 的一个原函数.

现在进一步要问:如果一个已知函数 $f(x)$ 的原函数存在,那么 $f(x)$ 的原函数是否唯一?

因为 $(\sin x)'=\cos x$,而常数的导数等于零,所以有 $(\sin x+1)'=\cos x$.

$(\sin x+2)'=\cos x,\cdots,(\sin x+C)'=\cos x$(这里 $C$ 是任意常数). 由此可见,如果已知函数 $f(x)$ 有原函数,那么 $f(x)$ 的原函数就不止一个,而是有无穷多个. 那么 $f(x)$ 的全体原函数之间的内在联系是什么呢?

**定理 4-1-1** 若函数 $f(x)$ 在区间 $I$ 上存在原函数,则其任意两个原函数之间只差一个常数.

**证明** 设 $F(x)$,$G(x)$ 是 $f(x)$ 在区间 $I$ 上的任意两个原函数,则

$$F'(x)=G'(x)=f(x)$$

于是

$$(F(x)-G(x))'=F'(x)-G'(x)=f(x)-f(x)=0$$

由于导数为零的函数必为常数,所以有

$$F(x)-G(x)=C_0$$

即

$$F(x)=G(x)+C_0(C_0 \text{ 为某常数})$$

这个定理表明:若 $F(x)$ 是 $f(x)$ 的一个原函数,则 $f(x)$ 的全体原函数为 $F(x)+C$(其中 $C$ 是任意常数).

一个函数具备怎样的条件,就能保证它的原函数存在呢?这里给出一个简明的结论:**连续的函数都有原函数**. 由于初等函数在其定义区间上都是连续函数,所以初等函数在其定义区间上都有原函数. 下面引入不定积分的概念.

### 2. 不定积分

**定义 4-1-2** 如果函数 $F(x)$ 是 $f(x)$ 的一个原函数,那么 $f(x)$ 的全体原函数 $F(x)+C$($C$ 为任意常数),称为函数 $f(x)$ 的**不定积分**,记作 $\int f(x)\mathrm{d}x$,即

$$\int f(x)\mathrm{d}x=F(x)+C$$

其中,把符号 $\int$ 称为**积分号**,$f(x)$ 称为**被积分函数**,$f(x)\mathrm{d}x$ 称为被**积分表达式**,$x$ 称为**积分变量**,$C$ 称为**积分常数**.

由此可见,求不定积分 $\int f(x)\mathrm{d}x$,就是求 $f(x)$ 的全体原函数,为此,只需求得 $f(x)$ 的一个原函数 $F(x)$,然后再加任意常数 $C$ 即可.

**【例 4-1-2】** 求下列函数的不定积分.

(1) $\int x^2\mathrm{d}x$; (2) $\int \frac{1}{1+x^2}\mathrm{d}x$.

**解**　(1) 因为 $\left(\frac{x^3}{3}\right)'=x^2$，所以 $\frac{x^3}{3}$ 是 $x^2$ 的一个原函数，因此，

$$\int x^2\mathrm{d}x=\frac{x^3}{3}+C$$

(2) 因为 $(\arctan x)'=\frac{1}{1+x^2}$，所以 $\arctan x$ 是 $\frac{1}{1+x^2}$ 的一个原函数，因此

$$\int \frac{1}{1+x^2}\mathrm{d}x=\arctan x+C$$

**【例 4-1-3】**　求 $\int \frac{1}{\sqrt{1-x^2}}\mathrm{d}x$.

**解**　因 $(\arcsin x)'=\frac{1}{\sqrt{1-x^2}}$　$(-1<x<1)$，所以在 $(-1,1)$ 上

$$\int \frac{1}{\sqrt{1-x^2}}\mathrm{d}x=\arcsin x+C$$

**【例 4-1-4】**　求 $\int \frac{1}{x}\mathrm{d}x$.

**解**　当 $x>0$ 时，有 $(\ln x)'=\frac{1}{x}$，

当 $x<0$ 时，有 $[\ln(-x)]'=\frac{1}{-x}(-x)'=\frac{1}{-x}(-1)=\frac{1}{x}$，而

$$\ln|x|=\begin{cases}\ln x, & x>0\\ \ln(-x), & x<0\end{cases}$$

综上所述 $\int \frac{1}{x}\mathrm{d}x=\ln|x|+C$.

**【例 4-1-5】**　验证下式成立：$\int x^\alpha\mathrm{d}x=\frac{1}{\alpha+1}x^{\alpha+1}+C(\alpha\neq-1)$.

**解**　因为 $\left(\frac{1}{\alpha+1}x^{\alpha+1}\right)'=\frac{1}{\alpha+1}\cdot(\alpha+1)x^\alpha=x^\alpha$，所以

$$\int x^\alpha\mathrm{d}x=\frac{1}{\alpha+1}x^{\alpha+1}+C(\alpha\neq-1)$$

【例 4-1-5】所验证的正是幂函数的积分公式，其中指数 $\alpha$ 是不等于 $-1$ 的任意实数.

**3. 基本积分公式**

由前面的例子可知，微分运算与积分运算互为逆运算. 因此，由基本导数或基本微分公式，可以得到相应的基本积分公式：

(1) $\int k\mathrm{d}x=kx+C$ ($k$ 为常数)；

(2) $\int x^\mu\mathrm{d}x=\frac{x^{\mu+1}}{\mu+1}+C(\mu\neq-1)$；

(3) $\int \frac{1}{x}\mathrm{d}x=\ln|x|+C$；

(4) $\int a^x\mathrm{d}x=\frac{a^x}{\ln a}+C$；

(5) $\int \mathrm{e}^x\mathrm{d}x=\mathrm{e}^x+C$；

(6) $\int \sin x\mathrm{d}x=-\cos x+C$；

(7) $\int \cos x\mathrm{d}x=\sin x+C$；

(8) $\int \sec^2 x\mathrm{d}x=\tan x+C$；

(9) $\int \csc^2 x\mathrm{d}x=-\cot x+C$；

(10) $\int \sec x\cdot\tan x\mathrm{d}x=\sec x+C$；

(11) $\int \csc x\cdot\cot x\mathrm{d}x=-\csc x+C$；

(12) $\int \frac{1}{\sqrt{1-x^2}}\mathrm{d}x=\arcsin x+C=-\arccos x+C$；

(13) $\int \frac{1}{1+x^2}\mathrm{d}x=\arctan x+C=-\mathrm{arccot}\, x+C$.

以上 13 个基本积分公式组成基本积分表，基本积分公式是计算不定积分的基础，必须熟悉牢记.

**【例 4-1-6】** 计算下列不定积分.

(1) $\int \sqrt[3]{x^2}\,\mathrm{d}x$；　　(2) $\int \frac{1}{x^2}\mathrm{d}x$；　　(3) $\int \frac{1}{\sqrt{x}}\mathrm{d}x$.

**解** (1) $\int \sqrt[3]{x^2}\,\mathrm{d}x=\int x^{\frac{2}{3}}\mathrm{d}x=\frac{1}{\frac{2}{3}+1}x^{\frac{2}{3}+1}+C=\frac{3}{5}x^{\frac{5}{3}}+C$.

(2) $\int \frac{1}{x^2}\mathrm{d}x=\int x^{-2}\mathrm{d}x=\frac{1}{-2+1}x^{-2+1}+C=-1x^{-1}+C=-\frac{1}{x}+C$.

(3) $\int \frac{1}{\sqrt{x}}\mathrm{d}x=\int x^{-\frac{1}{2}}\mathrm{d}x=\frac{1}{-\frac{1}{2}+1}x^{-\frac{1}{2}+1}+C=2x^{\frac{1}{2}}+C$.

**练一练：**

1. 求下列函数的不定积分.

(1) $\int \sqrt{x\sqrt{x\sqrt{x}}}\,\mathrm{d}x$；　　(2) $\int \frac{1}{\sqrt[3]{x^2}}\mathrm{d}x$；　　(3) $\int x^2\cdot\sqrt[4]{x^3}\,\mathrm{d}x$.

2. 求 $\left(\int x^3\mathrm{d}x\right)'$ 及 $\int\left(\frac{x^4}{4}\right)'\mathrm{d}x$.

### 4.1.2 不定积分的性质

不定积分有以下性质(假定以下所涉及的函数，其原函数都存在).

**性质 1** (1) $\left[\int f(x)\mathrm{d}x\right]'=f(x)$ 或 $\mathrm{d}\left[\int f(x)\mathrm{d}x\right]=f(x)\mathrm{d}x$；

(2) $\int F'(x)\mathrm{d}x=F(x)+C$ 或 $\int \mathrm{d}F(x)=F(x)+C$.

即若先积分后求导，则两者的作用互相抵消；反之，若先求导后积分，则抵消后要多一个任意常数项.

**性质 2**　$\int[f(x)\pm g(x)]\mathrm{d}x=\int f(x)\mathrm{d}x\pm\int g(x)\mathrm{d}x$.

即两个函数和(差)的不定积分等于这两个函数的不定积分的和(差).

**性质 3**　$\int kf(x)\mathrm{d}x=k\int f(x)\mathrm{d}x(k\neq 0,k$ 是常数).

即被积函数中的不为 0 的常数因子可以提到积分号外.

用不定积分的定义可直接验证以上性质. 利用基本积分公式以及不定积分的性质,可以直接计算一些简单函数的不定积分.

**【例 4-1-7】**　求 $\int(3x^3-4x^2+2x-5)\mathrm{d}x$.

**解**

$$\begin{aligned}&\int(3x^3-4x^2+2x-5)\mathrm{d}x\\&=\int 3x^3\mathrm{d}x-\int 4x^2\mathrm{d}x+\int 2x\mathrm{d}x-\int 5\mathrm{d}x\\&=3\int x^3\mathrm{d}x-4\int x^2\mathrm{d}x+2\int x\mathrm{d}x-5\int\mathrm{d}x\\&=\frac{3}{4}x^4-\frac{4}{3}x^3+x^2-5x+C\end{aligned}$$

**注意**:此题中被积函数是积分变量 $x$ 的多项式函数,在利用不定积分性质 2 之后,拆成了四项分别求不定积分,从而可得到四个积分常数,因为任意常数与任意常数的和仍为任意常数. 因此,无论“有限项不定积分的代数和”中的有限项为多少项,在求出原函数后只加一个积分常数 $C$.

**【例 4-1-8】**　求 $\int(2^x-3\sin x)\mathrm{d}x$.

**解**

$$\begin{aligned}&\int(2^x-3\sin x)\mathrm{d}x\\&=\int 2^x\mathrm{d}x-\int 3\sin x\mathrm{d}x\\&=\int 2^x\mathrm{d}x-3\int\sin x\mathrm{d}x\\&=\frac{2^x}{\ln 2}+3\cos x+C\end{aligned}$$

**注意**:计算不定积分所得结果是否正确,可以进行检验. 检验的方法很简单,只需验证所得结果的导数是否等于被积函数即可. 如【例 4-1-8】中,因为有

$$\begin{aligned}&\left(\frac{2^x}{\ln 2}+3\cos x+C\right)'=\left(\frac{2}{\ln 2}\right)'+(3\cos x)'+C'\\&=2^x-3\sin x\end{aligned}$$

所以所求结果是正确的.

有些不定积分虽然不能直接使用基本公式,但当被积函数经过适当的代数或三角恒等变形,便可以利用基本积分公式及不定积分的性质计算不定积分.

**【例 4-1-9】**　求 $\int\sqrt{x}(x+1)(x-1)\mathrm{d}x$.

**解**　因为被积函数

$$\sqrt{x}(x+1)(x-1)=\sqrt{x}(x^2-1)=x^2\sqrt{x}-\sqrt{x}=x^{\frac{5}{2}}-x^{\frac{1}{2}}$$

所以有

$$\begin{aligned}&\int\sqrt{x}(x+1)(x-1)\mathrm{d}x\\&=\int(x^{\frac{5}{2}}-x^{\frac{1}{2}})\mathrm{d}x=\int x^{\frac{5}{2}}\mathrm{d}x-\int x^{\frac{1}{2}\mathrm{d}x}\\&=\frac{2}{7}x^{\frac{7}{2}}-\frac{2}{3}x^{\frac{3}{2}}+C\end{aligned}$$

【例 4-1-10】 求 $\int\frac{(1+\sqrt{x})^2}{\sqrt[3]{x}}\mathrm{d}x$.

**解** 因为被积函数

$$\frac{(1+\sqrt{x})^2}{\sqrt[3]{x}}=\frac{1+2\sqrt{x}+x}{\sqrt[3]{x}}=x^{-\frac{1}{3}}+2x^{\frac{1}{6}}+x^{\frac{2}{3}}$$

所以有

$$\begin{aligned}&\int\frac{(1+\sqrt{x})^2}{\sqrt[3]{x}}\mathrm{d}x=\int(x^{-\frac{1}{3}}+2x^{\frac{1}{6}}+x^{\frac{2}{3}})\mathrm{d}x\\&=\int x^{-\frac{1}{3}}\mathrm{d}x+\int 2x^{\frac{1}{6}}\mathrm{d}x+\int x^{\frac{2}{3}}\mathrm{d}x\\&=\frac{3}{2}x^{\frac{2}{3}}+\frac{12}{7}x^{\frac{7}{6}}+\frac{3}{5}x^{\frac{5}{3}}+C\end{aligned}$$

【例 4-1-11】 求 $\int\frac{x^2-1}{x^2+1}\mathrm{d}x$.

**解** 将被积函数化为下面的形式，

$$\frac{x^2-1}{x^2+1}=\frac{x^2+1-2}{x^2+1}=1-\frac{2}{x^2+1}$$

即有

$$\begin{aligned}&\int\frac{x^2-1}{x^2+1}\mathrm{d}x=\int\left(1-\frac{2}{x^2+1}\right)\mathrm{d}x\\&=\int\mathrm{d}x-2\int\frac{1}{1+x^2}\mathrm{d}x\\&=x-2\arctan x+C\end{aligned}$$

【例 4-1-12】 求 $\int\tan^2x\mathrm{d}x$.

**解** 本题不能直接利用基本积分公式,但被积函数可以经过三角恒等变形化为

$$\tan^2x=\sec^2x-1$$

所以有

$$\begin{aligned}&\int\tan^2x\mathrm{d}x=\int(\sec^2x-1)\mathrm{d}x\\&=\int\sec^2x\mathrm{d}x-\int\mathrm{d}x\\&=\tan x-x+C\end{aligned}$$

【例 4-1-13】 求 $\int\cos^2\frac{x}{2}\mathrm{d}x$.

**解**　本题也不能直接利用基本积分公式，可以用二倍角的余弦公式将被积函数作恒等变形，然后再逐项积分，即

$$\begin{aligned}\int\cos^2\frac{x}{2}\mathrm{d}x &= \int\frac{1+\cos x}{2}\mathrm{d}x\\ &= \frac{1}{2}\int\mathrm{d}x+\frac{1}{2}\int\cos x\mathrm{d}x\\ &= \frac{1}{2}x+\frac{1}{2}\sin x+C\end{aligned}$$

**【例 4-1-14】**　$\int\frac{\cos 2x}{\sin^2 x\cos^2 x}\mathrm{d}x$.

**解**　由于 $\cos 2x=\cos^2 x-\sin^2 x$，因此

$$\int\frac{\cos 2x}{\sin^2 x\cos^2 x}\mathrm{d}x=\int\frac{\mathrm{d}x}{\sin^2 x}-\int\frac{\mathrm{d}x}{\cos^2 x}=-\cot x-\tan x+C$$

**练一练：**

求下列函数的不定积分.

(1) $\int(x^6+x^5+x^2+1)\mathrm{d}x$；　(2) $\int\frac{\cos 2x}{\cos x-\sin x}\mathrm{d}x$；　(3) $\int\frac{1}{\sin^2 x\cos^2 x}\mathrm{d}x$.

### 4.1.3　不定积分的几何意义

先看一个例子.

**【例 4-1-15】**　求过已知点(2,5)，且其切线的斜率始终为 $2x$ 的曲线方程.

**解**　设已知曲线为 $y=y(x)$，由题意可知，该曲线上点$(x,y)$处的切线斜率为 $2x$，即

$$y'=2x$$

所以

$$y=\int 2x\mathrm{d}x=x^2+C$$

$y=x^2$ 是一条抛物线，而 $y=x^2+C$ 是一族抛物线. 我们要求的曲线是这一族抛物线中经过点(2,5)的那一条，将 $x=2$，$y=5$ 代入 $y=x^2+C$ 中可确定积分常数 $C$：$5=2^2+C$，即 $C=1$.

由此所求曲线方程是 $y=x^2+1$，如图 4-1 所示.

从几何上看，抛物线族 $y=x^2+C$，可由其中一条抛物线 $y=x^2$ 沿着 $y$ 轴上下平移得到，而且在横坐标相同的点 $x$ 处，它们的切线相互平行.

通常称 $y=x^2$ 的图像是函数 $y=2x$ 的一条积分曲线，函数族 $y=x^2+C$ 的图像是函数$y=2x$ 的积分曲线族.

一般言之，函数 $f(x)$在某区间上的一个原函数 $F(x)$，在几何上表示一条曲线 $y=F(x)$，称为 $f(x)$的一条**积分曲线**. $f(x)$的全部原函数 $y=F(x)+C$(即 $f(x)$的不定积分 $\int f(x)\mathrm{d}x$)）是一族积分曲线，或称为 $f(x)$的**积分曲线族**，这一族积分曲线可由其中任一条沿着 $y$ 轴上下平移得到，在每一条积分曲线横坐标相同的点 $x$ 处作切线，它们相互平行，其斜率都等于 $f(x)$，如图 4-2 所示.

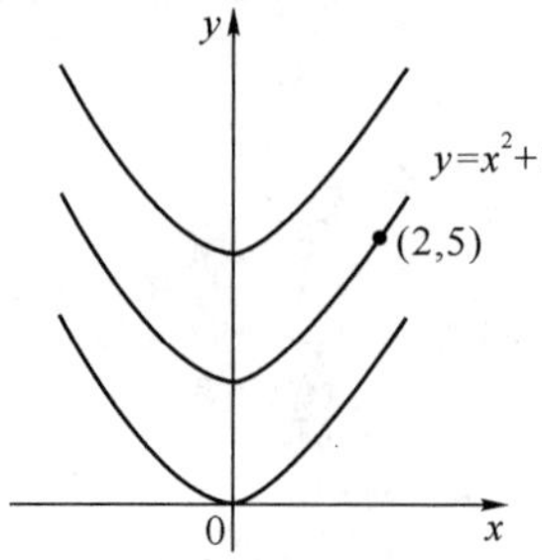


图 4-1

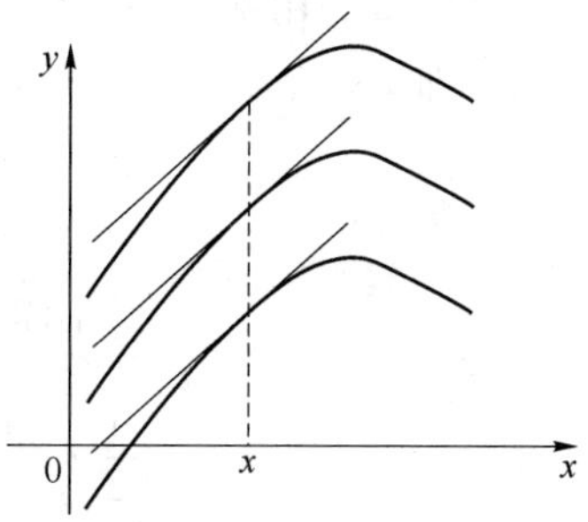


图 4-2

**【研讨题】** 近年来，世界范围内每年的石油消耗率呈指数增长，增长指数大约为 0.07. 从 1970 年年初，石油消耗率大约为 161 亿桶，设 $R(t)$ 表示从第 1970 年起第 $t$ 年的消耗率，则 $R(t)=161\mathrm{e}^{0.07t}$，试用此式估算从 1970 年到 2016 年石油消耗的总量.

# 习题 4-1

**A. 基本题**

1. 求下列不定积分.

(1) $\int(x^2-3x+2)\mathrm{d}x$；　(2) $\int\frac{12}{1+x^2}\mathrm{d}x$；

(3) $\int\left(\frac{1}{1+x^2}+\frac{1}{\sqrt{1-x^2}}\right)\mathrm{d}x$；　(4) $\int\frac{2\cdot 3^x-5\cdot 2^x}{3^x}\mathrm{d}x$.

2. 求过已知点(0,1)，且其切线的斜率始终为 $x^2$ 的曲线方程.

**B. 一般题**

3. 求下列不定积分.

(1) $\int\frac{\mathrm{d}x}{x^2\sqrt{x}}$；　(2) $\int\left(\frac{2}{x}+\frac{x}{3}\right)^2\mathrm{d}x$；　(3) $\int\mathrm{e}^{x+1}\mathrm{d}x$；

(4) $\int(\cos x-\sin x)\mathrm{d}x$；　(5) $\int\cot^2 x\mathrm{d}x$；　(6) $\int\frac{x^2}{1+x^2}\mathrm{d}x$；

(7) $\int(x^3+3^x)\mathrm{d}x$；　(8) $\int\frac{x^2-x+\sqrt{x}-1}{x}\mathrm{d}x$；　(9) $\int\frac{1-\mathrm{e}^{2x}}{1+\mathrm{e}^x}\mathrm{d}x$；

(10) $\int\frac{1}{x^2(x^2+1)}\mathrm{d}x$；　(11) $\int\frac{\cos 2x}{\cos x+\sin x}\mathrm{d}x$；　(12) $\int\sin^2\frac{x}{2}\mathrm{d}x$.

**C. 提高题**

4. 求下列不定积分.

(1) $\int\frac{\sin x}{\cos^2 x}\mathrm{d}x$；　(2) $\int\sec x(\sec x+\tan x)\mathrm{d}x$；

(3) $\int\frac{(x+1)^2}{x(1+x^2)}\mathrm{d}x$；　(4) $\int\frac{\mathrm{d}x}{1+\cos 2x}$.

5. 已知 $f(x)$ 的导数是 $x$ 的二次函数，$f(x)$ 在 $x=-1, x=5$ 处有极值，且 $f(0)=2$，$f(-2)=0$. 求 $f(x)$.

# 4.2 换元积分法

用直接积分法能计算的不定积分是很有限的，即使像 $\tan x$ 与 $\ln x$ 这样的一些基本初等函数的积分也不能直接求得.因此，有必要寻求更有效地积分方法.本节将介绍一种重要的积分方法——换元积分法.

## 4.2.1 第一类换元法

第一类换元积分法是与复合函数的求导法则相联系的一种求不定积分的方法.

先分析一个例子：求 $\int e^{2x}dx$.

**解** 被积函数 $e^{2x}$ 是复合函数，不能直接套用公式 $\int e^x dx = e^x + C$，为了套用这个公式，先把原积分作下列变形，再作计算

$$\int e^{2x}dx = \int e^{2x}\frac{1}{2}d(2x) \underline{\underline{令\ u=2x}} \frac{1}{2}\int e^u du = \frac{1}{2}e^u + C \underline{\underline{回代\ u=2x}} \frac{1}{2}e^{2x} + C$$

验证：因为 $\left(\frac{1}{2}e^{2x}+C\right)' = e^{2x}$，所以 $\frac{1}{2}e^{2x}+C$ 确实是 $e^{2x}$ 的原函数，这说明上面的方法是正确的.

此解法的特点是引入新变量 $u=2x$，从而把原积分化为积分变量为 $u$ 的积分，再用基本积分公式求解.它就是利用 $\int e^x dx = e^x + C$，得 $\int e^u du = e^u + C$，再回代 $u = 2x$ 而得其积分结果的.

现在进一步问，如果更一般地，设有积分恒等式 $\int f(x)dx = F(x) + C$，那么当 $u$ 是 $x$ 的任何一个可导函数 $u = \varphi(x)$ 时，积分等式

$$\int f(u)du = F(u) + C$$

是否也成立？回答是肯定的.事实上，由

$$\int f(x)dx = F(x) + C$$

得
$$dF(x) = f(x)dx$$

根据前一章证得的微分形式不变性可以知道，当 $u$ 是 $x$ 的一个可导函数 $u=\varphi(x)$ 时，有

$$dF(u) = f(u)du$$

从而根据不定积分定义，有 $\int f(u)du = F(u) + C$.

这个结论表明：在基本积分公式中，自变量 $x$ 换成任一可导函数 $u=\varphi(x)$ 时，公式仍成立，这就大大扩大了基本积分公式的使用范围.这个结论又称为**不定积分的形式不变性**.

一般地，如果所求不定积分可以写成

$$\int f[\varphi(x)]\varphi'(x)dx = \int f[\varphi(x)]d\varphi(x)$$

的形式，则令 $\varphi(x)=u$，当积分 $\int f(u)\mathrm{d}u=F(u)+C$ 容易求得时，可按下述方法计算不定积分

$$\int g(x)\mathrm{d}x \underline{\underline{\text{恒等变形}}} \int f[\varphi(x)]\varphi'(x)\mathrm{d}x \underline{\underline{\text{凑微分}}} \int f[\varphi(x)]\mathrm{d}\varphi(x)$$

$$\frac{\text{换元}}{\text{令 }\varphi(x)=u}\int f(u)\mathrm{d}u = F(u)+C \frac{\text{回代}}{u=\varphi(x)} F[\varphi(x)]+C$$

这种先“凑”微分式，再作变量置换的方法，称为**第一类换元积分法**.

写成定理即为

**定理 4-2-1(第一类换元法)** 设 $f(u)$ 具有原函数 $F(u)$，$u=\varphi(x)$ 可导，则有

$$\int f[\varphi(x)]\cdot\varphi'(x)\mathrm{d}x = \int f(u)\mathrm{d}u = F(u)+C \overset{\text{回代}}{=\!=\!=\!=} F[\varphi(x)]+C$$

第一类换元法又称**凑微分法**，凑微分法的基本步骤为：凑微分、换元求出积分、回代原变量. 其中最关键的步骤是凑微分，现举例说明几种常见的凑微形式，要求把它们作为公式记住.

1. 凑微公式 $\mathrm{d}x=\frac{1}{a}\mathrm{d}(ax+b)$ $(a\neq 0)$

**【例 4-2-1】** 求 $\int(3+2x)^6\mathrm{d}x$.

**解** 被积函数是复合函数，中间变量为 $u=3+2x$，故将 $\mathrm{d}x$ 凑微分为 $\frac{1}{2}\mathrm{d}(3+2x)$.

因此
$$\begin{aligned}\int(3+2x)^6\mathrm{d}x &= \frac{1}{2}\int(3+2x)^6\mathrm{d}(3+2x)\\ &= \frac{1}{2}\int u^6\mathrm{d}u = \frac{1}{2}\cdot\frac{1}{7}u^7+C\\ &= \frac{1}{14}(3+2x)^7+C\end{aligned}$$

**【例 4-2-2】** 求 $\int\sin(3x+1)\mathrm{d}x$.

**解** 被积函数是复合函数，中间变量为 $u=3x+1$，故将 $\mathrm{d}x$ 凑微分为 $\frac{1}{3}\mathrm{d}(3x+1)$.

因此
$$\begin{aligned}\int\sin(3x+1)\mathrm{d}x &= \frac{1}{3}\int\sin(3x+1)\mathrm{d}(3x+1)\\ &= \frac{1}{3}\int\sin u\mathrm{d}u = -\frac{1}{3}\cos u+C\\ &= -\frac{1}{3}\cos(3x+1)+C\end{aligned}$$

当运算比较熟练后，设定中间变量 $\varphi(x)=u$ 和回代过程 $u=\varphi(x)$ 可以省略，将 $\varphi(x)$ 当作 $u$ 积分就行了.

**【例 4-2-3】** 求 $\int\mathrm{e}^{-2x+1}\mathrm{d}x$.

**解** $\int\mathrm{e}^{-2x+1}\mathrm{d}x = -\frac{1}{2}\int\mathrm{e}^{-2x+1}\mathrm{d}(-2x+1) = -\frac{1}{2}\mathrm{e}^{-2x+1}+C$

**【例 4-2-4】** 求 $\int\frac{\mathrm{d}x}{\sqrt[3]{1-2x}}$.

**解** $\int\frac{\mathrm{d}x}{\sqrt[3]{1-2x}} = -\frac{1}{2}\int(1-2x)^{-\frac{1}{3}}\mathrm{d}(1-2x)$

$$=-\frac{1}{2}\cdot\frac{3}{2}(1-2x)^{\frac{2}{3}}+C=-\frac{3}{4}\sqrt[3]{(1-2x)^2}+C$$

**【例 4-2-5】** 求 $\int\frac{1}{1+7x}dx$.

**解** $\int\frac{1}{1+7x}dx=\frac{1}{7}\int\frac{1}{1+7x}d(1+7x)=\frac{1}{7}\ln|1+7x|+C$

2. 凑微公式　$x^\mu dx=\frac{1}{\mu+1}dx^{\mu+1}\quad(\mu\neq-1)$

**【例 4-2-6】** 求 $\int xe^{x^2}dx$.

**解** $\int xe^{x^2}dx=\frac{1}{2}\int e^{x^2}dx^2=\frac{1}{2}e^{x^2}+C$

**【例 4-2-7】** 求 $\int x\sqrt{1+x^2}dx$.

**解** $\int x\sqrt{1+x^2}dx=\frac{1}{2}\int(1+x^2)^{\frac{1}{2}}dx^2=\frac{1}{2}\int(1+x^2)^{\frac{1}{2}}d(1+x^2)$

$$=\frac{1}{2}\cdot\frac{1}{1+\frac{1}{2}}(1+x^2)^{\frac{1}{2}+1}+C=\frac{1}{3}(1+x^2)^{\frac{3}{2}}+C$$

**【例 4-2-8】** 求 $\int\frac{xdx}{(1+x^2)^2}$.

**解** $\int\frac{xdx}{(1+x^2)^2}=\frac{1}{2}\int(1+x^2)^{-2}dx^2=\frac{1}{2}\int(1+x^2)^{-2}d(1+x^2)=-\frac{1}{2(1+x^2)}+C$

3. 凑微公式　$\frac{1}{x}dx=d\ln x\,(x>0)$

**【例 4-2-9】** 求 $\int\frac{\ln^2 x}{x}dx$.

**解** $\int\frac{\ln^2 x}{x}dx=\int\ln^2 x\,d\ln x=\frac{1}{3}\ln^3 x+C$

**【例 4-2-10】** 求 $\int\frac{1}{x(1+\ln x)}dx$.

**解** $\int\frac{1}{x(1+\ln x)}dx=\int\frac{1}{1+\ln x}d\ln x$

$$=\int\frac{1}{1+\ln x}d(1+\ln x)=\ln|1+\ln x|+C$$

4. 凑微公式　$e^x dx=de^x$

**【例 4-2-11】** 求 $\int\frac{e^x}{e^x+2}dx$.

**解** $\int\frac{e^x}{e^x+2}dx=\int\frac{1}{e^x+2}de^x=\int\frac{1}{e^x+2}d(e^x+2)=\ln(e^x+2)+C$

5. 凑微公式　$\cos x dx=d\sin x,\sin x dx=-d\cos x$

**【例 4-2-12】** 求 $\int\tan x dx$.

**解** $\int\tan x dx=\int\frac{\sin x}{\cos x}dx=-\int\frac{1}{\cos x}d\cos x=-\ln|\cos x|+C$

用同样的方法可以求得：$\int \cot x \mathrm{d}x = \ln|\sin x| + C$

**【例 4-2-13】** 求 $\int \sin^5 x \cos x \mathrm{d}x$.

**解** $\int \sin^5 x \cos x \mathrm{d}x = \int \sin^5 x \mathrm{d}\sin x = \frac{\sin^6 x}{6} + C$

6. 凑微公式 $\frac{1}{1+x^2}\mathrm{d}x = \mathrm{d}\arctan x$，$\frac{1}{\sqrt{1-x^2}}\mathrm{d}x = \mathrm{d}\arcsin x$

**【例 4-2-14】** 求 $\int \frac{(\arctan x)^4}{1+x^2}\mathrm{d}x$.

**解** $\int \frac{(\arctan x)^4}{1+x^2}\mathrm{d}x = \int (\arctan x)^4 \mathrm{d}\arctan x = \frac{(\arctan x)^5}{5} + C$

**【例 4-2-15】** 求 $\int \frac{\mathrm{e}^{\arcsin x}}{\sqrt{1-x^2}}\mathrm{d}x$.

**解** $\int \frac{\mathrm{e}^{\arcsin x}}{\sqrt{1-x^2}}\mathrm{d}x = \int \mathrm{e}^{\arcsin x}\mathrm{d}\arcsin x = \mathrm{e}^{\arcsin x} + C$

7. 凑微公式 $\sec^2 x\mathrm{d}x = \mathrm{d}\tan x$

**【例 4-2-16】** 求 $\int \tan^2 x \sec^2 x \mathrm{d}x$.

**解** $\int \tan^2 x \sec^2 x \mathrm{d}x = \int \tan^2 x \mathrm{d}\tan x = \frac{\tan^3 x}{3} + C$

前面仅列举了常见的几种凑微形式，凑微的形式还有很多，需要多做练习，不断归纳，积累经验，才能灵活运用.

8. 杂例

**【例 4-2-17】** 求 $\int \frac{1}{a^2 - x^2}\mathrm{d}x \quad (a \neq x)$.

**解** 由于 $\frac{1}{a^2-x^2} = \frac{1}{2a}\left(\frac{1}{a+x} + \frac{1}{a-x}\right)$，故

$$\int \frac{\mathrm{d}x}{a^2 - x^2} = \frac{1}{2a}\int\left(\frac{1}{a+x} + \frac{1}{a-x}\right)\mathrm{d}x = \frac{1}{2a}\left[\int \frac{\mathrm{d}(a+x)}{a+x} - \int \frac{\mathrm{d}(a-x)}{a-x}\right]$$

$$= \frac{1}{2a}[\ln|a+x| - \ln|a-x|] + C = \frac{1}{2a}\ln\left|\frac{a+x}{a-x}\right| + C$$

**【例 4-2-18】** 求 $\int \frac{1}{a^2 + x^2}\mathrm{d}x (a \neq 0)$.

**解** $\int \frac{1}{a^2+x^2}\mathrm{d}x = \frac{1}{a^2}\int \frac{1}{1+\left(\frac{x}{a}\right)^2}\mathrm{d}x = \frac{1}{a}\int \frac{1}{1+\left(\frac{x}{a}\right)^2}\mathrm{d}\left(\frac{x}{a}\right) = \frac{1}{a}\arctan\frac{x}{a} + C$

**【例 4-2-19】** 求 $\int \frac{1}{\sqrt{a^2 - x^2}}\mathrm{d}x (a > 0)$.

**解** $\int \frac{1}{\sqrt{a^2-x^2}}\mathrm{d}x = \frac{1}{a}\int \frac{\mathrm{d}x}{\sqrt{1-\left(\frac{x}{a}\right)^2}} = \int \frac{\mathrm{d}\left(\frac{x}{a}\right)}{\sqrt{1-\left(\frac{x}{a}\right)^2}} = \arcsin\frac{x}{a} + C$

**练一练：**

1. 在下列各等式右端的括号内填入适当的常数，使等式成立.

(1) $\mathrm{d}x=(\quad)\mathrm{d}(7x-3)$；　(2) $x\mathrm{d}x=(\quad)\mathrm{d}(x^2)$；

(3) $x\mathrm{d}x=(\quad)\mathrm{d}(4x^2)$；　(4) $x\mathrm{d}x=(\quad)\mathrm{d}(1+4x^2)$；

(5) $x^2\mathrm{d}x=(\quad)\mathrm{d}(2x^3+4)$；　(6) $\mathrm{e}^{3x}\mathrm{d}x=(\quad)\mathrm{d}(\mathrm{e}^{3x})$.

2. 求下列不定积分.

(1) $\int(5-3x)^8\mathrm{d}x$；　(2) $\int\cos(4x+3)\mathrm{d}x$；　(3) $\int\mathrm{e}^{6x+1}\mathrm{d}x$；

(4) $\int\frac{1}{\sqrt{1+2x}}\mathrm{d}x$；　(5) $\int\frac{1}{1-6x}\mathrm{d}x$；　(6) $\int x^4\mathrm{e}^{x^5}\mathrm{d}x$；

(7) $\int x^3\sqrt{1+x^4}\,\mathrm{d}x$；　(8) $\int\frac{x^2\mathrm{d}x}{(1+x^3)^5}$；　(9) $\int\frac{\ln^3 x}{x}\mathrm{d}x$；

(10) $\int\frac{1}{x(8+\ln x)^2}\mathrm{d}x$；　(11) $\int\frac{\mathrm{e}^x}{(\mathrm{e}^x+5)^3}\mathrm{d}x$；　(12) $\int\frac{\sin x}{\cos^3 x}\mathrm{d}x$；

(13) $\int\sin^2 x\cos x\mathrm{d}x$；　(14) $\int\frac{1}{(1+x^2)\arctan x}\mathrm{d}x$；　(15) $\int\frac{1}{\sqrt{1-x^2}}(\arcsin x)^5\mathrm{d}x$；

(16) $\int\tan^5 x\sec^2 x\mathrm{d}x$；　(17) $\int\frac{1}{x^2-3x+2}\mathrm{d}x$.

### 4.2.2　第二类换元法

第一类换元法是通过选择新积分变量 $\boldsymbol{u}$，用 $\boldsymbol{\varphi(x)=u}$ 进行换元，从而使原积分便于求出，但对有些积分，如 $\int\frac{\sqrt{x}}{1+\sqrt[3]{x}}\mathrm{d}x$，$\int\sqrt{a^2-x^2}\,\mathrm{d}x$ 等，需要作相反方向的换元，才能比较顺利地求出结果.

**定理 4-2-2(第二换元法)**

设(1) $x=\psi(t)$是单调可导函数，且 $\psi'(t)\neq 0$；

(2) $\int f[\psi(t)]\cdot\psi'(t)\mathrm{d}t=F(t)+C$，

则有换元公式

$$\int f(x)\mathrm{d}x\overset{x=\psi(t)}{=\!=\!=}\int f[\psi(t)]\cdot\psi'(t)\mathrm{d}t=F(t)+C\overset{t=\psi^{-1}(x)}{=\!=\!=}F[\psi^{-1}(x)]+C$$

其中，$t=\psi^{-1}(x)$是 $x=\psi(t)$的反函数.

第二换元法常用于求解含有根式的被积函数的不定积分，下面介绍几种常用的第二换元技巧.

**1. 简单根式代换**

**【例 4-2-20】**　求不定积分 $\int\frac{\sqrt{x-1}}{x}\mathrm{d}x$.

**解**　令 $\sqrt{x-1}=t$，则 $x=1+t^2$，$\mathrm{d}x=2t\mathrm{d}t$，因而有

$$\int\frac{\sqrt{x-1}}{x}\mathrm{d}x=\int\frac{t}{1+t^2}\cdot 2t\mathrm{d}t=2\int\left(1-\frac{1}{1+t^2}\right)\mathrm{d}t=2(t-\arctan t)+C$$

$$= 2(\sqrt{x-1} - \arctan\sqrt{x-1}) + C$$

**【例 4-2-21】** 求 $\int \frac{1}{1+\sqrt{2x+1}}\mathrm{d}x$.

**解** 令 $\sqrt{2x+1}=t$,则 $x=\frac{t^2-1}{2}$,$\mathrm{d}x=t\mathrm{d}t$,于是

$$\int \frac{1}{1+\sqrt{2x+1}}\mathrm{d}x = \int \frac{1}{1+t}t\,\mathrm{d}t = \int \frac{(t+1)-1}{1+t}\mathrm{d}t$$

$$= \int\left(1-\frac{1}{t+1}\right)\mathrm{d}t = t - \ln|t+1| + C$$

代回 $t=\sqrt{2x+1}$,并注意到 $\sqrt{2x+1}+1>0$,因此

$$\int \frac{1}{\sqrt{2x+1}+1}\mathrm{d}x = \sqrt{2x+1} - \ln(\sqrt{2x+1}+1) + C$$

从以上例子可以看出,简单根式代换法常用于求被积函数中含有根式,并且根式的形式为 $\sqrt[n]{ax+b}$ 的不定积分.

**2. 三角代换**

**【例 4-2-22】** 求不定积分 $\int \sqrt{a^2-x^2}\,\mathrm{d}x\,(a>0)$.

**解** 用三角公式 $\sin^2 t+\cos^2 t=1$ 消去根式.

设 $x=a\sin t\left(-\frac{\pi}{2}<t<\frac{\pi}{2}\right)$,则

$$\sqrt{a^2-x^2}=a\sqrt{1-\sin^2 t}=a\cos t,\ \mathrm{d}x=a\cos t\,\mathrm{d}t$$

于是

$$\int \sqrt{a^2-x^2}\,\mathrm{d}x = \int a\cos t\cdot a\cos t\,\mathrm{d}t = a^2\int \cos^2 t\,\mathrm{d}t$$

$$= a^2\int \frac{1+\cos 2t}{2}\mathrm{d}t$$

$$= \frac{a^2}{2}\left(t+\frac{1}{2}\sin 2t\right)+C$$

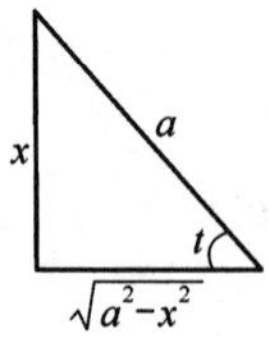

图 4-3

由 $x=a\sin t$ 或 $\sin t=\frac{x}{a}$ 作辅助三角形如图 4-3 所示. 由图可知 $t=\arcsin\frac{x}{a}$,$\cos t=\frac{\sqrt{a^2-x^2}}{a}$,代入上式得

$$\int \sqrt{a^2-x^2}\,\mathrm{d}x = \frac{a^2}{2}\left(t+\frac{1}{2}\sin 2t\right)+C$$

$$= \frac{a^2}{2}\left(\arcsin\frac{x}{a}+\frac{x}{a}\cdot\frac{\sqrt{a^2-x^2}}{a}\right)+C = \frac{a^2}{2}\arcsin\frac{x}{a}+\frac{x}{2}\sqrt{a^2-x^2}+C$$

**【例 4-2-23】** 求不定积分 $\int \frac{1}{\sqrt{x^2+a^2}}\mathrm{d}x\,(a>0)$.

**解** 利用三角公式 $1+\tan^2 t=\sec^2 t$ 化去根式.

设 $x=a\tan t\left(-\frac{\pi}{2}<t<\frac{\pi}{2}\right)$,则 $\sqrt{x^2+a^2}=a\sec t$,$\mathrm{d}x=a\sec^2 t\,\mathrm{d}t$,故

$$\int \frac{1}{\sqrt{x^2+a^2}}\mathrm{d}x = \int \frac{a\sec^2 t}{a\sec t}\mathrm{d}t$$
$$= \int \sec t\mathrm{d}t = \ln|\sec t+\tan t|+C_1$$

根据 $\tan t=\frac{x}{a}$，作辅助三角形如图 4-4 所示，得

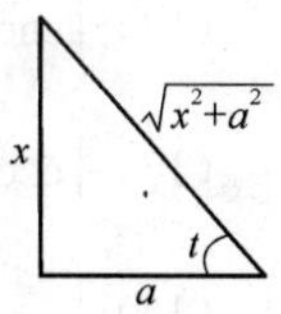

图 4-4

$$\int \frac{1}{\sqrt{x^2+a^2}}\mathrm{d}x = \ln|\sec t+\tan t|+C_1$$
$$= \ln\left|\frac{x}{a}+\frac{\sqrt{x^2+a^2}}{a}\right|+C_1 = \ln\left|x+\sqrt{x^2+a^2}\right|+C$$

其中 $C=C_1-\ln a$.

**【例 4-2-24】** 求不定积分 $\int \frac{1}{\sqrt{x^2-a^2}}\mathrm{d}x(a>0)$.

**解**　利用三角公式 $\sec^2 t-1=\tan^2 t$ 化去根式.

设 $x=a\sec t\left(0<t<\frac{\pi}{2}\right)$，则 $\sqrt{x^2-a^2}=a\tan t$，$\mathrm{d}x=a\sec t\cdot\tan t\mathrm{d}t$，故

$$\int \frac{1}{\sqrt{x^2-a^2}}\mathrm{d}x = \int \frac{a\sec t\cdot\tan t}{a\tan t}\mathrm{d}t$$
$$= \int \sec t\mathrm{d}t = \ln|\sec t+\tan t|+C_1$$

根据 $\sec t=\frac{x}{a}$，作辅助三角形如图 4-5 所示，得

$$\int \frac{1}{\sqrt{x^2-a^2}}\mathrm{d}x = \ln|\sec t+\tan t|+C_1$$
$$= \ln\left|\frac{x}{a}+\frac{\sqrt{x^2-a^2}}{a}\right|+C_1 = \ln\left|x+\sqrt{x^2-a^2}\right|+C$$

其中 $C=C_1-\ln a$.

从以上的例子可以看出，三角代换常用于求解被积函数为二次根式的不定积分.

以上三例使用的代换称为三角代换，归纳如表 4-1 所示.

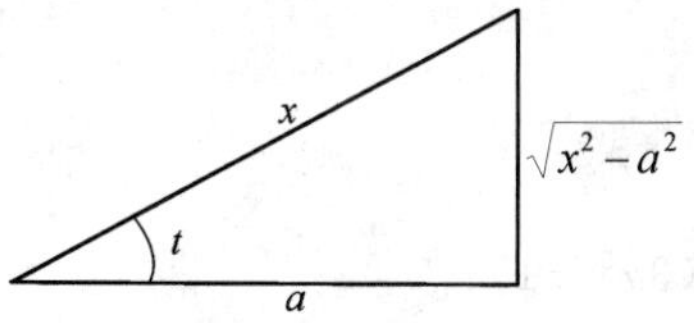

图 4-5

**表 4-1**

| 被积函数含有 | 作代换 |
|---|---|
| $\sqrt{a^2-x^2}$ | $x=a\sin t$ |
| $\sqrt{x^2+a^2}$ | $x=a\tan t$ |
| $\sqrt{x^2-a^2}$ | $x=a\sec t$ |

由于三角代换的回代过程比较麻烦，所以，若能直接用公式或凑微分来积分，我们就避免用三角代换. 例如

$$\int x\sqrt{4-x^2}\mathrm{d}x = -\frac{1}{2}\int \sqrt{4-x^2}\mathrm{d}(4-x^2)$$

这比使用变换 $x=2\sin t$ 来计算简便得多.

作为基本积分公式的补充，有下列公式：

(14) $\int \tan x\mathrm{d}x = -\ln|\cos x| + C$；

(15) $\int \cot x\mathrm{d}x = \ln|\sin x| + C$；

(16) $\int \sec x\mathrm{d}x = \ln|\sec + \tan x| + C$；

(17) $\int \csc x\mathrm{d}x = \ln|\csc x - \cot x| + C$；

(18) $\int \frac{1}{a^2 + x^2}\mathrm{d}x = \frac{1}{a}\arctan\frac{x}{a} + C$；

(19) $\int \frac{1}{a^2 - x^2}\mathrm{d}x = \frac{1}{2a}\ln\left|\frac{a + x}{a - x}\right| + C$；

(20) $\int \frac{1}{\sqrt{a^2 - x^2}}\mathrm{d}x = \arcsin\frac{x}{a} + C \quad (a > 0)$；

(21) $\int \sqrt{a^2 - x^2}\,\mathrm{d}x = \frac{a^2}{2}\arcsin\frac{x}{a} + \frac{x}{2}\sqrt{a^2 - x^2} + C \quad (a > 0)$；

(22) $\int \frac{1}{\sqrt{x^2 \pm a^2}}\mathrm{d}x = \ln\left|x + \sqrt{x^2 \pm a^2}\right| + C \quad (a > 0)$.

**练一练：**

求下列不定积分.

(1) $\int \frac{1}{2 + \sqrt{x - 1}}\mathrm{d}x$；　(2) $\int \frac{1}{(1 + \sqrt[3]{x})\sqrt{x}}\mathrm{d}x$；　(3) $\int \frac{x^2}{\sqrt{1 - x^2}}\mathrm{d}x$.

**【研讨题】** 在十字路口的交通管制中，亮红灯之前要亮一段时间的黄灯，这是为了让正在行驶在十字路口的驾驶员注意，红灯即将亮起，如果你能停住应当马上刹车，以免闯红灯违反交通规则，那么黄灯应该亮多久才合适？

## 习题 4-2

**A. 基本题**

1. 填空使等号成立.

(1) $\mathrm{d}x = (\quad)\mathrm{d}(1 - 7x)$；　(2) $x^2\mathrm{d}x = (\quad)\mathrm{d}(3x^3 - 1)$；

(3) $\mathrm{e}^{-\frac{x}{2}}\mathrm{d}x = (\quad)\mathrm{d}(1 + \mathrm{e}^{-\frac{x}{2}})$；　(4) $\sin\frac{2}{3}x\mathrm{d}x = (\quad)\mathrm{d}(\cos\frac{2}{3}x)$；

(5) $\frac{\mathrm{d}x}{x} = (\quad)\mathrm{d}(1 - 5\ln x)$；　(6) $\frac{\mathrm{d}x}{1 + 9x^2} = (\quad)\mathrm{d}(\arctan 3x)$；

(7) $\frac{x\mathrm{d}x}{\sqrt{1 - x^2}} = (\quad)\mathrm{d}\sqrt{1 - x^2}$；　(8) $\frac{\mathrm{d}x}{\sqrt{1 - x^2}} = (\quad)\mathrm{d}(1 - \arcsin x)$.

2. 求下列不定积分.

(1) $\int \frac{1}{1 - 2x}\mathrm{d}x$；　(2) $\int (1 - 3x)^5\mathrm{d}x$；　(3) $\int \frac{\mathrm{d}x}{\sqrt{2 - x^2}}$；

(4) $\int \frac{x}{1-x^2}\mathrm{d}x$；　(5) $\int e^{e^x+x}\mathrm{d}x$；　(6) $\int \frac{\sin x}{\cos^2 x}\mathrm{d}x$.

**B. 一般题**

3. 求下列不定积分.

(1) $\int \frac{1}{\sqrt[3]{2-3x}}\mathrm{d}x$；　(2) $\int e^{-3x+1}\mathrm{d}x$；

(3) $\int \frac{1}{\sin^2 3x}\mathrm{d}x$；　(4) $\int \tan(2x-5)\mathrm{d}x$；

(5) $\int \frac{\mathrm{d}x}{x\sqrt{1-\ln^2 x}}$；　(6) $\int \frac{\mathrm{d}x}{e^x+e^{-x}}$；

(7) $\int \tan^5 x\sec^2 x\mathrm{d}x$；　(8) $\int \frac{\sin x\cos x}{1+\sin^4 x}\mathrm{d}x$；

(9) $\int \frac{1}{x^2}\sin\frac{1}{x}\mathrm{d}x$；　(10) $\int \frac{\sin^3 x}{\cos^2 x}\mathrm{d}x$.

4. 求下列不定积分.

(1) $\int \frac{\sqrt{x^2-9}}{x}\mathrm{d}x$；　(2) $\int x^2\sqrt{4-x^2}\mathrm{d}x$；　(3) $\int \frac{\mathrm{d}x}{x\sqrt{x^2-1}}$；

(4) $\int \frac{\mathrm{d}x}{\sqrt{(x^2+1)^3}}$；　(5) $\int \frac{\sqrt{a^2-x^2}}{x^2}\mathrm{d}x$；　(6) $\int \frac{1}{\sqrt{e^x-1}}\mathrm{d}x$.

5. 求下列不定积分.

(1) $\int \frac{\sqrt[3]{x}}{x(\sqrt{x}+\sqrt[3]{x})}\mathrm{d}x$；　(2) $\int \frac{2-\sqrt{2x+3}}{1-2x}\mathrm{d}x$；

(3) $\int \sqrt{\frac{1+x}{1-x}}\mathrm{d}x$；　(4) $\int \frac{\mathrm{d}x}{\sqrt{x-x^2}}$.

**C. 提高题**

6. 求下列不定积分.

(1) $\int \frac{\mathrm{d}x}{1+\cos x}$；　(2) $\int \frac{\mathrm{d}x}{\sqrt{x}(1+\sqrt[4]{x})^3}$.

7. 设 $f'(\ln x)=1+x$，求 $f(x)$.

## 4.3　分部积分法

积分为求导的逆运算. 对应于求导法则中的和、差运算，我们介绍了直接积分法；对应于求复合函数的链式法则，我们介绍了换元积分法. 它们都是重要的积分方法，但对于某些类型的积分，它们往往不能奏效，如 $\int x\cos x\mathrm{d}x$，$\int e^x\cos x\mathrm{d}x$，$\int \ln x\mathrm{d}x$ 等等. 为此，下面将给出建立在求导乘法法则基础上的一种积分方法——分部积分法.

由两个函数之积的导数公式

$$(uv)'=u'v+uv'$$

得 $$uv'=(uv)'-u'v$$

两边求不定积分,有

$$\int uv'\mathrm{d}x=\int[(uv)'-u'v]\mathrm{d}x=\int(uv)'\mathrm{d}x-\int u'v\mathrm{d}x$$

即 $$\int u\mathrm{d}v=uv-\int v\mathrm{d}u$$

上式称为**分部积分公式**.它的特点是把左边积分 $\int u\mathrm{d}v$ 换为了右边积分$\int v\mathrm{d}u$,如果$\int v\mathrm{d}u$ 比 $\int u\mathrm{d}v$ 容易求,就可以试用此法.

一般地,若被积函数为不同类函数的乘积,则要用分部积分法.下面通过例题来说明如何运用这个重要公式.

**【例 4-3-1】** 求不定积分 $\int x\cos x\mathrm{d}x$.

**解** 如何选择 $u$ 和 $v$ 呢?

**方法一** 选 $x$ 为 $u$,

$$\begin{aligned}\int x\cos x\mathrm{d}x&=\int x\mathrm{d}(\sin x)\\&=x\sin x-\int\sin x\mathrm{d}x\\&=x\sin x+\cos x+C\end{aligned}$$

此种选择是成功的.

**方法二** 如果选 $\cos x$ 为 $u$,结果会怎样呢?

$$\begin{aligned}\int x\cos x\mathrm{d}x&=\frac{1}{2}\int\cos x\mathrm{d}(x^2)\\&=\frac{1}{2}x^2\cos x+\int\frac{1}{2}x^2\sin x\mathrm{d}x\end{aligned}$$

比较一下不难发现,被积函数中 $x$ 的幂次反而升高了,积分的难度增大,这样选择 $u$ 是不适合的.所以在应用分部积分法时,恰当选取 $u$ 是一个关键.选取 $u$ 一般要考虑下面两点:

(1) $v$ 要容易求得; (2) $\int v\mathrm{d}u$ 比$\int u\mathrm{d}v$ 容易求得.

关于 $u$ 的选取规则,我们给出这样一句口诀:**五指山上觅对象—反常**."指"表示指数函数;"山"表示三角函数;"觅"表示幂函数;"对"表示对数函数;"反"表示反三角函数.一般地,两种不同类型函数乘积的不定积分,按照口诀的顺序,谁排在后面谁做 $u$,谁做 $u$ 谁不变,剩下的那个函数和 $\mathrm{d}x$ 凑微分.

**【例 4-3-2】** 求$\int x\sin x\mathrm{d}x$.

**解** 被积函数是幂函数 $x$ 和三角函数 $\sin x$ 的乘积,根据口诀顺序,"觅(幂)"排在"山(三)"的后面,故选取幂函数 $x$ 做 $u$.又因 $\sin x\mathrm{d}x=-\mathrm{d}\cos x$,故

$$\begin{aligned}\int x\sin x\mathrm{d}x&=-\int x\mathrm{d}\cos x\\&=-\left(x\cos x-\int\cos x\mathrm{d}x\right)\\&=-x\cos x+\int\cos x\mathrm{d}x\\&=-x\cos x+\sin x+C\end{aligned}$$

【例 4-3-3】 求 $\int xe^{3x}dx$.

解　被积函数是幂函数 $x$ 和指数函数 $e^{3x}$ 的乘积，根据口诀顺序，“觅（幂）”排在“指”的后面，故选取幂函数 $x$ 做 $u$. 又因 $e^{3x}dx=\frac{1}{3}e^{3x}d(3x)=\frac{1}{3}de^{3x}$，故

$$\begin{aligned}\int xe^{3x}dx &= \frac{1}{3}\int xd(e^{3x})=\frac{1}{3}\left(xe^{3x}-\int e^{3x}dx\right)\\ &= \frac{1}{3}\left[xe^{3x}-\frac{1}{3}\int e^{3x}d(3x)\right]\\ &= \frac{1}{3}xe^{3x}-\frac{1}{9}e^{3x}+C\end{aligned}$$

【例 4-3-4】 求 $\int x\ln xdx$.

解　被积函数是幂函数 $x$ 和对数函数 $\ln x$ 的乘积，根据口诀顺序，“对”排在“觅（幂）”的后面，故选取对数函数 $\ln x$ 做 $u$. 又因 $xdx=\frac{1}{2}dx^2$，故

$$\begin{aligned}\int x\ln xdx &= \frac{1}{2}\int \ln xdx^2\\ &= \frac{1}{2}\left(x^2\ln x-\int x^2 d\ln x\right)\\ &= \frac{1}{2}x^2\ln x-\frac{1}{2}\int xdx\\ &= \frac{1}{2}x^2\ln x-\frac{x^2}{4}+C\end{aligned}$$

【例 4-3-5】 求 $\int x\arctan xdx$.

解　被积函数是幂函数 $x$ 和反三角函数 $\arctan x$ 的乘积，根据口诀顺序，“反”排在“觅（幂）”的后面，故选取反三角函数 $\arctan x$ 做 $u$. 又因 $xdx=\frac{1}{2}dx^2$，故

$$\begin{aligned}\int x\arctan xdx &= \frac{1}{2}\int \arctan xdx^2\\ &= \frac{1}{2}x^2\arctan x-\frac{1}{2}\int x^2 d\arctan x\\ &= \frac{1}{2}x^2\arctan x-\frac{1}{2}\int \frac{x^2}{1+x^2}dx\\ &= \frac{x^2}{2}\arctan x-\frac{1}{2}\int \frac{1+x^2-1}{1+x^2}dx\\ &= \frac{x^2}{2}\arctan x-\frac{1}{2}\int\left(1-\frac{1}{1+x^2}\right)dx\\ &= \frac{x^2}{2}\arctan x-\frac{1}{2}(x-\arctan x)+C\end{aligned}$$

【例 4-3-6】 求 $\int \ln xdx$.

解　因为被积函数是单一函数，就可以看作被积表达式已经自然分成 $udv$ 的形式了，直

接应用分部积分公式,得

$$\int \ln x \mathrm{d}x = x\ln x - \int x\mathrm{d}(\ln x) = x\ln x - \int \mathrm{d}x = x\ln x - x + C$$

**【例 4-3-7】** 求 $\int \arcsin x \mathrm{d}x$.

**解** 同上例

$$\begin{aligned}\int \arcsin x \mathrm{d}x &= x\arcsin x - \int x \mathrm{d}\arcsin x \\ &= x\arcsin x - \int \frac{x}{\sqrt{1-x^2}}\mathrm{d}x \\ &= x\arcsin x + \frac{1}{2}\int \frac{1}{\sqrt{1-x^2}}\mathrm{d}(1-x^2) \\ &= x\arcsin x + \sqrt{1-x^2} + C\end{aligned}$$

**练一练:**

求下列各不定积分.

(1) $\int x\sec^2 x\mathrm{d}x$;　(2) $\int x\mathrm{e}^{-x}\mathrm{d}x$;　(3) $\int x\operatorname{arccot} x\mathrm{d}x$;　(4) $\int \arctan x\mathrm{d}x$.

有时须经过几次分部积分才能得出结果;有时经过几次分部积分后,又会还原到原来的积分,此时通过移项、合并求出积分.

**【例 4-3-8】** 求 $\int x^2\mathrm{e}^x\mathrm{d}x$.

**解** $\int x^2\mathrm{e}^x\mathrm{d}x = \int x^2\mathrm{d}\mathrm{e}^x$

$$= x^2\mathrm{e}^x - \int \mathrm{e}^x\mathrm{d}x^2 = x^2\mathrm{e}^x - 2\int x\mathrm{e}^x\mathrm{d}x$$

右端的积分再次用分部积分公式,得

$$\begin{aligned}\int x^2\mathrm{e}^x\mathrm{d}x &= x^2\mathrm{e}^x - 2\int x\mathrm{d}\mathrm{e}^x \\ &= x^2\mathrm{e}^x - 2\left(x\mathrm{e}^x - \int \mathrm{e}^x\mathrm{d}x\right) \\ &= x^2\mathrm{e}^x - 2x\mathrm{e}^x + 2\mathrm{e}^x + C = \mathrm{e}^x(x^2 - 2x + 2) + C\end{aligned}$$

**【例 4-3-9】** 求不定积分 $\int \mathrm{e}^x\sin x\mathrm{d}x$.

**解** $\int \mathrm{e}^x\sin x\mathrm{d}x = \int \sin x\mathrm{d}\mathrm{e}^x$

$$\begin{aligned}&= \mathrm{e}^x\sin x - \int \mathrm{e}^x\mathrm{d}\sin x \\ &= \mathrm{e}^x\sin x - \int \mathrm{e}^x\cos x\mathrm{d}x \\ &= \mathrm{e}^x\sin x - \int \cos x\mathrm{d}\mathrm{e}^x \\ &= \mathrm{e}^x\sin x - \mathrm{e}^x\cos x + \int \mathrm{e}^x\mathrm{d}\cos x \\ &= \mathrm{e}^x\sin x - \mathrm{e}^x\cos x - \int \mathrm{e}^x\sin x\mathrm{d}x\end{aligned}$$

得到一个关于所求积分 $\int e^x \sin x dx$ 的方程，解出得

$$2\int e^x \sin x dx = e^x(\sin x - \cos x) + C_1$$

所以

$$\int e^x \sin x dx = \frac{1}{2}e^x(\sin x - \cos x) + C$$

其中 $C=\frac{1}{2}C_1$.

有些不定积分需要综合运用换元积分法和分部积分法才能求解.

**【例 4-3-10】** 求不定积分 $\int e^{\sqrt{x}} dx$.

**解** 令 $\sqrt{x}=t$，则 $x=t^2$，$dx=2tdt$，于是有

$$\int e^{\sqrt{x}} dx = \int e^t \cdot 2tdt = 2e^t(t-1)+C$$
$$= 2e^{\sqrt{x}}(\sqrt{x}-1)+C$$

**练一练：**

求下列各不定积分.

(1) $\int x^2 \sin x dx$；　(2) $\int e^x \cos x dx$；　(3) $\int \cos\sqrt{x} dx$.

**【研讨题】**某人身高 2 m，在地球上可跳过与其身高相同的高度. 假设他以相同的初速度在月球上跳，请问能跳多高？另外，为了能在月球上跳过 2 m，问他的初速度应为多少？

# 习题 4-3

**A. 基本题**

1. 求下列不定积分.

(1) $\int xe^{2x} dx$；　(2) $\int x^2 \ln x dx$；

(3) $\int x\cos 2x dx$；　(4) $\int (x^2-1)\cos x dx$.

**B. 一般题**

2. 求下列不定积分.

(1) $\int x\cos x \sin x dx$；　(2) $\int \ln^2 x dx$；　(3) $\int x^2 e^{-x} dx$；　(4) $\int \frac{\ln x}{x^2} dx$.

**C. 提高题**

3. 求下列不定积分.

(1) $\int e^{\sqrt{2x-1}} dx$；　(2) $\int e^{-x}\cos x dx$；

4. 如果函数 $f(x)$ 的一个原函数是 $\frac{\ln x}{x}$，试求 $\int xf'(x) dx$.

# 4.4* 简单有理函数的积分

## 4.4.1 简单有理函数的积分

有理函数是指两个多项式之商的函数，即

$$\frac{P(x)}{Q(x)}=\frac{b_m x^m+b_{m-1}x^{m-1}+\cdots+b_1x+b_0}{a_n x^n+a_{n-1}x^{n-1}+\cdots+a_1x+a_0}\ (a_n\neq 0,\ b_m\neq 0)$$

当 $m<n$ 时，称为**有理真分式**，当 $m\geqslant n$ 时，称为**有理假分式**. 任何一个假分式都可以通过多项式除法化成一个多项式和一个真分式之和，例如：

$$\frac{x^5+x-1}{x^3-x}=x^2+1+\frac{2x-1}{x^3-x}$$

有理函数的积分就是多项式和真分式的积分. 多项式的积分是很容易的，真分式的积分必须首先把有理真分式分解成部分分式之和，下面我们讨论怎样将真分式分解成部分分式之和.

$n$ 次实系数多项式 $Q(x)$ 在实数范围内总可以分解成一次因式与二次因式的乘积.

当 $Q(x)$ 只有一次因式 $(x-a)^k$ 时，分解后有下列 $k$ 个部分分式之和：

$$\frac{P(x)}{Q(x)}=\frac{A_1}{(x-a)^k}+\frac{A_2}{(x-a)^{k-1}}+\cdots+\frac{A_k}{x-a}$$

其中 $A_1, A_2, \cdots, A_k$ 为待定常数.

当 $Q(x)$ 只有二次因式 $(x^2+px+q)^s$，其中 $p^2-4q<0$，分解后有下列 $s$ 个部分分式之和：

$$\frac{P(x)}{Q(x)}=\frac{M_1x+N_1}{(x^2+px+q)^s}+\frac{M_2x+N_2}{(x^2+px+q)^{s-1}}+\cdots+\frac{M_sx+N_s}{x^2+px+q}$$

其中 $M_1, M_2, \cdots, M_s, N_1, N_2, \cdots, N_s$ 为待定常数.

当 $Q(x)$ 既有因式 $(x-a)^k$ 又有因式 $(x^2+px+q)^s$ 时，分解后有下列 $k+s$ 个部分分式之和：

$$\frac{P(x)}{Q(x)}=\frac{A_1}{(x-a)^k}+\frac{A_2}{(x-a)^{k-1}}+\cdots+\frac{A_k}{x-a}+\frac{M_1x+N_1}{(x^2+px+q)^s}$$
$$+\frac{M_2x+N_2}{(x^2+px+q)^{s-1}}+\cdots+\frac{M_sx+N_s}{(x^2+px+q)}$$

例如

$$\frac{2x+3}{(x-1)^2\,(x^2+x+2)^2}=\frac{A_1}{(x-1)^2}+\frac{A_2}{x-1}+\frac{M_1x+N_1}{(x^2+x+2)^2}+\frac{M_2x+N_2}{x^2+x+2}$$

真分式经过上面的分解后，它的积分就容易求出了.

**【例 4-4-1】** 求 $\int\frac{x^5+x-1}{x^3-x}\mathrm{d}x$.

**解** 由多项式除法得 $\frac{x^5+x-1}{x^3-x}=x^2+1+\frac{2x-1}{x^3-x}$

按真分式分解定理，可设 $\frac{2x-1}{x^3-x}=\frac{2x-1}{x(x-1)(x+1)}=\frac{A}{x}+\frac{B}{x-1}+\frac{C}{x+1}$

去分母，得

$$2x-1=A(x^2-1)+Bx(x+1)+Cx(x-1)$$

合并同类项，得

$$2x-1=(A+B+C)x^2+(B-C)x-A$$

比较两端同次幂的系数，得方程组

$$\begin{cases}A+B+C=0\\B-C=2\\-A=-1\end{cases}\qquad 解得\begin{cases}A=1\\B=\dfrac{1}{2}\\C=-\dfrac{3}{2}\end{cases}$$

于是，
$$\frac{2x-1}{x^3-x}=\frac{1}{x}+\frac{1}{2(x-1)}-\frac{3}{2(x+1)}$$

这种求待定常数 $A$、$B$、$C$ 的方法称为**待定系数法**.

求 $A$、$B$、$C$ 有更简捷地方法，在恒等式 $2x-1=A(x^2-1)+Bx(x+1)+Cx(x-1)$ 中，令 $x=0$，得 $A=1$；令 $x=1$，得 $B=\frac{1}{2}$；令 $x=-1$，得 $C=-\frac{3}{2}$. 显然，求得 $A$、$B$、$C$ 的值是相同的.

最后，原积分为

$$\begin{aligned}\int\frac{x^5+x-1}{x^3-x}\mathrm{d}x&=\int\left[x^2+1+\frac{1}{x}+\frac{1}{2(x-1)}-\frac{3}{2(x+1)}\right]\mathrm{d}x\\&=\frac{1}{3}x^3+x+\ln|x|+\ln\sqrt{|x-1|}-\ln\left|(x+1)\sqrt{|x+1|}\right|+C\\&=\frac{1}{3}x^3+x+\ln\left|\frac{x}{x+1}\sqrt{\frac{x-1}{x+1}}\right|+C\end{aligned}$$

**【例 4-4-2】** 求 $\int\frac{5x-3}{x^2-6x-7}\mathrm{d}x$.

**解**　分解真分式，$\frac{5x-3}{x^2-6x-7}=\frac{5x-3}{(x-7)(x+1)}=\frac{A}{x-7}+\frac{B}{x+1}$

去分母，得

$$5x-3=A(x+1)+B(x-7)$$

令 $x=7$，得 $A=4$；令 $x=-1$，得 $B=1$，故有

$$\frac{5x-3}{x^2-6x-7}=\frac{4}{x-7}+\frac{1}{x+1}$$

两端求积分得

$$\int\frac{5x-3}{x^2-6x-7}\mathrm{d}x=\int\left(\frac{4}{x-7}+\frac{1}{x+1}\right)\mathrm{d}x$$
$$=4\ln|x-7|+\ln|x+1|+C=\ln|(x-7)^4(x+1)|+C$$

## 4.4.2　三角函数有理式的积分

对三角函数（$\sin x$ 或 $\cos x$）只施行四则运算得到的式子称为**三角函数有理式**，记为 $R(\sin x,\cos x)$. 它的积分记为

$$\int R(\sin x,\cos x)\mathrm{d}x$$

下面我们就来解决这个积分问题.

因为 $\sin x=\dfrac{2\tan\dfrac{x}{2}}{1+\tan^2\dfrac{x}{2}}$， $\cos x=\dfrac{1-\tan^2\dfrac{x}{2}}{1+\tan^2\dfrac{x}{2}}$

所以可令 $\tan\dfrac{x}{2}=t$，$x=2\arctan t$，$\mathrm{d}x=\dfrac{2\mathrm{d}t}{1+t^2}$，$\sin x=\dfrac{2t}{1+t^2}$，$\cos x=\dfrac{1-t^2}{1+t^2}$. 那么有

$$\int R(\sin x,\cos x)\mathrm{d}x=\int R\left(\frac{2t}{1+t^2},\frac{1-t^2}{1+t^2}\right)\frac{2}{1+t^2}\mathrm{d}t$$

显然，上式右端就是关于 $t$ 的有理函数的积分了.

**【例 4-4-3】** 求 $\displaystyle\int\frac{1}{\sin x+\cos x}\mathrm{d}x$.

**解** 令 $t=\tan\dfrac{x}{2}$，得

$$\begin{aligned}\int\frac{1}{\sin x+\cos x}\mathrm{d}x&=\int\frac{1}{\dfrac{2t}{1+t^2}+\dfrac{1-t^2}{1+t^2}}\frac{2\mathrm{d}t}{1+t^2}\\&=\int\frac{2\mathrm{d}t}{1+2t-t^2}=-2\int\frac{\mathrm{d}(1-t)}{2-(1-t)^2}\\&=\frac{\sqrt{2}}{2}\ln\left|\frac{1-t-\sqrt{2}}{1-t+\sqrt{2}}\right|+C\\&=\frac{\sqrt{2}}{2}\ln\left|\frac{1-\sqrt{2}-\tan\dfrac{x}{2}}{1+\sqrt{2}-\tan\dfrac{x}{2}}\right|+C\end{aligned}$$

上述代换又称**万能代换**. 这种代换虽然能普遍使用，但是不一定是最简捷的代换，有些三角函数有理式积分采用其他方法更容易.

**【例 4-4-4】** 求 $\displaystyle\int\frac{\cos x-\sin x}{\sin x+\cos x}\mathrm{d}x$.

**解** 凑微分很快求出积分，即

$$\int\frac{\cos x-\sin x}{\sin x+\cos x}\mathrm{d}x=\int\frac{1}{\sin x+\cos x}\mathrm{d}(\sin x+\cos x)=\ln|\sin x+\cos x|+C$$

最后我们尚需指出，初等函数在其定义域内必存在原函数，但是某些初等函数的原函数却不再是初等函数，例如 $\int\mathrm{e}^{-x^2}\mathrm{d}x$，$\int\dfrac{\mathrm{d}x}{\ln x}$，$\int\dfrac{\sin x}{x}\mathrm{d}x$，$\int\dfrac{\mathrm{d}x}{\sqrt{1+x^4}}$，$\int\dfrac{\cos x}{x}\mathrm{d}x$，$\int\sin x^2\mathrm{d}x$，$\int x^\alpha\mathrm{e}^{-x}\mathrm{d}x$（$\alpha$ 不是整数）等等. 它们的原函数就都不是初等函数，我们常称这些积分是“积不出来”的.

**练一练：**

求下列各不定积分.

(1) $\displaystyle\int\frac{x^2}{1-x^2}\mathrm{d}x$； (2) $\displaystyle\int\frac{x-5}{x^2+2x-3}\mathrm{d}x$； (3) $\displaystyle\int\frac{\sin x+1}{\sin x(\cos x+1)}\mathrm{d}x$.

## 习题 4-4

**A. 基本题**

1. 求下列不定积分.

(1) $\int \frac{1}{(1+x)(2+x)}\mathrm{d}x$；　　(2) $\int \frac{x+3}{x^2-5x+6}\mathrm{d}x$；

(3) $\int \frac{4x-2}{x^2-2x+5}\mathrm{d}x$；　　(4) $\int \frac{x^3-4x^2+2x+9}{x^2-5x+6}\mathrm{d}x$.

**B. 一般题**

2. 求下列不定积分.

(1) $\int \frac{\sin x}{1-\sin x}\mathrm{d}x$；　　(2) $\int \frac{\mathrm{d}x}{2\sin x-\cos x+5}$；

(3) $\int \frac{1}{1+2\tan x}\mathrm{d}x$；　　(4) $\int \frac{1}{1+\cos x}\mathrm{d}x$.

**C. 提高题**

3. 求下列不定积分.

(1) $\int \frac{x-1}{(x^2-2x+5)^2}\mathrm{d}x$；　　(2) $\int \frac{x^2+1}{x(x-1)^2}\mathrm{d}x$.

## 4.5　不定积分—综合应用实例

**实例 1(物体降落问题)**　一个物体从一个上升的飞行器上掉落，当时飞行器位于离地面 5.6 m 高空，正以 7 m/s 的速度上升，问多长时间该物体落到地面？

**解**　设在时刻 $t$，物体的速度为 $v(t)$，离地面高度为 $s(t)$. 地球表面附近的重力加速度为 9.8 m/s². 假设没有另外的力作用在下落的物体上，我们有

$$\frac{\mathrm{d}v}{\mathrm{d}t}=-9.8\text{（负号是因为重力作用于高度 } s \text{ 减小的方向）},$$

及条件 $v(0)=7$. 这就是物体运动的数学模型.

对等式 $\frac{\mathrm{d}v}{\mathrm{d}t}=-9.8$ 两边同时取不定积分可得 $v=\int -9.8\mathrm{d}t=-9.8t+C_1$，将条件 $v(0)=7$ 代入上式可得 $C_1=7$. 于是物体下落的速度为

$$v=-9.8t+7$$

因为速度是高度的导数，即 $v=\frac{\mathrm{d}s}{\mathrm{d}t}$，当 $t=0$ 时物体掉落，当时位于离地面 5.6 m 高空，所以我们可建立如下的数学模型

$$\begin{cases}\frac{\mathrm{d}s}{\mathrm{d}t}=-9.8t+7\\ s(0)=5.6\end{cases}$$

同样在方程 $\frac{\mathrm{d}s}{\mathrm{d}t}=-9.8t+7$ 两边同时取不定积分可得

$$s=\int(-9.8t+7)\mathrm{d}t=-4.9t^2+7t+C_2$$

将条件 $s(0)=5.6$ 代入上式可得 $C_2=5.6$. 所以在时刻 $t$ 物体离地面的高度为

$$s=-4.9t^2+7t+5.6$$

为了求该包裹落到地面的时间,令 $s=0$,即

$$-4.9t^2+7t+5.6=0$$

求得 $t_1=2, t_2=-\dfrac{4}{7}$(舍去).

所以物体从气球上掉落后 2 s 落到地面.

**实例 2(生产成本)** 制造商通过各种生产实验发现产品的边际成本是由函数 $MC=2q+6$(千元/台)确定的,式中 $q$ 是产品的单位数量. 已知生产的固定成本为 10 千元,求产品的生产成本.

**解** 生产成本的导数 $C'(q)$ 是边际成本 $MC$,即 $C'(q)=2q+6$.

所以
$$C(q)=\int(2q+6)\mathrm{d}q=q^2+6q+C$$

根据固定成本的含义知 $C(0)=10$,代入上式可得 $C=10$.

故满足条件的生产成本为 $\qquad C(q)=q^2+6q+10$

**实例 3(企业投资)** 现对某个企业给予一笔投资 $A$,经过测算,该企业在 $T$ 年中可以按每年 $a$ 的均匀应收入率取得收入. 若年利率为 $r$,试求

(1) 该投资的纯收入贴现值;

(2) 收回该笔投资的时间是多少?

**解** (1) 因收入率为 $a$,年利率为 $r$,故投资后所获得的总收入现值为

$$y=\int a\mathrm{e}^{-rt}\mathrm{d}t=-\frac{a}{r}\int\mathrm{e}^{-rt}\mathrm{d}(-rt)=-\frac{a}{r}\mathrm{e}^{-rt}+C$$

又 $t=0$ 时,$y=0$,代入上式,得 $C=\dfrac{a}{r}$.

即
$$y=-\frac{a}{r}\mathrm{e}^{-rt}+\frac{a}{r}=\frac{a}{r}(1-\mathrm{e}^{-rt})$$

故投资后的 $T$ 年中获得的纯收入贴现值为

$$R=y(T)-A=\frac{a}{r}(1-\mathrm{e}^{-rT})-A$$

(2) 收回投资,即总收入的现值等于投资,于是有

$$\frac{a}{r}(1-\mathrm{e}^{-rt})=A$$

解得 $t=\dfrac{1}{r}\ln\dfrac{a}{a-Ar}$,即收回投资的时间为 $t=\dfrac{1}{r}\ln\dfrac{a}{a-Ar}$.

**实例 4(结冰厚度)** 美丽的冰城常年积雪,滑冰场完全靠自然结冰,结冰的速度由函数 $\dfrac{\mathrm{d}y}{\mathrm{d}t}=k\sqrt{t}$ ($k>0$ 为常数)所确定,其中 $y$ 是从结冰起到时刻 $t$ 冰的厚度,求结冰厚度 $y$ 关于时间 $t$ 的函数.

**解** 根据题意,结冰厚度 $y$ 关于时间 $t$ 的函数为

$$y=\int kt^{\frac{1}{2}}\mathrm{d}t=\frac{2}{3}kt^{\frac{3}{2}}+C$$

其中常数 $C$ 是结冰的时间所决定. 如果 $t=0$ 时刻开始结冰的厚度为 0,即 $y(0)=0$.

代入上式可得 $C=0$,所得函数为 $y=\frac{2}{3}kt^{\frac{3}{2}}$,即为结冰厚度关于时间的函数.

# 复习题 4
# (历年专插本考试真题)

## 一、单项选择题

1. (2015/3) 设 $F(x)$ 为 $f(x)$ 的任一原函数,$C$ 为任意常数,则 $\int f(2x)\mathrm{d}x=$ (　　).

A. $F(x)+C$　　B. $F(2x)+C$　　C. $\frac{1}{2}F(2x)+C$　　D. $2F(2x)+C$

2. (2013/6) 若函数 $f(x)$ 和 $F(x)$ 满足 $F'(x)=f(x)(x\in R)$,则下列等式成立的是(　　).

A. $\int\frac{1}{x}F(2\ln x+1)\mathrm{d}x=2f(2\ln x+1)+C$

B. $\int\frac{1}{x}F(2\ln x+1)\mathrm{d}x=\frac{1}{2}f(2\ln x+1)+C$

C. $\int\frac{1}{x}f(2\ln x+1)\mathrm{d}x=2F(2\ln x+1)+C$

D. $\int\frac{1}{x}f(2\ln x+1)\mathrm{d}x=\frac{1}{2}F(2\ln x+1)+C$

3. (2009/4) 积分 $\int\cos xf'(1-2\sin x)\mathrm{d}x=$ (　　).

A. $2f(1-2\sin x)+C$　　B. $\frac{1}{2}f(1-2\sin x)+C$

C. $-2f(1-2\sin x)+C$　　D. $-\frac{1}{2}f(1-2\sin x)+C$

4. (2008/4) 下列函数中,不是 $\mathrm{e}^{2x}-\mathrm{e}^{-2x}$ 的原函数的是(　　).

A. $\frac{1}{2}(\mathrm{e}^{x}+\mathrm{e}^{-x})^2$　　B. $\frac{1}{2}(\mathrm{e}^{x}-\mathrm{e}^{-x})^2$

C. $\frac{1}{2}(\mathrm{e}^{2x}+\mathrm{e}^{-2x})$　　D. $\frac{1}{2}(\mathrm{e}^{2x}-\mathrm{e}^{-2x})$

5. (2007/3) 设 $F(x)$ 是 $f(x)$ 在 $(0,+\infty)$ 内的一个原函数,下列等式不成立的是(　　).

A. $\int\frac{f(\ln x)}{x}\mathrm{d}x=F(\ln x)+C$　　B. $\int\cos xf(\sin x)\mathrm{d}x=F(\sin x)+C$

C. $\int 2xf(x^2+1)\mathrm{d}x=F(x^2+1)+C$　　D. $\int 2^xf(2^x)\mathrm{d}x=F(2^x)+C$

6. (2005/2) 设 $f(x)$ 是在 $(-\infty,+\infty)$ 上的连续函数,且 $\int f(x)\mathrm{d}x=\mathrm{e}^{x^2}+c$,则 $\int\frac{f(\sqrt{x})}{\sqrt{x}}\mathrm{d}x=$

(　　).

A. $-2e^{x^2}$　　B. $2e^x+c$　　C. $-\frac{1}{2}e^{x^2}+c$　　D. $\frac{1}{2}e^x+c$

## 二、填空题

1. (2012/二.7) 若 $f(x)=\int\frac{\tan x}{x}dx$,则 $f''(\pi)=$ ________.

2. (2003/一.8) 若 $f(x)$的一个原函数为 $xe^{-x}$,则 $f(x)=$ ________.

3. (2001/一.6) 计算$\int x^2 f(x^3)\cdot f'(x^3)dx=$ ________.

## 三、计算题

1. (2015/14) 计算不定积分$\int\frac{\sqrt{x+2}}{x+3}dx$.

2. (2014/14) 计算不定积分$\int\frac{1}{(x+2)\sqrt{x+3}}dx$.

3. (2013/15) 计算不定积分$\int\frac{\sin^3 x}{\cos^2 x}dx$.

4. (2012/14) 计算不定积分$\int\ln(1+x^2)dx$.

5. (2011/14) 计算不定积分$\int\frac{1}{x^2\sqrt{x^2-1}}dx(x>1)$.

6. (2010/14) 计算不定积分$\int\frac{\cos x}{1-\cos x}dx$.

7. (2009/14) 计算不定积分$\int\arctan\sqrt{x}\,dx$.

8. (2008/14) 求不定积分$\int\frac{\sin x+\sin^2 x}{1+\cos x}dx$.

9. (2007/14) 计算不定积分$\int\left[2^x-\frac{1}{(3x+2)^3}+\frac{1}{\sqrt{4-x^2}}\right]dx$.

10. (2006/12)计算不定积分$\int\frac{dx}{\sqrt{x(1-x)}}$.

11. (2005/15)计算不定积分$\int\left(\frac{1}{\sqrt[3]{x}}-\frac{1}{x}+3^x+\frac{1}{\sin^2 x}\right)dx$.

# 第5章 定积分及其应用

在科学技术和经济学的许多问题中，经常需要计算某些“和式的极限”，定积分就是从各种计算“和式的极限”问题中抽象出的数学概念，它与不定积分是两个不同的数学概念. 但是，微积分基本定理则把这两个概念联系起来，解决了定积分的计算问题，使定积分得到广泛的应用. 本章首先从几何问题和物理问题引出定积分的概念，然后讨论它的性质和计算方法，最后介绍它的简单应用.

## 5.1 定积分的定义及其性质

定积分是一元函数积分学的又一个基本问题，它在科技及经济领域中都有非常广泛地应用. 首先从几何问题和物理问题引出定积分的概念，再介绍它的性质.

### 5.1.1 引例

**1. 曲边梯形的面积**

所谓曲边梯形是指由连续曲线 $y=f(x)(f(x)\geqslant 0)$ 与直线 $x=a, x=b(b>a)$ 及 $x$ 轴所围成的图形. 其底边所在的区间是 $[a,b]$，如图 5-1 所示.

前面曾介绍过利用圆内接正多边形的面积去逼近圆面积，当内接正多边形的边数很大时，每个小扇形的面积可以用三角形面积近似计算，让内接正多边形的边数无限增大，取极限，即得到圆面积的值. 沿着这一思路，下面讨论曲边梯形的面积.

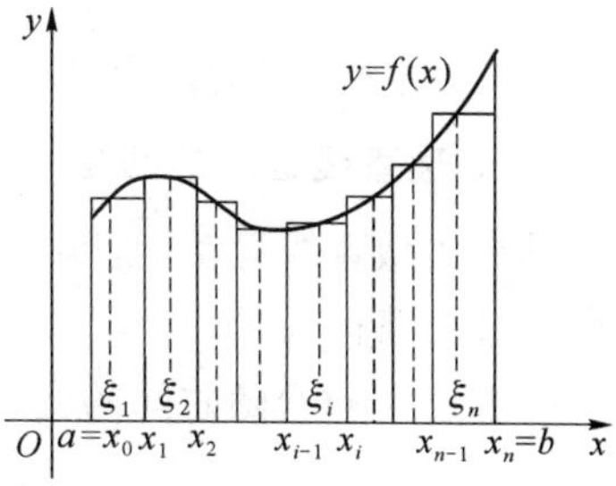


图 5-1

前面已经有矩形、三角形、梯形等图形的面积计算公式，如何用这些图形的面积来计算曲边梯形的面积呢？考虑到 $f(x)$ 的连续性，当自变量的变化很小时，函数的变化也很小. 于是若把曲边梯形分成许多小块，在每一小块上，函数的高变化很小，可近似地看作不变，即用一系列小矩形的面积近似代替小曲边梯形的面积，从而得到小曲边梯形面积的近似值，再将这些小曲边梯形的面积近似值相加，得到整个曲边梯形面积的近似值. 分得越细，面积的近似程度越高，这样无限细分下去，让每一个小曲边梯形的底边长度都趋于零，这时所有小矩形面积和的极限就是所求曲边梯形的面积. 通常地讲，其基本思想是“化整为零”、“积零为整”，具体分为四个步骤.

(1) 分割(大化小)：在区间 $[a,b]$ 中任意插入若干个分点

$a=x_0<x_1<x_2\cdots<x_{n-1}<x_n=b$，把$[a,b]$分成 $n$ 个小区间

$$[x_0,x_1],[x_1,x_2],\cdots,[x_{n-1},x_n]$$

它们的长度依次为

$$\Delta x_1=x_1-x_0,\Delta x_2=x_2-x_1,\cdots,\Delta x_n=x_n-x_{n-1}$$

过各分点 $x_i$ 作平行于 $y$ 轴的直线，这些直线把曲边梯形分成 $n$ 个小曲边梯形，其中第 $i$ 个小曲边梯形的面积记为

$$\Delta A_i\ (i=1,2,\cdots,n)$$

则有

$$A=\Delta A_1+\Delta A_2+\cdots+\Delta A_i+\cdots+\Delta A_n$$

(2) **局部近似代替(常代变)**：用小矩形面积近似代替小曲边梯形面积，在第 $i$ 个小区间$[x_{i-1},x_i]$上任意选取一点 $\xi_i(i=1,2,\cdots,n)$，用 $\xi_i$ 点的高 $f(\xi_i)$代替第 $i$ 个小曲边梯形的底边$[x_{i-1},x_i]$上各点的高，即以$[x_{i-1},x_i]$作底，$f(\xi_i)$为高的小矩形的面积近似代替第 $i$ 个小曲边梯形的面积 $\Delta A_i$，于是

$$\Delta A_i\approx f(\xi_i)\Delta x_i(i=1,2,\cdots,n)$$

(3) **求和(近似和)**：把 $n$ 个小矩形面积相加(即阶梯形面积)就得到曲边梯形面积 $A$ 的近似值. 即

$$\begin{aligned}A &\approx f(\xi_1)\Delta x_1+f(\xi_2)\Delta x_2+\cdots+f(\xi_n)\Delta x_n\\ &=\sum_{i=1}^{n}f(\xi_i)\Delta x_i\end{aligned}$$

(4) **取极限**：从直观上看，分点越多，即分割越细，$\sum\limits_{i=1}^{n}f(\xi_i)\Delta x_i$ 就越接近于曲边梯形的面积，为了保证全部 $\Delta x_i$ 都无限缩小，使得分割无限加细，显然只需要求小区间长度中的最大值 $\lambda=\max\limits_{1\leqslant i\leqslant n}\{\Delta x_i\}$趋向于零，这时，和式 $\sum\limits_{i=1}^{n}f(\xi_i)\Delta x_i$ 的极限(如果存在)就是曲边梯形面积 $A$ 的精确值，即

$$A=\lim_{\lambda\to 0}\sum_{i=1}^{n}f(\xi_i)\Delta x_i$$

可见，曲边梯形的面积是一个和式的极限.

**2. 变速直线运动的路程**

设物体做直线运动，速度 $v(t)$是时间 $t$ 的连续函数，且 $v(t)\geqslant 0$. 求物体在时间间隔$[a,b]$内所经过的路程 $s$.

由于速度 $v(t)$随时间的变化而变化，因此不能用匀速直线运动的公式

$$\text{路程}=\text{速度}\times\text{时间}$$

来计算物体作变速运动的路程. 但由于 $v(t)$连续，当 $t$ 的变化很小时，速度的变化也非常小，因此在很小的一段时间内，变速运动可以近似看成等速运动. 有时间区间$[a,b]$可以划分为若干个微小的时间区间之和，所以，可以与前述面积问题一样，采用分割、近似、求和、取极限的方法来求变速直线运动的路程.

(1) **分割时间区间(大化小)**：用分点 $a=t_0<t_1<t_2<\cdots<t_n=b$ 将时间区间$[a,b]$分成 $n$ 个小区间$[t_{i-1},t_i]$ $(i=1,2,\cdots,n)$，其中第 $i$ 个时间段的长度为 $\Delta t_i=t_i-t_{i-1}$，物体在此时间段内经过的路程为 $\Delta s_i$.

(2) **局部近似代替(常代变)**：当 $\Delta t_i$ 很小时，在$[t_{i-1},t_i]$上任取一点 $\xi_i$，以 $v(\xi_i)$来替代

$[t_{i-1}, t_i]$上各时刻的速度，则 $\Delta s_i \approx v(\xi_i) \cdot \Delta t_i$.

(3) **求和(近似和)**：在每个小区间上用同样的方法求得路程的近似值，再求和，得

$$s = \sum_{i=1}^{n} \Delta s_i \approx \sum_{i=1}^{n} v(\xi_i) \Delta t_i$$

(4) **取极限**：令 $\lambda = \max\limits_{1 \leqslant i \leqslant n}\{\Delta t_i\}$，则当 $\lambda \to 0$ 时，上式右端的和式作为 $s$ 近似值的误差会趋于 0，因此

$$s = \lim_{\lambda \to 0} \sum_{i=1}^{n} v(\xi_i) \Delta t_i$$

可见，变速直线运动的路程也是一个和式的极限.

### 5.1.2 定积分的定义

从上面两个例子可以看到，虽然所要计算的量的实际意义不同，前者是几何量，后者是物理量，但是计算这些量的思想方法和步骤都是相同的，并且最终归结为求一个和式的极限：

面积 $$S = \lim_{\lambda \to 0} \sum_{i=1}^{n} f(\xi_i) \Delta x_i;$$

路程 $$s = \lim_{\lambda \to 0} \sum_{i=1}^{n} v(\xi_i) \Delta t_i.$$

类似于这样的实际问题还有很多，抛开这些问题的具体意义，抓住它们在数量关系上共同的本质与特性加以概括，我们就可以抽象出下述定积分定义：

**定义 5-1-1** 设函数 $y = f(x)$在$[a, b]$上有界，在$[a, b]$中任意插入若干个分点

$$a = x_0 < x_1 < x_2 \cdots < x_{n-1} < x_n = b$$

把区间$[a, b]$分成个小区间 $[x_0, x_1], [x_1, x_2], \cdots, [x_{n-1}, x_n]$.

各个小区间的长度依次为

$$\Delta x_1 = x_1 - x_0, \Delta x_2 = x_2 - x_1, \cdots, \Delta x_n = x_n - x_{n-1}$$

在每个小区间$[x_{i-1}, x_i]$上任取一点 $\xi_i (i = 1, 2, \cdots, n)$，$x_{i-1} \leqslant \xi_i \leqslant x_i$，作函数值 $f(\xi_i)$与小区间长度 $\Delta x_i$ 的乘积 $f(\xi_i)\Delta x_i (i = 1, 2, \cdots, n)$)，并作出和

$$\sum_{i=1}^{n} f(\xi_i) \Delta x_i$$

记 $\lambda = \max\{\Delta x_1, \Delta x_2, \cdots, \Delta x_n\}$，如果不论对$[a, b]$怎样分法，也不论在小区间$[x_{i-1}, x_i]$上点 $\xi_i$ 怎样取法，只要当 $\lambda \to 0$ 时，上面的和式有确定的极限，那么我们称这个极限为函数 $y = f(x)$在区间$[a, b]$上的定积分，记为$\int_a^b f(x) \mathrm{d}x$，即

$$\int_a^b f(x) \mathrm{d}x = \lim_{\lambda \to 0} \sum_{i=1}^{n} f(\xi_i) \Delta x_i$$

其中 $f(x)$称为**被积函数**，$f(x)\mathrm{d}x$ 称为**被积表达式**，$x$ 称为**积分变量**，$a$，$b$ 分别称为**积分下限**与**积分上限**，$[a, b]$称为**积分区间**.

如果定积分 $\int_a^b f(x) \mathrm{d}x$ 存在，则称 $f(x)$在$[a, b]$上**可积**.

利用定积分的定义，前面所讨论的两个实际问题可以分别表述如下：

(1) 曲边梯形的面积 $A$ 等于其曲边函数 $y = f(x)$在其底边所在的区间$[a, b]$上的定积分：

$$A=\int_a^b f(x)\mathrm{d}x$$

(2) 变速直线运动的物体所经过的路程 $s$ 等于其速度函数 $v=v(t)$ 在时间区间 $[a,b]$ 上的定积分：

$$s=\int_a^b v(t)\mathrm{d}t$$

**注意：**

(1) 定积分只与被积函数 $f(x)$ 及积分区间 $[a,b]$ 有关，而与积分变量无关. 如果不改变被积函数和积分区间，而只把积分变量 $x$ 换成其他字母，例如 $t$ 或 $u$，定积分的值不变，即

$$\int_a^b f(x)\mathrm{d}x=\int_a^b f(t)\mathrm{d}t=\int_a^b f(u)\mathrm{d}u$$

换言之，定积分中积分变量符号的更换不影响它的值.

(2) 在上述定积分的定义中要求 $a<b$，为了今后运算方便，给出以下的补充规定：

$$\int_a^b f(x)\mathrm{d}x=-\int_b^a f(x)\mathrm{d}x \qquad (a>b)$$

$$\int_a^b f(x)\mathrm{d}x=0 \qquad (a=b)$$

### 5.1.3 定积分的几何意义

**1. 在区间 $[a,b]$ 上 $f(x)\geqslant 0$**

在 $[a,b]$ 上当 $f(x)\geqslant 0$ 时，定积分 $\int_a^b f(x)\mathrm{d}x$ 的数值在几何上表示由连续曲线 $y=f(x)$，直线 $x=a$，$x=b$ 和 $x$ 轴所围成的曲边梯形的面积，即 $\int_a^b f(x)\mathrm{d}x=S$.

**2. 在区间 $[a,b]$ 上 $f(x)\leqslant 0$**

在 $[a,b]$ 上当 $f(x)\leqslant 0$ 时，和式 $\sum_{i=1}^{n} f(\xi_i)\Delta x_i$ 的每一项 $f(\xi_i)\Delta x_i\leqslant 0$，此时定积分 $\int_a^b f(x)\mathrm{d}x$ 的数值在几何上表示由连续曲线 $y=f(x)$，直线 $x=a$，$x=b$ 和 $x$ 轴所围成的曲边梯形的面积的负值，即 $\int_a^b f(x)\mathrm{d}x=-S$，如图 5-2 所示.

**3. 在 $[a,b]$ 上 $f(x)$ 有正有负**

在 $[a,b]$ 上 $f(x)$ 有正有负时，正的区间上定积分值取面积的正值，负的区间上定积分值取面积的负值，然后把这些值加起来，即 $\int_a^b f(x)\mathrm{d}x=S_1-S_2+S_3$，如图 5-3 所示.

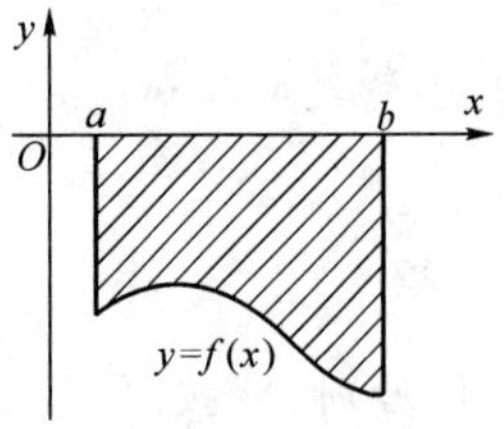


图 5-2

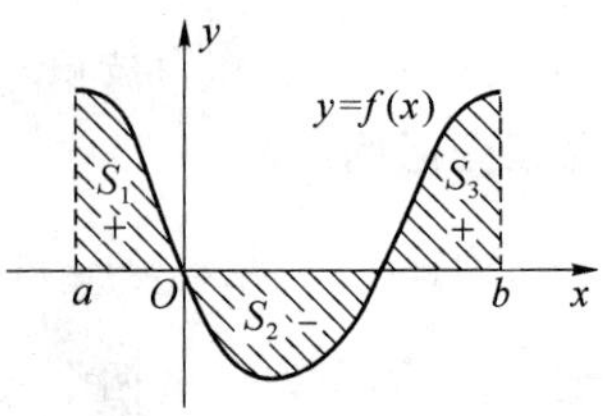


图 5-3

由上面的分析我们可以得到如下结果：

若规定 $x$ 轴上方的面积为正，下方的面积为负，定积分 $\int_a^b f(x)\mathrm{d}x$ 的几何意义为：它的数值可以用曲边梯形的面积的代数和来表示.

**【例 5-1-1】** 利用定积分的几何意义，计算定积分 $\int_{-1}^{1}\sqrt{1-x^2}\,\mathrm{d}x$ 的值.

**解**　注意到所求定积分代表上半圆 $y=\sqrt{1-x^2}$ 与 $x$ 轴围成平面图形的面积. 显然，这块面积是半径为 1 的圆面积的 $\frac{1}{2}$，因此，所求定积分的值为

$$\int_{-1}^{1}\sqrt{1-x^2}\,\mathrm{d}x=\frac{\pi}{2}$$

对于定积分，有这样一个重要问题：什么函数是可积的？这个问题我们不作深入讨论，而只是直接给出下面的定积分存在定理：

**定理 5-1-1**　如果函数 $f(x)$ 在 $[a,b]$ 上连续，则函数 $y=f(x)$ 在 $[a,b]$ 上可积.

证明从略.

这个定理在直观上是很容易接受的：如图 5-3 所示，由定积分的几何意义可知，若 $f(x)$ 在 $[a,b]$ 上连续，则由曲线 $y=f(x)$，直线 $x=a$，$x=b$ 和 $x$ 轴所围成的曲边梯形面积的代数和是一定存在的，即定积分 $\int_a^b f(x)\mathrm{d}x$ 一定存在.

**练一练：**

利用定积分的几何意义，计算下列定积分的值.

(1) $\int_{-a}^{a}\sqrt{a^2-x^2}\,\mathrm{d}x\quad(a>0)$；　(2) $\int_0^1\sqrt{1-x^2}\,\mathrm{d}x$.

### 5.1.4　定积分的基本性质

下面假定各函数在闭区间 $[a,b]$ 上连续，而对 $a$，$b$ 的大小不加限制（特别情况除外）.

**性质 1**　函数的和（差）的定积分等于它们的定积分的和（差），即

$$\int_a^b[f(x)\pm g(x)]\mathrm{d}x=\int_a^b f(x)\mathrm{d}x\pm\int_a^b g(x)\mathrm{d}x$$

这个性质可以推广到有限个连续函数的代数和的定积分.

**性质 2**　被积函数的常数因子可以提到积分号外面，即

$$\int_a^b kf(x)\mathrm{d}x=k\int_a^b f(x)\mathrm{d}x$$

**性质 3**　如果在区间 $[a,b]$ 上，$f(x)\equiv 1$，那么有

$$\int_a^b 1\cdot\mathrm{d}x=\int_a^b\mathrm{d}x=b-a$$

以上三条性质可用定积分定义和极限运算法则导出.

证明从略.

**【例 5-1-2】** 已知 $\int_0^{\frac{\pi}{2}}\sin x\mathrm{d}x=1$，求 $\int_0^{\frac{\pi}{2}}(3\sin x-2)\mathrm{d}x$.

**解**　根据定积分的性质 1，性质 2，性质 3，可知

$$\int_0^{\frac{\pi}{2}}(3\sin x-2)\mathrm{d}x=3\int_0^{\frac{\pi}{2}}\sin x\mathrm{d}x-2\int_0^{\frac{\pi}{2}}\mathrm{d}x=3\times1-2\left(\frac{\pi}{2}-0\right)=3-\pi$$

**性质 4** 如果把区间$[a,b]$分为$[a,c]$和$[c,b]$两个区间,不论$a,b,c$的大小顺序如何,总有

$$\int_a^b f(x)\mathrm{d}x=\int_a^c f(x)\mathrm{d}x+\int_c^b f(x)\mathrm{d}x$$

这性质表明定积分对于积分区间具有可加性(图 5-4).

**性质 5** 如果在区间$[a,b]$上,$f(x)\geqslant\psi(x)$,那么有

$$\int_a^b f(x)\mathrm{d}x\geqslant\int_a^b \psi(x)\mathrm{d}x$$

性质 4、性质 5 的几何意义是明显的,读者可自证(图 5-5).

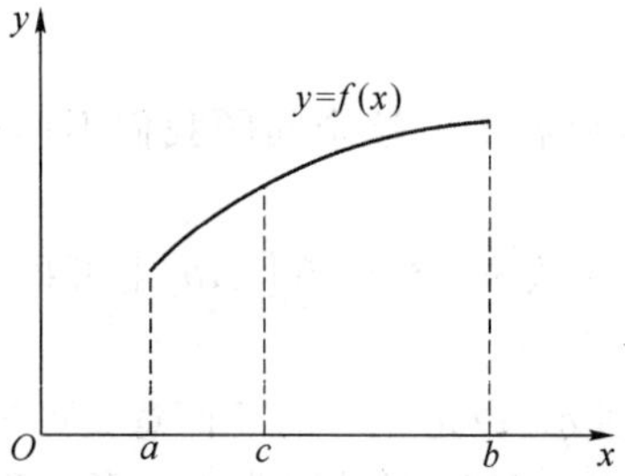


图 5-4

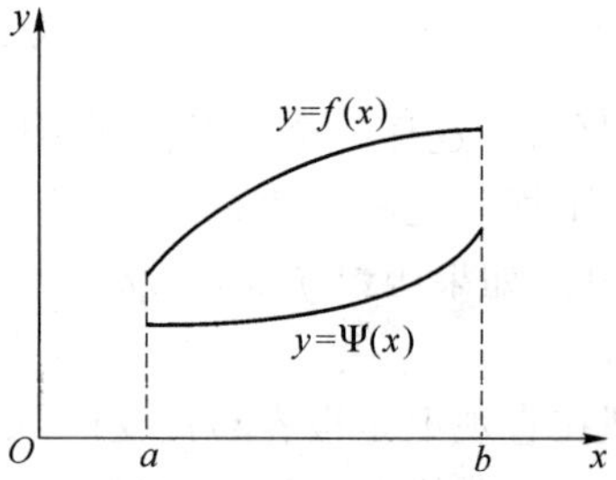


图 5-5

**【例 5-1-3】** 比较下列定积分$\int_{-2}^0 \mathrm{e}^x\mathrm{d}x$和$\int_{-2}^0 x\mathrm{d}x$的大小.

**解** 令$f(x)=\mathrm{e}^x-x$, $x\in[-2,0]$.可证$f(x)>0$,故$\int_{-2}^0 f(x)\mathrm{d}x>0$,即

$$\int_{-2}^0(\mathrm{e}^x-x)\mathrm{d}x>0$$

故

$$\int_{-2}^0 \mathrm{e}^x\mathrm{d}x>\int_{-2}^0 x\mathrm{d}x$$

注 $f'(x)=\mathrm{e}^x-1<0,x\in[-2,0],f(0)=1,f(x)>f(0)=1>0$.

**性质 6(估值定理)** 设函数$f(x)$在区间$[a,b]$上的最小值与最大值分别为$m$与$M$,则

$$m(b-a)\leqslant\int_a^b f(x)\mathrm{d}x\leqslant M(b-a)$$

**证** 因为$m\leqslant f(x)\leqslant M$,由性质 5 得

$$\int_a^b m\mathrm{d}x\leqslant\int_a^b f(x)\mathrm{d}x\leqslant\int_a^b M\mathrm{d}x$$

即

$$m\int_a^b \mathrm{d}x\leqslant\int_a^b f(x)\mathrm{d}x\leqslant M\int_a^b \mathrm{d}x$$

故

$$m(b-a)\leqslant\int_a^b f(x)\mathrm{d}x\leqslant M(b-a)$$

利用这个性质,由被积函数在积分区间上的最小值及最大值,可以估计出积分值的大致范围.

**【例 5-1-4】** 试估计定积分$\int_{-\pi}^{\pi}(\cos x+2)\mathrm{d}x$的范围.

**解** 先求被积函数$f(x)=\cos x+2$的最大值与最小值,由$f'(x)=-\sin x$得驻点为$x=0$,比较函数$f(x)$在驻点及区间端点处的值,

$$f(0)=3,f(-\pi)=f(\pi)=1,\text{从而 } M=3,m=1$$

于是由性质 6 得

$$1(\pi+\pi)\leqslant\int_{-\pi}^{\pi}f(x)\mathrm{d}x\leqslant 3(\pi+\pi)\text{，即}$$

$$2\pi\leqslant\int_{-\pi}^{\pi}(\cos x+2)\mathrm{d}x\leqslant 6\pi$$

**性质 7(定积分中值定理)**　如果函数 $f(x)$在区间$[a,b]$上连续，则在$[a,b]$内至少存在一点 $\xi$，使下式成立：

$$\int_a^b f(x)\mathrm{d}x=f(\xi)(b-a),\quad \xi\in[a,b]$$

这个公式称为**积分中值公式**.

**证**　把性质 6 的不等式两端除以 $b-a$，得

$$m\leqslant\frac{1}{b-a}\int_a^b f(x)\mathrm{d}x\leqslant M$$

由于 $f(x)$在闭区间$[a,b]$上连续，而 $\frac{1}{b-a}\int_a^b f(x)\mathrm{d}x$ 介于 $f(x)$的最小值 $m$ 与最大值 $M$ 之间，故根据连续函数的介值定理，在$[a,b]$上至少存在一点 $\xi$，使 $f(\xi)=\frac{1}{b-a}\int_a^b f(x)\mathrm{d}x$，即

$$\int_a^b f(x)\mathrm{d}x=f(\xi)(b-a)$$

显然，积分中值公式不论 $a<b$ 或 $a>b$ 都是成立的. 公式中，$f(\xi)=\frac{1}{b-a}\int_a^b f(x)\mathrm{d}x$ 称为函数 $f(x)$在区间$[a,b]$上的**平均值**.

这个定理有明显的几何意义：对曲边连续的曲边梯形，总存在一个以 $b-a$ 为底，以$[a,b]$上一点 $\xi$ 的纵坐标 $f(\xi)$为高的矩形，其面积就等于曲边梯形的面积，如图 5-6 所示.

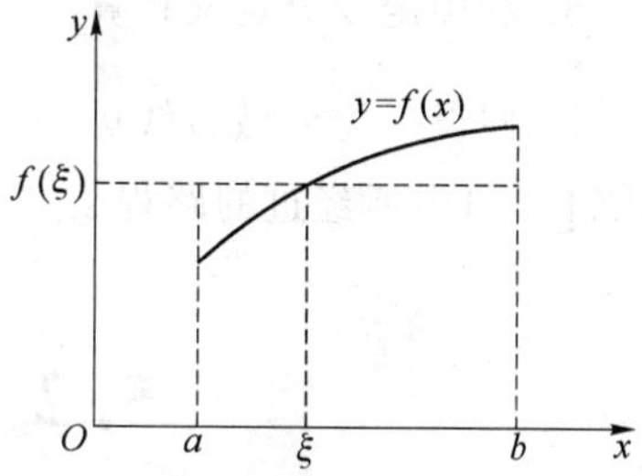

图 5-6

**研讨题**：设有一条质量非均匀的细棒，长度为 $l$，取棒的一端为原点，假设棒上任一点 $x$ 的线密度为 $\rho(x)$，试用定积分表示细棒的质量 $m$.

# 习题 5-1

## A. 基本题

1. 利用定积分表示由抛物线 $y=x^2+1$，两直线 $x=-1$，$x=2$ 及横轴所围成的图形的面积.

2. 已知 $\int_0^2 x^2\mathrm{d}x=\frac{8}{3}$，$\int_0^2 x\mathrm{d}x=2$，计算下列各式的值.

(1) $\int_0^2(x+1)^2\mathrm{d}x$；

(2) $\int_0^2(x-\sqrt{3})(x+\sqrt{3})\mathrm{d}x$.

**B. 一般题**

3. 利用定积分的几何意义说明下列等式.

(1) $\int_0^1 2x\mathrm{d}x = 1$； (2) $\int_0^a \sqrt{a^2 - x^2}\,\mathrm{d}x = \frac{\pi}{4}a^2 \quad (a > 0)$；

(3) $\int_{-\pi}^{\pi} \sin x\mathrm{d}x = 0$； (4) $\int_{-\frac{\pi}{2}}^{\frac{\pi}{2}} \cos x\mathrm{d}x = 2\int_0^{\frac{\pi}{2}} \cos x\mathrm{d}x$.

4. 估计下列积分的值.

(1) $\int_0^1 \mathrm{e}^x\,\mathrm{d}x$； (2) $\int_1^4 (x^2+1)\mathrm{d}x$.

5. 根据定积分的性质，比较各对积分值的大小.

(1) $\int_0^1 x^2\,\mathrm{d}x$， $\int_0^1 x^3\,\mathrm{d}x$； (2) $\int_1^2 \ln x\mathrm{d}x$， $\int_1^2 (\ln x)^2\,\mathrm{d}x$；

(3) $\int_0^1 \mathrm{e}^x\,\mathrm{d}x$， $\int_0^1 (1+x)\mathrm{d}x$； (4) $\int_0^{\frac{\pi}{2}} x\mathrm{d}x$， $\int_0^{\frac{\pi}{2}} \sin x\mathrm{d}x$.

**C. 提高题**

6. 利用定积分定义计算 $\int_0^1 x^2\,\mathrm{d}x$.

7. 假设一物体做直线运动，其初速度为 $v_0$，加速度为 $a$($v_0$，$a$ 均为常数)，求该物体在时间间隔 $[0,3]$ 内所经过的路程 $s$.

# 5.2 牛顿-莱布尼兹公式

定积分的定义是以一种特殊和的极限给出的，直接用定义计算定积分十分繁杂. 本节先研究积分变上限的定积分及其求导定理，然后证明计算定积分的基本公式牛顿-莱布尼兹公式(微积分基本公式). 我们将发现，定积分与不定积分之间有密切的联系，从而可以用不定积分来计算定积分.

## 5.2.1 变上限的定积分及其导数

设函数 $f(x)$ 在区间 $[a,b]$ 上连续，若仅考虑定积分 $\int_a^b f(x)\mathrm{d}x$，则它是一个定数. 若固定下限，让上限在区间 $[a,b]$ 上变动，即取 $x$ 为区间 $[a,b]$ 上的任意一点，由于 $f(x)$ 在 $[a,b]$ 上连续，因而在 $[a,x]$ 上也连续，由 5.1 定理 5-1-1 知 $f(x)$ 在 $[a,x]$ 可积，即积分 $\int_a^x f(x)\mathrm{d}x$ 存在，这个积分称为**变上限的定积分**，记作

$$\Phi(x) = \int_a^x f(x)\mathrm{d}x, \quad x \in [a,b]$$

这里 $x$ 既是定积分的上限，又是积分变量. 为避免混淆，把积分变量改用 $t$ 表示. 则上式改写为

$$\Phi(x)=\int_a^x f(t)\mathrm{d}t \quad (a\leqslant x\leqslant b)$$

变上限定积分 $\Phi(x)$，具有下面的重要性质：

**定理 5-2-1**　如果函数 $f(x)$ 在区间 $[a,b]$ 上连续，则变上限的定积分 $\Phi(x)$ 在 $[a,b]$ 上可导，且 $\Phi(x)$ 的导数等于被积函数在积分上限 $x$ 处的值，即

$$\Phi'(x)=\left[\int_a^x f(t)\mathrm{d}t\right]'=f(x) \quad (a\leqslant x\leqslant b)$$

或者

$$\mathrm{d}\Phi(x)=\mathrm{d}\left(\int_a^x f(t)\mathrm{d}t\right)=f(x)\mathrm{d}x$$

**证**　如图 5-7 所示，给 $x$ 以增量 $\Delta x$，则 $\Phi(x)$ 有增量为

$$\begin{aligned}\Delta\Phi(x)&=\Phi(x+\Delta x)-\Phi(x)\\&=\int_a^{x+\Delta x}f(t)\mathrm{d}t-\int_a^x f(t)\mathrm{d}t\\&=\int_a^x f(t)\mathrm{d}t+\int_x^{x+\Delta x}f(t)\mathrm{d}t-\int_a^x f(t)\mathrm{d}t\\&=\int_x^{x+\Delta x}f(t)\mathrm{d}t\end{aligned}$$

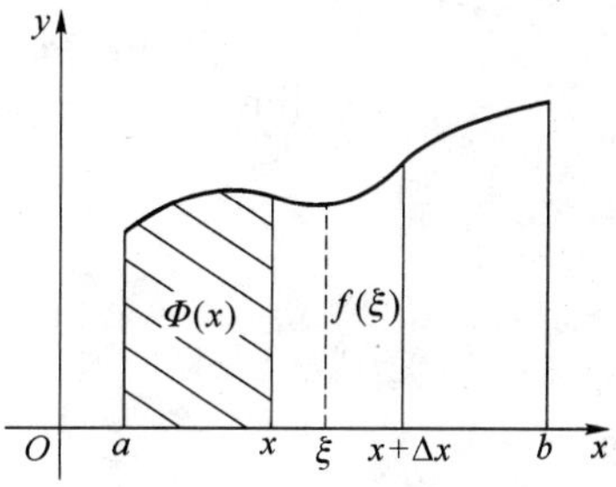


图 5-7

由积分中值定理得，在 $[x,x+\Delta x]$ 内必存在一点 $\xi$，使得

$$\Delta\Phi(x)=\int_x^{x+\Delta x}f(t)\mathrm{d}t=f(\xi)\Delta x$$

即

$$\frac{\Delta\Phi(x)}{\Delta x}=f(\xi)$$

当 $\Delta x\to 0$ 时，$\xi\to x$，根据 $f(x)$ 的连续性，得

$$\lim_{\Delta x\to 0}\frac{\Delta\Phi(x)}{\Delta x}=\lim_{\Delta x\to 0}f(\xi)=\lim_{\xi\to x}f(\xi)=f(x)$$

即

$$\Phi'(x)=f(x) \quad (a\leqslant x\leqslant b)$$

**推论**　若函数 $f(x)$ 在区间 $[a,b]$ 连续，则变上限的定积分 $\int_a^x f(t)\mathrm{d}t$ 是 $f(x)$ 在 $[a,b]$ 上的一个原函数.

由推论可知：连续函数必有原函数. 由此证明了第 4 章给出的原函数存在定理.

**【例 5-2-1】**　求下列函数的导数.

(1) $\int_0^x \mathrm{e}^{-t}\mathrm{d}t$；　　(2) $\int_x^1 \cos^2 t\mathrm{d}t$.

**解**　(1) $\left[\int_0^x \mathrm{e}^{-t}\mathrm{d}t\right]_x'=\mathrm{e}^{-t}\Big|_{t=x}=\mathrm{e}^{-x}$.

(2) $\left[\int_x^1 \cos^2 t\mathrm{d}t\right]_x'=\left[-\int_1^x \cos^2 t\mathrm{d}t\right]_x'=-\cos^2 x$.

**【例 5-2-2】**　设 $\varphi(x)=\int_0^{\sqrt{x}}\cos t^2\mathrm{d}t$，求 $\varphi'(x)$.

**解**　令 $u=\sqrt{x}$，则 $\varphi(x)$ 可以看作是函数 $\int_0^u \cos t^2\mathrm{d}t$ 和 $u=\sqrt{x}$ 复合而成的复合函数，由复合函数微分法及变上限定积分的导数公式，有

$$\varphi'(x) = \frac{\mathrm{d}\left(\int_0^u \cos t^2 \mathrm{d}t\right)}{\mathrm{d}u} \cdot \frac{\mathrm{d}u}{\mathrm{d}x}$$

$$= \cos u^2 \cdot \frac{1}{2\sqrt{x}} = \frac{1}{2\sqrt{x}} \cos x$$

**【例 5-2-3】** 求 $\lim\limits_{x \to 0} \dfrac{\int_{2x}^0 \sin t^2 \mathrm{d}t}{x^3}$.

**解** 这是一个"$\dfrac{0}{0}$"型不定式,利用洛必达法则,有

$$\lim_{x \to 0} \frac{\int_{2x}^0 \sin t^2 \mathrm{d}t}{x^3} = \lim_{x \to 0} \frac{\left(-\int_0^{2x} \sin t^2 \mathrm{d}t\right)'}{(x^3)'}$$

$$= \lim_{x \to 0} \frac{-\sin (2x)^2 \cdot (2x)'}{3x^2} = \lim_{x \to 0} \frac{-2\sin 4x^2}{3x^2}$$

$$= -\frac{8}{3} \lim_{x \to 0} \frac{\sin 4x^2}{4x^2} = -\frac{8}{3}$$

**练一练:**

求下列函数的导数.

(1) $\int_0^x \sqrt{1+t^4}\,\mathrm{d}t$;　　(2) $\int_{\frac{\pi}{2}}^{x^2} \dfrac{\sin t}{t} \mathrm{d}t$;　　(3) $\int_{-x}^{2x} \sqrt{1+t^2}\,\mathrm{d}t$.

## 5.2.2 牛顿-莱布尼兹(Newton-Leibniz)公式

**定理 5-2-2** 设函数 $f(x)$在区间$[a,b]$上连续,$F(x)$是 $f(x)$的一个原函数,则

$$\int_a^b f(x)\mathrm{d}x = F(b) - F(a)$$

上述公式称为**牛顿-莱布尼兹公式**,也称为**微积分基本公式**.

**证** $F(x)$是函数 $f(x)$的一个原函数,由定理 5-2-2 知函数 $\Phi(x) = \int_a^x f(t)\mathrm{d}t$ 也是 $f(x)$ 的一个原函数,因此 $F(x)=\Phi(x)+C$,即

$$F(x) = \int_a^x f(t)\mathrm{d}t + C \quad (a \leqslant x \leqslant b)$$

上式中令 $x=a$,得 $F(a)=C$,于是

$$F(x) = \int_a^x f(t)\mathrm{d}t + F(a)$$

令 $x=b$,得 $F(b) = \int_a^b f(t)\mathrm{d}t + F(a)$, 即

$$\int_a^b f(t)\mathrm{d}t = F(b) - F(a)$$

**定理 5-2-3** 称为**微积分基本定理**,它揭示了定积分与不定积分的内在联系,从而把定积分的计算问题转化为不定积分的计算问题. 为定积分的计算提供了一种简便的方法. 在运用时常将公式写出如下形式

$$\int_a^b f(x)\mathrm{d}x = F(x)\Big|_a^b = F(b) - F(a)$$

**【例 5-2-4】** 计算 $\int_2^4 \frac{1}{x}\mathrm{d}x$.

**解** $\int_2^4 \frac{1}{x}\mathrm{d}x = \ln x\Big|_2^4 = \ln 4 - \ln 2 = \ln 2$

**【例 5-2-5】** 计算 $\int_0^1 \mathrm{e}^{2x}\mathrm{d}x$.

**解** $\int_0^1 \mathrm{e}^{2x}\mathrm{d}x = \frac{1}{2}\int_0^1 \mathrm{e}^{2x}\mathrm{d}(2x) = \frac{1}{2}\mathrm{e}^{2x}\Big|_0^1 = \frac{1}{2}(\mathrm{e}^2 - 1)$

**【例 5-2-6】** 计算 $\int_0^2 \frac{x}{\sqrt{1+x^2}}\mathrm{d}x$.

**解** $\int_0^2 \frac{x}{\sqrt{1+x^2}}\mathrm{d}x = \frac{1}{2}\int_0^2 (1+x^2)^{-\frac{1}{2}}\mathrm{d}(1+x^2) = \frac{1}{2}\cdot 2\sqrt{1+x^2}\Big|_0^2 = \sqrt{5} - 1$

**【例 5-2-7】** 求 $\int_{-1}^3 |2-x|\mathrm{d}x$.

**解** $|2-x| = \begin{cases} 2-x, x\leqslant 2, \\ x-2, x>2. \end{cases}$ 由区间可加性,得

$$\begin{aligned}\int_{-1}^3 |2-x|\mathrm{d}x &= \int_{-1}^2 (2-x)\mathrm{d}x + \int_2^3 (x-2)\mathrm{d}x \\ &= \left[2x - \frac{x^2}{2}\right]\Bigg|_{-1}^2 + \left[\frac{x^2}{2} - 2x\right]\Bigg|_2^3 \\ &= \frac{9}{2} + \frac{1}{2} = 5\end{aligned}$$

**【例 5-2-8】** 如图 5-8 所示,求正弦曲线 $y=\sin x$ 在$[0,\pi]$上与 $x$ 轴所围成的平面图形的面积.

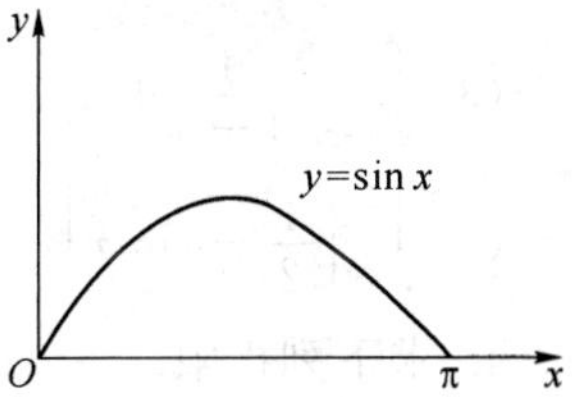


图 5-8

**解** 这个曲边梯形的面积

$$\begin{aligned}A &= \int_0^\pi \sin x\mathrm{d}x = [-\cos x]\Big|_0^\pi \\ &= -(\cos\pi - \cos 0) = 2\end{aligned}$$

**研讨题**:如将【例 5-2-8】的曲线改为 $y=\cos x$,请读者求出该曲线在$\left[0,\frac{\pi}{2}\right]$上与 $x$ 轴所围成的平面图形的面积.

## 练一练:

1. 计算

(1) $\int_{-\frac{\pi}{4}}^{\frac{\pi}{4}} \sec^2 x\mathrm{d}x$;　　(2) $\int_{-1}^1 \frac{x^2}{1+x^2}\mathrm{d}x$;　　(3) $\int_{-1}^1 (x+\mathrm{e}^2)\mathrm{d}x$.

2. 求$\int_0^3 f(x)\mathrm{d}x$,其中 $f(x) = \begin{cases} \sqrt{x} & 0\leqslant x<1, \\ \mathrm{e}^x & 1\leqslant x\leqslant 3. \end{cases}$

# 习题 5-2

## A. 基本题

1. 求下列各函数的导数.

(1) $\Phi(x)=\int_{x}^{-2} e^{2t}\sin t\mathrm{d}t$；　　(2) $\Phi(x)=\int_{1}^{x} te^{\sqrt{t}}\mathrm{d}t$；

(3) $\Phi(x)=\int_{x}^{x^2} e^{-t^2}\mathrm{d}t$；　　(4) $\Phi(x)=\int_{\cos x}^{\sin x}(1-t^2)\mathrm{d}t$.

2. 计算下列各定积分.

(1) $\int_{1}^{3} x^3\mathrm{d}x$；　　(2) $\int_{0}^{a}(3x^2-x+1)\mathrm{d}x$；

(3) $\int_{1}^{2}\left(x^2+\frac{1}{x^4}\right)\mathrm{d}x$；　　(4) $\int_{4}^{9}\sqrt{x}(1+\sqrt{x})\mathrm{d}x$.

## B. 一般题

3. 计算下列各定积分.

(1) $\int_{0}^{4}\sqrt{x}(1+\sqrt{x})\mathrm{d}x$；　　(2) $\int_{0}^{\frac{\pi}{4}}\tan^2\theta\mathrm{d}\theta$；

(3) $\int_{-e-1}^{-2}\frac{1}{1+x}\mathrm{d}x$；　　(4) $\int_{0}^{\pi}\cos^2\frac{x}{2}\mathrm{d}x$；

(5) $\int_{0}^{\frac{\pi}{2}}\left|\frac{1}{2}-\sin x\right|\mathrm{d}x$.

4. 求下列极限.

(1) $\lim\limits_{x\to 0}\frac{\int_{0}^{x^2}\arctan\sqrt{t}\,\mathrm{d}t}{x^2}$；　　(2) $\lim\limits_{x\to\frac{\pi}{2}}\frac{\int_{\frac{\pi}{2}}^{x}\sin^2 t\mathrm{d}t}{x-\frac{\pi}{2}}$；　　(3) $\lim\limits_{x\to 1}\frac{\int_{1}^{x}\sin(t-1)\mathrm{d}t}{(x-1)^2}$.

## C. 提高题

5. 求函数 $y=\int_{0}^{x^2} e^{-t^2}\mathrm{d}t$ 的极值.

6. 设 $f(x)=\begin{cases}x^2, & x\leqslant 1\\ x-1, & x>1\end{cases}$，求 $\int_{0}^{2}f(x)\mathrm{d}x$.

7. 函数 $f(x)$ 可导，且对任意的 $x$ 都满足：$\int_{0}^{x}f(t)\mathrm{d}t=f^2(x)$，试求 $f(x)$.

8. 设 $f(x)=x+2\int_{0}^{1}f(t)\mathrm{d}t$，其中 $f(x)$ 为连续函数，求 $f(x)$.

9. 求由曲线 $y=\frac{x^2}{4}$，$x\in[0,3]$ 及 $x=0$，$y=\frac{9}{4}$ 所围成的平面图形的面积.

# 5.3　定积分的换元积分法与分部积分法

由牛顿-莱布尼兹公式可知，定积分的计算归结为求被积函数的原函数(即不定积分). 对应于不定积分的换元积分法和分部积分法，定积分也有相应的换元积分法和分部积分法，此时要注意积分上下限的处理.

## 5.3.1　定积分换元法

**定理 5.3.1**　假设

(1) 函数 $f(x)$在区间$[a,b]$上连续；

(2) 函数 $x=\varphi(t)$在区间$[\alpha,\beta]$上有连续且不变号的导数；

(3) 当 $t$ 在$[\alpha,\beta]$变化时，$x=\varphi(t)$的值在$[a,b]$上变化，且 $\varphi(\alpha)=a,\varphi(\beta)=b$，

则有

$$\int_a^b f(x)\mathrm{d}x=\int_\alpha^\beta f[\varphi(t)]\varphi'(t)\mathrm{d}t$$

本定理证明从略. 上式称为定积分的换元公式，这里 $\alpha$ 不一定小于 $\beta$，应用公式时，必须注意变换 $x=\varphi(t)$应满足定理的条件，在改变积分变量的同时相应改变积分限，然后对新变量积分. 即注意"**换元的同时要换限**".

**【例 5-3-1】**　求定积分 $\int_0^4\frac{\mathrm{d}x}{1+\sqrt{x}}$.

**解**　用定积分换元法. 令$\sqrt{x}=t$，则 $x=t^2$，$\mathrm{d}x=2t\mathrm{d}t$.

换限$x=0\longrightarrow t=0$，

$x=4\longrightarrow t=2$，于是

$$\int_0^4\frac{\mathrm{d}x}{1+\sqrt{x}}=\int_0^2\frac{1}{1+t}\cdot 2t\mathrm{d}t=2\int_0^2\left(1-\frac{1}{1+t}\right)\mathrm{d}t$$
$$=2(t-\ln|1+t|)\Big|_0^2=4-2\ln 3$$

**【例 5-3-2】**　计算 $\int_1^2\frac{\sqrt{x-1}}{x}\mathrm{d}x$.

**解**　令 $\sqrt{x-1}=t$，则 $x=1+t^2$，$\mathrm{d}x=2t\mathrm{d}t$.

换限 $x=1\longrightarrow t=0$，

$x=2\longrightarrow t=1$. 于是

$$\int_1^2\frac{\sqrt{x-1}}{x}\mathrm{d}x=\int_0^1\frac{t}{1+t^2}\cdot 2t\mathrm{d}t=2\int_0^1\left(1-\frac{1}{1+t^2}\right)\mathrm{d}t$$
$$=2(t-\arctan t)\Big|_0^1=2\left(1-\frac{\pi}{4}\right)$$

**【例 5-3-3】**　求定积分 $\int_0^{\frac{\pi}{2}}\cos^5x\cdot\sin x\mathrm{d}x$.

**解 1**　令 $t=\cos x$，则 $\mathrm{d}t=-\sin x\mathrm{d}x$.

换限 $x=0 \longrightarrow t=1$，

$x=\frac{\pi}{2} \longrightarrow t=0$，于是

$$\int_0^{\frac{\pi}{2}} \cos^5 x \cdot \sin x\mathrm{d}x = -\int_1^0 t^5 \mathrm{d}t = -\frac{1}{6}t^6\Big|_1^0 = \frac{1}{6}$$

**解 2**　利用"凑微分法"，得

$$\int_0^{\frac{\pi}{2}} \cos^5 x \cdot \sin x\mathrm{d}x = -\int_0^{\frac{\pi}{2}} \cos^5 x\mathrm{d}(\cos x) = \left(-\frac{1}{6}\cos^6 x\right)\Big|_0^{\frac{\pi}{2}} = \frac{1}{6}$$

**注意**：因未引入新变量，故不改变积分限.

此例看出：定积分换元公式主要适用于第二类换元法，利用凑微分法换元不需要变换上、下限.

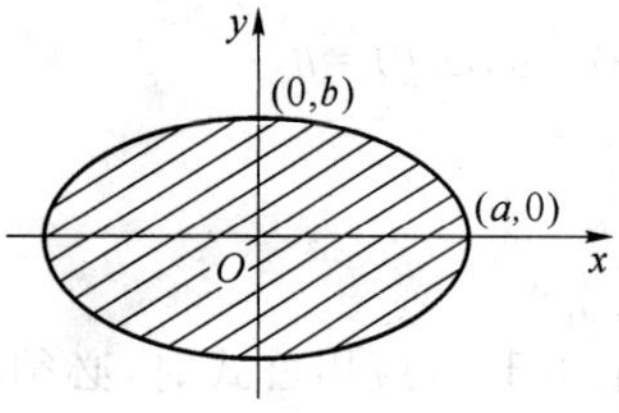

图 5-9

**【例 5-3-4】**　求椭圆 $\frac{x^2}{a^2}+\frac{y^2}{b^2}=1$ 的面积.

**解**　如图 5-9 所示，根据椭圆的对称性，得

$$A = 4\int_0^a \frac{b}{a}\sqrt{a^2-x^2}\,\mathrm{d}x = \frac{4b}{a}\int_0^a \sqrt{a^2-x^2}\,\mathrm{d}x$$

设 $x=a\sin t$，则 $\mathrm{d}x=a\cos t$，

当 $x=0$ 时，$t=0$；当 $x=a$ 时，$t=\frac{\pi}{2}$. 于是

$$\begin{aligned} A &= \frac{4b}{a}\int_0^{\frac{\pi}{2}} a^2\cos^2 t\mathrm{d}t \\ &= 4ab\int_0^{\frac{\pi}{2}} \cos^2 t\mathrm{d}t = 2ab\int_0^{\frac{\pi}{2}} (1+\cos 2t)\mathrm{d}t \\ &= 2ab\left[t+\frac{\sin 2t}{2}\right]_0^{\frac{\pi}{2}} = ab\pi \end{aligned}$$

**【例 5-3-5】**　设 $f(x)$ 在 $[-a,a]$ 上连续，证明：

(1) 若 $f(x)$ 为奇函数，则 $\int_{-a}^a f(x)\mathrm{d}x = 0$；

(2) 若 $f(x)$ 为偶函数，则 $\int_{-a}^a f(x)\mathrm{d}x = 2\int_0^a f(x)\mathrm{d}x$.

**证**　由于

$$\int_{-a}^a f(x)\mathrm{d}x = \int_{-a}^0 f(x)\mathrm{d}x + \int_0^a f(x)\mathrm{d}x$$

对上式右端第一个积分作变换 $x=-t$，有

$$\int_{-a}^0 f(x)\mathrm{d}x = -\int_a^0 f(-t)\mathrm{d}t = \int_0^a f(-t)\mathrm{d}t = \int_0^a f(-x)\mathrm{d}x$$

故

$$\int_{-a}^a f(x)\mathrm{d}x = \int_0^a [f(-x)+f(x)]\mathrm{d}x$$

(1) 当 $f(x)$ 为奇函数时，$f(-x)=-f(x)$，故

$$\int_{-a}^{a} f(x)\mathrm{d}x = \int_0^a 0\mathrm{d}x = 0$$

(2) 当 $f(x)$ 为偶函数时，$f(-x)=f(x)$，故

$$\int_{-a}^{a} f(x)\mathrm{d}x = \int_0^a 2f(x)\mathrm{d}x = 2\int_0^a f(x)\mathrm{d}x$$

**【例 5-3-5】** 说明在对称区间上的积分具有“奇零偶倍”的性质. 利用这个结论能很方便地求出一些定积分的值. 例如

$$\int_{-\pi}^{\pi} x^6 \sin x\mathrm{d}x = 0$$

$$\int_{-1}^{1} (x+\sqrt{4-x^2})^2 \mathrm{d}x = \int_{-1}^{1} (4+2x\sqrt{4-x^2})\mathrm{d}x = 4\int_{-1}^{1} \mathrm{d}x + 0 = 8.$$

**练一练：**

求下列各定积分.

(1) $\int_0^1 \frac{\mathrm{d}x}{1+\sqrt{x}}$；　(2) $\int_0^3 \frac{x}{\sqrt{1+x}}\mathrm{d}x$；　(3) $\int_0^1 \frac{x}{1+x^2}\mathrm{d}x$；　(4) $\int_{-1}^{1} \frac{x}{1+x^2}\mathrm{d}x$.

### 5.3.2　定积分的分部积分法

设函数 $u(x)$ 与 $v(x)$ 均在区间 $[a,b]$ 上有连续的导数，由微分法则 $\mathrm{d}(uv)=u\mathrm{d}v+v\mathrm{d}u$，可得

$$u\mathrm{d}v=\mathrm{d}(uv)-v\mathrm{d}u$$

等式两边同时在区间 $[a,b]$ 上积分，有

$$\int_a^b u\mathrm{d}v = (uv)\Big|_a^b - \int_a^b v\mathrm{d}u$$

这个公式称为定积分的**分部积分公式**，其中 $a$ 与 $b$ 是自变量 $x$ 的下限与上限.

**【例 5-3-6】** 计算 $\int_1^e \ln x\mathrm{d}x$.

**解**

$$\int_1^e \ln x\mathrm{d}x = [x\ln x]\Big|_1^e - \int_1^e x\cdot\frac{\mathrm{d}x}{x}$$
$$= (\mathrm{e}-0)-(\mathrm{e}-1) = 1$$

**【例 5-3-7】** 计算 $\int_0^{\pi} x\cos 3x\mathrm{d}x$.

**解**

$$\int_0^{\pi} x\cos 3x\mathrm{d}x = \frac{1}{3}\int_0^{\pi} x\mathrm{d}\sin 3x = \frac{1}{3}\left[x\sin 3x\Big|_0^{\pi} - \int_0^{\pi}\sin 3x\mathrm{d}x\right]$$
$$= \frac{1}{3}\left[0+\frac{1}{3}\cos 3x\Big|_0^{\pi}\right] = -\frac{2}{9}$$

**【例 5-3-8】** 计算 $\int_0^1 \mathrm{e}^{\sqrt{x}}\mathrm{d}x$.

**解**　先用换元法，令 $\sqrt{x}=t$，则 $x=t^2$，$\mathrm{d}x=2t\mathrm{d}t$.

当 $x=0$ 时，$t=0$；当 $x=1$ 时，$t=1$. 于是

$$\int_0^1 \mathrm{e}^{\sqrt{x}}\mathrm{d}x = 2\int_0^1 t\mathrm{e}^t\mathrm{d}t$$

再用分部积分法，得

$$\int_0^1 e^{\sqrt{x}}\,dx = 2\int_0^1 t\,de^t = 2\left(te^t\Big|_0^1 - \int_0^1 e^t\,dt\right)$$
$$= 2[e-(e-1)] = 2$$

**研讨题**：在电力需求的电涌期间，消耗电能的速度 $v$ 可近似的表示为 $v=te^{-at}$，这里 $t$ 是以小时计的时间，而 $a$ 是正的常数，求在时间段 $[0,T]$ 内消耗的总能量 $E$.

**练一练：**

求下列各定积分.

(1) $\int_0^{\pi} x\cos x\,dx$；　　(2) $\int_1^{e} x\ln x\,dx$.

# 习题 5-3

## A. 基本题

1. 计算下列定积分.

(1) $\int_0^{\ln 2}\frac{e^x}{1+e^{2x}}dx$；　(2) $\int_1^{e}\frac{1+\ln x}{x}dx$；　(3) $\int_0^1 te^{-\frac{t^2}{2}}dt$；

(4) $\int_0^3\frac{x}{1+\sqrt{x+1}}dx$；　(5) $\int_0^3\frac{dt}{1+\sqrt[3]{t}}$；　(6) $\int_{-1}^1\frac{x^7}{1+x^2}dx$；

(7) $\int_{-1}^1 xe^{|x|}dx$；　(8) $\int_{-1}^1(x^2+3x+\sin x\cos^2 x)dx$.

## B. 一般题

2. 计算下列定积分.

(1) $\int_{\ln 2}^{\ln 3}\frac{dx}{e^x-e^{-x}}$；　(2) $\int_0^2 x^2\sqrt{4-x^2}\,dx$；　(3) $\int_0^1(1+x^2)^{-\frac{3}{2}}dx$；

(4) $\int_0^1\frac{\arctan x}{1+x^2}dx$；　(5) $\int_1^{e}\frac{1}{x\sqrt{1+\ln x}}dx$；　(6) $\int_0^1\frac{1}{e^x+e^{-x}}dx$.

3. 计算下列定积分.

(1) $\int_0^{\frac{\pi}{2}} x\sin x\,dx$；　(2) $\int_0^1 x\arcsin x\,dx$；　(3) $\int_0^{\frac{\pi}{2}} e^x\sin x\,dx$；

(4) $\int_0^{\frac{1}{2}}(\arcsin x)^2dx$；　(5) $\int_0^{\ln 2}\sqrt{1-e^{-2x}}\,dx$；　(6) $\int_{\frac{1}{2}}^1 e^{\sqrt{2x-1}}dx$；

(7) $\int_1^{e}\frac{\ln 3}{x^3}dx$；　(8) $\int_0^{n\pi}(x-\pi)e^{-x}dx$.

## C. 提高题

4. 已知 $f''(x)$在$[0,2]$上连续，且 $f(0)=1, f(2)=3, f'(2)=5$，试求 $\int_0^2 xf''(x)dx$ 的值.

5. 设函数 $f(x)$ 在 $[a,b]$ 上连续，证明：$\int_a^b f(x)\mathrm{d}x = \int_a^b f(a+b-x)\mathrm{d}x$.

## 5.4* 无穷区间上的广义积分

在定义定积分时，我们假定了积分区间是有限的. 但在一些实际问题中，会遇到无穷区间上的积分. 因此，有必要推广积分的概念.

**定义 5-4-1** 设函数 $f(x)$ 在区间 $[a,+\infty)$ 上连续，取 $b>a$，称

$$\int_a^{+\infty} f(x)\mathrm{d}x = \lim_{b\to+\infty}\int_a^b f(x)\mathrm{d}x$$

为函数 $f(x)$ 在**无穷区间** $[a,+\infty)$ **上的广义积分**. 若上式右端的极限存在，则称左端的**广义积分收敛**，否则称该**广义积分发散**.

类似地，可定义 $f(x)$ 在 $(-\infty,b]$ 上的广义积分

$$\int_{-\infty}^b f(x)\mathrm{d}x = \lim_{a\to-\infty}\int_a^b f(x)\mathrm{d}x$$

该积分同样有收敛与发散的概念.

对于 $f(x)$ 在 $(-\infty,+\infty)$ 上的广义积分，可定义为

$$\int_{-\infty}^{+\infty} f(x)\mathrm{d}x = \int_{-\infty}^{c} f(x)\mathrm{d}x + \int_c^{+\infty} f(x)\mathrm{d}x$$

其中 $c$ 为给定的实数. 该积分收敛的充要条件是右端的两个广义积分都收敛.

有时为书写方便，在计算过程中省去极限记号，例如，在 $[a,+\infty)$ 上，$F(x)$ 是 $f(x)$ 的一个原函数，则记

$$\int_a^{+\infty} f(x)\mathrm{d}x = F(x)\Big|_a^{+\infty} = F(+\infty) - F(a)$$

其中 $F(+\infty)$ 应理解为 $F(+\infty)=\lim\limits_{x\to+\infty}F(x)$. 另外两种广义积分有类似的简写方法.

**【例 5-4-1】** 求 $\int_0^{+\infty}\frac{1}{1+x^2}\mathrm{d}x$.

**解**

$$\begin{aligned}\int_0^{+\infty}\frac{\mathrm{d}x}{1+x^2} &= \lim_{b\to+\infty}\int_0^b\frac{\mathrm{d}x}{1+x^2} = \lim_{b\to+\infty}\arctan x\Big|_0^b \\ &= \lim_{b\to+\infty}(\arctan b - 0) \\ &= \frac{\pi}{2}\end{aligned}$$

在几何上，【例 5-4-1】的结论说明：当 $b\to+\infty$ 时，如图 5-10 所示中阴影部分面积的极限为 $\frac{\pi}{2}$.

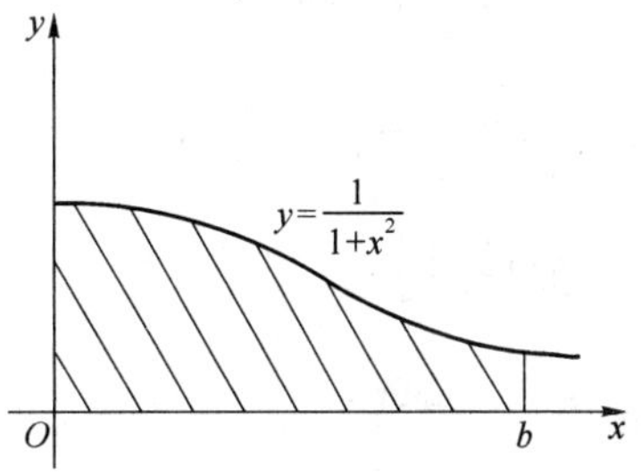


图 5-10

**【例 5-4-2】** 求 $\int_0^{+\infty} x\mathrm{e}^{-x^2}\mathrm{d}x$.

**解**

$$\begin{aligned}\int_0^{+\infty} x\mathrm{e}^{-x^2}\mathrm{d}x &= -\frac{1}{2}\int_0^{+\infty}\mathrm{e}^{-x^2}\mathrm{d}(-x^2) \\ &= -\frac{1}{2}\mathrm{e}^{-x^2}\Big|_0^{+\infty} = -\frac{1}{2}(\lim_{x\to+\infty}\mathrm{e}^{-x^2} - 1) \\ &= \frac{1}{2}\end{aligned}$$

【例 5-4-3】 求$\int_{-\infty}^{0}\frac{x\mathrm{d}x}{1+x^2}$.

解 $$\int_{-\infty}^{0}\frac{x}{1+x^2}\mathrm{d}x=\frac{1}{2}\int_{-\infty}^{0}\frac{\mathrm{d}(1+x^2)}{1+x^2}$$
$$=\frac{1}{2}\ln(1+x^2)\Big|_{-\infty}^{0}=-\frac{1}{2}\lim_{x\to-\infty}\ln(1+x^2)$$
$$=-\infty$$

故该广义积分发散.

【例 5-4-4】 讨论广义积分$\int_{a}^{+\infty}\frac{1}{x^p}\mathrm{d}x(a>0,p>0)$的敛散性.

解 当 $p=1$ 时,

$$\int_{a}^{+\infty}\frac{\mathrm{d}x}{x}=\ln x\Big|_{a}^{+\infty}=+\infty$$

当 $p\neq1$ 时

$$\int_{a}^{+\infty}\frac{\mathrm{d}x}{x^p}=\frac{x^{1-p}}{1-p}\Big|_{a}^{+\infty}=\begin{cases}+\infty, p<1\\ \dfrac{a^{1-p}}{p-1}, p>1\end{cases}$$

因此,当 $p>1$ 时,该广义积分收敛,其值为$\frac{a^{1-p}}{p-1}$;当 $p\leqslant1$ 时,该广义积分发散.

【例 5-4-4】 的结论常可直接运用. 例如$\int_{1}^{+\infty}\frac{1}{x^2}\mathrm{d}x$收敛于 1,而$\int_{1}^{+\infty}\frac{\mathrm{d}x}{\sqrt[3]{x}}$发散.

# 习题 5-4

## A. 基本题

1. 计算下列广义积分.

(1) $\int_{1}^{+\infty}\frac{\mathrm{d}x}{x^4}$;　　(2) $\int_{1}^{+\infty}\frac{\mathrm{d}x}{\sqrt{x}}$;

(3) $\int_{-\infty}^{0}\cos x\mathrm{d}x$;　　(4) $\int_{-\infty}^{+\infty}\frac{\mathrm{d}x}{x^2+2x+2}$;

(5) $\int_{0}^{+\infty}\frac{(1+x)\mathrm{d}x}{1+x^2}$;　　(6) $\int_{-\infty}^{0}x\mathrm{e}^{x}\mathrm{d}x$.

2. 已知$\int_{-\infty}^{0}\mathrm{e}^{kx}\mathrm{d}x=\frac{1}{3}$,求 $k$ 的值.

## B. 一般题

3. 判断下列反常积分的敛散性,若收敛,计算其积分值.

(1) $\int_{-\infty}^{+\infty}\frac{x}{1+x^2}\mathrm{d}x$;　　(2) $\int_{0}^{+\infty}x\mathrm{e}^{-3x}\mathrm{d}x$;　　(3) $\int_{0}^{+\infty}\frac{1}{x^2+2x+2}\mathrm{d}x$.

4. 讨论反常积分$\int_{2}^{+\infty}\frac{\mathrm{d}x}{x(\ln x)^k}$的敛散性.

# 5.5 定积分的应用

本节中将应用前面学过的定积分理论来分析和解决一些几何中的问题，通过这些例子，不仅在于建立计算这些几何量的公式，而且更重要的还在于介绍运用微元法将一个量表示成定积分的分析方法.

## 5.5.1 定积分的微元法

在 5.1 节中，用定积分表示过曲边梯形的面积和变速直线运动的路程. 解决这两个问题的基本思想是：分割、近似代替、求和、取极限. 其中关键一步是近似代替，即在局部范围内"以常代变"、"以直代曲". 下面我们用这种基本思想解决怎样用定积分表示一般的量 $U$ 的问题. 先看一个实例.

**1. 实例(水箱积分问题)**

设水流到水箱的速度为 $r(t)$L/min，其中 $r(t)$ 是时间 $t$ 的连续函数，问从 $t=0$ 到 $t=2$ 这段时间水流入水箱的总量 $W$ 是多少？

**解**　利用定积分的思想，这个问题要用以下几个步骤来解决.

(1) 分割：用任意一组分点把区间 $[0,2]$ 分成长度为 $\Delta t_i = t_i - t_{i-1}$ $(i=1,2,\cdots,n)$ 的 $n$ 个小时间段.

(2) 近似代替：设第 $i$ 个小时间段里流入水箱的水量是 $\Delta W_i$，在每个小时间段上，水的流速可视为常量，得 $\Delta W_i$ 的近似值

$$\Delta W_i \approx r(\xi_i)\Delta t_i \qquad (t_{i-1} \leqslant \xi_i \leqslant t_i)$$

(3) 求和：得 $W$ 的近似值

$$W \approx \sum_{i=1}^{n} r(\xi_i)\Delta t_i$$

(4) 取极限：得 $W$ 的精确值

$$W = \lim_{\lambda \to 0}\sum_{i=1}^{n} r(\xi_i)\Delta t_i = \int_0^2 r(t)\,\mathrm{d}t$$

上述四个步骤"分割—近似代替—求和—取极限" 可概括为两个阶段.

第一个阶段：包括分割和求近似. 其主要过程是将时间间隔细分成很多小的时间段，在每个小的时间段内，"以常代变"，将水的流速近似看作是匀速的，设为 $r(\xi_i)$，得到在这个小的时间段内流入水箱的水量的近似值

$$\Delta W_i \approx r(\xi_i)\Delta t_i \approx r(t_i)\Delta t_i$$

在实际应用时，为了简便起见，省略下标 $i$，用 $\Delta W$ 表示任意小的时间段 $[t, t+\Delta t]$ 上流入水箱的水量，这样

$$\Delta W \approx r(t)\,\mathrm{d}t$$

其中，$r(t)\mathrm{d}t$ 是流入水箱水量的微元(或元素)，记作 $\mathrm{d}W$.

第二阶段：包括"求和"和"取极限"两步，即将所有小时间段上的水量全部加起来，

$$W = \sum \Delta W$$

然后取极限,当最大的小时间段趋于零时,得到总流水量:区间[0,2]上的定积分,即

$$W=\int_0^2 r(t)\mathrm{d}t$$

**2. 微元法的步骤**

一般地,如果某一个实际问题中所求量 $U$ 符合下列条件:

(1) $U$ 与变量 $x$ 的变化区间$[a,b]$有关;

(2) $U$ 对于区间$[a,b]$具有可加性. 也就是说,如果把区间$[a,b]$分成许多部分区间,则 $U$ 相应地分成许多部分量,而 $U$ 等于所有部分量之和;

(3) 部分量 $\Delta U_i$ 的近似值可以表示为 $f(\xi_i)\Delta x_i$.

那么,在确定了积分变量以及其取值范围后,就可以用以下两步来求解:

(1) 写出 $U$ 在小区间$[x,x+\mathrm{d}x]$上的微元 $\mathrm{d}U=f(x)\mathrm{d}x$,常运用"以常代变,以直代曲"等方法;

(2) 以所求量 $U$ 的微元 $f(x)\mathrm{d}x$ 为被积表达式,写出在区间$[a,b]$上的定积分,得

$$U=\int_a^b f(x)\mathrm{d}x$$

上述方法称为微元法或元素法,也称为微元分析法. 这一过程充分体现了积分是将微分"加"起来的实质.

下面,将应用微元法求解各类实际问题.

### 5.5.2 平面图形的面积

下面考察两种情形下图形的面积.

1. 如图 5-11 所示,求由曲线 $y=f(x)$、$y=g(x)$与直线 $x=a$、$x=b$ 围成的图形的面积,对任一 $x\in[a,b]$有 $g(x)\leqslant f(x)$.

(1) 任意地一个小区间$[x,x+\mathrm{d}x]$(其中 $x,x+\mathrm{d}x\in[a,b]$)上的窄条面积 $\mathrm{d}S$ 可以用底宽为 $\mathrm{d}x$,高度为 $f(x)-g(x)$的窄条矩形的面积来近似计算,因此面积微元为 $\mathrm{d}S=[f(x)-g(x)]\mathrm{d}x$.

(2) 以$[f(x)-g(x)]\mathrm{d}x$ 为被积表达式,在区间$[a,b]$上积分,得到以 $x$ 为积分变量的面积公式:

$$S=\int_a^b[f(x)-g(x)]\mathrm{d}x \quad (\text{上减下}) \tag{5.1}$$

2. 如图 5-12 所示,求由曲线 $x=\varphi(y)$, $x=\psi(y)$, 以及直线 $y=c$, $y=d$ 围成的图形的面积. 对任一 $y\in[c,d]$有 $\psi(y)\leqslant\varphi(y)$.

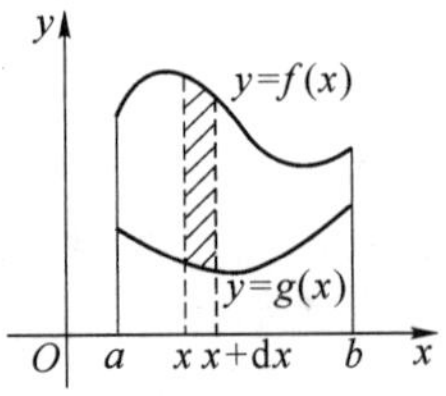


图 5-11

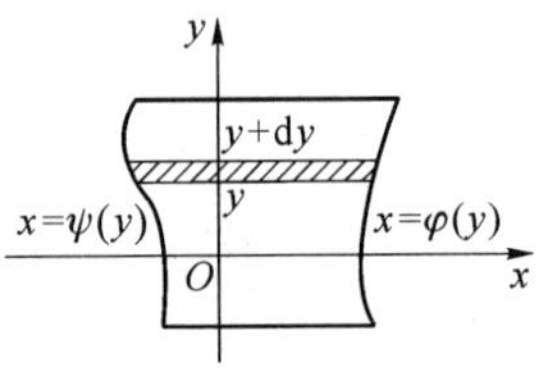


图 5-12

(1) 任意地一个小区间$[y,y+\mathrm{d}y]$(其中 $y$、$y+\mathrm{d}y\in[c,d]$)上的水平窄条面积 $\mathrm{d}S$ 可以用宽度为 $\varphi(y)-\psi(y)$,高度为 $\mathrm{d}y$ 的水平矩形窄条的面积来近似计算,即平面图形的面积微元为

$$dS=[\varphi(y)-\psi(y)]dy$$

(2) 以$[\varphi(y)-\psi(y)]dy$为被积表达式,在区间$[c,d]$上积分,得到以 $y$ 为积分变量的面积公式:

$$S=\int_c^d[\varphi(y)-\psi(y)]dy \quad (右减左) \tag{5.2}$$

在求解实际问题的过程中,首先应准确地画出所求面积的平面图形,弄清曲线的位置以及积分区间,找出面积微元,然后将微元在相应积分区间上积分.

**【例 5-5-1】** 求曲线 $y=e^x$,$y=e^{-x}$和直线 $x=1$ 所围成图形的面积.

**解** 所求面积的图像,如图 5-13 所示.

取横坐标 $x$ 为积分变量,变化区间为[0,1]. 由公式(5.1)所求面积为

$$S=\int_0^1(e^x-e^{-x})dx=(e^x+e^{-x})\Big|_0^1=e+\frac{1}{e}-2$$

**【例 5-5-2】** 计算由两条抛物线:$y^2=x$, $y=x^2$所围成图形的面积.

**解** 如图 5-14 所示. 解方程组$\begin{cases}y^2=x\\y=x^2\end{cases}$,得两抛物线的交点为(0,0)和(1,1). 由公式(5.1)得

$$A=\int_0^1(\sqrt{x}-x^2)dx=\left(\frac{2}{3}x^{\frac{3}{2}}-\frac{1}{3}x^3\right)\Big|_0^1=\frac{1}{3}$$

**【例 5-5-3】** 计算抛物线 $y^2=2x$ 与直线 $y=x-4$ 所围成图形的面积.

**解** 如图 5-15 所示,解方程组$\begin{cases}y^2=2x\\y=x-4\end{cases}$,得抛物线与直线的交点(2,−2)和(8,4),由公式(5.2)得

$$A=\int_{-2}^4\left(y+4-\frac{1}{2}y^2\right)dy=\left(\frac{y^2}{2}+4y-\frac{y^3}{6}\right)\Big|_{-2}^4=18$$

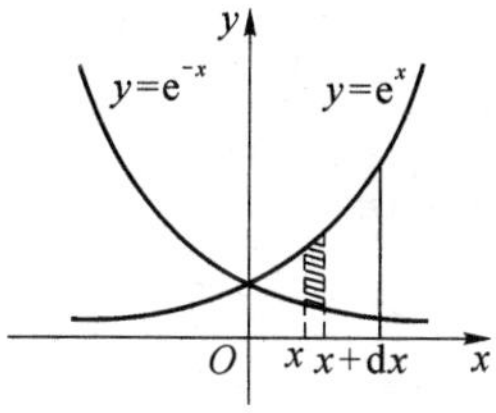


图 5-13

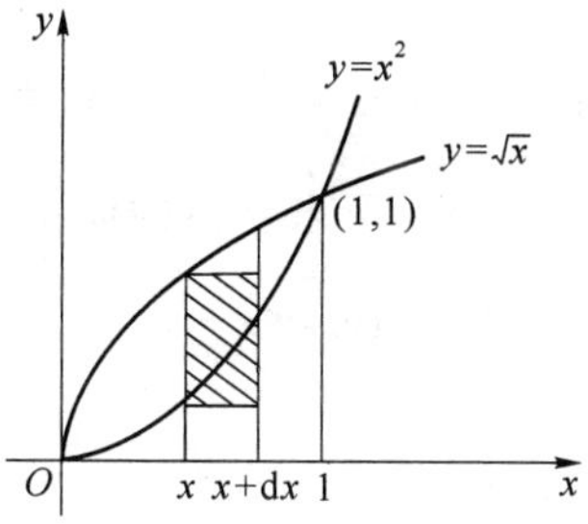


图 5-14

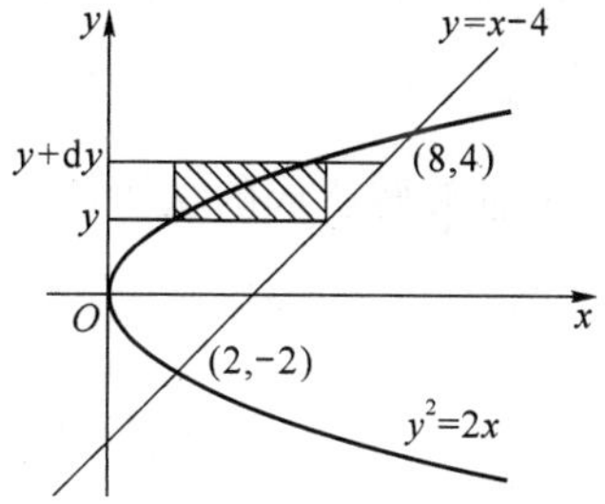


图 5-15

若用公式(5.1)来计算,则要复杂一些,读者可以试一试. 积分变量选得适当,计算会简便一些.

**练一练:**

1. 求直线 $y=2x+3$ 与抛物线 $y=x^2$ 所围图形的面积.
2. 求三直线 $y=2x$,$y=x$ 与 $x=2$ 所围图形的面积.
3. 求直线 $y=x$ 与抛物线 $x=y^2$ 所围图形的面积.

### 5.5.3 旋转体的体积

旋转体的体积是一种特殊的立体体积,它是由一个平面图形绕这平面内的一条直线旋转

一周而成的立体.这条直线称为旋转轴.球体、圆柱体、圆台、圆锥、椭球体等都是旋转体.

**1. 绕 $x$ 轴旋转所成的立体的体积**

由连续曲线 $y=f(x)$ 与直线 $x=a$、$x=b$ 以及 $x$ 轴所围成的曲边梯形绕 $x$ 轴旋转一周而成的立体,如图 5-16 所示,用任意一个垂直于 $x$ 轴的平面所截,得到的截面面积 $A(x)=\pi\ [f(x)]^2$,故旋转体的体积为

$$V_x=\pi\int_a^b f^2(x)\,\mathrm{d}x=\pi\int_a^b y^2\,\mathrm{d}x \tag{5.3}$$

**2. 绕 $y$ 轴旋转所成的立体的体积**

同理,另一种由连续曲线 $x=\varphi(y)$ 与直线 $y=c$、$y=d$ 以及 $y$ 轴所围成的曲边梯形,如图 5-17 所示,其绕 $y$ 轴旋转一周而成的旋转体的体积为

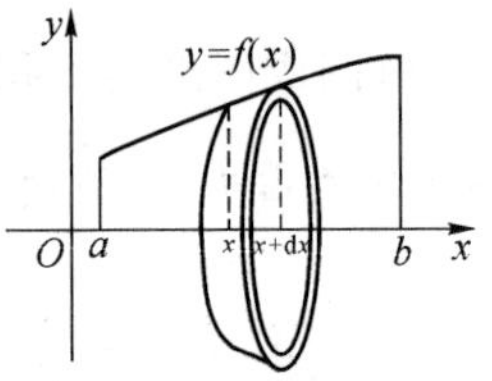


图 5-16

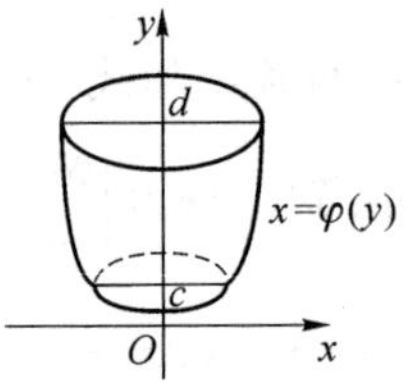


图 5-17

$$V_y=\pi\int_c^d \varphi^2(y)\,\mathrm{d}y \tag{5.4}$$

**【例 5-5-4】** 求由曲线 $y=x^2$ 与直线 $x=1$ 以及 $x$ 轴所围成的图形分别绕 $x$ 轴、$y$ 轴旋转所成立体的体积.

**解** 绕 $x$ 轴旋转所成的立体,如图 5-18 所示.所求立体的体积 $V_1$ 为

$$V_1=\int_0^1 \pi x^4\,\mathrm{d}x=\pi\cdot\frac{1}{5}x^5\Big|_0^1=\frac{1}{5}\pi$$

绕 $y$ 轴旋转所成的立体,如图 5-19 所示.所求立体的体积 $V_2$ 为

$$V_2=\pi\cdot 1^2-\int_0^1 \pi\,(\sqrt{y})^2\,\mathrm{d}y=\pi-\pi\cdot\frac{1}{2}y^2\Big|_0^1=\frac{1}{2}\pi$$

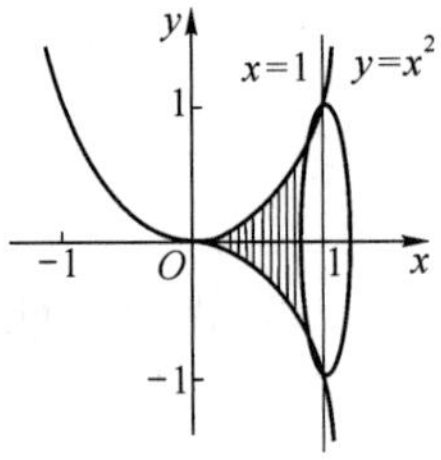


图 5-18

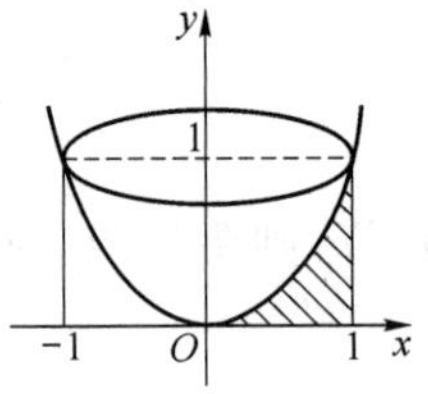


图 5-19

**【例 5-5-5】** 连接坐标原点 $O$ 及点 $A(h,r)$ 的直线 $OA$、直线 $x=h$ 及 $x$ 轴围成一个直角三角形.将它绕 $x$ 轴旋转构成一个底面半径为 $r$、高为 $h$ 的圆锥体.计算这圆锥体的体积.

**解** 如图 5-20 所示,取圆锥顶点为原点,其中心轴为 $x$ 轴建立坐标系.圆锥体可看成是由直角三角形 $ABO$ 绕 $x$ 轴旋转而成,直线 $OA$ 的方程为

$$y=\frac{r}{h}x\quad(0\leqslant x\leqslant h)$$

代入公式(5.3),得圆锥体体积为

$$V=\int_0^h \pi\left(\frac{r}{h}x\right)^2 \mathrm{d}x=\frac{\pi r^2}{h^2}\cdot\frac{x^3}{3}\Big|_0^h=\frac{1}{3}\pi r^2 h$$

**【例 5-5-6】** 求椭圆 $\frac{x^2}{a^2}+\frac{y^2}{b^2}=1$ 绕 $y$ 轴旋转而成的旋转体的体积.

**解** 如图 5-21 所示,旋转体是由曲边梯形 $BAC$ 绕 $y$ 轴旋转而成.曲边 $BAC$ 的方程为

$$x=\frac{a}{b}\sqrt{b^2-y^2}\ (\ x>0,y\in[-b,b]\ )$$

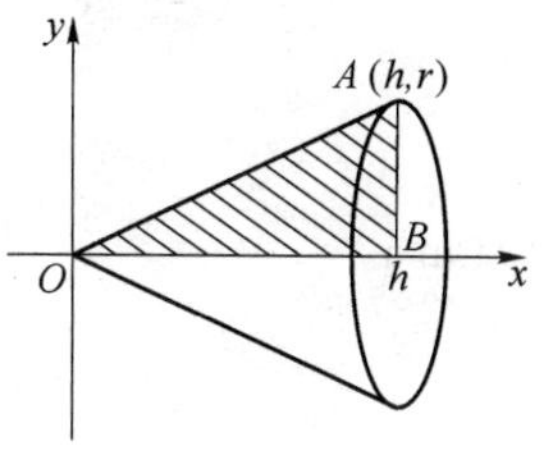


图 5-20

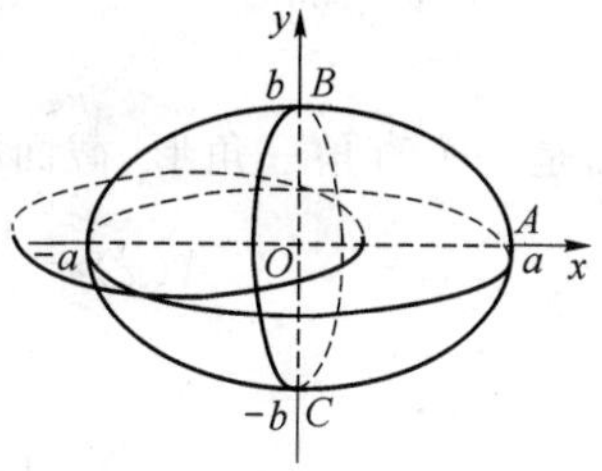


图 5-21

代入公式(5.4),得

$$\begin{aligned}V&=\int_{-b}^{b}\pi\left(\frac{a}{b}\ \sqrt{b^2-y^2}\right)^2\mathrm{d}y\\&=\frac{2\pi a^2}{b^2}\int_0^b(b^2-y^2)\mathrm{d}y\\&=\frac{2\pi a^2}{b^2}\left(b^2y-\frac{1}{3}y^3\right)\Big|_0^b\\&=\frac{2\pi a^2}{b^2}\left(b^3-\frac{1}{3}b^3\right)=\frac{4}{3}\pi a^2 b\end{aligned}$$

### 5.5.4* 平行截面面积已知的立体的体积

设一物体位于平面 $x=a$ 与 $x=b(a<b)$ 之间,如图 5-22 所示,任意一个垂直于 $x$ 轴的平面截此物体所得的截面面积为 $A(x)$,它是 $[a,b]$ 上的连续函数.该物体介于区间 $[x,x+\mathrm{d}x]\subset[a,b]$ 之间的薄片的体积微元 $\mathrm{d}V$,可用底面积是 $A(x)$,高度为 $\mathrm{d}x$ 的柱形薄片的体积近似代替,从而体积微元为

$$\mathrm{d}V=A(x)\mathrm{d}x$$

将其在区间 $[a,b]$ 上积分,得到该立体的体积公式

$$V=\int_a^b A(x)\mathrm{d}x \tag{5.5}$$

**【例 5-5-7】** 设有一底圆半径为 $R$ 的圆柱,被一与圆柱面交成 $\alpha$ 角且过底圆直径的平面所截,求截下的楔形体积.

**解** 取这个平面与圆柱体的底面的交线为 $x$ 轴,底面上过圆中心、且垂直于 $x$ 轴的直线为 $y$ 轴.如图 5-23 所示,则底圆的方程为

$$x^2+y^2=R^2$$

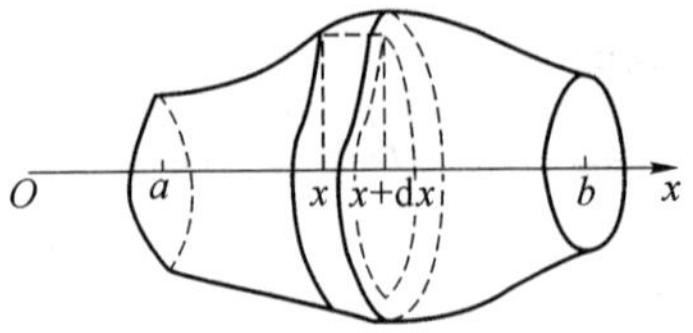


图 5-22

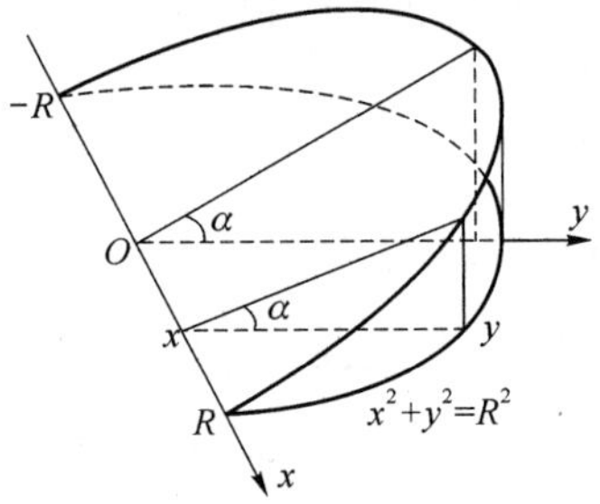


图 5-23

立体在 $x$ 处的截面是一个直角三角形，截面积为

$$A(x)=\frac{1}{2}(R^2-x^2)\tan\alpha$$

于是所求立体体积为

$$V=\int_{-R}^{R}\frac{1}{2}(R^2-x^2)\tan\alpha\mathrm{d}x$$
$$=\frac{1}{2}\tan\alpha\left[R^2x-\frac{1}{3}x^3\right]_{-R}^{R}=\frac{2}{3}R^3\tan\alpha$$

**练一练：**

1. 求由曲线 $y=\mathrm{e}^x$，$y=1$，$y=\mathrm{e}$ 所围图形绕 $y$ 轴旋转而成的旋转体的体积.
2. 求由直线 $y=x$，$x=3$ 及 $x$ 轴所围图形分别绕 $x$，$y$ 轴旋转而成的旋转体的体积.

### 5.5.5* 定积分的经济应用举例

前面我们介绍了定积分的几何应用，下面将通过一些实例介绍定积分在经济管理方面的应用.

**【例 5-5-8】(求总产量)** 设某产品在时刻 $t$ 总产量的变化率 $f(t)=100+12t-0.6t^2$ (kg/h)，求从 $t=2$ 到 $t=4$ 这两小时的总产量.

**解** 设总产量为 $Q(t)$，由已知条件 $Q'(t)=f(t)$，则知总产量 $Q(t)$ 是 $f(t)$ 的一个原函数，所以有

$$Q=\int_2^4 f(t)\mathrm{d}t=\int_2^4(100+12t-0.6t^2)\mathrm{d}t$$
$$=[100t+6t^2-0.2t^3]_2^4=260.8$$

即所求的总产量为 260.8 kg.

**【例 5-5-9】(求总成本)** 假设当鱼塘中有 $x$ kg 鱼时，每千克鱼的捕捞成本是 $\frac{2000}{10+x}$ 元，已知鱼塘中现有鱼 10000 kg，问从鱼塘中再捕捞 6000 kg 鱼需花费多少成本？

**解** 设已知捕捞了 $x$ 公斤鱼，此时鱼塘中有 $(10000-x)$ 公斤鱼，再捕捞 $\Delta x$ 公斤鱼的成本微元为

$$\mathrm{d}C=\frac{2000}{10+(10000-x)}\mathrm{d}x$$

所以，捕捞 6000 公斤鱼的成本为

$$C=\int_0^{6000}\frac{2000}{10+(10000-x)}\mathrm{d}x=-2000\int_0^{6000}\frac{\mathrm{d}(10010-x)}{10010-x}$$

$$=-2000\ln(10010-x)\Big|_0^{6000}=2000\ln\frac{10010}{4010}\approx 1829.59(\text{元})$$

### 5.5.6* 定积分的物理应用举例

定积分应用问题一般直接采用微元法，在自变量的一个小的变化范围内，以不变代变，从而表示出要求量的关系，然后在自变量的变化范围内对其求定积分.

**【例 5-5-10】(求变力做功)** 一个圆柱形的容器，高 4 m，底面半径 3 m，装满水，问：把容器内的水全部抽完需做多少功？

**解** 由物理学可知，在常力 $F$ 的作用下，物体沿力的方向做直线运动，当物体移动一段距离 $s$ 时，力 $F$ 所做的功为

$$W=F\cdot S$$

如果作用在物体的力不是常力，或者沿物体的运动方向的力 $F$ 是常力，但移动的距离是变动的，则力 $F$ 对物体做的功要用定积分计算.

建立坐标系如图 5-24 所示，选水深 $x$ 为积分变量，$x\in[0,4]$. 在$[0,4]$上任意小区间$[x,x+\mathrm{d}x]$上将这小水柱体提到池口的距离为 $x$，设水的密度为 $r$，故功的微元为

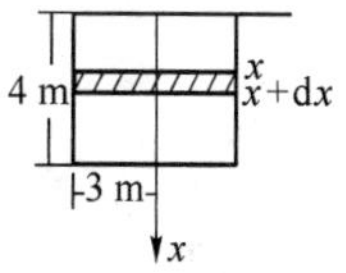

图 5-24

$$\mathrm{d}w=9\pi rx\mathrm{d}x$$

于是所求功为

$$w=\int_0^4 9\pi rx\,\mathrm{d}x=9\pi r\frac{x^2}{2}\Big|_0^4=72\pi r(\mathrm{J})$$

**【例 5-5-11】(求引力)** 设有质量均匀分布的细杆，长为 $l$，质量为 $M$，另有一质量为 $m$ 的质点位于细杆所在的直线上，且到杆的近端距离为 $a$，求杆与质点之间的引力.

**解** 从中学物理知道：质量为 $m_1$ 和 $m_2$，相距为 $r$ 的两质点间的引力为

$$F=k\frac{m_1m_2}{r^2}\quad(k\text{ 为常数})$$

由于细杆上各点与该质点的距离是变化的，且各点对该质点的引力的方向也是变化的，则质点间的引力要用定积分计算.

将细杆分为许多微小的小段，这样可以把每一小段近似看成一个质点，而且这许多小段对质量为 $m$ 的质点的引力都在同一方向上，因此可以相加.

取积分变量为 $x$，且 $x\in[0,l]$，在$[0,l]$中任取子区间$[x,x+\mathrm{d}x]$，由于子区间的长度很短，可近似地看成一个质点. 这个质点的质量为$\frac{M}{l}\mathrm{d}x$（$\frac{M}{l}$为单位长度上杆的质量，称为线密度），该小段与质点距离近似为 $x+a$，于是该小段与质点的引力近似值，即引力 $F$ 的微元为

$$\mathrm{d}F=k\frac{m\cdot\frac{M}{l}\mathrm{d}x}{(x+a)^2}$$

于是细杆与质点的吸引力为

$$F=\frac{kmM}{l}\int_0^l\frac{\mathrm{d}x}{(x+a)^2}=\frac{kMm}{a(a+l)}$$

**【例 5-5-12】(求液体压力)** 一管道的圆形闸门半径为 3 米，问水平面齐及直径时，闸门所受到的水的静压力为多大？

**解** 取水平直径为 $x$ 轴，过圆心且垂直于水平直径的直径为 $y$ 轴，则圆的方程为

$$x^2+y^2=9$$

由于在相同深度处水的静压强相同，其值等于水的比重 $\gamma$ 与深度 $x$ 的乘积，故静压力的微元为

$$\mathrm{d}P=2\gamma x\sqrt{9-x^2}\,\mathrm{d}x$$

从而闸门上所受的总压力为

$$P=\int_0^3 2\gamma x\sqrt{9-x^2}\,\mathrm{d}x=18\gamma$$

**【例 5-5-13】(求平均功率)** 在纯电阻电路中，已知交流电压为

$$V=V_m\sin\omega t$$

求在一个周期$[0,T]\left(T=\dfrac{2\pi}{\omega}\right)$内消耗在电阻 $R$ 上的能量 $W$，并求与之相当的直流电压.

**解** 在直流电压$(V=V_0)$下，功率 $P=\dfrac{{V_0}^2}{R}$，那么在时间 $T$ 内所做的功为

$$W=PT=\frac{{V_0}^2T}{R}$$

现在 $V$ 为交流电压，瞬时功率 $P(t)=\dfrac{{V_m}^2}{R}\sin^2\omega t$.

这相当于在任意一小段时间区间$[t,t+\mathrm{d}t]\subset[0,T]$上，当 $\mathrm{d}t$ 很小时，可把 $V$ 近似看作恒为 $V_m\sin\omega t$ 的情形. 于是取功的微元为

$$\mathrm{d}W=P(t)\mathrm{d}t$$

并由此求得

$$W=\int_0^T P(t)\mathrm{d}t=\int_0^{\frac{2\pi}{\omega}}\frac{{V_m}^2}{R}\sin^2\omega t\,\mathrm{d}t=\frac{\pi{V_m}^2}{R\omega}$$

而平均功率则为

$$\bar{P}=\frac{1}{T}\int_0^T P(t)\mathrm{d}t=\frac{\omega}{2\pi}\frac{\pi{V_m}^2}{R\omega}=\frac{{V_m}^2}{2R}=\frac{\left(\dfrac{V_m}{\sqrt{2}}\right)^2}{R}$$

上述结果的最后形式，表示交流电压 $V=V_m\sin\omega t$ 在一个周期上的平均功率与直流电压 $\bar{V}=\dfrac{V_m}{\sqrt{2}}$的功率是相等的. 故称 $\bar{V}$ 为该交流电压的有效值. 通常所说的 220 V 交流电，其实是 $V=220\sqrt{2}\sin\omega t$ 的有效值.

**练一练：**

1. 设某产品总产量对时间 $t$ 的变化率$\dfrac{\mathrm{d}Q}{\mathrm{d}t}=50+12t-\dfrac{3}{2}t^2$ 件/天，求从第 5 到第 10 天内的总产量.

2. 设一物体沿直线以 $v=2t+3$($t$ 单位：s，$v$ 单位：m/s)的速度运动，求物体在 3 到 5 s 行进的路程.

# 习题 5-5

## A. 基本题

1. 求下列平面曲线所围图形的面积.

(1) $y=x^2, y=1$;

(2) $y=\frac{1}{x}, y=x, x=2$;

(3) $y=x^3, y=x$.

2. 求下列平面曲线所围图形绕指定轴旋转而成的旋转体的体积.

(1) $2x-y+4=0, x=0, y=0$ 绕 $x$ 轴;

(2) $x^2=4y(x>0), y=1, x=0$ 分别绕 $x, y$ 轴.

## B. 一般题

3. 求下列各题中平面图形的面积.

(1) 抛物线 $y^2=2+x$ 与直线 $y=x$ 所围成的平面图形;

(2) 抛物线 $y^2=2x$ 把图形 $x^2+y^2=8$ 分成两部分,求这两部分的面积;

(3) 曲线 $y=\frac{1}{x}$ 与直线 $y=x, y=2$ 所围成的平面图形;

(4) 求曲线 $y^2=x$ 与半圆 $x^2+y^2=2(x\geqslant 0)$ 所围图形的面积;

(5) 曲线 $y=e^x$ 和该曲线的过原点的切线及 $y$ 轴所围成的平面图形.

4. 有一立体,以长半轴 $a=10$,短半轴 $b=5$ 的椭圆为底,而垂直于长轴的截面都是等边三角形,求该立体的体积.

5. 求曲线 $y=x^3$ 及直线 $x=2, y=0$ 所围成图形分别绕 $x$ 轴及 $y$ 轴旋转而得的旋转体的体积.

6. 某产品的生产是连续进行的,总产量 $Q$ 是时间 $t$ 的函数,如果总产量的变化率为

$$Q'(t)=\frac{324}{t^2}e^{-\frac{9}{t}} \quad (\text{单位:吨/日})$$

求投产后从 $t=3$ 到 $t=30$ 这 27 天的总产量.

7. 某产品每天生产 $q$ 单位的固定成本为 20 元,边际成本函数为 $C'(q)=0.4q+2$(元/单位).求总成本函数 $C(q)$.如果该产品的销售单价为 18 元,且产品可以全部售出,求总利润函数 $L(q)$.问每天生产多少单位时才能获得最大利润?

## C. 提高题

8. 求抛物线 $y=-x^2+4x-3$ 及其在点$(0,-3)$和点$(3,0)$处的切线所围图形的面积.

9. 汽车轮胎可视为圆$(x-a)^2+y^2=R^2(R<a)$绕 $y$ 轴旋转而得的旋转体,试求其体积.

10. 某工地施工现场,有一个高为 5 m 的土包需要清除,已知每隔 1 m 高的等高线上水平

截面的面积分别为 $A=750\ \text{m}^2$，$B=480\ \text{m}^2$，$C=270\ \text{m}^2$，$D=120\ \text{m}^2$，$E=30\ \text{m}^2$，$F=0\ \text{m}^2$（图 5-25），试计算土包的体积.

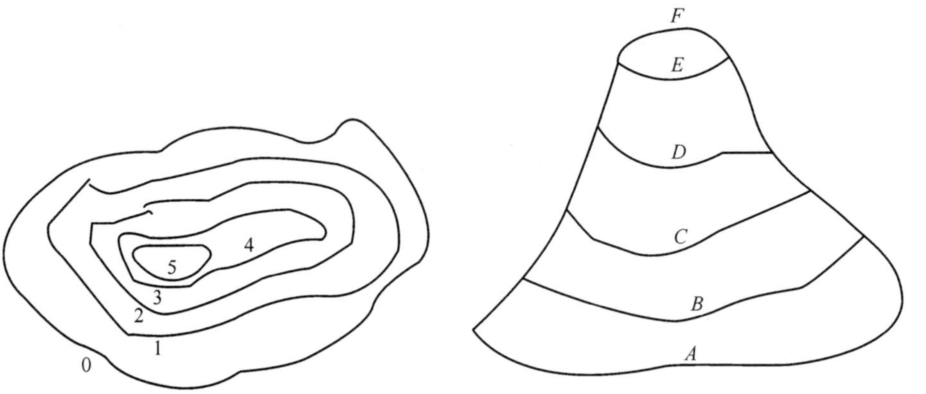


图 5-25

# 5.6 定积分-综合应用实例

## 5.6.1 变力做功问题

在物理学和工程技术中，经常遇到计算变力做功的问题. 设一物体在连续变力 $F(x)$ 的作用下，沿力的方向做直线运动，求物体沿 $x$ 轴由 $a$ 点移动到 $b$ 点时，在变力 $F(x)$ 的作用下所做的功（图 5-26).

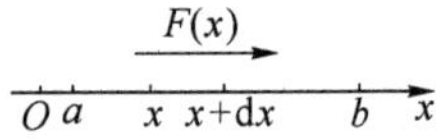


图 5-26

如果物体在恒力 $F$ 作用下沿力的方向移动一段距离 $s$，则恒力 $F$ 对物体所做的功为 $W=F\cdot s$. 而现在 $F(x)$ 是一个变力，是变力做功问题. 由于所求的功是区间 $[a,b]$ 上非均匀分布的整体量，并且对区间 $[a,b]$ 具有可加性，所以可以用定积分的微元法来求这个量.

取 $x$ 为积分变量，则 $x\in[a,b]$. 任取一个子区间 $[x,x+\mathrm{d}x]\subset[a,b]$，由于 $F(x)$ 是连续变化的，所以当 $\mathrm{d}x$ 很小时，在子区间 $[x,x+\mathrm{d}x]$ 内的力 $F(x)$ 可以近似地看作是恒力，在子区间上所做功的近似值（即功微元）为 $dW=F(x)\mathrm{d}x$，在 $[a,b]$ 上积分，得在整个区间上所做的功为

$$W=\int_a^b F(x)\mathrm{d}x$$

**【例 5-6-1】** 自地面垂直向上发射火箭，问初速度为多大时火箭才能超出地球的引力范围？

**解** 设地球的半径为 $R$、质量为 $M$，火箭的质量为 $m$，由万有引力定律可知，当火箭离开地面的距离为 $x$ 时，它所受到地球的引力为

$$f=\frac{GMm}{(R+x)^2}$$

因为当 $x=0$ 时 $f=mg$，代入上式得 $GM=R^2g$，所以有

$$f=\frac{R^2gm}{(R+x)^2}$$

当火箭从距离地面高度为 $x$ 升高到 $x+\mathrm{d}x$ 时所做的功

$$dW = f\,dx = \frac{R^2 gm}{(R+x)^2}dx$$

所以，当火箭从地面($x=0$)达到高度为 $h$ 处时做功

$$W = \int_0^h \frac{R^2 gm}{(R+x)^2}dx = R^2 gm\left(\frac{1}{R} - \frac{1}{R+h}\right)$$

由上式可知，当 $h\to\infty$ 时 $W\to Rgm$. 即要把火箭升高到无穷高，至少须对它做功 $W=Rgm$，而这些功来自火箭发射的最初动能，因此，为了使火箭超出地球的引力范围，必须满足

$$\frac{1}{2}mv_0^2 \geqslant Rgm，即\ v_0 \geqslant \sqrt{2Rg}$$

若取 $g=9.80\ \mathrm{m/s^2}$，$R=6370\times10^3\ \mathrm{m}$，则

$$v_0 \geqslant \sqrt{2\times6370\times10^3\times9.8} = 11.2\times10^3(\mathrm{m/s})$$

因此，为了使火箭超出地球的引力范围，它的初速度至少为每秒 11.2 km(即第二宇宙的速度).

**【例 5-6-2】** 一个底面圆半径为 4 m，高为 8 m 的倒立型圆锥桶，装了 6 m 深的水，试问若把桶内的水全部抽完需做多少功？

**解** 设想水是一层一层的被抽到桶口的，将每层小水柱提高到桶口时，由于水位不断的下降，使得水层的提升高度连续增加，是一个“变距离做功”的问题.

如图 5-27 所示建立坐标系，这时圆锥桶就可以看作是由直线 $AB$：$y=-\frac{x}{2}+4$ 和 $x$ 轴、$y$ 轴围成的三角形绕 $x$ 轴旋转而成的旋转体.

选 $x$ 为积分变量，则 $x\in[2,8]$，任取子区间 $[x,x+dx]\subset[2,8]$，相应子区间上的小圆台近似地看作小圆柱体，其水柱的重力为

$$\pi\rho g y^2 dx = \pi\rho g\left(4-\frac{x}{2}\right)^2 dx$$

将这层小水柱提高到桶口时所做的功(功微元)为

$$dW = \pi\rho g x\left(4-\frac{x}{2}\right)^2 dx$$

在区间 $[2,8]$ 上积分，即得所求的功为

$$W = \int_2^8 \pi\rho g x\left(4-\frac{x}{2}\right)^2 dx = \pi\rho g\int_2^8\left(16x-4x^2+\frac{x^3}{4}\right)dx$$

$$= \pi\rho g\left[8x^2-\frac{4}{3}x^3+\frac{x^4}{16}\right]_2^8 = 9.8\times10^3\times63\pi \approx 1.94\times10^6(\mathrm{J})$$

所以要把桶内的水全部抽完需做 $1.94\times10^6$ J 的功.

### 5.6.2 液体的压力

如图 5-28 所示，将一个形状为曲边梯形的平板垂直放置在密度为 $\rho$ 的液体中，两腰与液面平行，且距离液面的高度分别为 $a$ 与 $b(a<b)$，求平板一侧所受液体的压力.

由物理学的知识知道，在距液面深为 $h$ 处的压强为 $p=\rho gh$，并且在同一点的压强在各个方向是相等的. 如果一个面积为 $A$ 的平板水平地放置在距离液面深度为 $h$ 处，则平板一侧所受的液体压力为 $P=\rho ghA$. 现在平板垂直放在液体中，在不同深度处所受的压强也就不同，于是整个平板所受到的压力是一个非均匀变化的整体量，且关于区间 $[a,b]$ 具有可加性. 因此，可以借助于定积分的微元法来计算这个量.

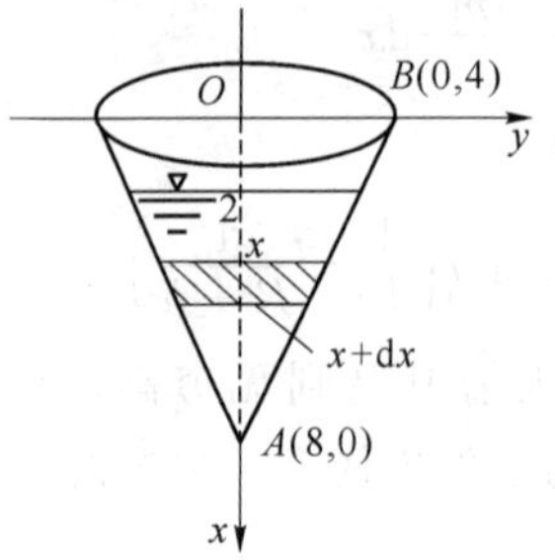


图 5-27

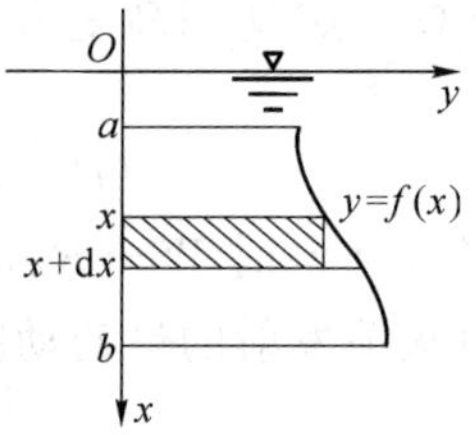


图 5-28

如图 5-29 所示，建立相应的坐标系，选 $x$ 为积分变量，则 $x\in[a,b]$，任取子区间 $[x,x+dx]\subset[a,b]$，如果 $dx$ 很小，该子区间对应的小曲边梯形所受到的压强可近似地用深度为 $x$ 处的压强代替，因此所受到的压力微元为

$$dP=\rho gxf(x)dx$$

在 $[a,b]$ 上积分，便得整个平板所受到压力为

$$P=\int_a^b \rho gxf(x)dx$$

**【例 5-6-3】** 现在有一个横放的半径为 $R$ 的圆柱形油桶，里面盛有半桶油，已知油的密度为 $\rho$，求油桶的一个端面所受油的压力.

**解** 桶的一个截面是圆片，现在要计算当液面通过圆心时，垂直放置的一个半圆片的一侧所受到的液体压力.

如图 5-29 所示建立直角坐标系，圆的方程为 $x^2+y^2=R^2$，取 $x$ 为积分变量，则 $x\in[0,R]$. 任取一个小区间 $[x,x+dx]\subset[0,R]$，认为相应细条上各点处的压强相等，因此窄条一侧所受液体压力的近似值，即压力元素为 $dP=\rho gx\cdot 2ydx=2\rho gx\sqrt{R^2-x^2}dx$，在 $[0,R]$ 上积分，得端面一侧所受的液体压力为

$$P=\int_0^R 2\rho gx\sqrt{R^2-x^2}dx=-\rho g\left[\frac{2}{3}(R^2-x^2)^{\frac{3}{2}}\right]_0^R=\frac{2}{3}\rho gR^3$$

**【例 5-6-4】** 一形状为等腰梯形的阀门，垂直放置在水中，较长的上顶与水面相齐，其长为 200 m，下底长为 50 m，高为 10 m，试计算水对阀门一侧的压力.

**解** 如图 5-30 所示建立坐标系，则腰 $AB$ 的方程为 $y=-\frac{15}{2}x+100$，水面下 $x$ 处的窄条一侧所受水压力近似为

$$dP=\rho gx\cdot 2\left(-\frac{15}{2}x+100\right)dx=\rho g(-15x^2+200x)dx$$

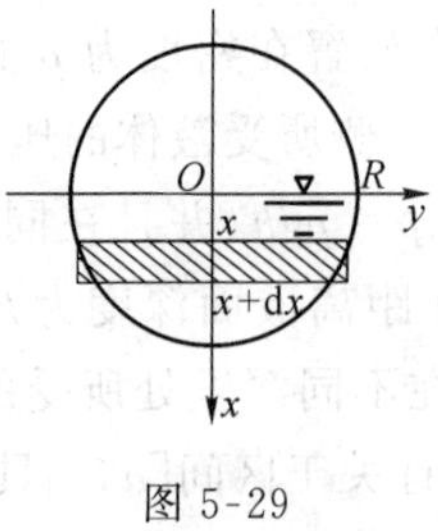


图 5-29

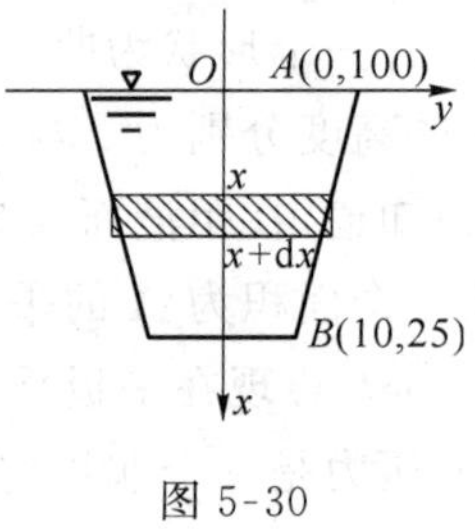


图 5-30

则整个阀门一侧所受的水压力为

$$P=\int_0^{10}\rho g(-15x^2+200x)\mathrm{d}x=\rho g(-5x^3+100x^2)\Big|_0^{10}=500(\text{吨})$$

除以上介绍的应用之外，还可以利用元素法计算旋转曲面的面积、平面薄片的重心、刚体的转动惯量、引力及在电学上的应用等.

### 5.6.3　经济方面的应用

**1. [投资问题]**

下面先给出几个有关的经济概念.

(1) 资金的终值和现值：现有资金 $A$ 元，若按年利率 $r$ 作连续复利计算，则 $t$ 年末的本利和为 $A\mathrm{e}^{rt}$，称 $A\mathrm{e}^{rt}$ 为 $A$ 元资金在 $t$ 年末的终值. 反之 $t$ 年末想得到 $A$ 元资金，则按年利率 $r$ 作连续复利计算，现在需要投入资金 $A\mathrm{e}^{-rt}$ 称为现值.

(2) 收入率(或支出率)：在 $t$ 时刻收入(或支出)的变化率. 对于一个企业，其收入和支出是频繁进行，在实际分析过程中，为了计算的方便，将它近似看作是连续发生的，因此设在 $[0,T]$ 这段时间内收入的变化率为 $f(t)$，若按年利率为 $r$ 的连续复利计算，由定积分的思想，得到在 $[0,T]$ 这段时间内的总收入的现值为

$$\int_0^T f(t)\mathrm{e}^{-rt}\mathrm{d}t$$

类似地有，在 $[0,T]$ 这段时间内的总收入的终值为

$$\int_0^T f(t)\mathrm{e}^{(T-rt)}\mathrm{d}t$$

终值和现值是经济管理中的两个重要概念，因为它们可将不同时期的资金转化为同一时期的资金进行比较、分析，然后再做出决策.

**【例 5-6-5】** 有一居民准备购买一座现价为 300 万元的别墅，如果以分期付款的方式，要求每年付款 21 万元，且 20 年付清，而银行的贷款年利率为 4%，按连续复利计息，问这位购房者是采用一次付款合算还是分期付款合算？

**解**　由已知有 $f(t)=21$，

则

$$\text{分期付款的总现金}=\int_0^{20}21\mathrm{e}^{-0.04t}\mathrm{d}t=-\frac{21}{0.04}\mathrm{e}^{-0.04t}\Big|_0^{20}$$

$$=525(1-\mathrm{e}^{-0.8})\approx 289.102\ (\text{万元})<300\ (\text{万元})$$

所以分期付款合算.

**【例 5-6-6】** 某企业将投资 800 万元生产一种产品，年利率为 5%. 经测算，该企业在 20 年内的收入率都为 200 万元/年，(1)问多少年可以收回投资？(2)求该投资在 20 年中可得纯利润为多少？

**解**　(1) 设要 $T$ 年可以收回投资，由公式可得在 $[0,T]$ 这段时间内的总收入的现值为

$$R(T)=\int_0^T 200\mathrm{e}^{-0.05t}\mathrm{d}t=-\frac{200}{0.05}\mathrm{e}^{-0.05t}\Big|_0^T=\frac{200}{0.05}(1-\mathrm{e}^{-0.05T})$$

由已知有

$$\frac{200}{0.05}(1-\mathrm{e}^{-0.05T})=800$$

整理得

$$T=\frac{-1}{0.05}\ln 0.8=20\ln 1,25\approx 4.46(\text{年})$$

所以大约四年半能收回投资.

(2) 由(1)可知 20 年内的纯收入为

$$R(20)-800=\frac{200}{0.05}(1-e^{-0.05\times 20})-800$$
$$\approx 2528.4-800=1728.2(\text{万元})$$

所以投资 20 年中可得纯利润 1728.2 万元.

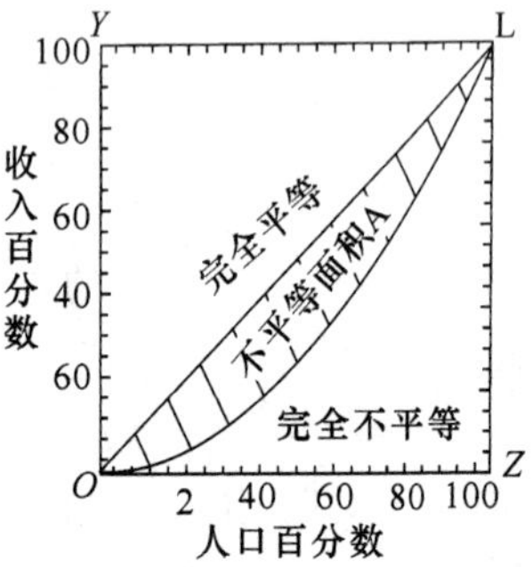


图 5-31

**2.［劳伦斯(M. O. Lorenz)曲线问题］**

如果横轴 $OZ$ 表示人口(按收入由低到高分组)的累计百分比,纵轴 $OY$ 表示收入的累计百分比.当收入完全平等时,人口累计百分比等于收入累计百分比,劳伦斯曲线为通过原点、倾角为 45°的直线;当收入完全不平等时,极少部分人口占有几乎全部的收入,劳伦斯曲线为折线 OLZ. 一般国家的收入分配既不会是完全平等,也不会是完全不平等,而是在两者之间,即劳伦斯曲线是位于完全平等线与完全不平等线之间的凹曲线(图 5-31),阴影部分的面积是劳伦斯曲线与完全平等线的偏离程度的大小.

如果某一国家在某一时期国民收入分配的劳伦斯曲线近似地由函数 $y=f(x)$表示,则阴影部分的面积为

$$A=\int_0^1[x-f(x)]\mathrm{d}x=\frac{1}{2}-\int_0^1 f(x)\mathrm{d}x$$

即不平等的程度在大小上等于 $A=\frac{1}{2}-\int_0^1 f(x)\mathrm{d}x$ (简称为不平等面积)而最大不平等面积为下三角形面积$\frac{1}{2}$,不平等面积与最大不平等面积的比例

$$\frac{\frac{1}{2}-\int_0^1 f(x)\mathrm{d}x}{\frac{1}{2}}=1-2\int_0^1 f(x)\mathrm{d}x$$

表示一个国家国民收入在国民之间分配的不平等程度,在经济学上称其为基尼(Gini)系数,记为 $G$。即有

$$G=1-2\int_0^1 f(x)\mathrm{d}x$$

显然当 $G=0$ 时,是完全平等情形,当 $G=1$ 时,是完全不平等情况.

**【例 5-6-7】** 通过对某个国家发展情况的研究,发现股票经纪人的收入分配情况可近似用函数描述为 $f(x)=\frac{11}{12}x^2+\frac{1}{12}x$,高校教师的收入分配可用函数 $g(x)=\frac{5}{6}x^2+\frac{1}{6}x$ 表示,求两种职业的基尼系数,判断哪种职业的收入分配情况更合理.

**解** 设股票经纪人的基尼系数为 $G_1$,高校教师的基尼系数为 $G_2$,则

$$G_1=1-2\int_0^1 f(x)\mathrm{d}x=1-2\int_0^1\left[\frac{11}{12}x^2+\frac{1}{12}x\right]\mathrm{d}x$$
$$=1-2\left[\frac{11}{36}x^3+\frac{1}{24}x^2\right]\Big|_0^1=1-2\left[\frac{11}{36}+\frac{1}{24}\right]=\frac{1}{4}$$

$$G_2=1-\int_0^1 g(x)\mathrm{d}x=1-2\int_0^1\left[\frac{5}{6}x^2+\frac{1}{6}x\right]\mathrm{d}x$$
$$=1-2\left[\frac{5}{18}x^3+\frac{1}{12}x^2\right]\Big|_0^1=1-2\left[\frac{5}{18}+\frac{1}{12}\right]=\frac{5}{18}$$

因此 $G_1<G_2$，故股票经纪人的收入分配比高校教师的收入分配更合理.

### 5.6.4　定积分在其他工程技术方面的应用

**【例 5-6-8】(火箭飞行的运动规律)**　火箭是靠把燃料变成气体向后喷射，进而甩去一部分质量来得到前进的动力的. 设 $t$ 时刻火箭的总质量为 $M(t)$，速度为 $v(t)$，所以其动量为 $M(t)v(t)$. 在 $t$ 到 $t+\mathrm{d}t$ 时间段中，有部分燃料以相对于火箭的速度 $u$ 被反向喷射出去（$u$ 是根据火箭的推进器的结构和性能所决定的，与火箭本身的飞行速度无关），在 $t+\mathrm{d}t$ 时刻火箭的质量为$M(t+\mathrm{d}t)$，速度为 $v(t+\mathrm{d}t)$，喷掉的燃料质量为 $M(t)-M(t+\mathrm{d}t)$，其速度为 $v(t+\mathrm{d}t)-u$，且系统的动量等于火箭的剩余部分动量与燃料动量之和.

在 $[t,t+\mathrm{d}t]$ 中，系统动量的改变量为

$$\{M(t+\mathrm{d}t)v(t+\mathrm{d}t)+[M(t)-M(t+\mathrm{d}t)][v(t+\mathrm{d}t)-u]\}-M(t)v(t)$$
$$=M(t)[v(t+\mathrm{d}t)-v(t)]+[M(t+\mathrm{d}t)-M(t)]u$$
$$=M(t)v'(t)\mathrm{d}t+uM'(t)\mathrm{d}t$$

再由冲量定理，上述动量的改变量应为力与作用时间的乘积，即冲量为 $F\mathrm{d}t$，这样就得到火箭运动的微分方程

$$M\frac{\mathrm{d}v}{\mathrm{d}t}=F-u\frac{\mathrm{d}M}{\mathrm{d}t}$$

这里 $F$ 是指作用于火箭系统的外力，$M\dfrac{\mathrm{d}v}{\mathrm{d}t}$称为火箭的反推力.

特别地，当火箭在垂直于地球表面向上发射时，$F=-Mg$，方程成为

$$\begin{cases}\dfrac{\mathrm{d}v}{\mathrm{d}t}=-g-u\dfrac{1}{M}\dfrac{\mathrm{d}M}{\mathrm{d}t}\\ v(0)=0,M(0)=M_0\end{cases}$$

两边在 $[0,t]$ 上积分，

$$\int_0^t v'(t)\mathrm{d}t=-\int_0^t g\mathrm{d}t-u\int_0^t\frac{M'(t)}{M(t)}\mathrm{d}t$$

就得到

$$v(t)=u\ln\frac{M_0}{M(t)}-gt$$

**【例 5-6-9】(Logistic 人口模型)**　已知 Malthus 人口模型的解为 $p=p_0\mathrm{e}^{\lambda(t-t_0)}$，当 $t\to\infty$时有 $p(t)\to\infty$，这显然是不合常理的，因为人口的数量增加到一定程度后，受到自然环境和条件的制约作用，并且制约的力度随人口的增加会越来越强. 因此，在任何一个给定的环境和资源条件下，人口的增长不可能是无限期的，它必定有一个上界 $p_{\max}$.

因此，荷兰生物数学家 Verhulst 认为，人口的增长率应随着 $p(t)$不断接近 $p_{\max}$而越来越小，他提出了一个修正的人口模型

$$\begin{cases}p'(t)=\lambda\left[1-\dfrac{p(t)}{p_{\max}}\right]p(t)\\ p(t_0)=p_0\end{cases}$$

将含有 $p$ 的项全部移到左边，两边在 $[t_0,t]$ 上积分，

$$\int_{p_0}^{p}\frac{\mathrm{d}p}{p_{\max}\cdot p-p^2}=\frac{\lambda}{p_{\max}}\int_{t_0}^{t}\mathrm{d}t$$

利用有理函数的积分公式，即可解出

$$p=\frac{p_{\max}}{1+\left(\frac{p_{\max}}{p_0}-1\right)\mathrm{e}^{-\lambda(t-t_0)}}$$

当 $t\to\infty$ 时有 $p(t)\to p_{\max}$.

这个模型就是所谓的 Logistic 人口模型，很多国家都曾用这个模型预测过人口，结果是令人满意的.

# 复习题 5
# （历年专插本考试真题）

## 一、单项选择题

1. (2011/4) 若 $\int_1^2 xf(x)\mathrm{d}x=2$，则 $\int_0^3 f(\sqrt{x+1})\mathrm{d}x=$（　　）.

A. 1　　B. 2　　C. 3　　D. 4

2. (2007/4) 设函数 $\Phi(x)=\int_0^x (t-1)\mathrm{d}t$，则下列结论正确的是（　　）.

A. $\Phi(x)$ 的极大值为 1　　B. $\Phi(x)$ 的极小值为 1

C. $\Phi(x)$ 的极大值为 $-\frac{1}{2}$　　D. $\Phi(x)$ 的极小值为 $-\frac{1}{2}$

3. (2006/5) 积分 $\int_0^{-\infty}\mathrm{e}^{-x}\mathrm{d}x$（　　）.

A. 收敛且等于 $-1$　　B. 收敛且等于 0

C. 收敛且等于 1　　D. 发散

4. (2004/8) 曲线 $y=\frac{1}{x}$，$y=x$，$x=2$ 所围成的图形面积为 $S$，则 $S=$（　　）.

A. $\int_1^2\left(\frac{1}{x}-x\right)\mathrm{d}x$　　B. $\int_1^2\left(x-\frac{1}{x}\right)\mathrm{d}x$

C. $\int_1^2\left(2-\frac{1}{y}\right)\mathrm{d}x+\int_1^2(2-y)\mathrm{d}x$　　D. $\int_1^2\left(2-\frac{1}{x}\right)\mathrm{d}x+\int_1^2(2-x)\mathrm{d}x$

5. (2002/14) 定积分 $\int_0^1\mathrm{e}^{\sqrt{x}}\mathrm{d}x$ 的值是（　　）.

A. 0　　B. 1　　C. 2　　D. 3

## 二、填空题

1. (2015/8)广义积分 $\int_1^{+\infty}\frac{1}{x^6}\mathrm{d}x=$ ________.

2. (2013/9)已知平面图形 $G=\left\{(x,y)\mid x\geqslant 1,0\leqslant y\leqslant \dfrac{1}{x}\right\}$,将图形 $G$ 绕 $x$ 轴旋转一周得到旋转体的体积 $V=$________.

3. (2011/8) 已知函数 $f(x)$ 在 $(-\infty,+\infty)$ 内连续，且 $y=\int_0^{2x} f\left(\dfrac{1}{2}t\right)\mathrm{d}t-2\int(1+f(x))\mathrm{d}x$,则 $y'=$________.

4. (2010/8) 由曲线 $y=\dfrac{1}{x}$ 和直线 $x=1,x=2$ 及 $y=0$ 围成的平面图形绕 $x$ 轴旋转一周所构成的几何体的体积 $V=$________.

5. (2008/8) 积分 $\int_{-\frac{\pi}{2}}^{\frac{\pi}{2}}(\sin x+\cos x)\mathrm{d}x=$________.

6. (2006/8) 积分 $\int_{-\pi}^{\pi}(x\cos x+|\sin x|)\mathrm{d}x=$________.

7. (2006/9)曲线 $y=\mathrm{e}^x$ 及直线 $x=0,x=1$ 和 $y=0$ 所围成平面图形绕 $x$ 轴旋转所成的旋转体的体积 $V=$________.

8. (2004/4) 若函数 $f(x)=\int_0^x \dfrac{2t-1}{t^2-t+1}\mathrm{d}t$,则 $f(\dfrac{1}{2})=$________.

9. (2003/一.7) $\int_0^1\left(\dfrac{1}{1+x}\right)^2\mathrm{d}x=$________.

## 三、计算题

1. (2013/16)计算定积分 $\int_0^2 \dfrac{x}{(x+2)\sqrt{x+1}}\mathrm{d}x$.

2. (2012/15)已知 $f(x)=\begin{cases} x^3\mathrm{e}^{x^4+1} & \dfrac{-1}{2}\leqslant x\leqslant \dfrac{1}{2} \\ \dfrac{1}{x^2} & x>\dfrac{1}{2} \end{cases}$,利用定积分的换元法求定积分 $\int_{\frac{1}{2}}^{2} f(x-1)\mathrm{d}x$.

3. (2011/15) 设 $f(x)=\begin{cases} \dfrac{x^2}{1+x^2}, x>0, \\ x\cos x, x\leqslant 0. \end{cases}$,计算定积分 $\int_{-\pi}^{1} f(x)\mathrm{d}x$.

4. (2010/15) 计算定积分 $\int_{\ln 5}^{\ln 10}\sqrt{\mathrm{e}^x-1}\,\mathrm{d}x$.

5. (2009/11) 计算极限 $\lim\limits_{x\to 0}\left(\dfrac{1}{x^3}\int_0^x \mathrm{e}^{t^2}\mathrm{d}t-\dfrac{1}{x^2}\right)$.

6. (2009/15) 计算定积分 $\int_{-1}^{1}\dfrac{|x|+x^3}{1+x^2}\mathrm{d}x$.

7. (2008/15) 计算定积分 $\int_0^1 \ln(1+x^2)\mathrm{d}x$.

8. (2007/15) 计算定积分 $\int_0^{\sqrt{3}}\dfrac{x^3}{\sqrt{1+x^2}}\mathrm{d}x$.

9. (2007/16)设平面图形由曲线 $y=x^3$ 与直线 $y=0$ 及 $x=2$ 围成,求该图形绕 $y$ 轴旋转所得的旋转体的体积.

10. (2006/15) 计算定积分 $\int_0^1 \ln(\sqrt{1+x^2}+x)\mathrm{d}x$.

11. (2005/12) 求极限 $\lim\limits_{x\to 0}\dfrac{\int_0^x \ln^2(1+t)\mathrm{d}t}{x^2}$.

12. (2005/16) 计算定积分 $\int_{\ln 2}^{2\ln 2}\dfrac{1}{\sqrt{\mathrm{e}^t-1}}\mathrm{d}t$.

13. (2005/17) 求由两条曲线 $y=\cos x$, $y=\sin x$ 及两条直线 $x=0$, $x=\dfrac{\pi}{6}$ 所围成的平面图形绕 $x$ 轴旋转而成的旋转体的体积.

14. (2004/13) 计算定积分 $\int_0^1 x^5\ln^2 x\mathrm{d}x$.

15. (2003/二.2)计算定积分 $\int_{-\pi}^{\pi}|\sin x|\mathrm{d}x$.

16. (2003/三.1)求极限 $\lim\limits_{x\to 0}\dfrac{\int_0^{x^2}\sin t\mathrm{d}t}{\int_0^x t^3\mathrm{d}t}$.

17. (2002/19) 计算定积分 $\int_1^4 \dfrac{\ln x}{\sqrt{x}}\mathrm{d}x$.

18. (2001/二.4) 计算 $\int_{-\frac{\pi}{2}}^{\frac{\pi}{2}}\sqrt{\cos x}\,|\sin x|\mathrm{d}x$.

## 四、综合题

1. (2015/15)求由曲线 $y=x\cos 2x$ 和直线 $x=0$, $x=\dfrac{\pi}{4}$ 及 $y=0$ 所围成的平面图形的面积.

2. (2014/15)已知函数 $f(x)=\dfrac{2}{3}x^{\frac{3}{2}}$,求由曲线 $y=f(x)$和直线 $x=0$, $x=1$ 及 $y=0$ 所围成的平面图绕 $x$ 轴旋转一周所得旋转体的体积 $V_x$.

3. (2014/20)已知函数 $f(x)=\int_{\ln x}^{2}\mathrm{e}^{t^2}\mathrm{d}t$.

求:(1) $f'(\mathrm{e}^2)$;

(2) 计算定积分 $\int_1^{\mathrm{e}^2}\dfrac{1}{2}f(x)\mathrm{d}x$.

4. (2011/19)过坐标原点作曲线 $y=\mathrm{e}^x$ 的切线 $l$,切线 $l$ 与曲线 $y=\mathrm{e}^x$ 及 $y$ 轴围成的平面图形标记为 $G$. 求:

(1) 切线 $l$ 的方程;

(2) $G$ 的面积;

(3) $G$ 绕 $x$ 轴旋转而成的旋转体的体积.

5. (2010/19) 求函数 $\Phi(x)=\int_0^x t(t-1)\mathrm{d}t$ 的单调增减区间和极值.

6. (2010/20)已知$\left(1+\dfrac{2}{x}\right)^x$ 是函数 $f(x)$在区间$(0,+\infty)$内的一个原函数.

(1) 求 $f(x)$;

(2) 计算 $\int_{1}^{+\infty} f(2x)\mathrm{d}x$.

7. (2009/19) 用 $G$ 表示由曲线 $y=\ln x$ 及直线 $x+y=1$, $y=1$ 围成的平面图形.

(1) 求 $G$ 的面积;

(2) 求 $G$ 绕 $y$ 轴旋转一周而成的旋转体的体积.

8. (2008/20) 设函数 $f(x)$在区间$[0,1]$上连续,且 $0<f(x)<1$,判断方程 $2x-\int_{0}^{x} f(t)\mathrm{d}t = 1$ 在区间$(0,1)$内有几个实根,并证明你的结论.

9. (2005/23) 已知 $f(\pi)=2$,且 $\int_{0}^{x} [f(x)+f''(x)]\sin x\mathrm{d}x = 5$, 求 $f(0)$.

## 第2篇

# 拓展模块

# 第 6 章* 二元微积分初步

前面讨论的函数仅含一个自变量，称为一元函数. 在许多实际问题中，常常遇到依赖两个或更多自变量的函数，这种函数称为多元函数. 本章主要研究二元函数的微积分问题.

## 6.1 空间解析几何简介

### 6.1.1 空间直角坐标系

为了确定平面上任意一点的位置，建立了平面直角坐标系. 现在，为了确定空间任意一点的位置，相应地就要引进空间直角坐标系.

于空间中取定一点 $O$，过点 $O$ 作三条互相垂直的直线 $Ox$、$Oy$、$Oz$. 并按右手系规定 $Ox$、$Oy$、$Oz$ 的正方向，即将右手伸直，拇指朝上为 $Oz$ 的正方向，其余四指的指向为 $Ox$ 的正方向，四指弯曲90°后的指向为 $Oy$ 的正方向. 再规定一个单位长度. 如图 6-1 所示.

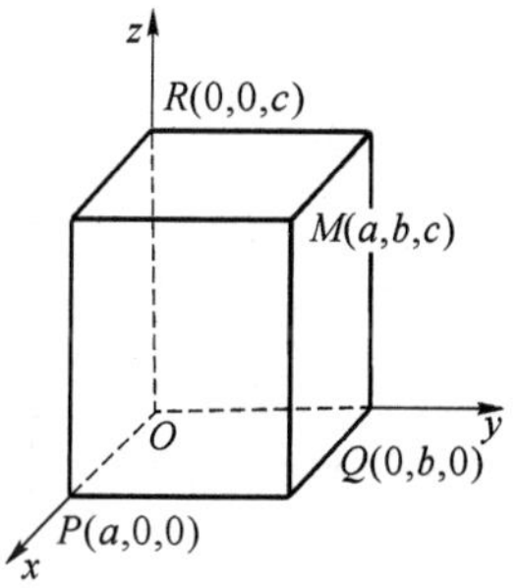


图 6-1

点 $O$ 称为坐标原点，三条直线分别称为 $x$ 轴、$y$ 轴、$z$ 轴. 每两条坐标轴确定一个平面，称为坐标平面. 由 $x$ 轴和 $y$ 轴确定的平面称为 $xy$ 平面，由 $y$ 轴和 $z$ 轴确定的平面称为 $yz$ 平面，由 $z$ 轴和 $x$ 轴确定的平面称为 $xz$ 平面，如图 6-1 所示. 通常，将 $xy$ 平面配置在水平面上，$z$ 轴放在铅直位置，而且由下向上为 $z$ 轴正方向. 三个坐标平面将空间分成 8 个部分，称为 8 个卦限.

对于空间中任意一点 $M$，过点 $M$ 作三个平面，分别垂直于 $x$ 轴、$y$ 轴、$z$ 轴，且与这三个轴分别交于 $P$、$Q$、$R$ 三点，如图 6-1 所示. 设 $OP=a$，$OQ=b$，$OR=c$，则点 $M$ 唯一确定了一个三元有序数组 $(a,b,c)$；反之，对任意一个三元有序数组 $(a,b,c)$，在 $x$、$y$、$z$ 三轴上分别取点 $P$、$Q$、$R$，使 $OP=a$，$OQ=b$，$OR=c$，然后过 $P$、$Q$、$R$ 三点分别作垂直于 $x$、$y$、$z$ 轴的平面，这三个平面相交于一点 $M$，则由一个三元有序数组 $(a,b,c)$ 唯一地确定了空间的一个点 $M$.

于是，空间任意一点 $M$ 和一个三元有序数组 $(a,b,c)$ 建立了一一对应关系. 我们称这个三元有序数组为点 $M$ 的坐标，记为 $M(a,b,c)$.

显然，坐标原点坐标为 $(0,0,0)$；$x$ 轴、$y$ 轴和 $z$ 轴上点的坐标分别为 $(x,0,0)$，$(0,y,0)$ 和 $(0,0,z)$；$xy$ 平面、$xz$ 平面和 $yz$ 平面上点的坐标分别为 $(x,y,0)$，$(x,0,z)$ 和 $(0,y,z)$.

### 6.1.2 空间任意两点间的距离

给定空间两点 $M_1(x_1,y_1,z_1)$，$M_2(x_2,y_2,z_2)$，过 $M_1$，$M_2$ 各作三个平面分别垂直于三个坐标轴. 这六个平面构成一个以线段 $M_1M_2$ 为一条对角线的长方体，如图 6-2 所示.

由图可知：

$$\begin{aligned}|M_1M_2|^2 &= |M_2S|^2+|M_1S|^2\\ &= |M_2S|^2+|M_1N|^2+|NS|^2\end{aligned}$$

得

$$\begin{aligned}|M_1M_2|^2 &= |x_2-x_1|^2+|y_2-y_1|^2+|z_2-z_1|^2\\ &=(x_2-x_1)^2+(y_2-y_1)^2+(z_2-z_1)^2\end{aligned}$$

于是，求得 $M_1(x_1,y_1,z_1)$ 与 $M_2(x_2,y_2,z_2)$ 之间的距离公式为

$$|M_1M_2|=\sqrt{(x_2-x_1)^2+(y_2-y_1)^2+(z_2-z_1)^2}$$

### 6.1.3 曲面与方程

与平面解析几何中建立曲线与方程的对应关系一样，可以建立空间曲面与包含三个变量的方程 $F(x,y,z)=0$ 的对应关系.

**定义 6-1-1** 如果曲面 $S$ 上任意一点的坐标都满足方程 $F(x,y,z)=0$，而不在曲面 $S$ 上的点的坐标都不满足方程 $F(x,y,z)=0$，那么方程 $F(x,y,z)=0$ 称为曲面 $S$ 的方程，而曲面 $S$ 称为方程 $F(x,y,z)=0$ 的图形，如图 6-3 所示.

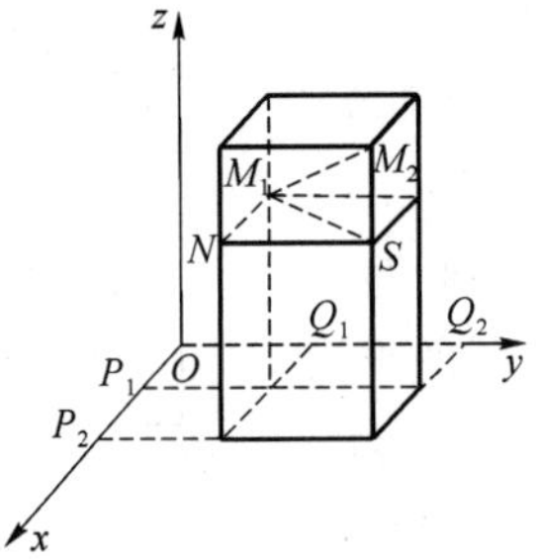


图 6-2

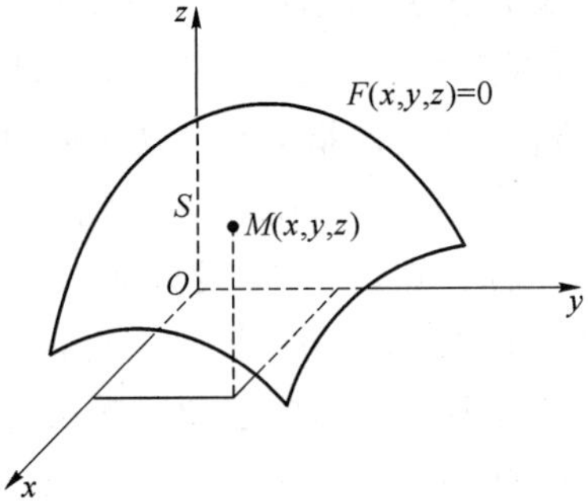


图 6-3

**【例 6-1-1】** 一动点 $M(x,y,z)$ 与两定点 $M_1(1,-1,0)$、$M_2(2,0,-2)$ 的距离相等，求此动点 $M$ 的轨迹方程.

**解** 依题意有

$$|MM_1|=|MM_2|$$

由两点距离公式得

$$\sqrt{(x-1)^2+(y+1)^2+z^2}=\sqrt{(x-2)^2+y^2+(z+2)^2}$$

化简后可得点 $M$ 的轨迹方程为

$$x+y-2z-3=0$$

由中学几何知识已经知道，动点 $M$ 的轨迹是线段 $M_1M_2$ 的垂直平分面，因此上面所求的方程即该平面的方程.

**【例 6-1-2】** 求三个坐标平面的方程.

**解** 容易看到 $xy$ 平面上任意一点的坐标必有 $z=0$，满足 $z=0$ 的点也必然在 $xy$ 平面上，所以 $xy$ 平面的方程为 $z=0$.

同理，$yz$ 平面的方程为 $x=0$；$zx$ 平面的方程为 $y=0$.

**【例 6-1-3】** 作 $z=c$（$c$ 为常数）的图形.

**解** 方程 $z=c$ 中不含 $x,y$，这意味着 $x$ 和 $y$ 可取任意值而总有 $z=c$，其图形是平行于 $xy$ 平面的平面. 可由 $xy$ 平面向上（$c>0$）或向下（$c<0$）移动 $|c|$ 个单位得到，如图 6-4 所示.

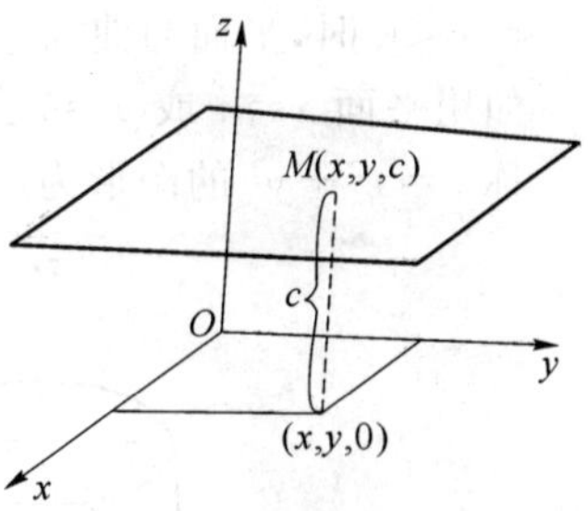

图 6-4

前面三个例子中，所讨论的方程都是一次方程，所考查的图形都是平面. 可以证明空间中任意一个平面的方程为三元一次方程

$$Ax+By+Cz+D=0$$

其中，$A,B,C,D$ 均为常数，且 $A,B,C$ 不全为 0.

**【例 6-1-4】** 求球心为点 $M_0(x_0,y_0,z_0)$，半径为 $R$ 的球面方程.

**解** 设球面上任意一点为 $M(x,y,z)$，那么有

$$|MM_0|=R$$

由距离公式有

$$\sqrt{(x-x_0)^2+(y-y_0)^2+(z-z_0)^2}=R$$

化简得球面方程为

$$(x-x_0)^2+(y-y_0)^2+(z-z_0)^2=R^2$$

特别是当球心为原点，即 $x_0=y_0=z_0=0$ 时，球面方程为

$$x^2+y^2+z^2=R^2$$

$z=\sqrt{R^2-x^2-y^2}$ 是球面的上半部，如图 6-5 所示.

$z=-\sqrt{R^2-x^2-y^2}$ 是球面的下半部，如图 6-6 所示.

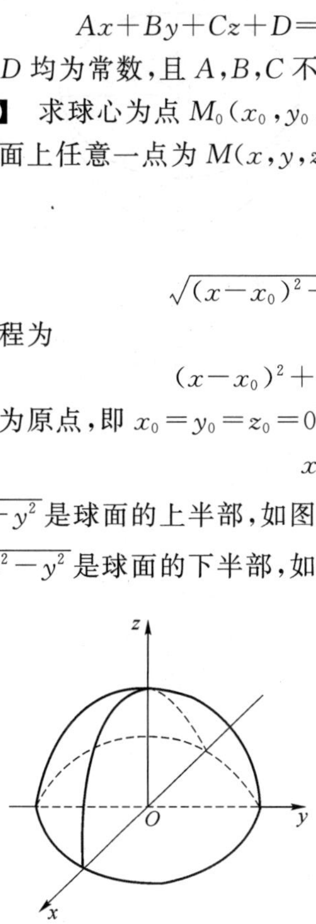

图 6-5

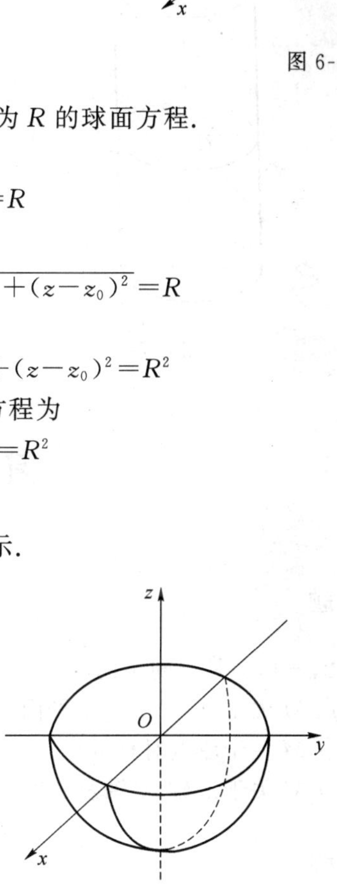

图 6-6

**【例 6-1-5】** 作 $x^2+y^2=R^2$ 的图形.

**解** 方程 $x^2+y^2=R^2$ 在 $xy$ 平面上表示以原点为圆心，半径为 $R$ 的圆. 由于方程不含 $z$，意味着 $z$ 可取任意值，只要 $x$ 与 $y$ 满足 $x^2+y^2=R^2$ 即可. 因此这个方程所表示的曲面，是由平行于 $z$ 轴的直线沿 $xy$ 平面上的圆 $x^2+y^2=R^2$ 移动而形成的圆柱面. $x^2+y^2=R^2$ 称为它的准线，平行于 $z$ 轴的直线称为它的母线，如图 6-7 所示.

**【例 6-1-6】** 作 $z=x^2+y^2$ 的图形.

**解** 用平面 $z=c$ 截曲面 $z=x^2+y^2$，其截痕方程为

$$x^2+y^2=c,z=c$$

当 $c=0$ 时，只有(0,0,0)满足方程.

当 $c>0$ 时，其截痕为以点 $(0,0,c)$ 为圆心，以 $\sqrt{c}$ 为半径的圆. 将平面 $z=c$ 向上移动，即让 $c$ 越来越大，则截痕的圆也越来越大.

当 $c<0$ 时，平面与曲面无交点.

如用平面 $x=a$ 或 $y=b$ 去截曲面，则截痕均为抛物线.

称 $z=x^2+y^2$ 的图形为旋转抛物面，如图 6-8 所示.

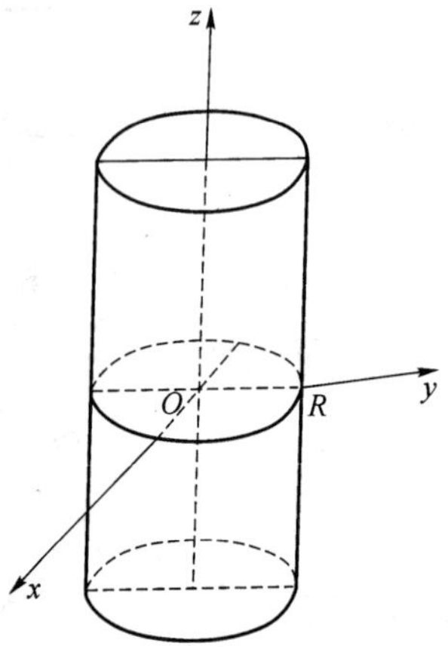


图 6-7

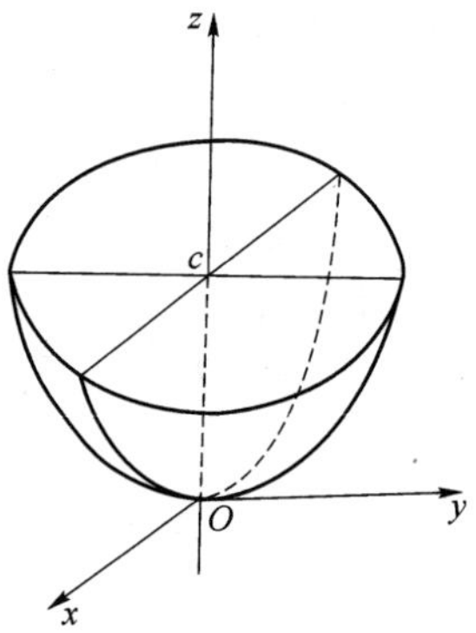


图 6-8

# 习题 6-1

### A. 基本题

1. 设 $M(2,-1,3)$ 是空间中的一点.

(1) 写出点 $M$ 关于 $xy$ 平面，$yz$ 平面及 $xz$ 平面对称的点；

(2) 写出点 $M$ 关于原点对称的点；

(3) 写出点 $M$ 关于 $x$ 轴，$y$ 轴及 $z$ 轴的对称点.

### B. 一般题

2. 已知空间三角形的 3 个顶点 $A(0,2,-1)$，$B(-1,0,2)$，$C(2,-1,0)$，证明 $\triangle ABC$ 是等边三角形，并求其周长.

## 6.2 二元函数及其极限与连续

### 6.2.1 二元函数的概念

**【例 6-2-1】** 圆柱体的体积 $V$ 和它的底半径 $r$、高 $h$ 之间的关系为

$$V=\pi r^2 h$$

这里，当 $r$、$h$ 在集合 $\{(r,h)|r>0,h>0\}$ 内取一对值 $(r,h)$ 时，$V$ 的对应值就随之确定.

**【例 6-2-2】** 设 $R$ 是电阻 $R_1$. $R_2$ 并联后的总电阻，它们之间的关系为

$$R=\frac{R_1R_2}{R_1+R_2}$$

这里，当 $R_1$. $R_2$ 在集合 $\{(R_1,R_2)|R_1>0,\ R_2>0\}$ 内取一对值 $(R_1,R_2)$ 时，$R$ 的对应值就随之确定.

上面两个例子的具体意义虽然各不相同，但它们却有共同的性质，由这些共性就可以得出二元函数的定义.

**定义 6-2-1** 已知变量 $x$、变量 $y$ 及变量 $z$，当变量 $x$、$y$ 相互独立地在某范围 $D$ 内任取一组确定的值时，若变量 $z$ 按照一定的规律 $f$，总有唯一确定的值与之对应，则称变量 $z$ 为变量 $x$、$y$ 的**二元函数**，记作

$$z=f(x,y)$$

其中变量 $x$、$y$ 称为自变量，自变量 $x$、$y$ 的取值范围 $D$ 称为二元函数的**定义域**；二元函数 $z$ 也称为因变量，二元函数 $z$ 的取值范围称为二元函数的**值域**；“$f$”称为对应关系或函数关系.

自变量 $x$、$y$ 的一组值代表 $xy$ 坐标平面上的一个点 $(x,y)$，因此二元函数 $z=f(x,y)$ 的定义域 $D$ 就是 $xy$ 坐标平面上点的一个集合，简称平面点集. 若 $D$ 为满足条件 $P(x,y)$ 的一切点 $(x,y)$ 构成的平面点集，则记作

$$D=\{(x,y)|P(x,y)\}$$

整个 $xy$ 面或 $xy$ 面上由几条曲线围成的一部分称为平面区域. 围成平面区域的曲线称为**区域边界**. 不包含边界的区域称为**开区域**；包含全部边界的区域称为**闭区域**；包含部分边界的区域称为**半开半闭区域**. 不延伸到无穷远处的区域称为**有界区域**；延伸到无穷远处的区域称为**无界区域**. 设 $P_0(x_0,y_0)$ 是 $xy$ 面上的一个点，$\delta$ 是某一正数，$xy$ 面上与点 $P_0(x_0,y_0)$ 距离小于 $\delta$ 的点 $P(x,y)$ 的全体，称为点 $P_0$ **的 $\delta$ 邻域**，记作 $U(P_0,\delta)$.

**【例 6-2-3】** 确定 $z=x^2y$ 的定义域.

**解** 由于自变量 $x,y$ 取值皆不受限制，所以函数定义域为

$$D=\{(x,y)|-\infty<x<+\infty,-\infty<y<+\infty\}$$

即整个 $xy$ 面，为无界区域.

**【例 6-2-4】** 确定 $z=\sqrt{R^2-x^2-y^2}\ (R>0)$ 的定义域.

**解** 解不等式 $R^2-x^2-y^2\geqslant 0$，得 $x^2+y^2\leqslant R^2$，所以函数定义域为

$$D=\{(x,y)x^2+y^2\leqslant R^2\}$$

它是 $xy$ 面上圆 $x^2+y^2=R^2$ 及其内部的点构成的平面点集，为有界闭区域.

**练一练：**

1. 设函数 $f(x,y)=x^2-y^2+3xy\sin\dfrac{y}{x}$，求 $f(tx,ty)$.

2. 求下列各函数的定义域.

(1) $z=\sqrt{x^2+y^2-1}+\dfrac{1}{\sqrt{9-x^2-y^2}}$；

(2) $z=\ln(x^2-2xy+y^2-1)$.

### 6.2.2 二元函数的极限

**定义 6-2-2** 已知二元函数 $f(x,y)$ 在点 $(x_0,y_0)$ 附近有定义，当 $(x,y)\to(x_0,y_0)$ 时，若存在常数 $A$，使得 $f(x,y)$ 与 $A$ 无限接近，则称常数 $A$ 为二元函数 $f(x,y)$ 当 $(x,y)\to(x_0,y_0)$ 时的极限，记作

$$\lim_{(x,y)\to(x_0,y_0)} f(x,y)=A$$

二元函数的极限在形式上与一元函数类似，但它们有着本质的区别. 对于一元函数 $y=f(x)$，自变量 $x\to x_0$ 只有两个方向；但对于二元函数 $z=f(x,y)$，自变量 $(x,y)\to(x_0,y_0)$ 却有无穷多个方向. 只有当点 $(x,y)$ 沿着这无穷多个方向无限接近点 $(x_0,y_0)$ 时，$f(x,y)$ 的极限都存在且相等，$f(x,y)$ 的极限才存在. 从两个方向到无穷多个方向，不仅是数量上的增加，而且有了质的变化，这就是二元微积分的许多结论与一元微积分不同的根源.

**【例 6-2-5】** 求 $\lim\limits_{\substack{x\to0\\y\to2}}\dfrac{\sin(xy)}{x}$.

**解** 这里 $f(x,y)=\dfrac{\sin(xy)}{x}$ 在区域 $D_1=\{(x,y)\mid x<0\}$ 和区域 $D_2=\{(x,y)\mid x>0\}$ 内都有定义，$P_0(0,2)$ 同时为 $D_1$ 及 $D_2$ 的边界点. 但无论在 $D_1$ 内还是在 $D_2$ 内考虑，下列运算都是正确的：

$$\lim_{\substack{x\to0\\y\to2}}\frac{\sin(xy)}{x}=\lim_{xy\to0}\frac{\sin(xy)}{xy}\cdot\lim_{y\to2}y=1\cdot2=2$$

**【例 6-2-6】** 设函数

$$f(x,y)=\begin{cases}\dfrac{xy}{x^2+y^2}, & x^2+y^2\neq0,\\ 0, & x^2+y^2=0.\end{cases}$$

求 $\lim\limits_{(x,y)\to(0,0)} f(x,y)$.

**解** 当点 $P(x,y)$ 沿 $x$ 轴趋于点 $(0,0)$ 时

$$\lim_{x\to0}f(x,0)=\lim_{x\to0}0=0$$

同样，当点 $P(x,y)$ 沿 $y$ 轴趋于点 $(0,0)$ 时

$$\lim_{y\to0}f(0,y)=\lim_{y\to0}0=0$$

即点 $P(x,y)$ 以上述两种方式（沿 $x$ 轴或沿 $y$ 轴）趋于原点时函数的极限存在并且相等.

但是当点 $P(x,y)$ 沿着直线 $y=kx$ 趋于点 $(0,0)$ 时，有

$$\lim_{\substack{x\to0\\y=kx\to0}}\frac{xy}{x^2+y^2}=\lim_{x\to0}\frac{kx^2}{x^2+k^2x^2}=\frac{k}{1+k^2}$$

显然它是随着 $k$ 的值的不同而改变的. 所以极限 $\lim\limits_{(x,y)\to(0,0)} f(x,y)$ 不存在.

### 6.2.3 二元函数的连续性

**定义 6-2-3** 已知二元函数 $z=f(x,y)$ 在点 $(x_0,y_0)$ 处及其附近有定义，若满足 $\lim\limits_{(x,y)\to(x_0,y_0)} f(x,y)=f(x_0,y_0)$，则称二元函数 $z=f(x,y)$ **在点 $(x_0,y_0)$ 处连续**.

如果二元函数 $z=f(x,y)$ 开区域(或闭区域)$D$ 内的每一点连续,那么就称二元函数 $z=f(x,y)$ **在 $D$ 内连续**,或者称 $f(x,y)$ 是 $D$ 内的连续函数.

如果函数 $z=f(x,y)$ 在点 $P_0(x_0,y_0)$ 处不连续,则称点 $P_0(x_0,y_0)$ 为函数 $f(x,y)$ 的**间断点**或不连续点.例如函数

$$z=\sin\frac{1}{x^2+y^2-6}$$

在圆周 $x^2+y^2=6$ 上没有定义,所以该圆周上各点都是间断点.

与一元函数相类似,二元连续函数的和、差、积、商(分母不等于零)仍为二元连续函数;二元连续函数的复合函数也是连续函数.因此二元初等函数在它的定义域内是连续的.计算二元初等函数在其定义域内一点 $P_0$ 的极限,只要计算它在这点的函数值,即

$$\lim_{p\to p_0}f(p)=f(p_0)$$

**【例 6-2-7】** 求 $\lim\limits_{\substack{x\to 0\\y\to 0}}\dfrac{\sqrt{xy+4}-2}{3xy}$.

**解** $\lim\limits_{\substack{x\to 0\\y\to 0}}\dfrac{\sqrt{xy+4}-2}{3xy}=\lim\limits_{\substack{x\to 0\\y\to 0}}\dfrac{xy+4-4}{3xy(\sqrt{xy+4}+2)}=\lim\limits_{\substack{x\to 0\\y\to 0}}\dfrac{1}{3(\sqrt{xy+4}+2)}=\dfrac{1}{12}$

与闭区间上一元连续函数的性质相类似,在有界闭区域上二元连续函数也有如下性质:

**性质 1(最大值和最小值定理)** 在有界闭区域 $D$ 上的二元连续函数,在 $D$ 上一定有最大值和最小值.

**性质 2(介值定理)** 在有界闭区域 $D$ 上的二元连续函数,如果在 $D$ 上取得两个不同的函数值,则它在 $D$ 上取得介于这两个值之间的任何值至少一次.

**练一练:**

求下列各极限.

(1) $\lim\limits_{\substack{x\to 0\\y\to 1}}\dfrac{1-xy}{x^2+y^2}$;

(2) $\lim\limits_{\substack{x\to 0\\y\to 0}}\dfrac{2-\sqrt{xy+4}}{xy}$.

# 习题 6-2

## A. 基本题

1. 设函数 $f(x,y)=x^3-2xy+3y^2$,试求

(1) $f\left(\dfrac{1}{x},\dfrac{2}{y}\right)$;

(2) $f\left(\dfrac{x}{y},\sqrt{xy}\right)$.

2. 求下列各函数的定义域.

(1) $z=\ln(y-x)+\dfrac{\sqrt{x}}{\sqrt{1-x^2-y^2}}$;

(2) $z=\sqrt{x-\sqrt{y}}$;

(3) $z=\arcsin\dfrac{1}{\sqrt{x^2+y^2}}$;

(4) $z=\dfrac{1}{\sqrt{x+y}}+\dfrac{1}{\sqrt{x-y}}$.

**B. 一般题**

3. 求下列各极限.

(1) $\lim\limits_{\substack{x\to 2\\ y\to 0}}\dfrac{\sin(xy)}{y}$;　　(2) $\lim\limits_{\substack{x\to 1\\ y\to 0}}\dfrac{\ln(x+e^y)}{\sqrt{x^2+y^2}}$;

(3) $\lim\limits_{\substack{x\to 0\\ y\to 0}}\dfrac{1-\cos(x^2+y^2)}{(x^2+y^2)e^{x^2y^2}}$;　　(4) $\lim\limits_{\substack{x\to 0\\ y\to 0}}\dfrac{xy}{\sqrt{xy+1}-1}$.

# 6.3　二元函数的偏导数

## 6.3.1　二元函数的一阶偏导数

对于二元函数,若同时考虑两个自变量都在变化,则它的变化比较复杂,不便于讨论,于是分别考虑只有一个自变量变化而引起的二元函数的变化情况.

已知二元函数 $z=f(x,y)$,在点 $(x_0,y_0)$ 处及其附近有定义,若只有 $x$ 变化,而 $y$ 不变化,即 $y$ 恒等于 $y_0$,这时二元函数 $z=f(x,y)$ 就化为自变量为 $x$ 的一元函数 $z=f(x,y_0)$,可以考虑它在点 $x_0$ 处对 $x$ 的导数;同样,若只有 $y$ 变化,而 $x$ 不变化,即 $x$ 恒等于 $x_0$,这时二元函数 $z=f(x,y)$ 就化为自变量为 $y$ 的一元函数 $z=f(x_0,y)$,可以考虑它在点 $y_0$ 处对于 $y$ 的导数.

**定义 6-3-1**　已知二元函数 $z=f(x,y)$ 在点 $(x_0,y_0)$ 的某一邻域内有定义,当 $y$ 固定在 $y_0$,而 $x$ 在 $x_0$ 处有改变量 $\Delta x$ 时,相应地,函数有改变量

$$f(x_0+\Delta x,y_0)-f(x_0,y_0)$$

如果极限

$$\lim_{\Delta x\to 0}\frac{f(x_0+\Delta x,y_0)-f(x_0,y_0)}{\Delta x}$$

存在,则称此极限值为函数 $z=f(x,y)$,在点 $(x_0,y_0)$ 处对 $x$ 的**偏导数**,记为

$$\left.\frac{\partial z}{\partial x}\right|_{\substack{x=x_0\\ y=y_0}},\left.\frac{\partial f}{\partial x}\right|_{\substack{x=x_0\\ y=y_0}},\left.z'_x\right|_{\substack{x=x_0\\ y=y_0}}\text{或 }f'_x(x_0,y_0)$$

类似地,当 $x$ 固定在 $x_0$,而 $y$ 在 $y_0$ 处有改变量 $\Delta y$ 时,如果极限

$$\lim_{\Delta y\to 0}\frac{f(x_0,y_0+\Delta y)-f(x_0,y_0)}{\Delta y}$$

存在,则称此极限值为函数 $z=f(x,y)$ 在点 $(x_0,y_0)$ 处对 $y$ 的偏导数,记为

$$\left.\frac{\partial z}{\partial y}\right|_{\substack{x=x_0\\ y=y_0}},\left.\frac{\partial f}{\partial y}\right|_{\substack{x=x_0\\ y=y_0}},\left.z'_y\right|_{\substack{x=x_0\\ y=y_0}}\text{或 }f'_y(x_0,y_0)$$

如果函数 $z=f(x,y)$ 在区域 $D$ 内每一点 $(x,y)$ 处对 $x$ 的偏导数都存在,这个偏导数就是 $x,y$ 的函数,称为 $z=f(x,y)$ 对自变量 $x$ 的**偏导函数**,记作

$$\frac{\partial z}{\partial x},\frac{\partial f}{\partial x},z'_x\text{ 或 }f'_x(x,y)$$

类似地,可以定义函数 $z=f(x,y)$ 对自变量 $y$ 的偏导函数,记作

$$\frac{\partial z}{\partial y},\frac{\partial f}{\partial y},z'_y\text{ 或 }f'_y(x,y)$$

以后如不混淆,偏导函数简称为偏导数.

至于实际求 $z=f(x,y)$ 的偏导数,并不需要用新的方法,因为这里只有一个自变量在变动,另一个自变量是看作固定的,所以仍旧是一元函数的微分法问题.求$\frac{\partial f}{\partial x}$时,只要把 $y$ 暂时看作常量而对 $x$ 求导数;求$\frac{\partial f}{\partial y}$时,则只要把 $x$ 暂时看作常量而对 $y$ 求导数.

**【例 6-3-1】** 求 $z=x^3-2xy+y^3$ 在(1,3)处的偏导数.

**解** 把 $y$ 看作常量,得

$$\frac{\partial z}{\partial x}=3x^2-2y$$

把 $x$ 看作常量,得

$$\frac{\partial z}{\partial y}=-2x+3y^2$$

将(1,3)代入上面的结果,得

$$\left.\frac{\partial z}{\partial x}\right|_{\substack{x=1\\y=3}}=3\cdot 1^2-2\cdot 3=-3,\quad \left.\frac{\partial z}{\partial y}\right|_{\substack{x=1\\y=3}}=-2\cdot 1+3\cdot 3^2=25$$

**【例 6-3-2】** 求二元函数 $z=e^{xy}$ 的偏导数.

**解** 将二元函数 $z=e^{xy}$ 分解为

$$z=e^u,u=xy$$

根据一元复合函数求导运算法则,得

$$\frac{\partial z}{\partial x}=e^{xy}(xy)'_x=ye^{xy},\quad \frac{\partial z}{\partial y}=e^{xy}(xy)'_y=xe^{xy}$$

**【例 6-3-3】** 设 $z=\frac{x}{y}\sin(x^2y^3)$,求$\frac{\partial z}{\partial x},\frac{\partial z}{\partial y}$.

**解** 求$\frac{\partial z}{\partial x}$时,把变量 $y$ 看作常量,利用乘积的求导法则,得

$$\begin{aligned}\frac{\partial z}{\partial x}&=\frac{x}{y}\frac{\partial}{\partial x}[\sin(x^2y^3)]+\left[\frac{\partial}{\partial x}\left(\frac{x}{y}\right)\right]\sin(x^2y^3)\\&=\frac{x}{y}\cos(x^2y^3)\cdot 2xy^3+\frac{1}{y}\sin(x^2y^3)\\&=2x^2y^2\cos(x^2y^2)+\frac{1}{y}\sin(x^2y^3)\end{aligned}$$

求$\frac{\partial z}{\partial y}$时,把变量 $x$ 看作常量,得

$$\begin{aligned}\frac{\partial z}{\partial y}&=\frac{x}{y}\frac{\partial}{\partial y}[\sin(x^2y^3)]+\left[\frac{\partial}{\partial y}\left(\frac{x}{y}\right)\right]\sin(x^2y^3)\\&=\frac{x}{y}\cos(x^2y^3)\cdot 3x^2y^2-\frac{x}{y^2}\sin(x^2y^3)\\&=3x^3y\cos(x^2y^3)-\frac{x}{y^2}\sin(x^2y^3)\end{aligned}$$

**【例 6-3-4】** 设 $z=x^y(x>0,x\neq 1)$,求证:

$$\frac{x}{y}\frac{\partial z}{\partial x}+\frac{1}{\ln x}\frac{\partial z}{\partial y}=2z$$

**证** 因为$\frac{\partial z}{\partial x}=yx^{y-1}$，$\frac{\partial z}{\partial y}=x^y\ln x$，所以

$$\frac{x}{y}\cdot\frac{\partial z}{\partial x}+\frac{1}{\ln x}\cdot\frac{\partial z}{\partial y}=\frac{x}{y}\cdot yx^{y-1}+\frac{1}{\ln x}\cdot x^y\ln x=x^y+x^y=2z$$

我们已经知道，如果一元函数在某点具有导数，则它在该点必定连续. 但对于二元函数来说，即使各偏导数在某点都存在，也不能保证函数在该点连续. 例如，函数

$$z=f(x,y)=\begin{cases}\frac{xy}{x^2+y^2}, & x^2+y^2\neq 0\\ 0, & x^2+y^2=0\end{cases}$$

在点(0,0)对 $x$ 的偏导数为

$$f'_x(0,0)=\lim_{\Delta x\to 0}\frac{f(0+\Delta x,0)-f(0,0)}{\Delta x}=\lim_{\Delta x\to 0}0=0$$

同样有

$$f'_y(0,0)=\lim_{\Delta y\to 0}\frac{f(0,0+\Delta y)-f(0,0)}{\Delta y}=\lim_{\Delta y\to 0}0=0$$

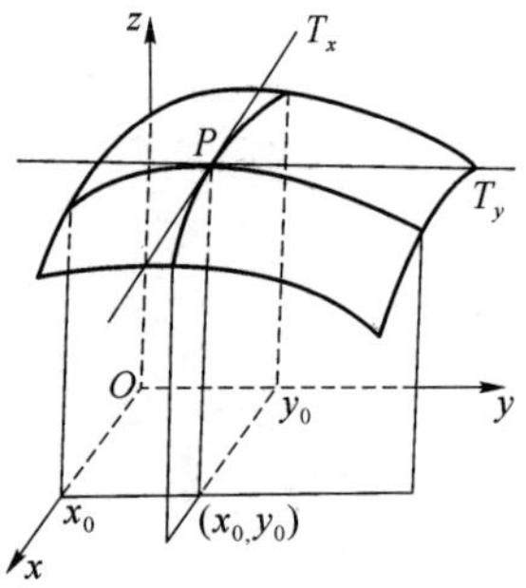


图 6-9

但是在 6.2【例 6-2-6】中已经知道该函数当 $x\to 0,y\to 0$ 时的极限不存在，故该函数在点(0,0)处并不连续.

它表明偏导数的记号是一个整体记号，不能看作分子与分母之商，这是与一元函数导数记号的不同之处.

二元函数 $z=f(x,y)$ 在点 $(x_0,y_0)$ 处的偏导数有下述几何意义：$f'_x(x_0,y_0)$ 表示曲面 $z=f(x,y)$ 与平面 $y=y_0$ 的交线在空间中的点 $P(x_0,y_0,f(x_0,y_0))$ 处切线 $PT_x$ 的斜率；类似地，$f'_y(x_0,y_0)$ 表示曲面 $z=f(x,y)$ 与平面 $x=x_0$ 的交线在点 $P(x_0,y_0,f(x_0,y_0))$ 处切线 $PT_y$ 的斜率，如图 6-9 所示，这与一元函数导数的几何意义是类似的.

**练一练：**

求下列函数的偏导数.

(1) $z=x^2y+xy^2$；　　　　(2) $z=\sqrt{\ln(xy)}$.

### 6.3.2 二元函数的二阶偏导数

设函数 $z=f(x,y)$ 在区域 $D$ 内具有偏导数

$$\frac{\partial z}{\partial x}=f'_x(x,y),\quad \frac{\partial z}{\partial y}=f'_y(x,y)$$

那么在 $D$ 内 $f'_x(x,y)$，$f'_y(x,y)$ 都是 $x,y$ 的函数. 如果这两个函数的偏导数也存在，则称它们是函数 $z=f(x,y)$ 的**二阶偏导数**. 按照对变量求导次序的不同有下列四个二阶偏导数：

$$\frac{\partial}{\partial x}\left(\frac{\partial z}{\partial x}\right)=\frac{\partial^2 x}{\partial x^2}=Z''_{xx},\quad \frac{\partial}{\partial y}\left(\frac{\partial z}{\partial x}\right)=\frac{\partial^2 z}{\partial x\partial y}=Z''_{xy}$$

$$\frac{\partial}{\partial x}\left(\frac{\partial z}{\partial y}\right)=\frac{\partial^2 z}{\partial y\partial x}=Z''_{yx}\quad \frac{\partial}{\partial y}\left(\frac{\partial z}{\partial y}\right)=\frac{\partial^2 z}{\partial y^2}=Z''_{yy}$$

其中第二，第三两个偏导数称为**混合偏导数**.

**【例 6-3-5】** 设 $z=x^3y^2+\frac{x}{y}$，求它的四个二阶偏导数.

**解** $\frac{\partial z}{\partial x}=3x^2y^2+\frac{1}{y}, \frac{\partial z}{\partial y}=2x^3y-\frac{x}{y^2}$

所以四个二阶偏导数分别为

$$\frac{\partial^2 z}{\partial x^2}=\frac{\partial}{\partial x}\left(\frac{\partial z}{\partial x}\right)=6xy^2,\quad \frac{\partial^2 z}{\partial x\partial y}=\frac{\partial}{\partial y}\left(\frac{\partial z}{\partial x}\right)=6x^2y-\frac{1}{y^2}$$

$$\frac{\partial^2 z}{\partial y\partial x}=\frac{\partial}{\partial x}\left(\frac{\partial z}{\partial y}\right)=6x^2y-\frac{1}{y^2},\quad \frac{\partial^2 z}{\partial y^2}=\frac{\partial}{\partial y}\left(\frac{\partial z}{\partial y}\right)=2x^3+\frac{2x}{y^3}$$

从该例中可以看到，两个二阶混合偏导数相等，即$\frac{\partial^2 z}{\partial x\partial y}=\frac{\partial^2 z}{\partial y\partial x}$，这不是偶然的，事实上有如下定理.

**定理 6-3-1** 如果函数 $z=f(x,y)$ 的两个二阶混合偏导数$\frac{\partial^2 z}{\partial y\partial x}$及$\frac{\partial^2 z}{\partial x\partial y}$在区域 $D$ 内连续，那么在该区域内这两个二阶混合偏导数必相等.

从该定理可知，二阶混合偏导数在连续的条件下与求导的次序无关.

**【例 6-3-6】** 求二元函数 $z=x\ln(x+y)$ 的二阶偏导数.

**解** $\frac{\partial z}{\partial x}=\ln(x+y)+x\,\frac{1}{x+y}(x+y)'_x=\ln(x+y)+\frac{x}{x+y}$

$$\frac{\partial z}{\partial y}=x\,\frac{1}{x+y}(x+y)'_y=\frac{x}{x+y}$$

所以二阶偏导数分别为

$$\frac{\partial^2 z}{\partial x^2}=\frac{1}{x+y}(x+y)'_x+\frac{(x+y)-x}{(x+y)^2}=\frac{1}{x+y}+\frac{y}{(x+y)^2}=\frac{x+2y}{(x+y)^2}$$

$$\frac{\partial^2 z}{\partial x\partial y}=\frac{\partial^2 z}{\partial y\partial x}=\left(\frac{x}{x+y}\right)'_x=\frac{(x+y)-x}{(x+y)^2}=\frac{y}{(x+y)^2}$$

$$\frac{\partial^2 z}{\partial y^2}=-\frac{x}{(x+y)^2}(x+y)'_y=-\frac{x}{(x+y)^2}$$

**练一练：**

1. 求下列函数的二阶偏导数.

(1) $z=x^4y^4-4x^2y^2$；　　(2) $z=e^{xy}$.

2. 验证：$y=e^{-kn^2t}\sin nx$ 满足$\frac{\partial y}{\partial t}=k\,\frac{\partial^2 y}{\partial x^2}$.

# 习题 6-3

## A. 基本题

1. 求下列函数的偏导数.

(1) $z=e^{x+y}\cos(x-y)$；　　(2) $z=(1+xy)^y$；

(3) $z=\ln\tan\frac{x}{y}$；　　(4) $z=\sec(xy)$.

2. 设 $z=f(x,y)=\ln(y+2x)$，求 $f'_x(2,1)$ 及 $f'_y(1,y)$.

**B. 一般题**

3. 设 $z=e^{-\left(\frac{1}{x}+\frac{1}{y}\right)}$，求证 $x^2\dfrac{\partial z}{\partial x}+y^2\dfrac{\partial z}{\partial y}=2z$.

4. 求下列函数的二阶偏导数.

(1) $z=\arctan\dfrac{y}{x}$；　　　　(2) $z=\ln(e^x+e^y)$.

5. 设 $T=2\pi\sqrt{\dfrac{l}{g}}$，求证：$l\dfrac{\partial T}{\partial l}+g\cdot\dfrac{\partial T}{\partial g}=0$.

# 6.4　二元函数的全微分

## 6.4.1　全微分的概念

如果一元函数 $y=f(x)$ 在点 $x$ 可微，那么函数 $y=f(x)$ 的改变量

$$\Delta y=f(x+\Delta x)-f(x)$$

可以表示为 $\Delta x$ 的线性函数与一个比 $\Delta x$ 高阶的无穷大小之和，即

$$\Delta y=f(x+\Delta x)-f(x)=A\Delta x+o(\Delta x)$$

其中 $A$ 与 $\Delta x$ 无关，仅与 $x$ 有关，$o(\Delta x)$ 是当 $\Delta x\to 0$ 时，比 $\Delta x$ 高阶的无穷小.

对于二元函数 $z=f(x,y)$ 在点 $(x,y)$ 的全改变量

$$\Delta z=f(x+\Delta x,y+\Delta y)-f(x,y)$$

与一元函数的情况类似，希望能分离出自变量的改变量 $\Delta x$、$\Delta y$ 的线性函数，从而引入如下定义.

**定义 6-4-1**　设二元函数 $z=f(x,y)$ 在点 $(x,y)$ 的某邻域内有定义，如果函数 $z=f(x,y)$ 在点 $(x,y)$ 的全改变量

$$\Delta z=f(x+\Delta x,y+\Delta y)-f(x,y)$$

可以表示为

$$\Delta z=A\Delta x+B\Delta y+o(\rho)$$

其中 $A$、$B$ 与 $\Delta x$，$\Delta y$ 无关，仅与 $x$，$y$ 有关，$\rho=\sqrt{(\Delta x)^2+(\Delta y)^2}$，$o(\rho)$ 是当 $\rho\to 0$ 时比 $\rho$ 高阶的无穷小，则称函数 $z=f(x,y)$ 在点 $(x,y)$ 处**可微分**，并称 $A\Delta x+B\Delta y$ 是函数 $z=f(x,y)$ 在点 $(x,y)$ 处的**全微分**，记作 $dz$，即

$$dz=A\Delta x+B\Delta y$$

如果函数在区域 $D$ 内各点处都可微分，那么称该函数在 $D$ 内可微分.

二元函数在某点的各个偏导数即使都存在，却不能保证函数在该点连续，但是，由上述定义可知，如果函数 $z=f(x,y)$，在点 $(x,y)$ 可微分，那么此函数在该点必定连续.

事实上，由 $\Delta z=A\cdot\Delta x+B\Delta y+o(\rho)$ 可得

$$\lim_{\substack{\Delta x\to 0\\ \Delta y\to 0}}\Delta z=0$$

从而

$$\lim_{\substack{\Delta x\to 0\\ \Delta y\to 0}}f(x+\Delta x,y+\Delta y)=\lim_{\substack{\Delta x\to 0\\ \Delta y\to 0}}[f(x,y)+\Delta z]=f(x,y)$$

因此函数 $z=f(x,y)$ 在点 $(x,y)$ 处连续.

下面进一步讨论函数 $z=f(x,y)$ 在点 $(x,y)$ 可微分的条件.

**定理 6-4-1(必要条件)** 如果函数 $z=f(x,y)$ 在点 $(x,y)$ 可微分,则该函数在点 $(x,y)$ 的偏导数 $\frac{\partial z}{\partial x},\frac{\partial z}{\partial y}$ 必定存在,且函数 $z=f(x,y)$ 在点 $(x,y)$ 的全微分为

$$dz=\frac{\partial z}{\partial x}\Delta x+\frac{\partial z}{\partial y}\Delta y$$

一般地,自变量的改变量 $\Delta x,\Delta y$ 分别为 $dx,dy$ 故函数 $z=f(x,y)$ 在点 $(x,y)$ 处的全微分可写成

$$dz=\frac{\partial z}{\partial x}dx+\frac{\partial z}{\partial y}dy$$

**定理 6-4-2(充分条件)** 如果函数 $z=f(x,y)$ 的偏导数 $\frac{\partial z}{\partial x},\frac{\partial z}{\partial y}$ 在点 $(x,y)$ 连续,则函数在该点可微分.

该定理的证明从略.

**【例 6-4-1】** 求二元函数 $z=x^3+y^3$ 的全微分.

**解** 因 $\frac{\partial z}{\partial x}=3x^2,\frac{\partial z}{\partial y}=3y^2$,故 $dz=3x^2dx+3y^2dy$.

**【例 6-4-2】** 求二元函数的 $z=xe^y$ 的全微分.

**解** 因 $\frac{\partial z}{\partial x}=e^y,\frac{\partial z}{\partial y}=xe^y$, $dz=e^ydx+xe^ydy$.

**【例 6-4-3】** 求二元函数 $z=\sqrt{x^2+y^2}$ 在 $x=3,y=4$ 处,当 $\Delta x=0.02,\Delta y=-0.01$ 时改变量的近似值.

**解** 因 $\frac{\partial z}{\partial x}=\frac{2x}{2\sqrt{x^2+y^2}}=\frac{x}{\sqrt{x^2+y^2}},\frac{\partial z}{\partial y}=\frac{2y}{2\sqrt{x^2+y^2}}=\frac{y}{\sqrt{x^2+y^2}}$,

故 $dz=\frac{x}{\sqrt{x^2+y^2}}\Delta x+\frac{y}{\sqrt{x^2+y^2}}\Delta y$.

在 $x=3,y=4$ 处,当 $\Delta x=0.02,\Delta y=-0.01$ 时,全微分

$$dz=\frac{3}{\sqrt{3^2+4^2}}\times 0.02+\frac{4}{\sqrt{3^2+4^2}}\times(-0.01)=0.004$$

所以二元函数改变量 $\Delta z\approx dz=0.004$

**练一练:**

1. 求函数 $z=\ln(1+x^2+y^2)$ 当 $x=1,y=2$ 时的全微分.
2. 求下列函数的全微分.

(1) $z=x^2y+\frac{y}{x}$; (2) $z=\frac{y}{\sqrt{x^2+y^2}}$.

### 6.4.2 全微分在近似计算中的应用

由二元函数全微分的定义及关于全微分存在的充分条件可知,当二元函数 $z=f(x,y)$ 在点 $p(x,y)$ 的两个偏导数 $f_x(x,y),f_y(x,y)$ 连续,并且 $|\Delta x|$、$|\Delta y|$ 都较小时,就有近似等式

$$\Delta z \approx dz = f'_x(x,y)\Delta x + f'_y(x,y)\Delta y$$

上式也可以写成

$$f(x+\Delta x, y+\Delta y) \approx f(x,y) + f'_x(x,y)\Delta x + f'_y(x,y)\Delta y$$

**【例 6-4-4】** 计算$(1.04)^{2.02}$的近似值.

**解** 设函数 $f(x,y)=x^y$. 显然,要计算的值就是函数在 $x=1.04$,$y=2.02$ 时的函数值 $f(1.04,2.02)$. 由于

$$f(1,2)=1$$

$$f_x(x,y)=yx^{y-1}, f_y(x,y)=x^y\ln x$$

$$f_x(1,2)=2, f_y(1,2)=0$$

所以,应用公式可得

$$(1.04)^{2.02} \approx 1+2\times 0.04+0\times 0.02 \approx 1.08$$

**【例 6-4-5】** 有一圆柱体,受压后发生形变,它的半径由 20 cm 增大到 20.05 cm,高度由 100 cm 减少到 99 cm,求此圆柱体体积变化的近似值.

**解** 设圆柱体的半径、高和体积依次为 $r$、$h$ 和 $V$,则有

$$V=\pi r^2 h$$

记 $r$、$h$ 和 $V$ 的增量依次为 $\Delta r$ 、 $\Delta h$ 和 $\Delta V$. 由公式得

$$\Delta V \approx dV = V'_r\Delta r + V'_h\Delta h = 2\pi rh\Delta r + \pi r^2\Delta h$$

即

$$\Delta V \approx 2\pi\times 20\times 100\times 0.05+\pi\times 20^2\times(-1) = -200\pi(\text{cm}^3)$$

**练一练:**

利用全微分计算 $\arctan\dfrac{1.02}{0.95}$的近似值.

# 习题 6-4

## A. 基本题

1. 求函数 $z=x^2y^3$ 当 $x=2$,$y=-1$,$\Delta x=0.02$,$\Delta y=0.01$ 时的全微分和全改变量.

2. 求下列函数的全微分.

(1) $z=e^{3xy+y^2}$;　　(2) $z=e^{\frac{y}{x}}$;

(3) $z=\arcsin(xy)$;　　(4) $z=x\cos(x-y)$.

3. 求函数 $z=e^{xy}$ 当 $x=1$,$y=1$,$\Delta x=0.15$,$\Delta y=0.1$ 的全微分.

4. 利用全微分计算 $\sqrt{(1.02)^3+(1.97)^3}$ 的近似值.

## B. 一般题

5. 求函数 $z=\arctan\dfrac{x^2}{y}$的全微分.

6. 求函数 $z=x^2\arctan\dfrac{y}{x}-y^2\arctan\dfrac{x}{y}$的全微分.

# 6.5 二重积分的概念与性质

由一元函数积分学可知，定积分是某种确定形式的和的极限，将这种和式极限的概念推广到二元函数中，便得到二重积分. 本节将介绍二重积分的概念和基本性质.

## 6.5.1 二重积分的概念

**【例 6-5-1】** 求曲顶柱体的体积.

设有一立体，它的底是 $xy$ 面上的有界闭区域 $D$，它的侧面是以 $D$ 的边界曲线为准线而母线平行于 $z$ 轴的柱面，它的顶是曲面 $z=f(x,y)$，这里 $f(x,y)\geqslant 0$ 且在 $D$ 上连续，如图 6-10 所示，这种立体称为曲顶柱体. 现在要计算此曲顶柱体的体积 $V$.

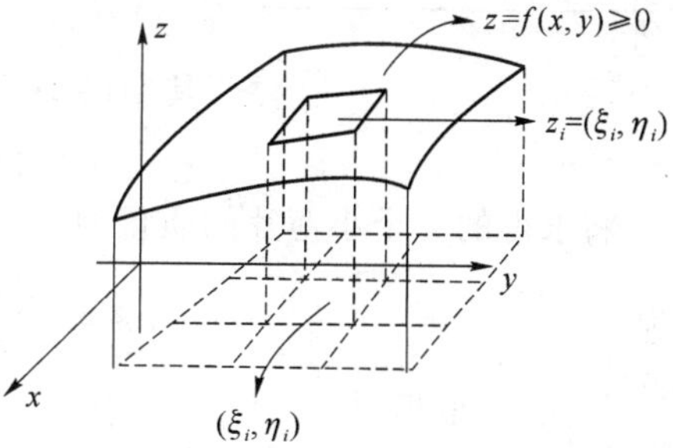


图 6-10

如果曲顶柱体的顶是与 $xy$ 面平行的平面，也就是该柱体的高是不变的，那么它的体积可以用公式

体积＝底面积×高

来计算. 现在柱体的顶是曲面 $z=f(x,y)$，当点 $(x,y)$ 在区域 $D$ 上变动时，高度 $f(x,y)$ 是个变量，因此它的体积不能直接用上式来计算. 下面，仿照求曲边梯形面积的方法和步骤来解决求曲顶柱体的体积问题.

第一步：分割

将区域 $D$ 任意分成 $n$ 个小区域 $\Delta\sigma_1,\Delta\sigma_2,\cdots.\Delta\sigma_n$，且以 $\Delta\sigma_i$ 表示第 $i$ 个小区域的面积，分别以这些小区域的边界曲线为准线，作母线平行于 $z$ 轴的柱面，这些柱面把原来的曲顶柱体分为 $n$ 个小曲顶柱体.

第二步：作近似

对于第 $i$ 个小曲顶柱体，当小区域 $\Delta\sigma_i$ 的直径(即区域上任意两点间距离最大者)足够小时，由于 $f(x,y)$ 连续，在区域 $\Delta\sigma_i$ 上，其高度 $f(x,y)$ 变化很小，因此可将这个小曲顶柱体近似看作以 $\Delta\sigma_i$ 为底、$f(\xi_i,\eta_i)$ 为高的平顶柱体，如图 6-10 所示，其中 $(\xi_i,\eta_i)$ 为 $\Delta\sigma_i$ 上任意一点，从而得到第 $i$ 个小曲顶柱体体积 $\Delta V_i$ 的近似值为

$$\Delta V_i\approx f(\xi_i,\eta_i)\Delta\sigma_i \quad (i=1,2,\cdots,n)$$

第三步：求和

把求得的 $n$ 个小曲顶柱体的体积的近似值相加，便得到所求曲顶柱体体积的近似值

$$V=\sum_{i=1}^{n}\Delta V_i\approx\sum_{i=1}^{n}f(\xi_i,\eta_i)\Delta\sigma_i$$

第四步：取极限

当区域 $D$ 分割得越细密，上式右端的和式越接近于体积 $V$. 令 $n$ 个小区域中的最大直径 $d\to 0$，则上述和式的极限就是曲顶柱体的体积 $V$，即

$$V=\lim_{d\to 0_i}\sum_{i=1}^{n}f(\xi_i,\eta_i)\Delta\sigma_i$$

**【例 6-5-2】** 求平面薄片的质量.

设有一质量非均匀分布的平面薄片，占有 $xy$ 面上的区域 $D$，它在点 $(x,y)$ 处的面密度 $\rho(x,y)$ 在 $D$ 上连续，且 $\rho(x,y)>0$，现在要计算该薄片的质量 $m$.

仍然采用求曲顶柱体体积的方法来解决这个问题.

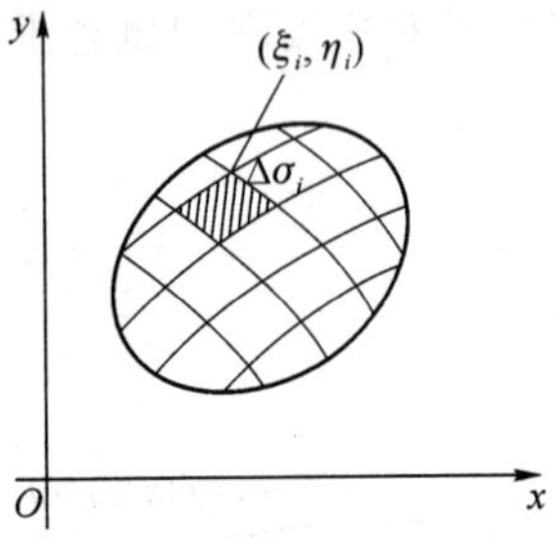


图 6-11

第一步:分割

将区域 $D$ 任意分割成 $n$ 个小区域 $\Delta\sigma_1,\Delta\sigma_2,\cdots,\Delta\sigma_n$，并且以 $\Delta\sigma_i$ 表示第 $i$ 个小区域的面积，如图 6-11 所示.

第二步:作近似

由于 $\rho(x,y)$ 连续，只要每个小区域 $\Delta\sigma_1,\Delta\sigma_2,\cdots,\Delta\sigma_n$ 的直径很小，相应于第 $i$ 个小区域的小薄片的质量 $\Delta m_i$ 的近似值为

$$\Delta m_i\approx\rho(\xi_i,\eta_i)\Delta\sigma_i\quad(i=1,2,\cdots,n)$$

其中 $(\xi_i,\eta_i)$ 是 $\Delta\sigma_i$ 上任意一点.

第三步:求和

将求得的 $n$ 个小薄片的质量的近似值相加，便得到整个薄片的质量的近似值

$$m=\sum_{i=1}^{n}\Delta m_i\approx\sum_{i=1}^{n}\rho(\xi_i,\eta_i)\Delta\sigma_i$$

第四步:取极限

将 $D$ 无限细分，即 $n$ 个小区域中的最大直径 $d\to0$ 时，和式的极限就是薄片的质量，即

$$m=\lim_{d\to0}\sum_{i=1}^{n}\rho(\xi_i,\eta_i)\Delta\sigma_i$$

上面两个问题的实际意义虽然不同，但都是把所求的量归结为求二元函数的同一类型的和式的极限，这种数学模型在研究其他实际问题时也会经常遇到，为此引进二重积分的概念.

**定义 6-5-1** 设 $z=f(x,y)$ 是定义在有界闭区域 $D$ 上的有界函数，将区域 $D$ 任意分割成 $n$ 个小区域 $\Delta\sigma_1,\Delta\sigma_2,\cdots,\Delta\sigma_n$ 并以 $\Delta\sigma_i$ 表示第 $i$ 个小区域的面积. 在每个小区域上任取一点 $(\xi_i,\eta_i)$，作乘积 $f(\xi_i,\eta_i)\Delta\sigma_i(i=1,2,\cdots,n)$，并作和式 $\sum\limits_{i=1}^{n}f(\xi_i,\eta_i)\Delta\sigma_i$. 如果当各小区域的直径中的最大值 $d$ 趋于零时，此和式的极限存在，则称此极限值为函数 $f(x,y)$ 在区域 $D$ 上的**二重积分**，记作 $\iint\limits_D f(x,y)\mathrm{d}\sigma$，即

$$\iint\limits_D f(x,y)\mathrm{d}\sigma=\lim_{d\to0}\sum_{i=1}^{n}f(\xi_i,\eta_i)\Delta\sigma_i$$

其中，$f(x,y)$ 称为**被积函数**；$D$ 称为**积分区域**；$f(x,y)\,\mathrm{d}\sigma$ 称为**被积表达式**；$\mathrm{d}\sigma$ 称为**面积微元**；$x$ 与 $y$ 称为**积分变量**.

可以证明，当 $f(x,y)$ 在有界闭区域 $D$ 上连续时，这个和式的极限必定存在. 今后，总假定所讨论的二元函数 $f(x,y)$ 在区域 $D$ 上是连续的，所以它在 $D$ 上的二重积分总是存在的.

在二重积分的定义中，对区域 $D$ 的划分是任意的，如果在直角坐标系中用平行于坐标轴的直线段来划分区域 $D$，那么除了靠近边界曲线的一些小区域外，其余绝大部分的小区域都是矩形的，小矩形 $\Delta\sigma$ 的边长为 $\Delta x$ 和 $\Delta y$，则 $\Delta\sigma$ 的面积 $\Delta\sigma=\Delta x\cdot\Delta y$，因此在直角坐标系中面积微元 $\mathrm{d}\sigma$ 可记作 $\mathrm{d}x\mathrm{d}y$，从而二重积分也常记作

$$\iint\limits_D f(x,y)\mathrm{d}x\mathrm{d}y$$

由二重积分的定义可以知道：

曲顶柱体的体积 $$V=\iint\limits_D f(x,y)\mathrm{d}\sigma$$

平面薄片的质量 $$m=\iint\limits_D \rho(x,y)\mathrm{d}\sigma$$

二重积分的几何意义十分明显，当 $f(x,y)\geqslant 0$ 时，$\iint\limits_D f(x,y)\mathrm{d}\sigma$ 表示以 $D$ 为底，以 $z=f(x,y)$ 为顶的曲顶柱体的体积；当 $f(x,y)\leqslant 0$ 时，柱体就在 $xy$ 坐标面的下方，二重积分的绝对值仍等于柱体的体积，但二重体积的值是负的；特别地，当 $f(x,y)\equiv 1$ 时，$\iint\limits_D f(x,y)\mathrm{d}\sigma=\iint\limits_D \mathrm{d}\sigma$ 表示区域 $D$ 的面积，即

$$\iint\limits_D \mathrm{d}\sigma=\sigma(\sigma\text{ 表示区域 }D\text{ 的面积})$$

**练一练：**

1. 设 $I_1=\iint\limits_{D_1}(x^2+y^2)^3\mathrm{d}\sigma$，其中 $D_1$ 是矩形闭区域：$-1\leqslant x\leqslant 1,-2\leqslant y\leqslant 2$；又 $I_2=\iint\limits_{D_2}(x^2+y^2)^3\mathrm{d}\sigma$，其中 $D_2$ 是矩形闭区域：$0\leqslant x\leqslant 1,0\leqslant y\leqslant 2$. 利用二重积分的几何意义说明 $I_1$ 与 $I_2$ 之间的关系.

2. 设有一平面薄板（不计算其厚度），占有 $xy$ 坐标平面上的闭区域 $D$，薄板上分布有面密度为 $\sigma=\sigma(x,y)$ 的电荷，且 $\sigma(x,y)$ 在 $D$ 上连续，试用二重积分表达该板上的全部电荷 $Q$.

### 6.5.2 二重积分的性质

比较定积分与二重积分的定义可以知道，二重积分与定积分有类似的性质，现叙述于下.

**性质 1** 被积函数的常数因子可以提到二重积分号的外面，即

$$\iint\limits_D kf(x,y)\mathrm{d}\sigma=k\iint\limits_D f(x,y)\mathrm{d}\sigma(k\text{ 为常数}).$$

**性质 2** 函数的和（或差）的二重积分等于各个函数的二重积分的和（或差），即

$$\iint\limits_D [f(x,y)\pm g(x,y)]\mathrm{d}\sigma=\iint\limits_D f(x,y)\mathrm{d}\sigma\pm\iint\limits_D g(x,y)\mathrm{d}\sigma$$

**性质 3** 如果闭区域 $D$ 被有限条曲线分为有限个部分闭区域，则在 $D$ 上的二重积分等于在各部分闭区域上的二重积分的和，例如 $D$ 分为两个闭区域 $D_1$ 与 $D_2$，则

$$\iint\limits_D f(x,y)\mathrm{d}\sigma=\iint\limits_{D_1} f(x,y)\mathrm{d}\sigma+\iint\limits_{D_2} f(x,y)\mathrm{d}\sigma$$

这个性质表示二重积分对于积分区域具有可加性.

**性质 4** 如果在 $D$ 上，$f(x,y)\leqslant g(x,y)$ 则有不等式

$$\iint\limits_D f(x,y)\mathrm{d}\sigma\leqslant\iint\limits_D g(x,y)\mathrm{d}\sigma$$

特殊地，由于 $$-|f(x,y)|\leqslant f(x,y)\leqslant|f(x,y)|$$

所以有不等式

$$\left|\iint_D f(x,y)\mathrm{d}\sigma\right| \leqslant \iint_D |f(x,y)|\mathrm{d}\sigma$$

**性质 5** 设 $M$、$m$ 分别是 $f(x,y)$ 在闭区域 $D$ 上的最大值和最小值，$\sigma$ 是 $D$ 的面积，则有

$$m\sigma \leqslant \iint_D f(x,y)\mathrm{d}\sigma \leqslant M\sigma$$

**性质 6(二重积分的中值定理)** 设函数 $f(x,y)$ 在闭区域 $D$ 上连续，$\sigma$ 是 $D$ 的面积，则在 $D$ 上至少存在一点 $(\xi,\eta)$ 使得下式成立：

$$\iint_D f(x,y)\mathrm{d}\sigma = f(\xi,\eta)\cdot\sigma$$

当 $f(x,y)\geqslant 0$ 时，上式的几何意义是：二重积分所确定的曲顶柱体的体积，等于以积分区域 $D$ 为底，$f(\xi,\eta)$ 为高的平顶柱体的体积.

关于二重积分的计算相对高职层次要求过高，不在本书讨论范围，详情参看参考文献[1].

# 习题 6-5

## A. 基本题

1. 根据二重积分的性质，比较下列积分的大小.

(1) $\iint_D (x+y)^2\mathrm{d}\sigma$ 与 $\iint_D (x+y)^3\mathrm{d}\sigma$ 其中积分区域，其中积分区域 $D$ 是由 $x$ 轴，$y$ 轴与直线 $x+y=1$ 所围成；

(2) $\iint_D (x+y)^2\mathrm{d}\sigma$ 与 $\iint_D (x+y)^3\mathrm{d}\sigma$，其中积分区域 $D$ 是由圆周 $(x-2)^2+(y-1)^2=2$ 所围成.

## B. 一般题

2. 利用二重积分的性质估计下列积分的值.

(1) $I=\iint_D xy(x+y)\mathrm{d}\sigma$，其中 $D$ 是矩形闭区域：$0\leqslant x\leqslant 1, 0\leqslant y\leqslant 1$；

(2) $I=\iint_D \sin^2 x\sin^2 y\mathrm{d}\sigma$，其中 $D$ 是矩形闭区域：$0\leqslant x\leqslant \pi, 0\leqslant y\leqslant \pi$.

# 复习题 6

## 一、单项选择题

1. 设 $f(x,y)=\begin{cases}\dfrac{\sin(2x^2-y^2)}{y}, & y\neq 0,\\ 0, & y=0.\end{cases}$ 则 $f'_y(0,0)=($　　$)$.

A. $-1$　　B. 0　　C. 1　　D. 2

2. 设 $f(x+y,xy)=x^2+y^2-xy$，则$\frac{\partial f(x,y)}{\partial y}=$(　　).

A. $2y-x$　　B. $-1$　　C. $2x-y$　　D. $-3$

3. 已知函数 $z=e^{xy}$，则 $dz=$(　　).

A. $e^{xy}(dx+dy)$　　B. $ydx+xdy$

C. $e^{xy}(xdx+ydy)$　　D. $e^{xy}(ydx+xdy)$

4. 设 $z=\ln(xy)$，则 $dz=$(　　).

A. $\frac{1}{x}dx+\frac{1}{y}dy$　　B. $\frac{1}{y}dx+\frac{1}{x}dy$　　C. $\frac{dx+dy}{xy}$　　D. $ydx+xdy$

5. 已知 $u=(xy)^x$，则$\frac{\partial u}{\partial y}=$(　　).

A. $x^2(xy)^{x-1}$　　B. $x^2\ln(xy)$　　C. $x(xy)^{x-1}$　　D. $y^2\ln(xy)$

## 二、填空题

1. 若二元函数 $z=\frac{4x-3y}{y^2}(y\neq 0)$，则$\frac{\partial^2 z}{\partial x\partial y}-\frac{\partial^2 z}{\partial y\partial x}=$________.

2. 设平面区域 $D$ 由直线 $y=x,y=2$ 及 $x=1$ 围成，则二重积分$\iint\limits_D x\,d\sigma=$________.

3. 已知二元函数 $z=f(x,y)$的全微分 $dz=y^2dx+2xydy$，则$\frac{\partial^2 z}{\partial x\partial y}=$________.

4. 设 $u=e^x\cos y,v=e^x\sin y$，则$\frac{\partial u}{\partial y}+\frac{\partial v}{\partial x}=$________.

## 三、计算题

1. 已知二元函数 $z=(3x+y)^{2y}$，求偏导数$\frac{\partial z}{\partial x}$及$\frac{\partial z}{\partial y}$.

2. 设隐函数 $z=f(x,y)$由方程 $x^y+z^3+xz=0$ 所确定，求$\frac{\partial z}{\partial x}$及$\frac{\partial z}{\partial y}$.

# 第7章　常微分方程

函数是客观事物的内部联系在数量方面的反映，利用函数关系可以对客观事物的规律性进行研究.因此如何寻找出所需要的函数关系，在实践中具有重要意义.在许多问题中往往不能直接找出所需要的函数关系，但是根据问题所提供的情况，有时可以列出含有要找的函数及其导数的关系式，这样的关系就是所谓微分方程.微分方程建立以后，对它进行研究，找出未知函数来，这就是解微分方程.

## 7.1　微分方程的基本概念

先看两个实例：

**【例 7-1-1】** 一曲线通过点(1,2)，且在该曲线上任一点 $M(x,y)$处的切线的斜率为 $2x$ 求这曲线的方程.

**解** 设所求曲线的方程为 $y=y(x)$，根据导数的几何意义，可知未知函数 $y=y(x)$应满足关系式(称为微分方程)

$$\frac{dy}{dx}=2x \tag{7.1}$$

此外，未知函数 $y=y(x)$还应满足下列条件

$$x=1\text{ 时},y=2,\text{简记为}y|_{x=1}=2 \tag{7.2}$$

把式(7.1)两端积分，得

$$y=\int 2x\mathrm{d}x,\ \text{即}\ y=x^2+C \tag{7.3}$$

其中 $C$ 是任意常数.上式也称为微分方程的通解.

把条件"$x=1$ 时，$y=2$"代入式(7.3)，得

$$2=1+C$$

由此定出 $C=1$，把 $C=1$ 代入式(7.3)，得所求曲线方程(称为微分方程满足条件$y|_{x=1}=2$ 的解)

$$y=x^2+1$$

**【例 7-1-2】** 列车在平直线路上以 20 m/s(相当 72 km/h)的速度行驶；当制动时列车获得加速度$-0.4\ \mathrm{m/s^2}$，问开始制动后多少时间列车才能停住，以及列车在这段时间里行驶了多少路程？

**解** 设列车在开始制动后 $t$ 秒时行驶了 $s$ 米

$$s''=-0.4\ \text{并且}s|_{t=0}=0,s'|_{t=0}=20$$

把等式 $s''=-0.4$ 两端积分一次，得

$$s'=-0.4t+c_1\text{，即 } v=-0.4t+c_1$$

再积分一次，得

$$s=-0.2t^2+c_1t+c_2\ (c_1,c_2\text{ 是任意常数})$$

由 $v|_{t=0}=20$ 得 $c_1=20$，于是 $v=-0.4t+20$；

由 $s|_{t=0}=0$ 得 $c_2=0$，于是 $s=-0.2t^2+20t$.

令 $v=0$，得 $t=50(s)$. 于是列车在制动阶段行驶的路程

$$s=-0.2\times 50^2+20\times 50=500(\mathrm{m})$$

由以上两个例子我们给出以下定义：

**定义 7-1-1**　微分方程就是联系着自变量、未知函数以及它的导数的关系式. 如果在微分方程中，自变量的个数只有一个，我们称这种微分方程为**常微分方程**，例如：

$$\frac{\mathrm{d}^2y}{\mathrm{d}t^2}+b\frac{\mathrm{d}y}{\mathrm{d}t}+cy=f(t)$$

$$\left(\frac{\mathrm{d}y}{\mathrm{d}t}\right)^2+t\frac{\mathrm{d}y}{\mathrm{d}t}+y=0$$

是常微分方程的例子，这里 $y$ 是未知函数，$t$ 是自变量.

**定义 7-1-2**　未知函数是多元函数的微分方程，称为**偏微分方程**. 例如：

$$\frac{\partial\omega}{\partial x}+\frac{\partial^2\omega}{\partial y}+\frac{\partial\omega}{\partial z}+4=0$$

**定义 7-1-3**　微分方程中出现的未知函数最高阶导数的阶数称为**微分方程的阶数**. 一般的 $n$ 阶常微分方程具有形式

$$F\left(x,y,\frac{\mathrm{d}y}{\mathrm{d}x},\cdots,\frac{\mathrm{d}^ny}{\mathrm{d}x^n}\right)=0$$

这里 $F\left(x,y,\frac{\mathrm{d}y}{\mathrm{d}x},\cdots,\frac{\mathrm{d}^ny}{\mathrm{d}x^n}\right)$是 $x,y,\frac{\mathrm{d}y}{\mathrm{d}x},\cdots\frac{\mathrm{d}^ny}{\mathrm{d}x^n}$的已知函数，而且一定含有$\frac{\mathrm{d}^ny}{\mathrm{d}x^n}$；$y$ 是未知函数，$x$ 是自变量.

**定义 7-1-4**　满足微分方程的函数（把函数代入微分方程能使该方程成为恒等式）称为**微分方程的解**. 确切地说，设函数 $y=\varphi(x)$ 在区间 $I$ 上有 $n$ 阶连续导数，如果在区间 $I$ 上，

$$F[x,\varphi(x),\varphi'(x),\cdots,\varphi^{(n)}(x)]=0$$

那么函数 $y=\varphi(x)$ 就称为微分方程 $F[x,\varphi(x),\varphi'(x),\cdots,\varphi^{(n)}(x)]=0$ 在区间 $I$ 上的解.

**定义 7-1-5**　如果微分方程的解中含有任意常数，且任意常数的个数与微分方程的阶数相同，这样的解称为**微分方程的通解**.

**定义 7-1-6**　用于确定通解中任意常数的条件称为**初始条件**. 如

$$x=x_0\text{ 时}，y=y_0，y'=y'_0$$

一般写成 $y|_{x=x_0}=y_0$，$y'|_{x=x_0}=y'_0$.

**定义 7-1-7**　确定了通解中的任意常数以后，就得到微分方程的**特解**，即不含任意常数的解.

**定义 7-1-8**　求微分方程满足初始条件的解的问题称为**初值问题**.

如求微分方程 $y'=f(x,y)$ 满足初始条件 $y|x=x_0=y_0$ 的解的问题，记为

$$\begin{cases}y'=f(x,y)\\ y|_{x=x_0}=y_0\end{cases}$$

**定义 7-1-9** 微分方程的解的图形是一条曲线,称为微分方程的**积分曲线**.

**【例 7-1-3】** 验证函数 $y=2\sin x+\cos x$ 是一阶微分方程 $y''+y=0$ 的特解.

**解** 由已知函数可得:$y'=2\cos x-\sin x$,$y''=-2\sin x-\cos x$,则函数 $y=2\sin x+\cos x$ 是微分方程 $y''+y=0$ 的特解.

**【例 7-1-4】** 验证函数 $x=c_1\cos kx+c_2\sin kx$ 是微分方程

$$\frac{\mathrm{d}^2x}{\mathrm{d}t^2}+k^2x=0$$

的通解.

**解** 求所给函数的导数

$$\frac{\mathrm{d}x}{\mathrm{d}t}=-kC_1\sin kt+kC_2\cos kt$$

$$\frac{\mathrm{d}^2x}{\mathrm{d}t^2}=-k^2C_1\cos kt-k^2C_2\sin kt=-k^2(C_1\cos kt+C_2\sin kt)$$

将$\frac{\mathrm{d}^2x}{\mathrm{d}t^2}$及 $x$ 的表达式代入所给方程,得

$$-k^2(c_1\cos kx+c_2\sin kx)+k^2(c_1\cos kx+c_2\sin kx)=0$$

这表明函数 $x=c_1\cos kx+c_2\sin kx$ 满足方程$\frac{\mathrm{d}^2x}{\mathrm{d}t^2}+k^2x=0$,因此所给函数是所给方程的解.

**【例 7-1-5】** 已知函数 $x=c_1\cos kt+c_2\sin kt\,(k\neq 0)$是微分方程$\frac{\mathrm{d}^2x}{\mathrm{d}t^2}+k^2x=0$ 的通解,求满足初始条件$x|_{t=0}=A, x'|_{t=0}=0$ 的特解.

**解** 由条件$x|_{t=0}=A$,及 $x=c_1\cos kt+c_2\sin kt\,(k\neq 0)$,得 $C_1=A$. 再由条件$x'|_{t=0}=0$,及 $x'=-kc_1\sin kt+kc_2\cos kt$,得 $C_2=0$. 把 $c_1,c_2$ 的值代入 $x=c_1\cos kt+c_2\sin kt$ 中,得 $x=A\cos kt$.

**练一练:**

设曲线上任一点 $p(x,y)$处的切线斜率与切点的横坐标成反比,且曲线通过点(1,4) ,求该曲线方程.

# 习题 7-1

## A. 基本题

1. 验证函数 $y=Ce^{x^2}$ 是一阶微分方程 $y'=2xy$ 的通解.

2. 指出下面微分方程的阶数,并回答方程是常微分方程还是偏微分方程.

(1) $\frac{\mathrm{d}^3y}{\mathrm{d}x^3}+\frac{\mathrm{d}y}{\mathrm{d}x}-3x=0$;　　(2) $6y-\frac{\mathrm{d}y}{\mathrm{d}t}=t$.

3. 给定一阶微分方程

$$\frac{\mathrm{d}y}{\mathrm{d}x}=4x$$

(1) 求出它的通解；
(2) 求通过点(1,4)的特解.

### B. 一般题

4. 试确定 $\alpha$ 的值，使函数 $y=e^{\alpha x}$ 是方程 $y''+3y'-4y=0$ 的解.
5. 设 $y=x^2-1$，
(1) 验证函数 $y=\frac{x^4}{12}-\frac{x^2}{2}+C_1x+C_2$ 是方程的通解；
(2) 求满足初始条件 $y|_{x=0}=1, y'|_{x=0}=2$ 的特解；
(3) 求满足初始条件 $y|_{x=1}=2, y'|_{x=3}=5$ 的特解.

### C. 提高题

6. 一容器内盛盐水 10 升，含盐 2 克. 现将含 1 克/升的盐水注入容器内，流速为 3 升/分，同时以流速为 4 升/分流出. 试求容器内在任意时刻所含盐量的微分方程式.

## 7.2　可分离变量的微分方程

微分方程的一个中心问题是"求解". 但是，微分方程的求解问题通常并不是容易解决的. 本节将介绍一阶方程的初等解法，即把微分方程的求解问题化为积分问题. 一般的一阶方程是没有初等解法的，本节的任务就在于介绍若干能有初等解法的方程类型及其求解的一般方法，虽然这些类型是很有限的，但它们却反映了实际问题中出现的微分方程的相当部分.

观察与分析：

1. 求微分方程 $y'=2x$ 的通解. 为此把方程两边积分，得

$$y=x^2+C$$

一般地，方程 $y'=f(x)$ 的通解为 $y=\int f(x)\mathrm{d}x+C$（此处积分后不再加任意常数）.

2. 求微分方程 $y'=2xy^2$ 的通解.

因为 $y$ 是未知的，所以积分 $\int 2xy^2\mathrm{d}x$ 无法进行，方程两边直接积分不能求出通解. 为求通解可将方程变为 $\frac{1}{y^2}\mathrm{d}y=2x\mathrm{d}x$ ，两边积分，得

$$-\frac{1}{y}=x^2+C，或\ y=-\frac{1}{x^2+C}$$

可以验证函数 $y=-\frac{1}{x^2+C}$ 是原方程的通解.

一般地，如果一阶微分方程 $y'=\varphi(x,y)$ 能写成

$$g(y)\mathrm{d}y=f(x)\mathrm{d}x$$

形式，则两边积分可得一个不含未知函数的导数的方程

$$G(y)=F(x)+C$$

由方程 $G(y)=F(x)+C$ 所确定的隐函数就是原方程的通解.

### 7.2.1 可分离变量的微分方程

如果一个一阶微分方程能写成

$$g(y)\mathrm{d}y=f(x)\mathrm{d}x \quad (\text{或写成 } y'=\varphi(x)\psi(y))$$

的形式，就是说，能把微分方程写成一端只含 $y$ 的函数和 $\mathrm{d}y$，另一端只含 $x$ 的函数和 $\mathrm{d}x$，那么原方程就称为可分离变量的微分方程.

讨论：下列方程中哪些是可分离变量的微分方程？

(1) $y'=2xy$　　是. $y^{-1}\mathrm{d}y=2x\mathrm{d}x$

(2) $3x^2+5x-y'=0$　　是. $\mathrm{d}y=(3x^2+5x)\mathrm{d}x$

(3) $(x^2+y^2)\mathrm{d}x-xy\mathrm{d}y=0$　　不是.

(4) $y'=1+x+y^2+xy^2$　　是. $y'=(1+x)(1+y^2)$

(5) $y'=10^{x+y}$　　是. $10^{-y}\mathrm{d}y=10^x\mathrm{d}x$

(6) $y'=\frac{x}{y}+\frac{y}{x}$.　　不是.

### 7.2.2 可分离变量的微分方程的解法

第一步　分离变量，将方程写成 $g(y)\mathrm{d}y=f(x)\mathrm{d}x$ 的形式；

第二步　两端积分，$\int g(y)\mathrm{d}y=\int f(x)\mathrm{d}x$，设积分后得 $G(y)=F(x)+C$；

第三步　求出由 $G(y)=F(x)+C$ 所确定的隐函数 $y=\Phi(x)$ 或 $x=\Psi(y)$.

其中 $G(y)=F(x)+C$，$y=\Phi(x)$ 或 $x=\Psi(y)$ 都是方程的通解，并且 $G(y)=F(x)+C$ 称为隐式(通)解.

如果存在 $y_0$，使 $g(y_0)=0$，直接代入，可知 $g(y_0)=0$ 也是 $g(y)\mathrm{d}y=f(x)\mathrm{d}x$ 的解. 可能它不包含在方程的隐式通解中，必须予以补上.

**【例 7-2-1】** 求微分方程 $\frac{\mathrm{d}y}{\mathrm{d}x}=2xy$ 的通解.

**解**　此方程为可分离变量方程，分离变量后得

$$\frac{1}{y}\mathrm{d}y=2x\mathrm{d}x$$

两边积分得

$$\int\frac{1}{y}\mathrm{d}y=\int 2x\mathrm{d}x$$

即
$$\ln|y|=x^2+C_1$$

从而
$$y=\pm\mathrm{e}^{x^2+C_1}=\pm\mathrm{e}^{C_1}\mathrm{e}^{x^2}$$

因为 $\pm\mathrm{e}^{C_1}$ 仍是任意常数，把它记作 $C$，便得所给方程的通解 $y=C\mathrm{e}^{x^2}$.

**【例 7-2-2】** 求微分方程 $x^2y'-y=1$ 的通解.

**解**　将方程分离变量 $\frac{\mathrm{d}y}{y+1}=\frac{\mathrm{d}x}{x^2}$

两边求积分
$$\int\frac{\mathrm{d}y}{y+1}=\int\frac{\mathrm{d}x}{x^2}$$

则 $\ln|y+1|=-\frac{1}{x}+C_1$，即 $y=\pm\mathrm{e}^{-\frac{1}{x}+C_1}-1=\pm\mathrm{e}^{C_1}\mathrm{e}^{-\frac{1}{x}}-1$.

由 $\pm e^{C_1}$ 仍是任意常数，因此设 $C=\pm e^{C_1}$，则方程通解为 $y=Ce^{-\frac{1}{x}}-1$.

**注**：为方便起见可将 $\ln|y|$ 写成 $\ln y$，只需知道后面得到任意常数 $C$ 是可正可负即可.

**【例 7-2-3】** 求微分方程 $y'=y\cos x$ 满足 $y|_{x=0}=e$ 的特解.

**解**　分离变量

$$\frac{dy}{y}=\cos x dx$$

两边积分

$$\int\frac{dy}{y}=\int\cos x dx\text{，则 }\ln y=\sin x+C,$$

将 $y|_{x=0}=e$ 代入方程得 $C=1$，则微分方程特解为 $y=e^{\sin x+1}$.

**【例 7-2-4】** 求微分方程 $\frac{dy}{dx}=1+x+y^2+xy^2$ 的通解.

**解**　方程可化为

$$\frac{dy}{dx}=(1+x)(1+y^2)$$

分离变量得

$$\frac{1}{1+y^2}dy=(1+x)dx$$

两边积分得

$$\int\frac{1}{1+y^2}dy=\int(1+x)dx\text{，即 }\arctan y=\frac{1}{2}x^2+x+C$$

于是原方程的通解为 $y=\tan\left(\frac{1}{2}x^2+x+C\right)$.

**【例 7-2-5】** 设降落伞从跳伞塔下落后，所受空气阻力与速度成正比，并设降落伞离开跳伞塔时速度为零，求降落伞下落速度与时间的函数关系.

**解**　设降落伞下落速度为 $v(t)$，降落伞所受外力为 $F=mg-kv$（$k$ 为比例系数）. 根据牛顿第二运动定律 $F=ma$，得函数 $v(t)$ 应满足的方程为 $m\frac{dv}{dt}=mg-kv$.

初始条件为 $v|_{t=0}=0$，

方程分离变量，得

$$\frac{dv}{mg-kv}=\frac{dt}{m}$$

两边积分，得

$$\int\frac{dv}{mg-kv}=\int\frac{dt}{m}$$

$$-\frac{1}{k}\ln(mg-kv)=\frac{t}{m}+C_1$$

即

$$v=\frac{mg}{k}+Ce^{-\frac{k}{m}t}\left(C=-\frac{e^{-kC_1}}{k}\right)$$

将初始条件 $v|_{t=0}=0$ 代入通解得　$C=-\frac{mg}{k}$

于是降落伞下落速度与时间的函数关系为 $v=\frac{mg}{k}(1-e^{-\frac{k}{m}t})$.

**练一练：**

1. 用分离变量法求下列方程的通解.

(1) $\frac{dy}{dx}=-\frac{x}{y}$；　　(2) $\frac{dy}{dx}=-2y(y-2)$

# 习题 7-2

**A. 基本题**

1. 求微分方程$\frac{dy}{dx}=\frac{x^2}{y^2}$的通解.

2. 求微分方程$\frac{dy}{dx}=2xy^2$的通解.

3. 求微分方程 $y'=e^{x-y}$的通解.

**B. 一般题**

4. 求解方程$(1+x^2)dy+(1+y^2)dx=0$.

5. 求解方程$(e^{x+y}-e^x)dx+(e^{x+y}+e^y)dy=0$.

# 7.3 齐次微分方程

## 7.3.1 齐次微分方程的概念

如果一阶微分方程$\frac{dy}{dx}=f(x,y)$中的函数 $f(x,y)$可写成$\frac{y}{x}$的函数,即 $f(x,y)=\varphi\left(\frac{y}{x}\right)$,则称这方程为齐次微分方程.

试判断下列方程哪些是齐次方程?

(1) $xy'-y-\sqrt{y^2-x^2}=0$ 是齐次方程.$\Rightarrow\frac{dy}{dx}=\frac{y+\sqrt{y^2-x^2}}{x}\Rightarrow\frac{dy}{dx}=\frac{y}{x}+\sqrt{\left(\frac{y}{x}\right)^2-1}$.

(2) $\sqrt{1-x^2}\,y'=\sqrt{1-y^2}$不是齐次方程.$\Rightarrow\frac{dy}{dx}=\sqrt{\frac{1-y^2}{1-x^2}}$.

(3) $(x^2+y^2)dx-xydy=0$ 是齐次方程.$\Rightarrow\frac{dy}{dx}=\frac{x^2+y^2}{xy}\Rightarrow\frac{dy}{dx}=\frac{x}{y}+\frac{y}{x}$.

(4) $(2x+y-4)dx+(x+y-1)dy=0$ 不是齐次方程.$\Rightarrow\frac{dy}{dx}=-\frac{2x+y-4}{x+y-1}$.

**注:**要判断$\frac{dy}{dx}=f(x,y)$是否为齐次微分方程,只需要用 $tx,ty$ 分别替换 $f(x,y)$中的 $x$,$y$,如果 $f(tx,ty)=f(x,y)$,则该方程就是齐次微分方程.

## 7.3.2 齐次方程的解法

在齐次方程$\frac{dy}{dx}=\varphi\left(\frac{y}{x}\right)$中,令 $u=\frac{y}{x}$, 即 $y=ux$,有

$$u+x\frac{\mathrm{d}u}{\mathrm{d}x}=\varphi(u)$$

分离变量,得

$$\frac{\mathrm{d}u}{\varphi(u)-u}=\frac{\mathrm{d}x}{x}$$

两端积分,得

$$\int\frac{\mathrm{d}u}{\varphi(u)-u}=\int\frac{\mathrm{d}x}{x}$$

求出积分后,再用$\frac{y}{x}$代替 $u$ 便得所给齐次方程的通解.

**【例 7-3-1】** 解方程 $y^2+x^2\frac{\mathrm{d}y}{\mathrm{d}x}=xy\frac{\mathrm{d}y}{\mathrm{d}x}$.

**解** 原方程可写成

$$\frac{\mathrm{d}y}{\mathrm{d}x}=\frac{y^2}{xy-x^2}=\frac{\left(\frac{y}{x}\right)^2}{\frac{y}{x}-1}$$

因此原方程是齐次方程, 令$\frac{y}{x}=u$, 则

$$y=ux,\ \frac{\mathrm{d}y}{\mathrm{d}x}=u+x\frac{\mathrm{d}u}{\mathrm{d}x}$$

于是原方程变为

$$u+x\frac{\mathrm{d}u}{\mathrm{d}x}=\frac{u^2}{u-1}$$

即

$$x\frac{\mathrm{d}u}{\mathrm{d}x}=\frac{u}{u-1}$$

分离变量,得

$$\left(1-\frac{1}{u}\right)\mathrm{d}u=\frac{\mathrm{d}x}{x}$$

两边积分,得

$$u-\ln|u|+C=\ln|x|$$

或写成

$$\ln|xu|=u+C$$

以$\frac{y}{x}$代上式中的 $u$,便得所给方程的通解 $\ln|y|=\frac{y}{x}+C$.

**【例 7-3-2】** 求微分方程 $xy'=y(\ln y-\ln x)$的通解.

**解** 整理方程得 $y'=\frac{y}{x}\ln\left(\frac{y}{x}\right)$

令 $u=\frac{y}{x}$,则 $y=ux, y'=u'x+u$,则原方程变为:$u'x+u=u\ln u$,

分离变量可得

$$\frac{\mathrm{d}u}{u(\ln u-1)}=\frac{\mathrm{d}x}{x}$$

两边积分

$$\int\frac{\mathrm{d}u}{u(\ln u-1)}=\int\frac{\mathrm{d}x}{x},\text{即}\int\frac{\mathrm{d}(\ln u-1)}{\ln u-1}=\int\frac{\mathrm{d}x}{x}$$

$$\ln(\ln u-1)=\ln x+\ln C=\ln Cx,\ \ln u-1=Cx$$

将 $u=\frac{y}{x}$代入方程得通解为 $\ln\frac{y}{x}=1+Cx$,即 $y=xe^{Cx+1}$.

**【例 7-3-3】** 有旋转曲面形状的凹镜，假设由旋转轴上一点 $O$ 发出的一切光线经此凹镜反射后都与旋转轴平行，求这旋转曲面的方程.

**解** 设此凹镜是由 $xOy$ 面上曲线 $L: y=y(x)\ (y>0)$ 绕 $x$ 轴旋转而成，光源在原点. 在 $L$ 上任取一点 $M(x,y)$，作 $L$ 的切线交 $x$ 轴于 $A$. 点 $O$ 发出的光线经点 $M$ 反射后是一条平行于 $x$ 轴射线，由光学及几何原理可以证明 $OA=OM$，

因为
$$OA=AP-OP=PM\cot\alpha-OP=\frac{y}{y'}-x$$

而
$$OM=\sqrt{x^2+y^2}$$

于是得微分方程
$$\frac{y}{y'}-x=\sqrt{x^2+y^2}$$

整理得 $\dfrac{dx}{dy}=\dfrac{x}{y}+\sqrt{\left(\dfrac{x}{y}\right)^2+1}$，这是齐次方程.

问题归结为解齐次方程
$$\frac{dx}{dy}=\frac{x}{y}+\sqrt{\left(\frac{x}{y}\right)^2+1}$$

令 $\dfrac{x}{y}=v$，即 $x=vy$，得
$$v+y\frac{dv}{dy}=v+\sqrt{v^2+1}$$

即
$$y\frac{dv}{dy}=\sqrt{v^2+1}$$

分离变量，得
$$\frac{dv}{\sqrt{v^2+1}}=\frac{dy}{y}$$

两边积分，得 $\ln(v+\sqrt{v^2+1})=\ln y-\ln C$，$\Rightarrow v+\sqrt{v^2+1}=\dfrac{y}{C}$，$\Rightarrow \left(\dfrac{y}{C}-v\right)^2=v^2+1$，

$$\frac{y^2}{C^2}-\frac{2yv}{C}=1$$

以 $yv=x$ 代入上式，得 $y^2=2C\left(x+\dfrac{C}{2}\right)$.

这是以 $x$ 轴为轴、焦点在原点的抛物线，它绕 $x$ 轴旋转所得旋转曲面的方程为

$$y^2+z^2=2C\left(x+\frac{C}{2}\right)$$

这就是所求的旋转曲面方程.

**练一练：**

1. 求解下列方程.

(1) $x^2dy=(xy+y^2)dx$；　　(2) $(x-2y)y'=2x-y$.

# 习题 7-3

## A. 基本题

1. 求微分方程 $2xydx-(x^2+y^2)dy=0$ 的通解.

2. 求微分方程 $x\frac{dy}{dx}+2\sqrt{xy}=y(x<0)$ 的通解.

**B. 一般题**

3. 求微分方程 $\frac{dy}{dx}=\frac{y}{x}+\cot\frac{y}{x}$ 的通解.

4. 求微分方程 $y'=\frac{y}{x}+\sec\frac{y}{x}$ 的通解.

**C. 提高题**

5. 解微分方程 $\frac{dy}{dx}=\frac{y}{x-\sqrt{x^2+y^2}}(y\neq 0)$.

# 7.4　一阶线性微分方程

## 7.4.1　一阶线性微分方程的概念

形如 $\frac{dy}{dx}+P(x)y=Q(x)$ 的一阶微分方程称为一阶线性微分方程，其中 $P(x)$，$Q(x)$ 都是 $x$ 的连续函数. 如果 $Q(x)\equiv 0$，则方程称为齐次线性方程，否则方程称为非齐次线性方程. 方程 $\frac{dy}{dx}+P(x)y=0$ 称为对应于非齐次线性方程 $\frac{dy}{dx}+P(x)y=Q(x)$ 的齐次线性方程.

下列方程各是什么类型方程？

(1) $(x-2)\frac{dy}{dx}=y\Rightarrow\frac{dy}{dx}-\frac{1}{x-2}y=0$ 是齐次线性方程.

(2) $3x^2+5x-y'=0\Rightarrow y'=3x^2+5x$ 是非齐次线性方程.

(3) $y'+y\cos x=e^{-\sin x}$ 是非齐次线性方程.

(4) $\frac{dy}{dx}=10^{x+y}$，不是线性方程.

(5) $(y+1)^2\frac{dy}{dx}+x^3=0\Rightarrow\frac{dy}{dx}-\frac{x^3}{(y+1)^2}=0$ 或 $\frac{dx}{dy}-\frac{(y+1)^2}{x^3}$，不是线性方程.

## 7.4.2　齐次线性方程的解法

下面我们先讨论 $\frac{dy}{dx}+P(x)y=Q(x)$ 所对应的齐次线性方程 $\frac{dy}{dx}+P(x)y=0$ 的通解问题，分离变量后得

$$\frac{dy}{y}=-P(x)dx$$

两边积分，得

$$\ln|y| = -\int P(x)\mathrm{d}x + C_1$$

或 $$y = C\mathrm{e}^{-\int P(x)\mathrm{d}x}\ (C = \pm \mathrm{e}^{C_1})$$

这就是齐次线性方程的通解(积分中不再加任意常数).

**【例 7-4-1】** 求方程$(x-2)\dfrac{\mathrm{d}y}{\mathrm{d}x}=y$的通解.

**解** 这是齐次线性方程,分离变量得

$$\frac{\mathrm{d}y}{y}=\frac{\mathrm{d}x}{x-2}$$

两边积分得

$$\ln|y|=\ln|x-2|+\ln C$$

方程的通解为 $$y=C(x-2)$$

容易验证,不论$C$取什么值,$y = C\mathrm{e}^{-\int P(x)\mathrm{d}x}\ (C=\pm \mathrm{e}^{C_1})$只能是$\dfrac{\mathrm{d}y}{\mathrm{d}x}+P(x)y=0$的通解,而不是非齐次线性方程$\dfrac{\mathrm{d}y}{\mathrm{d}x}+P(x)y=Q(x)$的通解.要求非齐次方程的通解,我们不妨将齐次线性方程通解中的常数换成$x$的未知函数$C(x)$,把$y=C(x)\mathrm{e}^{-\int P(x)\mathrm{d}x}$设想成非齐次线性方程的通解.代入非齐次线性方程求得

$$C'(x)\mathrm{e}^{-\int P(x)\mathrm{d}x} - C(x)\mathrm{e}^{-\int P(x)\mathrm{d}x}P(x) + P(x)C(x)\mathrm{e}^{-\int P(x)\mathrm{d}x} = Q(x)$$

化简得 $$C'(x) = Q(x)\mathrm{e}^{\int P(x)\mathrm{d}x}$$

$$C(x) = \int Q(x)\mathrm{e}^{\int P(x)\mathrm{d}x}\mathrm{d}x + C$$

于是非齐次线性方程的通解为

$$y = \mathrm{e}^{-\int P(x)\mathrm{d}x}\left[\int Q(x)\mathrm{e}^{\int P(x)\mathrm{d}x}\mathrm{d}x + C\right]$$

或 $$y = C\mathrm{e}^{-\int P(x)\mathrm{d}x} + \mathrm{e}^{-\int P(x)\mathrm{d}x}\int Q(x)\mathrm{e}^{\int P(x)\mathrm{d}x}\mathrm{d}x$$

非齐次线性方程的通解等于对应的齐次线性方程通解与非齐次线性方程的一个特解之和.这种将常数变易为待定函数的方法,通常称为**常数变易法**.可以看到,常数变易法实际上是一种变量变换的方法,它不但适用于一阶线性方程,而且也适用于高阶线性方程和线性方程组.

**【例 7-4-2】** 求方程$\dfrac{\mathrm{d}y}{\mathrm{d}x}-\dfrac{2y}{x+1}=(x+1)^{\frac{5}{2}}$的通解.

**解** 这是一个非齐次线性方程.

先求对应的齐次线性方程$\dfrac{\mathrm{d}y}{\mathrm{d}x}-\dfrac{2y}{x+1}=0$的通解,

分离变量得 $$\frac{\mathrm{d}y}{y}=\frac{2\mathrm{d}x}{x+1}$$

两边积分得 $$\ln y=2\ln(x+1)+\ln C$$

齐次线性方程的通解为$y=C\ (x+1)^2$.

用常数变易法,把$C$换成$u$,即令$y=u\ (x+1)^2$,代入所给非齐次线性方程,得

$$u'\cdot(x+1)^2+2u\cdot(x+1)-\frac{2}{x+1}u\cdot(x+1)^2=(x+1)^{\frac{5}{2}}$$

$$u'=(x+1)^{\frac{1}{2}}$$

两边积分,得
$$u=\frac{2}{3}(x+1)^{\frac{3}{2}}+C$$

再把上式代入 $y=u\ (x+1)^2$ 中,即得所求方程的通解为 $y=(x+1)^2\left[\frac{2}{3}(x+1)^{\frac{3}{2}}+C\right]$.

**【例 7-4-3】** 解方程$\frac{dy}{dx}=\frac{1}{x+y}$.

**解** 若把所给方程变形为

$$\frac{dx}{dy}=x+y$$

即为一阶线性方程,则按一阶线性方程的解法可求得通解,但这里用变量代换来解所给方程. 令 $x+y=u$,则原方程化为$\frac{du}{dx}-1=\frac{1}{u}$,即$\frac{du}{dx}=\frac{u+1}{u}$.

分离变量,得 $\frac{u}{u+1}du=dx$

两端积分得 $|u-\ln|u+1|=x-\ln|C|$

以 $x+y=u$ 代入上式,得

$$y-\ln|x+y+1|=-\ln|C|,\text{或 } x=Ce^y-y-1$$

**练一练:**

1. 求微分方程 $y'-2xy=e^{x^2}\cos x$ 的通解.

# 习题 7-4

## A. 基础题

1. 求微分方程 $2y'-y=e^x$ 的通解.

2. 求微分方程 $y'+\frac{1}{x}y=\frac{\sin x}{x}$的通解.

## B. 一般题

3. 求微分方程 $y'-y\tan x=\sec x$ 满足条件$y|_{x=0}=0$ 的特解.

4. 求微分方程 $xy'+y=\ln x$ 的通解.

## C. 提高题

5. 求微分方程 $(y^2-6x)y'+2y=0$ 满足初始条件 $y(1)=1$ 的特解.

# 复习题 7

## 一、选择题

1. 下列所给方程中，不是微分方程的是(　　).

A. $xy'=2y$　　B. $x^2+y^2=C^2$

C. $y''+y=0$　　D. $(7x-6y)\mathrm{d}x+(x+y)\mathrm{d}y=0$

2. 微分方程 $5y^4y'+xy''-2y^{(3)}=0$ 的阶数是(　　).

A. 1　　B. 2　　C. 3　　D. 4

3. 函数 $y=c-\sin x$($C$ 为任意常数)是微分方程 $y''=\sin x$ 的(　　)

A. 通解　　B. 特解

C. 是解，但既非通解也非特解　　D. 不是解

4. 微分方程 $y'=2xy$ 的通解是(　　).

A. $y=Ce^2$　　B. $y=e^{x^2}$　　C. $y=Cx^2$　　D. $y=Ce^{x^2}$

5. 微分方程 $\mathrm{d}x+xy\mathrm{d}y=y^2\mathrm{d}x+y\mathrm{d}y$ 满足初始方程条件 $y_{(0)}=2$ 的特解是(　　).

A. $\frac{1}{2}\ln(y^2-1)=\ln(x-1)+\frac{1}{2}\ln C$　　B. $y=3(x-1)^2+1$

C. $y^2=3(x-1)^2+1$　　D. $y^3=3(x-1)^2+1$

6. 下列微分方程中，通解是 $y=C_1e^x+C_2xe^x$ 的方程是(　　).

A. $y''-2y'-y=0$　　B. $y''-2y'+y=0$

C. $y''+2y'+y=0$　　D. $y''-2y'+4y=0$

7. 微分方程 $y''+y=x^2$ 的一个特解应具有形式(　　).

A. $Ax^2+Bx+C$　　B. $Ax^2+Bx$

C. $Ax^2$　　D. $x(Ax^2+Bx+C)$

## 二、填空题

1. 形如________的方程，称为齐次方程.

2. 方程________称为一阶线性方程.

3. 方程 $y''+4y=0$ 的通解是________.

4. 若 $y=y_1(x)$，$y=y_2(x)$是一阶线性齐次方程的两个线性无关解，则用这两个解可把其通解表示为________.

5. 方程$\frac{\mathrm{d}y}{\mathrm{d}x}=x^2\tan y$ 的通解是________.

6. 微分方程$\left(\frac{\mathrm{d}y}{\mathrm{d}x}\right)^n+\frac{\mathrm{d}y}{\mathrm{d}x}-y^2+x^2=0$ 的阶数是________.

7. 方程________称为变量分离方程.

8. 函数 $y=\frac{x^3}{5}+\frac{x^2}{2}+C$ 满足的一阶方程是________.

9. 齐次方程$\frac{\mathrm{d}y}{\mathrm{d}x}=g\left(\frac{y}{x}\right)$经过变换________可化为变量分离方程.

10. 方程$\frac{\mathrm{d}y}{\mathrm{d}x}+p(x)y=0$ 的通解为________.

## 三、计算题

1. 求微分方程$\frac{\mathrm{d}y}{\mathrm{d}x}=2xy^2$ 的通解.

2. 求微分方程$\frac{\mathrm{d}y}{\mathrm{d}x}=\frac{y}{2x-y^2}$的通解.

3. 求微分方程 $yy'+\mathrm{e}^{2x+y^2}=0$ 满足初始条件 $y(0)=\sqrt{\ln 2}$的一个特解.

4. 求方程 $y=x\frac{\mathrm{d}y}{\mathrm{d}x}+y^2\sin^2 x$ 的通解.

5. 求方程 $x''-2x'-3x=3t+1$ 的通解.

6. 求微分方程 $yy''+y'^2=0$ 的通解.

# 第 8 章　线性代数初步

## 8.1　行　列　式

本节主要介绍行列式的定义、性质及其计算方法.

### 8.1.1　行列式的定义

将 $n^2$ 个数 $a_{ij}(i,j=1,2,\cdots,n)$ 排成 $n$ 个横行及 $n$ 个竖列的方形表格，两边再用竖线“|”围起，就得到 $n$ 阶行列式的记号

$$\begin{vmatrix} a_{11} & a_{12} & \cdots & a_{1n} \\ a_{21} & a_{22} & \cdots & a_{2n} \\ \vdots & \vdots & & \vdots \\ a_{n1} & a_{n2} & \cdots & a_{nn} \end{vmatrix}$$

其中每个数 $a_{ij}$ 称为行列式的元素，它有两个下标，第一个下标 $i$ 表示该元素所在的行数，第二个下标 $j$ 表示所在的列数，$a_{ij}$ 就是 $i$ 行 $j$ 列的元素. 行列式的行数是从上到下依次为第一行，第二行，…，第 $n$ 行. 列数是从左到右依次为第一列，第二列，…，第 $n$ 列. 行列式有两条对角线，由左上到右下那条对角线称为主对角线，在主对角线上的元素为 $a_{11},a_{22},\cdots,a_{nn}$. 由右上到左下的对角线有时称为副对角线.

根据行列式的定义，一二三阶行列式可以计算如下：

一阶行列式：$|a_{11}|=(-1)^0a_{11}=a_{11}$

二阶行列式：

$$\begin{vmatrix} a_{11} & a_{12} \\ a_{21} & a_{22} \end{vmatrix}=(-1)^0a_{11}a_{22}+(-1)^1a_{12}a_{21}=a_{11}a_{22}-a_{12}a_{21}$$

三阶行列式：

$$\begin{aligned}\begin{vmatrix} a_{11} & a_{12} & a_{13} \\ a_{21} & a_{22} & a_{23} \\ a_{31} & a_{32} & a_{33} \end{vmatrix} &=(-1)^0a_{11}a_{22}a_{33}+(-1)^2a_{12}a_{23}a_{31}+(-1)^2a_{13}a_{21}a_{32}+(-1)^3a_{13}a_{22}a_{31} \\ &\quad +(-1)^1a_{12}a_{21}a_{33}+(-1)^1a_{11}a_{23}a_{32} \\ &=a_{11}a_{22}a_{33}+a_{12}a_{23}a_{31}+a_{13}a_{21}a_{32}-a_{13}a_{22}a_{31}-a_{12}a_{21}a_{33}-a_{11}a_{23}a_{32}\end{aligned}$$

如果在三阶行列式中，将冠以“+”号的项的三个数用实线加以连接，将冠以“−”号的项的三个数用虚线加以连接，就可以得到如下图形：

利用这个图形，很容易写出三阶行列式的六项代数和.

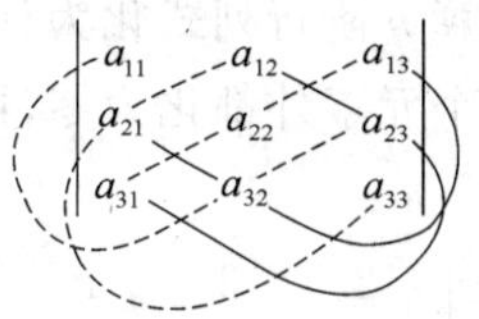


**【例 8-1-1】** 计算以下两个行列式：

(1) $D_1=\begin{vmatrix} 2 & 1 \\ 4 & 3 \end{vmatrix}$；　　(2) $D_2=\begin{vmatrix} 3 & 2 & -1 \\ 1 & 0 & 4 \\ 2 & -3 & 5 \end{vmatrix}$.

**解** (1) $D_1=2\times3-1\times4=6-4=2$

(2) $D_2=3\times0\times5+2\times4\times2+(-1)\times1\times(-3)-(-1)\times0\times2-3\times(-3)\times4-2\times1\times5$
$=0+16+3-0+36-10=45$

### 8.1.2 行列式按行(列)展开

**定义 8-1-1** 在 $n$ 阶行列式中，划去元素 $a_{ij}$ 所在的第 $i$ 行和第 $j$ 列剩下的 $n-1$ 阶行列式记作 $M_{ij}$，称为元素 $a_{ij}$ 的余子式，而 $A_{ij}=(-1)^{i+j}M_{ij}$ 称为元素 $a_{ij}$ 的代数余子式.

例如三阶行列式

$$D=\begin{vmatrix} a_1 & a_2 & a_3 \\ b_1 & b_2 & b_3 \\ c_1 & c_2 & c_3 \end{vmatrix}$$

则一行一列元素 $a_1$ 的余子式 $M_{11}$ 及代数余子式 $A_{11}$ 为

$$M_{11}=\begin{vmatrix} b_2 & b_3 \\ c_2 & c_3 \end{vmatrix},A_{11}=(-1)^{1+1}M_{11}=M_{11}=\begin{vmatrix} b_2 & b_3 \\ c_2 & c_3 \end{vmatrix}$$

二行三列元素 $b_3$ 的余子式 $M_{23}$ 及代数余子式 $A_{23}$ 为

$$M_{23}=\begin{vmatrix} a_1 & a_2 \\ c_1 & c_2 \end{vmatrix},A_{23}=(-1)^{2+3}M_{23}=-M_{23}=-\begin{vmatrix} a_1 & a_2 \\ c_1 & c_2 \end{vmatrix}$$

由定义可知，当元素所在的(行数+列数)为偶数时，代数余子式和余子式相等，为奇数时，代数余子式和余子式相差一个符号.

**定理 8-1-1** 设 $n$ 阶行列式

$$D=\begin{vmatrix} a_{11} & a_{12} & \cdots & a_{1n} \\ a_{21} & a_{22} & \cdots & a_{2n} \\ \vdots & \vdots & & \vdots \\ a_{n1} & a_{n2} & \cdots & a_{nn} \end{vmatrix}$$

则有

按第 $i$ 行展开式：$D=a_{i1}A_{i1}+a_{i2}A_{i2}+\cdots+a_{in}A_{in}\ (i=1,2,\cdots,n)$

按第 $j$ 列展开式：$D=a_{1j}A_{1j}+a_{2j}A_{2j}+\cdots+a_{nj}A_{nj}\ (j=1,2,\cdots,n)$

**推论 8-1-1** 行列式某一行(列)的元素与另一行(列)对应元素的代数余子式乘积之和等于零. 即

$$a_{i1}A_{j1}+a_{i2}A_{j2}+\cdots+a_{in}A_{jn}=0,(i\neq j)$$

和　$$a_{1i}A_{1j}+a_{2i}A_{2j}+\cdots+a_{ni}A_{nj}=0,(i\neq j)$$

利用行列式的展开式，可以将计算 $n$ 阶行列式化为计算 $n-1$ 阶行列式. 对于数字元素的行列式，经常将某行(列)的元素除一个元素外都化为零，再按该行(列)展开，达到降阶的目的.

**【例 8-1-2】** 计算行列式

$$D=\begin{vmatrix} 2 & 3 & 1 & 0 \\ 4 & -2 & -1 & -1 \\ -2 & 1 & 2 & 1 \\ -4 & 3 & 2 & 1 \end{vmatrix}$$

**解** 第 4 列比较简单，并且还有一个 0，所以对行作运算，使第 4 列除一个元素外，其余元素都是 0，具体计算如下

$$D\xlongequal[r_4-r_3]{r_2+r_3}\begin{vmatrix} 2 & 3 & 1 & 0 \\ 2 & -1 & 1 & 0 \\ -2 & 1 & 2 & 1 \\ -2 & 2 & 0 & 0 \end{vmatrix}\xlongequal{\text{按第 4 列展开}}1\times(-1)^{3+4}\begin{vmatrix} 2 & 3 & 1 \\ 2 & -1 & 1 \\ -2 & 2 & 0 \end{vmatrix}$$

$$\xlongequal{r_2-r_1}-\begin{vmatrix} 2 & 3 & 1 \\ 0 & -4 & 0 \\ -2 & 2 & 0 \end{vmatrix}\xlongequal{\text{按第 3 列展开}}-(-1)^{1+3}\begin{vmatrix} 0 & -4 \\ -2 & 2 \end{vmatrix}$$

$$=-[0\times2-(-4)(-2)]=8$$

**【例 8-1-3】** 设

$$D=\begin{vmatrix} 3 & 0 & 4 & 0 \\ 2 & 2 & 2 & 2 \\ 0 & -7 & 0 & 0 \\ 5 & 3 & -2 & 2 \end{vmatrix}$$

求(1) $D$ 中第 3 行各元素的代数余子式之和 $A_{31}+A_{32}+A_{33}+A_{34}$；

(2) $D$ 中第 4 行各元素余子式之和 $M_{41}+M_{42}+M_{43}+M_{44}$.

**解** (1) 将 $A_{31}+A_{32}+A_{33}+A_{34}$ 看作 $D$ 中第 3 行元素改为 1,1,1,1 后，再按第 3 行展开的展开式，故有

$$A_{31}+A_{32}+A_{33}+A_{34}=\begin{vmatrix} 3 & 0 & 4 & 0 \\ 2 & 2 & 2 & 2 \\ 1 & 1 & 1 & 1 \\ 5 & 3 & -2 & 2 \end{vmatrix}=0$$

(2) $M_{41}+M_{42}+M_{43}+M_{44}=-A_{41}+A_{42}-A_{43}+A_{44}$

$$=\begin{vmatrix} 3 & 0 & 4 & 0 \\ 2 & 2 & 2 & 2 \\ 0 & -7 & 0 & 0 \\ -1 & 1 & -1 & 1 \end{vmatrix}\xlongequal{\text{按第 3 行展开}}-7\cdot(-1)^{3+2}\begin{vmatrix} 3 & 4 & 0 \\ 2 & 2 & 2 \\ -1 & -1 & 1 \end{vmatrix}$$

$$=7\times(-4)=-28$$

# 习题 8-1

## A. 基本题

1. 计算以下行列式

(1) $D_1=\begin{vmatrix}-1 & 2\\ -4 & 3\end{vmatrix}$；　(2) $D_2=\begin{vmatrix}-3 & 2 & 1\\ 1 & 4 & 0\\ -2 & 3 & 5\end{vmatrix}$；　(3) $D_1=\begin{vmatrix}-3 & 0 & 0\\ 1 & 4 & 0\\ -2 & 3 & 5\end{vmatrix}$.

## B. 一般题

2. 计算以下行列式

(1) $D_2=\begin{vmatrix}-3 & 2 & 1\\ 0 & 1 & 0\\ 0 & 0 & -5\end{vmatrix}$；　(2) $D_3=\begin{vmatrix}-2 & 0 & 0\\ 0 & 3 & 0\\ 0 & 0 & -5\end{vmatrix}$；

(3) $D_4=\begin{vmatrix}0 & 0 & -1\\ 0 & 4 & 0\\ -2 & 0 & 0\end{vmatrix}$；　(4) $D=\begin{vmatrix}1 & 4 & 9\\ 1 & 0 & 1\\ 4 & 1 & 0\end{vmatrix}$.

## C. 提高题

3. 计算行列式

$$D=\begin{vmatrix}-2 & 1 & 2 & 0\\ -4 & -1 & -2 & -1\\ 3 & 1 & 2 & 1\\ 1 & 0 & 3 & 2\end{vmatrix}.$$

# 8.2 矩　　阵

本节主要介绍矩阵的基本概念与运算和矩阵的秩.通过伴随矩阵可以求出矩阵的逆矩阵，利用矩阵的初等变换，求逆矩阵和计算矩阵的秩.

## 8.2.1 矩阵概念

矩阵是从许多实际问题中抽象出来的一个数学概念，它在自然科学的各个领域和经济管理、经济分析中有着广泛的应用.人们常常用数表表示一些量或关系，如工厂中的产量统计表，市场上的价目表等等.来看这样一个简单的实例：

**【例 8-2-1】** 某户居民第二季度每个月水(单位：吨)、电(单位：千瓦时)、天然气(单位：立方米)的使用情况，可以用一个三行三列的数表表示为

$$\begin{array}{c} \\ 4\text{月} \\ 5\text{月} \\ 6\text{月} \end{array}\begin{array}{c} \text{水}\quad\text{电}\quad\text{气} \\ \begin{pmatrix} 9 & 165 & 14 \\ 10 & 190 & 15 \\ 10 & 210 & 16 \end{pmatrix} \end{array}$$

由【例 8-2-1】可以看到，对于生活中的问题可以用数表来表示，将这样的数表称为矩阵.

**定义 8-2-1** 将 $m\times n$ 个数 $a_{ij}(i=1,\cdots,m,j=1,\cdots,n)$ 排成一个矩形的表格，用方括号(或圆括号)围起来，称为 $m\times n$ **矩阵**，记为

$$\boldsymbol{A}=\begin{pmatrix} a_{11} & a_{12} & \cdots & a_{1n} \\ a_{21} & a_{22} & \cdots & a_{2n} \\ \vdots & \vdots & & \vdots \\ a_{m1} & a_{m2} & \cdots & a_{mn} \end{pmatrix},\text{简记为 } \boldsymbol{A}=(a_{ij})_{m\times n}$$

也记为 $\boldsymbol{A}_{m\times n}$，指明 $\boldsymbol{A}$ 是 $m\times n$ 矩阵，记为 $(a_{ij})$ 仅指明 $i$ 行 $j$ 列元素为 $a_{ij}$. 有关矩阵的元素，行、列，对角线等名称，与行列式的相应名称相同，不再重述. 但应注意，矩阵是数的表格，行列式是数，两者应严加区别.

当 $m=n$ 时，$\boldsymbol{A}$ 称为 $n$ 阶**方阵**或 $n$ 阶矩阵. 一阶矩阵 $[a_{11}]$ 看作数 $a^{11}$，除此之外，**矩阵是表格**，不是数.

**零矩阵及单位矩阵** 元素都为 $\boldsymbol{0}$ 的 $m\times n$ 矩阵称为零矩阵，记为 $\boldsymbol{0}_{m\times n}$ 或 $\boldsymbol{0}$. (今后遇到 0，是代表数零还是零矩阵，根据上下文可以分辨清楚). 主对角线上元素全是 1，其余元素全是 0 的 $n$ 阶方阵称为 $n$ 阶单位矩阵，记为 $\boldsymbol{E}_n$ 或 $\boldsymbol{E}$.

例如：$\boldsymbol{0}=\begin{pmatrix} 0 & 0 & 0 \\ 0 & 0 & 0 \end{pmatrix}$ 是 $2\times 3$ 的零矩阵，$\boldsymbol{E}=\begin{pmatrix} 1 & 0 & 0 \\ 0 & 1 & 0 \\ 0 & 0 & 1 \end{pmatrix}$ 是三阶单位矩阵.

**行矩阵及列矩阵** 只有一行的 $1\times n$ 矩阵 $\boldsymbol{A}=(a_1,a_2,\cdots,a_n)$ 称为行矩阵(为避免混淆，用逗号将元素隔开). 只有一列的 $n\times 1$ 矩阵

$$\boldsymbol{B}=\begin{pmatrix} b_1 \\ b_2 \\ \vdots \\ b_n \end{pmatrix}$$

称为列矩阵.

**矩阵相等** 设 $\boldsymbol{A}=(a_{ij})_{m\times n}$，$\boldsymbol{B}=(b_{ij})_{m\times n}$ 是两个 $m\times n$ 矩阵，当所有对应元素都相等时，称 $\boldsymbol{A}$ 与 $\boldsymbol{B}$ 相等，记为 $\boldsymbol{A}=\boldsymbol{B}$. 即

$$\boldsymbol{A}=\boldsymbol{B}\Leftrightarrow a_{ij}=b_{ij},i=1,2,\cdots,m,j=1,2,\cdots,n.$$

两个 $m\times n$ 矩阵相等的一个等式，相当于 $m\times n$ 个数量等式.

### 8.2.2 矩阵的计算

#### 1. 矩阵的加法

**定义 8-2-2** 设 $\boldsymbol{A}=(a_{ij})_{m\times n}$，$\boldsymbol{B}=(b_{ij})_{m\times n}$ 是两个 $m\times n$ 矩阵，$k$ 为数，则

$$\boldsymbol{A}+\boldsymbol{B}=(a_{ij}+b_{ij})_{m\times n}=$$

$$kA=Ak=(ka_{ij})_{m\times n}=\begin{pmatrix}a_{11}+b_{11} & a_{12}+b_{12} & \cdots & a_{1n}+b_{1n}\\ a_{21}+b_{21} & a_{22}+b_{22} & \cdots & a_{2n}+b_{2n}\\ \vdots & \vdots & & \vdots\\ a_{m1}+b_{m1} & a_{m2}+b_{m2} & \cdots & a_{mn}+b_{mn}\end{pmatrix}\begin{pmatrix}ka_{11} & ka_{12} & \cdots & ka_{1n}\\ ka_{21} & ka_{22} & \cdots & ka_{2n}\\ \vdots & \vdots & & \vdots\\ ka_{m1} & ka_{m2} & \cdots & ka_{mn}\end{pmatrix}$$

记 $-A=(-a_{ij})_{m\times n}$，$A-B=A+(-B)=(a_{ij}-b_{ij})_{m\times n}$.

应注意，只有两个同是 $m\times n$ 类型的矩阵才能相加.

**【例 8-2-2】** 设矩阵

$$A=\begin{pmatrix}3 & 0 & -4\\ -2 & 5 & -1\end{pmatrix},\quad B=\begin{pmatrix}-2 & 3 & 4\\ 0 & -3 & 1\end{pmatrix}$$

求 $A+B$，$A-B$.

**解**

$$\begin{aligned}A+B&=\begin{pmatrix}3 & 0 & -4\\ -2 & 5 & -1\end{pmatrix}+\begin{pmatrix}-2 & 3 & 4\\ 0 & -3 & 1\end{pmatrix}\\&=\begin{pmatrix}3+(-2) & 0+3 & -4+4\\ -2+0 & 5+(-3) & -1+1\end{pmatrix}=\begin{pmatrix}1 & 3 & 0\\ -2 & 2 & 0\end{pmatrix}\end{aligned}$$

$$\begin{aligned}A-B&=\begin{pmatrix}3 & 0 & -4\\ -2 & 5 & -1\end{pmatrix}-\begin{pmatrix}-2 & 3 & 4\\ 0 & -3 & 1\end{pmatrix}\\&=\begin{pmatrix}3-(-2) & 0-3 & -4-4\\ -2-0 & 5-(-3) & -1-1\end{pmatrix}=\begin{pmatrix}5 & -3 & -8\\ -2 & 8 & -2\end{pmatrix}\end{aligned}$$

**2. 矩阵的乘法**

**定义 8-2-3** 设 $A=(a_{ij})_{m\times s}$，$B=(b_{ij})_{s\times n}$，则

$AB=(c_{ij})_{m\times n}$，其中 $c_{ij}=a_{i1}b_{1j}+a_{i2}b_{2j}+\cdots+a_{is}b_{sj}\,(i=1,2,\cdots,m,j=1,2,\cdots,n)$

乘积 $AB$ 的定义要注意以下三点：

第一，$A$ 的列数必须等于 $B$ 的行数，乘积 $AB$ 才有意义；

第二，乘积 $AB$ 的行数等于 $A$ 的行数，列数等于 $B$ 的列数；

第三，乘积 $AB$ 的 $i$ 行 $j$ 列元素 $c_{ij}$，是由 $A$ 的第 $i$ 行与 $B$ 的第 $j$ 列对应元素相乘之和.

**【例 8-2-3】** (1) 设

$$A=\begin{pmatrix}1 & 0 & 3\\ 2 & 1 & 0\end{pmatrix},B=\begin{pmatrix}4 & 1\\ -1 & 1\\ 2 & 0\end{pmatrix}$$

则

$$AB=\begin{pmatrix}1\times4+0\times(-1)+3\times2 & 1\times1+0\times1+3\times0\\ 2\times4+1\times(-1)+0\times2 & 2\times1+1\times1+0\times0\end{pmatrix}=\begin{pmatrix}10 & 1\\ 7 & 3\end{pmatrix}$$

$$BA=\begin{pmatrix}4 & 1\\ -1 & 1\\ 2 & 0\end{pmatrix}\begin{pmatrix}1 & 0 & 3\\ 2 & 1 & 0\end{pmatrix}=\begin{pmatrix}6 & 1 & 12\\ 1 & 1 & -3\\ 2 & 0 & 6\end{pmatrix},AB\neq BA$$

$$AA=\begin{pmatrix}1 & 0 & 3\\ 2 & 1 & 0\end{pmatrix}\begin{pmatrix}1 & 0 & 3\\ 2 & 1 & 0\end{pmatrix}$$ 无意义.（第一因子列数≠第二因子的行数）

$$E_2A=\begin{pmatrix}1 & 0\\ 0 & 1\end{pmatrix}\begin{pmatrix}1 & 0 & 3\\ 2 & 1 & 0\end{pmatrix}=\begin{pmatrix}1 & 0 & 3\\ 2 & 1 & 0\end{pmatrix}=A$$

$$AE_3=\begin{pmatrix}1&0&3\\2&1&0\end{pmatrix}\begin{pmatrix}1&0&0\\0&1&0\\0&0&1\end{pmatrix}=\begin{pmatrix}1&0&3\\2&1&0\end{pmatrix}=A$$

即 $E_2A=AE_3=A$，说明单位矩阵 $E$ 在矩阵乘法中的作用类似于数 1 在数的乘法中的作用.

(2) 设 $\alpha=\begin{pmatrix}1\\2\\3\end{pmatrix}$，$\beta=(4,5,6)$

则
$$\alpha\beta=\begin{pmatrix}1\\2\\3\end{pmatrix}(4,5,6)=\begin{pmatrix}4&5&6\\8&10&12\\12&15&18\end{pmatrix}$$

$$\beta\alpha=(4,5,6)\begin{pmatrix}1\\2\\3\end{pmatrix}=(4+10+18)=(32)=32$$

其中 $\alpha\beta$ 是三阶矩阵，而 $\beta\alpha$ 是一阶矩阵，是一个数，$\alpha\beta\neq\beta\alpha$.

**矩阵的幂** 设 $A$ 为 $n$ 阶方阵，定义 $A^1=A$，$A^2=AA$，…，$A^n=AA\cdots A$（$n$ 个 $A$ 相乘）. 矩阵的幂有以下性质：

$$A^mA^n=A^{m+n},\ (A^m)^n=A^{mn}\ (m,n\text{ 为正整数})$$

### 8.2.3 矩阵的转置及对称矩阵

**定义 8-2-4** 将矩阵 $A$ 的各行换作相同序数的列，所得的矩阵记作 $A^T$，称为 $A$ 的**转置矩阵**.（将 $A$ 化为 $A^T$ 称为将矩阵 $A$ 转置.）例如

$$A=\begin{pmatrix}a_1&a_2&a_3\\b_1&b_2&b_3\end{pmatrix}\text{的转置矩阵为 }A^T=\begin{pmatrix}a_1&b_1\\a_2&b_2\\a_3&b_3\end{pmatrix}$$

若 $A$ 为 $m\times n$ 矩阵，则 $A^T$ 为 $n\times m$ 矩阵. $A$ 中 $i$ 行 $j$ 列的元素 $a_{ij}$，在 $A^T$ 中位于 $j$ 行 $i$ 列的位置上.

转置矩阵有以下性质（设 $A$，$B$ 为矩阵，$k$ 为数，运算可行）：

(1) $(A^T)^T=A$；

(2) $(A+B)^T=A^T+B^T$；

(3) $(kA)^T=kA^T$；

(4) $(AB)^T=B^TA^T$.

**定义 8-2-5** 对于 $n$ 阶矩阵 $A$，若有 $A^T=A$，则称 $A$ 为**对称矩阵**.

设 $A=(a_{ij})_{n\times n}$，则 $A^T=A\Leftrightarrow a_{ji}=a_{ij}\ (i,j=1,2,\cdots,n)$

即在对称矩阵 $A$ 中，每一对关于主对角线相对称的元素都相等.

例如，下面三个矩阵 $A$，$B$，$0$ 都是三阶对称矩阵.

$$A=\begin{pmatrix}1&2&0\\2&3&-1\\0&-1&5\end{pmatrix},\ B=\begin{pmatrix}2&0&0\\0&-3&0\\0&0&4\end{pmatrix},\ 0=\begin{pmatrix}0&0&0\\0&0&0\\0&0&0\end{pmatrix}$$

对称矩阵有以下性质：

(1) 若 $\boldsymbol{A},\boldsymbol{B}$ 都是 $n$ 阶对称矩阵，则 $\boldsymbol{A}\pm\boldsymbol{B}$ 及 $k\boldsymbol{A}$ 也是对称矩阵($k$ 为数). 但 $\boldsymbol{AB}$ 不一定为对称矩阵，例如

$$\boldsymbol{A}=\begin{pmatrix}1 & 1\\ 1 & 2\end{pmatrix}\text{及 }\boldsymbol{B}=\begin{pmatrix}2 & 1\\ 1 & 1\end{pmatrix}\text{都是对称矩阵，但 }\boldsymbol{AB}=\begin{pmatrix}3 & 2\\ 4 & 3\end{pmatrix}\text{不是对称矩阵.}$$

(2) 若 $\boldsymbol{A},\boldsymbol{B}$ 都是 $n$ 阶对称矩阵，则 $\boldsymbol{AB}$ 仍为对称矩阵的充分必要条件是 $\boldsymbol{A}$ 与 $\boldsymbol{B}$ 可交换(即 $\boldsymbol{AB}=\boldsymbol{BA}$).

### 8.2.4　$n$ 阶矩阵的行列式

**定义 8-2-6**　设 $\boldsymbol{A}$ 为 $n$ 阶矩阵，保持 $\boldsymbol{A}$ 的元素位置不动，由 $\boldsymbol{A}$ 的元素所构成的 $n$ 阶行列式称为 $\boldsymbol{A}$ 的**行列式**，记作 $\boldsymbol{A}$ 或 $\det\boldsymbol{A}$. 即

$$\boldsymbol{A}=\begin{pmatrix}a_{11} & a_{12} & \cdots & a_{1n}\\ a_{21} & a_{22} & \cdots & a_{2n}\\ \vdots & \vdots & & \vdots\\ a_{n1} & a_{n2} & \cdots & a_{nn}\end{pmatrix}\text{的行列式为 }|\boldsymbol{A}|=\begin{vmatrix}a_{11} & a_{12} & \cdots & a_{1n}\\ a_{21} & a_{22} & \cdots & a_{1n}\\ \vdots & \vdots & & \vdots\\ a_{n1} & a_{n2} & \cdots & a_{nn}\end{vmatrix}$$

应注意：$\boldsymbol{A}$ 是数的表格，$|\boldsymbol{A}|$ 则是一个数，它们是不同性质的对象，也有着许多不同的运算性质，应严加区别.

$n$ 阶矩阵的行列式有以下性质(设 $\boldsymbol{A},\boldsymbol{B}$ 为 $n$ 阶矩阵，$k$ 为数)

(1) $|\boldsymbol{A}^{\mathrm{T}}|=|\boldsymbol{A}|$；

(2) $|k\boldsymbol{A}|=k^n|\boldsymbol{A}|$；

(3) $|\boldsymbol{AB}|=|\boldsymbol{A}||\boldsymbol{B}|$.

### 8.2.5　$n$ 阶矩阵的伴随矩阵

**定义 8-2-7**　设有 $n$ 阶矩阵

$$\boldsymbol{A}=\begin{pmatrix}a_{11} & a_{12} & \cdots & a_{1n}\\ a_{21} & a_{22} & \cdots & a_{2n}\\ \vdots & \vdots & & \vdots\\ a_{n1} & a_{n2} & \cdots & a_{nn}\end{pmatrix}$$

将 $\boldsymbol{A}$ 中所有元素 $a_{ij}$ 都改为它的代数余子式 $\boldsymbol{A}_{ij}$ 后，再转置，所得矩阵称为 $\boldsymbol{A}$ 的**伴随矩阵**，记作 $\boldsymbol{A}^*$，即

$$\boldsymbol{A}^*=\begin{pmatrix}A_{11} & A_{12} & \cdots & A_{1n}\\ A_{21} & A_{22} & \cdots & A_{2n}\\ \vdots & \vdots & & \vdots\\ A_{n1} & A_{n2} & \cdots & A_{nn}\end{pmatrix}^{\mathrm{T}}=\begin{pmatrix}A_{11} & A_{21} & \cdots & A_{n1}\\ A_{12} & A_{22} & \cdots & A_{n2}\\ \vdots & \vdots & & \vdots\\ A_{1n} & A_{2n} & \cdots & A_{nn}\end{pmatrix}$$

例如，设 $\boldsymbol{A}=\begin{pmatrix}a & b\\ c & d\end{pmatrix}$，则 $\boldsymbol{A}$ 的伴随矩阵为 $\boldsymbol{A}^*=\begin{pmatrix}d & -c\\ -b & a\end{pmatrix}^{\mathrm{T}}=\begin{pmatrix}d & -b\\ -c & a\end{pmatrix}$.

即将二阶矩阵 $\boldsymbol{A}$ 的主对角线上的元素相交换，副对角线上的元素变号，就得到二阶矩阵 $\boldsymbol{A}^*$ 的伴随矩阵 $\boldsymbol{A}^*$.

伴随矩阵有以下基本性质：$\boldsymbol{AA}^*=\boldsymbol{A}^*\boldsymbol{A}=|\boldsymbol{A}|\boldsymbol{E}$.

### 8.2.6 $n$ 阶矩阵的逆矩阵

**定义 8-2-8** 设 $\boldsymbol{A}$ 为 $n$ 阶矩阵，若存在 $n$ 阶矩阵 $\boldsymbol{B}$，使得

$$\boldsymbol{AB}=\boldsymbol{BA}=\boldsymbol{E}(\boldsymbol{E}\text{ 为 } n \text{ 阶单位阵})$$

则称 $\boldsymbol{A}$ 为**可逆矩阵**，$\boldsymbol{B}$ 称为 $\boldsymbol{A}$ 的逆矩阵，记作 $\boldsymbol{A}^{-1}=\boldsymbol{B}$.

**定理 8-2-1** $n$ 阶矩阵 $\boldsymbol{A}$ 为可逆矩阵的充分必要条件是 $\boldsymbol{A}$ 的行列式 $|\boldsymbol{A}|\neq 0$. 当 $A$ 可逆时，逆矩阵为 $\boldsymbol{A}^{-1}=\dfrac{1}{|\boldsymbol{A}|}\boldsymbol{A}^*$.

**推论 8-2-1** 若 $\boldsymbol{AB}=\boldsymbol{E}$(或 $\boldsymbol{BA}=\boldsymbol{E}$)，则 $\boldsymbol{A}$ 可逆，且 $\boldsymbol{A}^{-1}=\boldsymbol{B}$.

逆矩阵有以下性质：

(1) 若 $\boldsymbol{A}$ 可逆，则 $\boldsymbol{AA}^{-1}=\boldsymbol{A}^{-1}\boldsymbol{A}=\boldsymbol{E}$，且 $|\boldsymbol{A}^{-1}|=\dfrac{1}{|\boldsymbol{A}|}$.

(2) 若 $\boldsymbol{A}$ 可逆，则 $\boldsymbol{A}^{-1}$ 可逆，且 $(\boldsymbol{A}^{-1})^{-1}=\boldsymbol{A}$.

(3) 若 $\boldsymbol{A}$ 可逆，则 $\boldsymbol{A}^{\mathrm{T}}$ 可逆，且 $(\boldsymbol{A}^{\mathrm{T}})^{-1}=(\boldsymbol{A}^{-1})^{\mathrm{T}}$.

(4) 若 $\boldsymbol{A}$ 可逆，数 $k\neq 0$，则 $k\boldsymbol{A}$ 可逆，且 $(k\boldsymbol{A})^{-1}=\dfrac{1}{k}\boldsymbol{A}^{-1}$.

(5) 若 $\boldsymbol{A},\boldsymbol{B}$ 同阶可逆，则 $\boldsymbol{AB}$ 可逆，且 $(\boldsymbol{AB})^{-1}=\boldsymbol{B}^{-1}\boldsymbol{A}^{-1}$.

若 $\boldsymbol{A}$ 可逆，则定义 $\boldsymbol{A}^0=\boldsymbol{E}$，$\boldsymbol{A}^{-m}=(\boldsymbol{A}^{-1})^m$，则幂的性质

$$(\boldsymbol{A}^m)^n=\boldsymbol{A}^{mn},\quad \boldsymbol{A}^m\boldsymbol{A}^n=\boldsymbol{A}^{m+n}$$

对一切整数 $m,n$ 都成立.

可逆矩阵又称为**非奇异矩阵**，不可逆矩阵称为**奇异矩阵**.

**【例 8-2-4】** 判断下列矩阵可逆，并求其逆矩阵.

(1) $\boldsymbol{A}=\begin{pmatrix}1 & 2\\ 3 & 4\end{pmatrix}$；　　(2) $\boldsymbol{B}=\begin{pmatrix}0 & 2 & -1\\ 1 & 1 & 2\\ -1 & -1 & 1\end{pmatrix}$.

**解** (1) $|\boldsymbol{A}|=\begin{pmatrix}1 & 2\\ 3 & 4\end{pmatrix}=-2\neq 0$，故 $\boldsymbol{A}$ 可逆.

$$\boldsymbol{A}^*=\begin{pmatrix}4 & -2\\ -3 & 1\end{pmatrix}，故\ \boldsymbol{A}^{-1}=\frac{1}{|\boldsymbol{A}|}\boldsymbol{A}^*=\frac{1}{-2}\begin{pmatrix}4 & -2\\ -3 & 1\end{pmatrix}=\begin{pmatrix}-2 & 1\\ \frac{3}{2} & -\frac{1}{2}\end{pmatrix}$$

(2) $$|\boldsymbol{B}|=\begin{pmatrix}0 & 2 & -1\\ 1 & 1 & 2\\ -1 & -1 & -1\end{pmatrix}\xlongequal{r_3+r_2}\begin{pmatrix}0 & 2 & -1\\ 1 & 1 & 2\\ 0 & 0 & 1\end{pmatrix}=-\begin{vmatrix}2 & -1\\ 0 & 1\end{vmatrix}=-2\neq 0$$

故 $\boldsymbol{B}$ 可逆. 计算各元素的代数余子式如下：

$$A_{11}=\begin{vmatrix}1 & 2\\ -1 & -1\end{vmatrix}=1，A_{12}=-\begin{vmatrix}1 & 2\\ -1 & -1\end{vmatrix}=-1，A_{13}=\begin{vmatrix}1 & 1\\ -1 & -1\end{vmatrix}=0，$$

$$A_{21}=-\begin{vmatrix}2 & -1\\ -1 & -1\end{vmatrix}=3，A_{22}=\begin{vmatrix}0 & -1\\ -1 & -1\end{vmatrix}=-1，A_{23}=-\begin{vmatrix}0 & 2\\ -1 & -1\end{vmatrix}=-2，$$

$$A_{31}=\begin{vmatrix}2 & -1\\ 1 & 2\end{vmatrix}=5，A_{32}=-\begin{vmatrix}0 & -1\\ 1 & -2\end{vmatrix}=-1，A_{33}=\begin{vmatrix}0 & 2\\ 1 & 1\end{vmatrix}=-2.$$

$\boldsymbol{B}$ 的伴随矩阵为

$$B^*=\begin{pmatrix}A_{11}&A_{21}&A_{31}\\A_{12}&A_{22}&A_{32}\\A_{13}&A_{23}&A_{33}\end{pmatrix}=\begin{pmatrix}1&3&5\\-1&-1&-1\\0&-2&-2\end{pmatrix}$$

故得
$$B^{-1}=\frac{1}{|B|}B^*=\frac{1}{-2}\begin{pmatrix}1&3&5\\-1&-1&-1\\0&-2&-2\end{pmatrix}=\begin{pmatrix}-\frac{1}{2}&-\frac{3}{2}&-\frac{5}{2}\\\frac{1}{2}&\frac{1}{2}&\frac{1}{2}\\0&1&1\end{pmatrix}$$

**【例 8-2-5】** 设 $A=\begin{pmatrix}2&-1\\3&1\end{pmatrix}$，$B=\begin{pmatrix}1&1\\2&2\end{pmatrix}$，求二阶矩阵 $X,Y$，使满足 $AX=B,YA=B$（也就是解矩阵方程 $AX=B,YA=B$）.

**解**　$|A|=5\neq0$，$A^*=\begin{pmatrix}1&1\\-3&2\end{pmatrix}$，$A^{-1}=\frac{1}{5}\begin{pmatrix}1&1\\-3&2\end{pmatrix}$

在 $AX=B$ 两边左乘以 $A^{-1}$，得 $A^{-1}AX=A^{-1}B$，即 $X=A^{-1}B$. 再代入 $AX=B$ 中，得 $A(A^{-1}B)=EB=B$，故 $X=A^{-1}B$ 满足方程 $AX=B$. 计算得

$$X=A^{-1}B=\frac{1}{5}\begin{pmatrix}1&1\\-3&2\end{pmatrix}\begin{pmatrix}1&1\\2&2\end{pmatrix}=\frac{1}{5}\begin{pmatrix}3&3\\1&1\end{pmatrix}=\begin{pmatrix}\frac{3}{5}&\frac{3}{5}\\\frac{1}{5}&\frac{1}{5}\end{pmatrix}$$

在 $YA=B$ 两边右乘以 $A^{-1}$，得 $YAA^{-1}=BA^{-1}$，即 $Y=BA^{-1}$. 再代入 $YA=B$ 中，可知 $Y=BA^{-1}$满足方程 $YA=B$，计算得

$$Y=BA^{-1}=\begin{pmatrix}1&1\\2&2\end{pmatrix}\frac{1}{5}\begin{pmatrix}1&1\\-3&2\end{pmatrix}=\frac{1}{5}\begin{pmatrix}1&1\\2&2\end{pmatrix}\begin{pmatrix}1&1\\-3&2\end{pmatrix}=\frac{1}{5}\begin{pmatrix}-2&3\\-4&6\end{pmatrix}=\begin{pmatrix}-\frac{2}{5}&\frac{3}{5}\\-\frac{4}{5}&\frac{6}{5}\end{pmatrix}$$

由计算结果可见 $X\neq Y$. 这是由于 $A$ 与 $B$ 不可交换的缘故. 因此，在等式两边乘一个矩阵时，特别要注意是在左边乘还是在右边乘.

### 8.2.7　初等变换及利用初等变换求逆矩阵

对矩阵作以下三种变换，称为矩阵的**行初等变换**：

(1) 交换两行（交换 $i,j$ 两行记作 $r_i\leftrightarrow r_j$）；

(2) 以 $k\neq0$ 乘某行（$k$ 乘第 $i$ 行记作 $kr_i$）；

(3) 以 $k$ 乘某行加到另一行（$k$ 乘第 $j$ 行加到第 $i$ 行记作 $r_i+kr_j$）.

将三种变换中的“行”字改为“列”字，就称为**列初等变换**（记号依次换作 $c_i\leftrightarrow c_j,kc_i,c_i+kc_j$）. 行初等变换与列初等变换统称为**初等变换**.

矩阵经初等变换后会发生改变. 我们用 $A\to B$ 表示矩阵 $A$ 经初等变换化成矩阵 $B$，用 $A\xrightarrow{\text{行}}B$ 表示仅用行初等变换将 $A$ 化成 $B$，$A\xrightarrow{\text{列}}B$ 表示仅用列初等变换将 $A$ 化成 $B$.

**引理 8-2-1**　若 $(A,E)\xrightarrow{\text{行}}(E,B)$，（$E$ 为单位阵），则 $B=A^{-1}$.

由引理得到用初等变换求逆矩阵的方法：

第一步，在 $A$ 的右边放上同阶的单位矩阵 $E$，得到 $n\times2n$ 矩阵 $(A,E)$

第二步，对$(\boldsymbol{A},\boldsymbol{E})$作行初等变换，目标是将$\boldsymbol{A}$化为单位阵$\boldsymbol{E}$，设$(\boldsymbol{A},\boldsymbol{E})$化为$(\boldsymbol{E},\boldsymbol{B})$，则$\boldsymbol{B}$就是所求的$\boldsymbol{A}^{-1}$.

**【例 8-2-6】** 设$\boldsymbol{A}=\begin{pmatrix}0&2&1\\1&1&2\\-1&-1&-1\end{pmatrix}$，求$\boldsymbol{A}^{-1}$.

**解** $$(\boldsymbol{A},\boldsymbol{E})=\begin{pmatrix}0&2&-1&1&0&0\\1&1&2&0&1&0\\-1&-1&-1&0&0&1\end{pmatrix}\xrightarrow{r_1\leftrightarrow r_2}\begin{pmatrix}1&1&2&0&1&0\\0&2&-1&1&0&0\\-1&-1&-1&0&0&1\end{pmatrix}$$

$$\xrightarrow{r_3+r_1}\begin{pmatrix}1&1&2&0&1&0\\0&2&-1&1&0&0\\0&0&1&0&1&1\end{pmatrix}\xrightarrow{\frac{1}{2}\cdot r_2}\begin{pmatrix}1&1&2&0&1&0\\0&1&-\frac{1}{2}&\frac{1}{2}&0&0\\0&0&1&0&1&1\end{pmatrix}$$

$$\xrightarrow{r_1-r_2}\begin{pmatrix}1&0&\frac{5}{2}&-\frac{1}{2}&1&0\\0&1&-\frac{1}{2}&\frac{1}{2}&0&0\\0&0&1&0&1&1\end{pmatrix}\xrightarrow[r_2+\frac{1}{2}r_3]{r_1-\frac{5}{2}r_3}\begin{pmatrix}1&0&0&-\frac{1}{2}&-\frac{3}{2}&-\frac{5}{2}\\0&1&0&\frac{1}{2}&\frac{1}{2}&\frac{1}{2}\\0&0&1&0&1&1\end{pmatrix}$$

故得
$$\boldsymbol{A}^{-1}=\begin{pmatrix}-\frac{1}{2}&-\frac{3}{2}&-\frac{5}{2}\\\frac{1}{2}&\frac{1}{2}&\frac{1}{2}\\0&1&1\end{pmatrix}$$

### 8.2.8 矩阵的秩

**定义 8-2-9** 设$\boldsymbol{A}$为$m\times n$矩阵，任取$\boldsymbol{A}$中的$k$行和$k$列$(k\leqslant m,k\leqslant n)$，在这些行、列交叉处的元素构成的$k$阶行列式，称为**$\boldsymbol{A}$的$k$阶子式**.$m\times n$矩阵$\boldsymbol{A}$的$k$阶子式共有$C_m^kC_n^k$个.

**定义 8-2-10** 设矩阵$\boldsymbol{A}$中有一个$r$阶子式$D\neq0$，而所有$r+1$阶子式(若存在的话)都等于0，则称数$r$为**矩阵$\boldsymbol{A}$的秩**，记作$R(\boldsymbol{A})$或$r(\boldsymbol{A})$或秩$(\boldsymbol{A})$.并规定零矩阵的秩等于0.

若$\boldsymbol{A}$中的所有$r+1$阶子式都等于0，由行列式展开式可知，所有$r+2$阶子式(若存在的话)也都等于0，依次类推，可知$\boldsymbol{A}$中所有高于$r$阶子式都为0.因此可以说：**矩阵$\boldsymbol{A}$的秩就是$\boldsymbol{A}$中不等于0的子式的最高阶数.**

**【例 8-2-7】** 求下列矩阵的秩.

$$\boldsymbol{A}=\begin{pmatrix}2&-1&0&-2&3\\0&1&3&2&4\\0&0&0&-1&2\\0&0&0&0&0\end{pmatrix},\boldsymbol{B}=\begin{pmatrix}1&2&3\\2&4&6\\3&6&9\end{pmatrix},\boldsymbol{C}=\begin{pmatrix}0&0&0\\0&0&2\\0&0&0\end{pmatrix}$$

**解** 取$\boldsymbol{A}$的1,2,3行和1,2,4列，得到一个三阶子式

$$\begin{vmatrix}2&-1&-2\\0&1&2\\0&0&-1\end{vmatrix}=-2\neq0$$

而$\boldsymbol{A}$的所有四阶子式都等于0(因为都含有一个全为0的行).因此，$\boldsymbol{A}$的秩$R(\boldsymbol{A})=3$.$\boldsymbol{B}$中任

意两行成比例，所以 $\boldsymbol{B}$ 的所有二阶子式都等于 0，但有一阶子式 $|1|=1\neq 0$，所以 $\boldsymbol{B}$ 的秩 $R(\boldsymbol{B})=1$. $\boldsymbol{C}$ 中有一个一阶子式 $|2|=2\neq 0$，而所有二阶子式都 $=0$，所以 $\boldsymbol{C}$ 的秩 $R(\boldsymbol{C})=1$.（可见秩的大小不在于非零元素的多少，而在于非零最高阶子式的阶数的大小）

只有像【例 8-2-7】中这些较简单的矩阵，可以由定义直接求出它的秩. 对于较大的一般矩阵，要用定义求它的秩就较困难. 计算矩阵 $\boldsymbol{A}$ 的秩，主要是先用初等变换将矩阵 $\boldsymbol{A}$ 化为较简单的矩阵 $\boldsymbol{B}$，再由定义求出 $\boldsymbol{B}$ 的秩，从而得到 $\boldsymbol{A}$ 的秩. 这就需要下面的定理：

**定理 8-2-2**　若 $\boldsymbol{A}$ 经过初等变换化成 $\boldsymbol{B}$，则 $R(\boldsymbol{A})=R(\boldsymbol{B})$. 换句话说，矩阵经初等变换后秩不变. 或者说，等价矩阵的秩相等.

有此定理，就可以利用初等变换将矩阵 $\boldsymbol{A}$ 化简成 $\boldsymbol{B}$，再由 $\boldsymbol{B}$ 的秩得到 $\boldsymbol{A}$ 的秩.

**【例 8-2-8】**　求矩阵 $\boldsymbol{A}=\begin{pmatrix}1&-2&2&-1&1\\2&-4&8&0&2\\-2&4&-2&3&3\\3&-6&0&-6&4\end{pmatrix}$ 的秩.

**解**　对 $\boldsymbol{A}$ 作行初等变换如下

$$\boldsymbol{A}\xrightarrow[\substack{r_3+2r_1\\r_4-3r_1}]{r_2-2r_1}\begin{pmatrix}1&-2&2&-1&1\\0&0&4&2&0\\0&0&2&1&5\\0&0&-6&-3&1\end{pmatrix}\xrightarrow{\frac{1}{2}r_2}\begin{pmatrix}1&-2&2&-1&1\\0&0&2&1&0\\0&0&2&1&5\\0&0&-6&-3&1\end{pmatrix}$$

$$\xrightarrow[r_4+3r_2]{r_3-r_2}\begin{pmatrix}1&-2&2&-1&1\\0&0&2&1&0\\0&0&0&0&5\\0&0&0&0&1\end{pmatrix}\xrightarrow{r_4-\frac{1}{5}r_3}\begin{pmatrix}1&-2&2&-1&1\\0&0&2&1&0\\0&0&0&0&5\\0&0&0&0&0\end{pmatrix}=\boldsymbol{B}$$

取 $\boldsymbol{B}$ 中第 1,2,3 行和 1,3,5 列的交叉处元素，构成一个不等于 0 的三阶子式

$$\boldsymbol{D}=\begin{vmatrix}1&2&1\\0&2&0\\0&0&5\end{vmatrix}=10\neq 0$$

$\boldsymbol{B}$ 中所有四阶子式都等于 0，所以 $\boldsymbol{B}$ 的秩 $R(\boldsymbol{B})=3$，因为初等变换不会改变矩阵的秩，所以 $R(\boldsymbol{A})=R(\boldsymbol{B})=3$.

# 习题 8-2

## A. 基本题

1. 已知 $\boldsymbol{A}=\begin{pmatrix}1&0&3\\2&1&0\end{pmatrix}$，$\boldsymbol{B}=\begin{pmatrix}4&1\\-1&1\\2&0\end{pmatrix}$，求 $2\boldsymbol{A}$，$\boldsymbol{AB}$，$\boldsymbol{BA}$，$\boldsymbol{AE}$，$\boldsymbol{EA}$.

2. 已知 $\boldsymbol{A}=\begin{pmatrix}1&2&0\\2&3&-1\\0&-1&5\end{pmatrix}$，求 $\boldsymbol{A}^{\mathrm{T}}$，$|\boldsymbol{A}|$ 及 $\boldsymbol{A}^{-1}$.

3. 利用矩阵的初等变换求下列矩阵的逆矩阵 $\boldsymbol{A}^{-1}$.

(1) $\boldsymbol{A}=\begin{pmatrix}1 & 2\\ 2 & 1\end{pmatrix}$;　　(2) $\boldsymbol{A}=\begin{pmatrix}-1 & 1 & 2\\ -2 & 3 & 1\\ 1 & -1 & 4\end{pmatrix}$.

## B. 一般题

4. 求下列矩阵的秩.

$$\boldsymbol{A}=\begin{pmatrix}2 & 0 & 0 & 0 & 0\\ -1 & 1 & 3 & 0 & 0\\ 2 & -2 & 0 & -1 & 2\\ 1 & 3 & -1 & 4 & 1\end{pmatrix},\boldsymbol{B}=\begin{pmatrix}1 & 2 & 3\\ 3 & 6 & 9\\ 5 & 10 & 15\end{pmatrix},\boldsymbol{C}=\begin{pmatrix}0 & 0 & 0\\ -1 & 0 & 0\\ 0 & 2 & 0\end{pmatrix}.$$

5. 设 $\boldsymbol{A}=\begin{pmatrix}1 & 1 & 1\\ 1 & 1 & -1\\ 1 & -1 & 1\end{pmatrix},\boldsymbol{B}=\begin{pmatrix}1 & 2 & 3\\ -1 & -2 & 4\\ 0 & 5 & 1\end{pmatrix}$,求 $3\boldsymbol{AB}-2\boldsymbol{A}$ 及 $\boldsymbol{A}^{\mathrm{T}}\boldsymbol{B}$.

6. 解下列矩阵方程

(1) $\begin{pmatrix}1 & -5\\ -1 & 4\end{pmatrix}\boldsymbol{X}=\begin{pmatrix}3 & 2\\ 1 & 4\end{pmatrix}$;

(2) $\boldsymbol{X}\begin{pmatrix}2 & 1 & -1\\ 2 & 1 & 0\\ 1 & -1 & 1\end{pmatrix}=\begin{pmatrix}1 & -1 & 3\\ 4 & 3 & 2\end{pmatrix}$.

## C. 提高题

7. 用初等变换求下列方阵的逆阵

(1) $\begin{pmatrix}3 & 2 & 1\\ 3 & 1 & 5\\ 3 & 2 & 3\end{pmatrix}$;　　(2) $\begin{pmatrix}3 & -2 & 0 & -1\\ 0 & 2 & 2 & 1\\ 1 & -2 & -3 & -2\\ 0 & 1 & 2 & 1\end{pmatrix}$.

# 8.3　向量组的线性相关性

本节主要介绍 $n$ 维向量组的线性相关和线性无关,向量组的秩及其与矩阵秩的联系.

### 8.3.1　$n$ 维向量及其运算

**定义 8-3-1**　$n$ 个有次序的数 $a_1,a_2,\cdots,a_n$ 所组成的数组称为 **$n$ 维向量**,记作

$$\boldsymbol{\alpha}=(a_1,a_2,\cdots,a_n)$$

其中每一个数称为**分量**.第 $i$ 个数 $a_i$ 称为第 $i$ 个分量.分量为实数的向量称为实向量,分量为复数的向量称为复向量.本书主要讨论实向量.全体 $n$ 维实向量记作 $\boldsymbol{R}^n$.

今后我们用小写的希腊字母 $\alpha,\beta,\gamma,\cdots$代表向量.

**定义 8-3-2**　设有两个向量

$$\boldsymbol{\alpha}=(a_1,a_2,\cdots,a_n),\boldsymbol{\beta}=(b_1,b_2,\cdots,b_n)$$

如果 $\boldsymbol{\alpha}$ 与 $\boldsymbol{\beta}$ 的各分量对应相等，则称 $\boldsymbol{\alpha}$ 与 $\boldsymbol{\beta}$ 相等，记作 $\boldsymbol{\alpha}=\boldsymbol{\beta}$，即

$$\boldsymbol{\alpha}=\boldsymbol{\beta}\Leftrightarrow a_i=b_i(i=1,2,\cdots,n)$$

**定义 8-3-3**　设有两个向量

$$\boldsymbol{\alpha}=(a_1,a_2,\cdots,a_n),\boldsymbol{\beta}=(b_1,b_2,\cdots,b_n)$$

$k$ 为数，定义加法及数乘运算如下.

加法：$\boldsymbol{\alpha}+\boldsymbol{\beta}=(a_1+b_1,a_2+b^2,\cdots,a^n+b_n)$.

数乘：$k\boldsymbol{\alpha}=(ka_1,ka_2,\cdots,ka_n)$.

向量的加法及数乘运算称为向量的线性运算.

记 $-\boldsymbol{\alpha}=(-a_1,-a_2,\cdots,-a_n)$，称为 $\boldsymbol{\alpha}$ 的负向量.

$\boldsymbol{\alpha}-\boldsymbol{\beta}=\boldsymbol{\alpha}+(-\boldsymbol{\beta})=(a_1-b_1,a_2-b_2,\cdots,a_n-b_n)$，称为 $\boldsymbol{\alpha}$ 与 $\boldsymbol{\beta}$ 的差.

各分量都等于 $\mathbf{0}$ 的向量称为零向量，记作 $\mathbf{0}$，即

$$\mathbf{0}=(0,0,\cdots,0)$$

以上将向量记成一行，称为行向量，$\boldsymbol{n}$ 维向量也可以记成一列

$$\boldsymbol{\alpha}=\begin{pmatrix}a_1\\a_2\\\vdots\\a_n\end{pmatrix}$$

称为列向量. 为节省篇幅，列向量常记作行向量的转置 $\boldsymbol{\alpha}=(a_1,a_2,\cdots,a_n)^{\mathrm{T}}$.

## 8.3.2　向量组的线性相关和线性无关

**定义 8-3-4**　设 $\boldsymbol{\alpha}_1,\boldsymbol{\alpha}_2,\cdots,\boldsymbol{\alpha}_m,\boldsymbol{\beta}$ 都是 $n$ 维向量. 如果存在 $m$ 个数 $k_1,k_2,\cdots,k_m$，使得

$$\boldsymbol{\beta}=k_1\boldsymbol{\alpha}_1+k_2\boldsymbol{\alpha}_2+\cdots+k_m\boldsymbol{\alpha}m \tag{8.1}$$

则称 $\boldsymbol{\beta}$ 可由 $\boldsymbol{\alpha}_1,\boldsymbol{\alpha}_2,\cdots,\boldsymbol{\alpha}_m$ **线性表示**，又称 $\boldsymbol{\beta}$ 是 $\boldsymbol{\alpha}_1,\boldsymbol{\alpha}_2,\cdots,\boldsymbol{\alpha}_m$ 的**线性组合**.

**定义 8-3-5**　设 $\boldsymbol{\alpha}_1,\boldsymbol{\alpha}_2,\cdots,\boldsymbol{\alpha}_m$ 是 $n$ 维向量. 如果存在 $m$ 个不全为 0 的数 $k_1,k_2,\cdots,k_m$，使得

$$k_1\boldsymbol{\alpha}^1+k_2\boldsymbol{\alpha}_2+\cdots+k_m\boldsymbol{\alpha}_m=0 \tag{8.2}$$

则称 $\boldsymbol{\alpha}_1,\boldsymbol{\alpha}_2,\cdots,\boldsymbol{\alpha}_m$ **线性相关**.

如果 $\boldsymbol{\alpha}_1,\boldsymbol{\alpha}_2,\cdots,\boldsymbol{\alpha}_m$ 不是线性相关，即只有当 $k_1,k_2,\cdots,k_m$ 都全为 0 时，式(8.2)才能成立，则称 $\boldsymbol{\alpha}_1,\boldsymbol{\alpha}_2,\cdots,\boldsymbol{\alpha}_m$ **线性无关**. 换句话说，即

$\boldsymbol{\alpha}_1,\boldsymbol{\alpha}_2,\cdots,\boldsymbol{\alpha}_m$ **线性无关**$\Leftrightarrow$若 $k_1\boldsymbol{\alpha}^1+k_2\boldsymbol{\alpha}_2+\cdots+k_m\boldsymbol{\alpha}_m=0$，则 $k_1=k_2=\cdots=k_m=0$.

线性相关与线性表示有以下关系：

$\boldsymbol{\alpha}_1,\boldsymbol{\alpha}_2,\cdots,\boldsymbol{\alpha}_m$ 相线相关$\Leftrightarrow\boldsymbol{\alpha}_1,\boldsymbol{\alpha}_2,\cdots,\boldsymbol{\alpha}_m$ 中至少有一个向量可由其余的向量线性表示.

**【例 8-3-1】**　设 $\boldsymbol{\beta}=(2,3),\boldsymbol{\alpha}_1=(1,0),\boldsymbol{\alpha}_2=(0,1),\mathbf{0}=(0,0)$，则

$\boldsymbol{\beta}=2\boldsymbol{\alpha}_1+3\boldsymbol{\alpha}_2$，故 $\boldsymbol{\beta}$ 可由 $\boldsymbol{\alpha}_1,\boldsymbol{\alpha}_2$ 线性表示.

$2\boldsymbol{\alpha}_1+3\boldsymbol{\alpha}_2-\boldsymbol{\beta}=0$，故 $\boldsymbol{\alpha}_1,\boldsymbol{\alpha}_2,\boldsymbol{\beta}$ 线性相关.

$0\cdot\boldsymbol{\alpha}_1+0\cdot\boldsymbol{\alpha}_2+1\cdot 0=0$，故 $\boldsymbol{\alpha}_1,\boldsymbol{\alpha}_2,0$ 也线性相关，其中 0 可由 $\boldsymbol{\alpha}_1,\boldsymbol{\alpha}_2$ 线性表示，即 $0=0\cdot\boldsymbol{\alpha}_1+0\cdot\boldsymbol{\alpha}_2$，但 $\boldsymbol{\alpha}_1$ 不能由 $\boldsymbol{\alpha}_2,0$ 线性表示，$\boldsymbol{\alpha}_2$ 也不能由 $\boldsymbol{\alpha}_1,0$ 线性表示.

若 $k_1\boldsymbol{\alpha}^1+k_2\boldsymbol{\alpha}_2=(k_1,k_2)=0$，则必有 $k_1=0,k_2=0$，故 $\boldsymbol{\alpha}_1,\boldsymbol{\alpha}_2$ 线性无关.

【例 8-3-2】 含有零向量的向量组：$0,\boldsymbol{\alpha}_1,\cdots,\boldsymbol{\alpha}_m$ 必线性相关.

因为 $1\cdot 0+0\cdot\boldsymbol{\alpha}_1+\cdots+0\cdot\boldsymbol{\alpha}_m=0$，且 $1,0,\cdots,0$ 不全为 0.

## 8.3.3 向量组的秩

**定义 8-3-6** 设有两个 $n$ 维向量组 $\boldsymbol{A}$，$\boldsymbol{B}$ 如下

$$\boldsymbol{A}:\boldsymbol{\alpha}_1,\cdots,\boldsymbol{\alpha}_s \qquad \boldsymbol{B}:\boldsymbol{\beta}_1,\cdots,\boldsymbol{\beta}_t$$

若 $\boldsymbol{A}$ 中每一个向量都可以由向量组 $\boldsymbol{B}$ 线性表示，则称向量组 $\boldsymbol{A}$ 可由向量组 $\boldsymbol{B}$ 线性表示.

若向量组 $\boldsymbol{A}$ 可由向量组 $\boldsymbol{B}$ 线性表示，且向量组 $\boldsymbol{B}$ 也可以由向量组 $\boldsymbol{A}$ 线性表示，则称向量组 $\boldsymbol{A}$ 与 $\boldsymbol{B}$ **等价**.

不难验证，若向量组 $\boldsymbol{A}$ 可由向量组 $\boldsymbol{B}$ 线性表示，又向量组 $\boldsymbol{B}$ 可由向量组 $\boldsymbol{C}$ 线性表示，则向量组 $\boldsymbol{A}$ 可由向量组 $\boldsymbol{C}$ 线性表示.

**定义 8-3-7** 设 $\boldsymbol{A}$ 是 $n$ 维向量组.（$\boldsymbol{A}$ 中所含有的向量个数可以是有限个，也可以是无限多个.）如果(1)$\boldsymbol{A}$ 中有 $r$ 个向量 $\boldsymbol{\alpha}_1,\cdots,\boldsymbol{\alpha}_r$ 线性无关.

(2) $\boldsymbol{A}$ 中任意 $r+1$ 个向量(若存在的话)都线性相关.

则称 $\boldsymbol{\alpha}_1,\cdots,\boldsymbol{\alpha}_r$ 为 $\boldsymbol{A}$ 中的一个**最大线性无关组**，简称为**最大无关组**.

因为线性相关向量组再增加向量仍是线性相关组. 所以 $\boldsymbol{A}$ 中任意 $r+1$ 个向量线性相关，则任意 $r+2$ 个向量(若存在的话)也线性相关，依次类推，可知 $\boldsymbol{A}$ 中任意个数大于 $r$ 的向量组(若存在的话)都线性相关. 因此，定义 8-3-6 中的向量组 $\boldsymbol{\alpha}_1,\cdots,\boldsymbol{\alpha}_r$ 是 $\boldsymbol{A}$ 的所有线性无关组中所含向量个数最大的，因此称之为最大线性无关组.

**定义 8-3-8** 向量组 $\boldsymbol{A}$ 中最大线性无关组所含向量的个数 $r$，称为向量组 $\boldsymbol{A}$ 的**秩**. 只含零向量的向量组没有最大无关组，规定其秩为 0. 向量组 $\boldsymbol{A}$ 的秩记为 $R(\boldsymbol{A})$ 或秩($\boldsymbol{A}$).

根据最大无关组及秩的定义，下面的等价式成立.

$$\boldsymbol{\alpha}_1,\cdots,\boldsymbol{\alpha}_m \text{ 线性无关} \Leftrightarrow R(\boldsymbol{\alpha}_1,\cdots,\boldsymbol{\alpha}_m)=m$$

$$\boldsymbol{\alpha}_1,\cdots,\boldsymbol{\alpha}_m \text{ 线性相关} \Leftrightarrow R(\boldsymbol{\alpha}_1,\cdots,\boldsymbol{\alpha}_m)<m$$

（$m$ 为向量组 $\boldsymbol{\alpha}_1,\cdots,\boldsymbol{\alpha}_m$ 的个数）

$\boldsymbol{A}$ 的行向量组 $\boldsymbol{\beta}_1,\cdots,\boldsymbol{\beta}_m$ 的秩 $R(\boldsymbol{\beta}_1,\cdots,\boldsymbol{\beta}_m)$ 称为矩阵 $\boldsymbol{A}$ 的**行秩**.

$\boldsymbol{A}$ 的列向量组 $\alpha_1,\cdots,\alpha_n$ 的秩 $R(\boldsymbol{\alpha}_1,\cdots,\boldsymbol{\alpha}_n)$ 称为矩阵 $\boldsymbol{A}$ 的**列秩**.

下面给出矩阵的行秩、列秩及矩阵秩的关系.

**定理 8-3-1** 设矩阵 $\boldsymbol{A}$ 经过初等变换化成 $\boldsymbol{B}$. 则

$$\boldsymbol{A} \text{ 的行秩}=\boldsymbol{B} \text{ 的行秩}，\boldsymbol{A} \text{ 的列秩}=\boldsymbol{B} \text{ 的列秩}$$

换句话说，矩阵经初等变换后，行秩和列秩都不变.

**定理 8-3-2** 矩阵 $\boldsymbol{A}$ 的行秩 $=\boldsymbol{A}$ 的列秩 $=\boldsymbol{A}$ 的秩 $R(\boldsymbol{A})$.

**定理 8-3-3** 设向量组 $\boldsymbol{\alpha}_1,\cdots,\boldsymbol{\alpha}_k$ 线性无关，且

$$\begin{cases}\beta_1=c_{11}\alpha_1+c_{12}\alpha_2+\cdots+c_{1k}\alpha_k\\ \beta_2=c_{21}\alpha_1+c_{22}\alpha_2+\cdots+c_{2k}\alpha_k\\ \qquad\vdots\\ \beta_k=c_{k1}\alpha_1+c_{k2}\alpha_2+\cdots+c_{kk}\alpha_k\end{cases}$$

则向量组 $\boldsymbol{\beta}_1,\boldsymbol{\beta}_2,\cdots,\boldsymbol{\beta}_k$ 线性无关的充分必要条件为上述关系式的系数矩阵 $\boldsymbol{C}=(c_{ij})_{k\times k}$ 的行列式 $|\boldsymbol{C}|\neq 0$，即

$$|\boldsymbol{C}|=\begin{vmatrix} c_{11} & c_{12} & \cdots & c_{1k} \\ c_{21} & c_{22} & \cdots & c^{2k} \\ \vdots & \vdots & \vdots & \vdots \\ c_{k1} & c_{k2} & \cdots & c_{kk} \end{vmatrix}\neq 0$$

**【例 8-3-3】** 设有向量组 $\boldsymbol{\alpha}_1=(1,-1,2,4)$，$\boldsymbol{\alpha}_2=(0,3,1,2)$，$\boldsymbol{\alpha}^3=(3,0,7,14)$，$\boldsymbol{\alpha}_4=(1,-2,2,0)$，$\boldsymbol{\alpha}_5=(2,1,5,10)$，求向量组 $\boldsymbol{\alpha}_1,\boldsymbol{\alpha}_2,\boldsymbol{\alpha}_3,\boldsymbol{\alpha}_4,\boldsymbol{\alpha}_5$ 的秩，并求它的一个最大无关组.

**解**　以这组向量作为列，做成矩阵 $\boldsymbol{A}$，即

$$\boldsymbol{A}=(\alpha_1^{\mathrm{T}},\alpha_2^{\mathrm{T}},\alpha_3^{\mathrm{T}},\alpha_4^{\mathrm{T}},\alpha_5^{\mathrm{T}})=\begin{pmatrix} 1 & 0 & 3 & 1 & 2 \\ -1 & 3 & 0 & -2 & 1 \\ 2 & 1 & 7 & 2 & 5 \\ 4 & 2 & 14 & 0 & 10 \end{pmatrix}$$

对 $\boldsymbol{A}$ 作行初等变换，将 $\boldsymbol{A}$ 化为阶梯形矩阵，过程如下：

$$\boldsymbol{A}\xrightarrow[r_4-4r_1]{\substack{r_2+r_1\\ r_3-2r_1}}\begin{pmatrix} 1 & 0 & 3 & 1 & 2 \\ 0 & 3 & 3 & -1 & 3 \\ 0 & 1 & 1 & 0 & 1 \\ 0 & 2 & 2 & -4 & 2 \end{pmatrix}\xrightarrow{r_2\leftrightarrow r_3}\begin{pmatrix} 1 & 0 & 3 & 1 & 2 \\ 0 & 1 & 1 & 0 & 1 \\ 0 & 3 & 3 & -1 & 3 \\ 0 & 2 & 2 & -4 & 2 \end{pmatrix}\xrightarrow[r_4-2r_2]{r_3-3r_2}\begin{pmatrix} 1 & 0 & 3 & 1 & 2 \\ 0 & 1 & 1 & 0 & 1 \\ 0 & 0 & 0 & -1 & 0 \\ 0 & 0 & 0 & -4 & 0 \end{pmatrix}$$

$$\xrightarrow{r_4-4r_3}\begin{pmatrix} 1 & 0 & 3 & 1 & 2 \\ 0 & 1 & 1 & 0 & 1 \\ 0 & 0 & 0 & -1 & 0 \\ 0 & 0 & 0 & 0 & 0 \end{pmatrix}=\boldsymbol{B}=(\beta_1,\beta_2,\beta_3,\beta_4,\beta_5)$$

$\boldsymbol{B}$ 为阶梯形矩阵，含有三个非零行，故 $R(\boldsymbol{B})=3$. 因而有

$$R(\alpha_1,\alpha_2,\alpha_3,\alpha_4,\alpha_5)=R(\alpha_1^{\mathrm{T}},\alpha_2^{\mathrm{T}},\alpha_3^{\mathrm{T}},\alpha_4^{\mathrm{T}},\alpha_5^{\mathrm{T}})=R(\boldsymbol{A})=R(\boldsymbol{B})=3$$

$\boldsymbol{B}$ 中任何三个线性无关的列都是 $\boldsymbol{\beta}_1,\boldsymbol{\beta}_2,\boldsymbol{\beta}_3,\boldsymbol{\beta}_4,\boldsymbol{\beta}_5$ 的最大无关组. 考查第 1,2,4 列作成的矩阵

$$\boldsymbol{B}_1=(\beta_1,\beta_2,\beta_4)=\begin{pmatrix} 1 & 0 & 1 \\ 0 & 1 & 0 \\ 0 & 0 & -1 \\ 0 & 0 & 0 \end{pmatrix}，\boldsymbol{B}_1\text{ 有一个三阶子式}\begin{vmatrix} 1 & 0 & 1 \\ 0 & 1 & 0 \\ 0 & 0 & -1 \end{vmatrix}=-1\neq 0$$

因而 $R(\boldsymbol{\beta}_1,\boldsymbol{\beta}_2,\boldsymbol{\beta}_4)=R(B_1)=3$，故 $\beta_1,\beta_2,\beta_4$ 线性无关，因而 $\beta_1,\beta_2,\beta_4$ 是 $\boldsymbol{\beta}_1,\boldsymbol{\beta}_2,\boldsymbol{\beta}_3,\boldsymbol{\beta}_4,\boldsymbol{\beta}_5$ 的最大无关组，由引理，$\boldsymbol{\alpha}_1^{\mathrm{T}},\boldsymbol{\alpha}_2^{\mathrm{T}},\boldsymbol{\alpha}_4^{\mathrm{T}}$ 为 $\boldsymbol{\alpha}_1^{\mathrm{T}},\boldsymbol{\alpha}_2^{\mathrm{T}},\boldsymbol{\alpha}_3^{\mathrm{T}},\boldsymbol{\alpha}_4^{\mathrm{T}},\boldsymbol{\alpha}_5^{\mathrm{T}}$ 的最大无关组，即 $\boldsymbol{\alpha}^1,\boldsymbol{\alpha}^2,\boldsymbol{\alpha}^4$ 是 $\boldsymbol{\alpha}^1,\boldsymbol{\alpha}^2,\boldsymbol{\alpha}^3,\boldsymbol{\alpha}^4,\boldsymbol{\alpha}^5$ 的最大无关组.

不难验证 $\boldsymbol{\alpha}^1,\boldsymbol{\alpha}^3,\boldsymbol{\alpha}^4$ 或 $\boldsymbol{\alpha}^2,\boldsymbol{\alpha}^3,\boldsymbol{\alpha}^4$ 或 $\boldsymbol{\alpha}^3,\boldsymbol{\alpha}^4,\boldsymbol{\alpha}^5$ 也是 $\boldsymbol{\alpha}^1,\boldsymbol{\alpha}^2,\boldsymbol{\alpha}^3,\boldsymbol{\alpha}^4,\boldsymbol{\alpha}^5$ 的最大无关组.

# 习题 8-3

## A. 基本题

1. 已知向量 $\boldsymbol{\alpha}=(-1,2,3,-2)$，$\boldsymbol{\beta}=(4,-5,6,-3)$，求 $-\boldsymbol{\alpha}$，$\boldsymbol{\beta}^{\mathrm{T}}$，$\boldsymbol{\alpha}+\boldsymbol{\beta}$，$3\boldsymbol{\alpha}-\boldsymbol{\beta}$.
2. 已知向量 $\boldsymbol{\alpha}=(-1,2,-3)$，$\boldsymbol{\beta}=(-4,-5,3)$，$\boldsymbol{\gamma}=(-2,1,4)$ 求 $\boldsymbol{\gamma}-\boldsymbol{\alpha}$，$\boldsymbol{\alpha}+\boldsymbol{\beta}-\boldsymbol{\gamma}$，$\boldsymbol{\alpha}-2\boldsymbol{\beta}+\boldsymbol{\gamma}$.

**B. 一般题**

3. 设 $\boldsymbol{\alpha}_1=(1,\ 2,\ 3,\ 1)^{\mathrm{T}}$，$\boldsymbol{\alpha}_2=(2,\ 3,\ 1,\ 2)^{\mathrm{T}}$，$\boldsymbol{\alpha}_3=(3,\ 1,\ 2,\ -2)^{\mathrm{T}}$，$\boldsymbol{\beta}=(0,\ 4,\ 2,\ 5)^{\mathrm{T}}$，问 $\boldsymbol{\beta}$ 能否由 $\boldsymbol{\alpha}_1,\boldsymbol{\alpha}_2,\boldsymbol{\alpha}_3$ 线性表示？

4. 设有向量组 $\boldsymbol{\alpha}_1=(-1,1,2,3)$，$\boldsymbol{\alpha}_2=(2,0,1,2)$，$\boldsymbol{\alpha}^3=(3,0,2,1)$，$\boldsymbol{\alpha}_4=(0,-2,1,0)$，$\boldsymbol{\alpha}_5=(-2,1,3,6)$，求向量组 $\boldsymbol{\alpha}_1,\boldsymbol{\alpha}_2,\boldsymbol{\alpha}^3,\boldsymbol{\alpha}_4,\boldsymbol{\alpha}_5$ 的秩，并求它的一个最大无关组.

**C. 提高题**

5. 已知向量组 $\boldsymbol{\alpha}_1=(-1,2,-2,1)$，$\boldsymbol{\alpha}_2=(3,1,1,0)$，$\boldsymbol{\alpha}^3=(2,-3,5,0)$，求向量组的秩.

## 8.4 线性方程组

$m$ 个方程 $n$ 个未知数 $x_1,\cdots,x_n$ 的线性方程组为

$$\begin{cases} a_{11}x_1+a_{12}x_2+\cdots+a_{1n}x_n=b_1 \\ a_{21}x_1+a_{22}x_2+\cdots+a_{2n}x_n=b_2 \\ \qquad\vdots \\ a_{m1}x_1+a_{m2}x_2+\cdots+a_{mn}x_n=b_m \end{cases} \tag{8.3}$$

未知数又称为元，$n$ 个未知数的线性方程组也称为 $n$ 元线性方程组.

把 $m$ 个方程写成一个矩阵等式，则方程组(8.3)成为

$$\begin{pmatrix} a_{11}x_1+a_{12}x_2+\cdots+a_{1n}x_n \\ a_{21}x_1+a_{22}x_2+\cdots+a_{2n}x_n \\ \vdots \\ a_{mn}x_1+a_{m2}x_2+\cdots+a_{mn}x_n \end{pmatrix}=\begin{pmatrix} b_1 \\ b_2 \\ \vdots \\ b_m \end{pmatrix}$$

再把左边写成两个矩阵的乘积，就得

$$\begin{pmatrix} a_{11} & a_{12} & \cdots & a_{1n} \\ a_{21} & a_{22} & \cdots & a_{2n} \\ \vdots & \vdots & & \vdots \\ a_{m1} & a_{m2} & \cdots & a_{mn} \end{pmatrix}\begin{pmatrix} x_1 \\ x_2 \\ \vdots \\ x_n \end{pmatrix}=\begin{pmatrix} b_1 \\ b_2 \\ \vdots \\ b_m \end{pmatrix} \quad \text{简记为 } \boldsymbol{Ax}=\boldsymbol{b} \tag{8.4}$$

其中

$$\boldsymbol{A}=\begin{pmatrix} a_{11} & a_{12} & \cdots & a_{1n} \\ a_{21} & a_{22} & \cdots & a_{2n} \\ \vdots & \vdots & & \vdots \\ a_{m1} & a_{m2} & \cdots & a_{mn} \end{pmatrix},\boldsymbol{x}=\begin{pmatrix} x_1 \\ x_2 \\ \vdots \\ x_n \end{pmatrix},\boldsymbol{b}=\begin{pmatrix} b_1 \\ b_2 \\ \vdots \\ b_m \end{pmatrix}$$

$\boldsymbol{A}$ 称为系数矩阵，$\boldsymbol{b}$ 是常数列向量，$\boldsymbol{x}$ 为未知数列向量.

线性方程组(8.3)还可以表示成向量形式

$$x_1\begin{pmatrix}a_{11}\\a_{21}\\\vdots\\a_{m1}\end{pmatrix}+x_2\begin{pmatrix}a_{12}\\a_{22}\\\vdots\\a_{m2}\end{pmatrix}+\cdots+x_n\begin{pmatrix}a_{1n}\\a_{2n}\\\vdots\\a_{mn}\end{pmatrix}=\begin{pmatrix}b_1\\b_2\\\vdots\\b_m\end{pmatrix}$$

简记为
$$x_1\boldsymbol{\alpha}_1+x_2\boldsymbol{\alpha}_2+\cdots+x_n\boldsymbol{\alpha}_n=b \tag{8.5}$$
其中 $\boldsymbol{\alpha}_1,\boldsymbol{\alpha}_2,\cdots,\boldsymbol{\alpha}_n$ 是系数矩阵 $\boldsymbol{A}$ 的列向量组，$\boldsymbol{b}=(b_1,b_2,\cdots,b_m)^{\mathrm{T}}$ 为常数列向量.

表示式(8.3)，(8.4)，(8.5)是同一个线性方程组的不同表示形式，代表的是同一个线性方程组.

当 $b=0$ 时，即 $b_1=b_2=\cdots=b_m=0$ 时，方程组称为**齐次**的，当 $b\neq0$ 时，即 $b_1,b_2,\cdots,b_m$ 不全为 0 时，方程组称为**非齐次**的. 非齐次线性方程组 $\boldsymbol{Ax}=\boldsymbol{b}$ 对应的齐次线性方程组，指的是 $\boldsymbol{Ax}=0$，它的系数矩阵 $\boldsymbol{A}$ 与非齐次方程组 $\boldsymbol{Ax}=\boldsymbol{b}$ 的系数矩阵相同.（有些书称 $\boldsymbol{Ax}=0$ 为 $\boldsymbol{Ax}=b$ 的导出组）.

线性方程组(8.3)的一组解 $x_1=a_1,x_2=a_2,\cdots,x_n=a_n$，今后将写成列向量形成 $\boldsymbol{x}=(a_1,a_2,\cdots,a_n)^{\mathrm{T}}$，称为(8.3)的一个解向量，简称一个解.

### 8.4.1　齐次线性方程组

$m$ 个方程的 $n$ 元齐次线性方程组为

$$\begin{cases}a_{11}x_1+a_{12}x_2+\cdots+a_{1n}x_n=0\\a_{21}x_1+a_{22}x_2+\cdots+a_{2n}x_n=0\\\qquad\vdots\\a_{m1}x_1+a_{m2}x_2+\cdots+a_{mn}x_n=0\end{cases}\quad \text{简记为 } \boldsymbol{Ax}=\boldsymbol{0} \tag{8.6}$$

其中 $\boldsymbol{A}=(a_{ij})_{m\times n}$ 为系数矩阵，$\boldsymbol{x}=(x_1,x_2,\cdots,x_n)^{\mathrm{T}}$，$\boldsymbol{0}=(0,\cdots,0)^{\mathrm{T}}$.

方程组(8.6)的向量形式为
$$x_1\boldsymbol{\alpha}_1+x_2\boldsymbol{\alpha}_2+\cdots+x_n\boldsymbol{\alpha}_n=0 \tag{8.7}$$
其中 $\boldsymbol{\alpha}_1,\boldsymbol{\alpha}_2,\cdots,\boldsymbol{\alpha}_n$ 为 $\boldsymbol{A}$ 的列向量组，$\boldsymbol{0}=(0,\cdots,0)^{\mathrm{T}}$.

齐次线性方程组(8.6)显然有解 $x_1=0,x_2=0,\cdots,x_n=0$，这个解称为**零解**，记作 $x=0$. 如果齐次方程组(8.6)有解 $\boldsymbol{x}=\boldsymbol{\alpha}=(a_1,a_2,\cdots,a_n)^{\mathrm{T}}$，且 $\alpha\neq0$，即 $a_1,a_2,\cdots,a_n$ 不全为 0，这种解称为**非零解**. 齐次线性方程组总有零解，但不一定有非零解.

**定理 8-4-1**　设 $\boldsymbol{A}$ 为 $m\times n$ 矩阵，则 $n$ 元齐次线性方程组 $\boldsymbol{Ax}=\boldsymbol{0}$ 有非零解 $\Leftrightarrow R(\boldsymbol{A})<n$.

当 $m=n$ 时，$\boldsymbol{Ax}=\boldsymbol{0}$ 有非零解 $\Leftrightarrow|\boldsymbol{A}|=0$

换句话说，齐次线性方程组有非零解的充分必要条件是系数矩阵的秩小于未知数的个数. 当方程个数等于未知数个数时，齐次线性方程组有非零解的充分必要条件是其系数行列式等于零.

**推论 8-4-1**　设 $\boldsymbol{A}$ 为 $m\times n$ 矩阵，则 $\boldsymbol{Ax}=\boldsymbol{0}$ 只有零解 $\Leftrightarrow R(\boldsymbol{A})=n$.
当 $m=n$ 时，$\boldsymbol{Ax}=\boldsymbol{0}$ 只有零解 $\Leftrightarrow|\boldsymbol{A}|\neq0$.

**定理 8-4-2**　若 $x=\xi_1,x=\xi_2$ 是齐次方程组 $\boldsymbol{Ax}=\boldsymbol{0}$ 的解，$k$ 是任意数，则 $\boldsymbol{x}=\xi_1+\xi_2$ 及 $\boldsymbol{x}=k\xi_1$ 也是 $\boldsymbol{Ax}=\boldsymbol{0}$ 的解.

由定理 8-4-2 可知，若 $\boldsymbol{x}=\xi_1,\xi_2,\cdots,\xi_t$ 是 $\boldsymbol{Ax}=\boldsymbol{0}$ 的解，则 $\boldsymbol{x}=k_1\xi_1+k_2\xi_2+\cdots+k_t\xi_t$ 也是 $\boldsymbol{Ax}=\boldsymbol{0}$ 解. 其中 $k_1,k_2,\cdots,k_t$ 是任意常数.

$\boldsymbol{Ax}=\boldsymbol{0}$ 的所有解组成的集合记作 $\boldsymbol{S}$，即 $\boldsymbol{S}=\{x|Ax=0\}$，称为方程组 $\boldsymbol{Ax}=\boldsymbol{0}$ 的**解集**. 定理 8-4-2 说明 $\boldsymbol{S}$ 关于向量的加法及数乘运算封闭，故 $\boldsymbol{S}$ 为向量空间，称为 $\boldsymbol{Ax}=\boldsymbol{0}$ 的解空间，$\boldsymbol{S}$ 的秩 $R(\boldsymbol{S})$ 就是 $\boldsymbol{S}$ 的维数，$\boldsymbol{S}$ 的最大无关组就是 $\boldsymbol{S}$ 的基.

**定义 8-4-1** 齐次线性方程组 $\boldsymbol{Ax}=\boldsymbol{0}$ 的所有解组成的解集 $\boldsymbol{S}$ 的最大线性无关组 $\xi_1,\xi_2,\cdots,\xi_t$ 称为方程组 $\boldsymbol{Ax}=\boldsymbol{0}$ 的**基础解系**. 根据最大无关组的性质，$\xi_1,\xi_2,\cdots,\xi_t$ 为 $\boldsymbol{Ax}=\boldsymbol{0}$ 的基础解系的充要条件为 $\xi_1,\xi_2,\cdots,\xi_t$ 满足以下两个条件：

(1) $\xi_1,\xi_2,\cdots,\xi_t$ 是 $\boldsymbol{Ax}=\boldsymbol{0}$ 的线性无关解向量.

(2) $\boldsymbol{Ax}=\boldsymbol{0}$ 的任何一个解 $\xi$ 都可由 $\xi_1,\xi_2,\cdots,\xi_t$ 线性表示.

**定理 8-4-3** 设 $\boldsymbol{A}$ 为 $m\times n$ 矩阵，则齐次方程组 $\boldsymbol{Ax}=0$ 的基础解系所含的向量个数为 $n-R(\boldsymbol{A})$.（$n$ 为未知数的个数）.

因为 $\boldsymbol{Ax}=\boldsymbol{0}$ 的基础解系就是 $\boldsymbol{Ax}=\boldsymbol{0}$ 的解集 $\boldsymbol{S}$ 的最大无关组，其个数就是解集 $\boldsymbol{S}$ 的秩. 因此，定理 8-4-3 可改述为 $R(\boldsymbol{S})=n-r(\boldsymbol{A})$，即 $R(\boldsymbol{A})+R(\boldsymbol{S})=n$.（$n$ 为未知数个数）

**定理 8-4-4** 若 $\boldsymbol{Ax}=\boldsymbol{0}$ 的基础解系为 $\xi_1,\xi_2,\cdots,\xi_{n-r}$，则 $\boldsymbol{Ax}=\boldsymbol{0}$ 的所有解（称为通解）为 $\boldsymbol{x}=k_1\xi_1+k_2\xi_2+\cdots+k_{n-r}\xi_{n-r}$.

其中 $k_1,k_2,\cdots,k_{n-r}$ 为任意常数，$r=R(\boldsymbol{A})$，$n$ 为未知数个数.

由此，解齐次线性方程组 $\boldsymbol{Ax}=\boldsymbol{0}$，就是要求其基础解系.

### 8.4.2 非齐次线性方程组

$m$ 个方程 $n$ 个未知数 $x_1,\cdots,x_n$ 的非齐次线性方程组为

$$\begin{cases}a_{11}x_1+a_{12}x_2+\cdots+a_{1n}x_n=b_1\\ a_{21}x_1+a_{22}x_2+\cdots+a_{2n}x_n=b_2\\ \quad\vdots\\ a_{m1}x_1+a_{m2}x_2+\cdots+a_{mn}x_n=b_m\end{cases}\quad \text{简记为 } \boldsymbol{Ax}=\boldsymbol{b} \tag{8.8}$$

其中 $\boldsymbol{A}=(a_{ij})_{m\times n}$ 称为系数矩阵，$\boldsymbol{b}=(b_1,b_2,\cdots,b_m)^{\mathrm{T}}\neq 0$，即 $b_1,b_2,\cdots,b^m$ 不全为零. $\boldsymbol{x}=(x_1,x_2,\cdots,x_n)^{\mathrm{T}}$ 为未知数列向量. $[\boldsymbol{A},\boldsymbol{b}]$ 称为增广矩阵.

方程组(8.7)的向量形式为

$$x_1\boldsymbol{\alpha}_1+x_2\boldsymbol{\alpha}_2+\cdots+x_n\boldsymbol{\alpha}_n=\boldsymbol{b} \tag{8.9}$$

其中 $\alpha_1,\alpha_2,\cdots,\alpha_n$ 是系数矩阵 $\boldsymbol{A}$ 的列向量组，$\boldsymbol{b}=(b_1,b_2,\cdots,b_m)^{\mathrm{T}}\neq 0$.

非齐次线性方程组 $\boldsymbol{Ax}=\boldsymbol{b}$ 不一定有解.

**定理 8-4-5** 非齐次线性方程组 $\boldsymbol{Ax}=\boldsymbol{b}$ 有解 $\Leftrightarrow R([\boldsymbol{A},\boldsymbol{b}])=R(\boldsymbol{A})$.

**定理 8-4-6** (1) 若 $x=\eta_1$ 及 $x=\eta_2$ 是非齐次方程组 $\boldsymbol{Ax}=\boldsymbol{b}$ 的两个解，则 $x=y_1-y_2$ 是对应齐次方程组 $\boldsymbol{Ax}=\boldsymbol{0}$ 的解.

(2) 若 $x=\eta^*$ 是非齐次方程组 $\boldsymbol{Ax}=\boldsymbol{b}$ 的一个解，$x=\xi$ 是对应齐次方程组 $\boldsymbol{Ax}=\boldsymbol{0}$ 的解，则 $x=\eta^*+\xi$ 是非齐次方程组 $\boldsymbol{Ax}=\boldsymbol{b}$ 的解.

**定理 8-4-7** 若 $x=\eta^*$ 是非齐次方程组 $\boldsymbol{Ax}=\boldsymbol{b}$ 的一个解，$\xi_1,\xi_2,\cdots,\xi_{n-r}$ 是对应齐次方程组 $Ax=0$ 的基础解系，则非齐次方程组 $\boldsymbol{Ax}=\boldsymbol{b}$ 的所有解（称为通解）为

$$\boldsymbol{x}=\eta^*+k_1\xi_1+k_2\xi_2+\cdots+k_{n-r}\xi_{n-r} \tag{8.10}$$

其中 $k_1,k_2,\cdots,k_{n-r}$ 为任意常数.

### 8.4.3　用初等变换解线性方程组

$m$ 个方程 $n$ 个未知数的线性方程组为

$$\begin{cases} a_{11}x_1+a_{12}x_2+\cdots+a_{1n}x_n=b^1 \\ a_{21}x_1+a_{22}x_2+\cdots+a_{2n}x_n=b^2 \\ \vdots \\ a_{m1}x_1+a_{m2}x_2+\cdots+a_{mn}x_n=b^m \end{cases} \quad \text{简记为 } \boldsymbol{Ax}=\boldsymbol{b} \tag{8.11}$$

其中 $\boldsymbol{A}=(a_{ij})_{m\times n}$，$\boldsymbol{b}=(b_1,b_2,\cdots,b_m)^{\mathrm{T}}$，$\boldsymbol{x}=(x_1,x_2,\cdots,x_n)^{\mathrm{T}}$.

对方程组(8.11)进行以下三种变换，称为方程组(8.11)的**初等变换**：

(1) 交换两个方程的位置.

(2) 以 $k\neq 0$ 乘某个方程.

(3) 以 $k$ 乘某方程加到另一个方程.

**定理 8-4-8**　线性方程组(8.11)经初等变换后，得到的新方程组与原方程组(8.11)同解.

对方程组作初等变换，相当于对增广矩阵$[\boldsymbol{A},\boldsymbol{b}]$作行初等变换. 因此，得到用初等变换解线性方程组的步骤如下：

第一，写出增广矩阵$[\boldsymbol{A},\boldsymbol{b}]$(若是齐次方程组，只要写出系数矩阵 $\boldsymbol{A}$)；

第二，对$[\boldsymbol{A},\boldsymbol{b}]$(或 $\boldsymbol{A}$)作行初等变换，使其化成阶梯形矩阵，通过同解方程组判断其是否有解，有多少个解？

第三，若有解，通过同解方程组求其通解(或求其基础解系).

**【例 8-4-1】**　设齐次线性方程组为

$$\begin{cases} 2x_1-4x_2+5x_3+3x_4=0 \\ 3x_1-6x_2+4x_3+2x_4=0 \\ 4x_1-8x_2+17x_3+11x_4=0 \end{cases}$$

求方程组的基础解系及通解.

**解**　对系数矩阵 $\boldsymbol{A}$ 作行初等变换，化为阶梯形矩阵. 过程如下

$$\boldsymbol{A}=\begin{pmatrix} 2 & -4 & 5 & 3 \\ 3 & -6 & 4 & 2 \\ 4 & -8 & 17 & 11 \end{pmatrix} \xrightarrow[r_3-2r_1]{r_2-\frac{3}{2}r_1} \begin{pmatrix} 2 & -4 & 5 & 3 \\ 0 & 0 & -\frac{7}{2} & -\frac{5}{2} \\ 0 & 0 & 7 & 5 \end{pmatrix}$$

$$\xrightarrow[-\frac{2}{7}r_2]{\frac{1}{2}r_1} \begin{pmatrix} 1 & -2 & \frac{5}{2} & \frac{3}{2} \\ 0 & 0 & 1 & \frac{5}{7} \\ 0 & 0 & 7 & 5 \end{pmatrix} \xrightarrow[r_3-7r_2]{r_1-\frac{5}{2}r_2} \begin{pmatrix} 1 & -2 & 0 & -\frac{2}{7} \\ 0 & 0 & 1 & \frac{5}{7} \\ 0 & 0 & 0 & 0 \end{pmatrix}=\boldsymbol{B}$$

阶梯形矩阵 $\boldsymbol{B}$ 有两个非零行，秩为 2，故 $R(\boldsymbol{A})=2$. 基础解系所含向量个数为 $4-2=2$. 因此，任意求出两个线性无关解就是基础解系.

以 $\boldsymbol{B}$ 为系数矩阵的齐次方程组就是原方程组的同解方程组，同解方程组为

$$\begin{cases} x_1-2x_2-\frac{2}{7}x_4=0 \\ x_3+\frac{5}{7}x_4=0 \end{cases} \quad \text{或} \quad \begin{cases} x_1=2x_2+\frac{2}{7}x_4 \\ x_3=-\frac{5}{7}x_4 \end{cases}$$

取 $x_2=1,x_4=0$，则 $x_1=2,x_3=0$，得解 $x=\xi_1=(2,1,0,0)^{\mathrm{T}}$.

取 $x_2=0,x_4=1$，则 $x_1=\frac{2}{7},x_3=-\frac{5}{7}$，得解 $x=\xi_2=\left(\frac{2}{7},0,-\frac{5}{7},1\right)^{\mathrm{T}}$.

以 $\xi_1,\xi_2$ 作为列向量的矩阵$[\xi_1,\xi_2]$中，有一个二阶子式 $\begin{vmatrix}1 & 0\\0 & 1\end{vmatrix}=1\neq0$. 没有更高阶子式，故$[\xi_1,\xi_2]$的秩为 2，即 $R(\xi_1,\xi_2)=2$，故 $\xi_1,\xi_2$ 线性无关. 因此，$\xi_1,\xi_2$ 为方程组的基础解系，方程组的通解为 $x=k_1\xi_1+k_2\xi_2$，其中 $k_1,k_2$ 为任意常数.

要基础解系中不带有分数的分量，可换个取法. 即

取 $x_2=1,x_4=0$，则 $x_1=2,x_3=0$，得解 $x=\xi_1=(2,1,0,0)^{\mathrm{T}}$.

取 $x_2=0,x_4=7$，则 $x_1=2,x_3=-5$，得解 $x=\xi_3=(2,0,-5,7)^{\mathrm{T}}$.

同样得到线性无关解 $\xi_1,\xi_3$，它也是基础解系，通解为 $x=k_1\xi_1+k_2\xi_3$($k_1,k_2$ 为任意常数). 可见方程组的基础解系不唯一.

实际上，对于本例来说，任取 $x_2=a_2,x_4=a_4$，再取 $x_2=b_2,x_4=b_4$，只要满足 $\begin{vmatrix}a_2 & a_4\\b_2 & b_4\end{vmatrix}\neq0$，则所得的两个解 $x=\alpha_1=(a_1,a^2,a_3,a_4)^{\mathrm{T}}$ 及 $x=\alpha_2=(b_1,b^2,b_3,b_4)^{\mathrm{T}}$ 就是方程组的基础解系，可见有无穷多种选取方法. 同一个方程组的不同的基础解系都可以互相线性表示，即都是等价的.

**【例 8-4-2】** $k$ 为何值时，线性方程组

$$\begin{cases}x_1+x_2+kx_3=4\\-x_1+kx_2+x_3=k^2\\x_1-x_2+2x_3=-4\end{cases}$$

有唯一解、无解、有无穷多组解？在有解情况下，求出其全部解.

**解** 写出增广矩阵 $\boldsymbol{B}=[\boldsymbol{A},\boldsymbol{b}]$，作行初等变换，得

$$\boldsymbol{B}=\begin{pmatrix}1 & 1 & k & 4\\-1 & k & 1 & k^2\\1 & -1 & 2 & -4\end{pmatrix}\xrightarrow[r_3-r_1]{r_2+r_1}\begin{pmatrix}1 & 1 & k & 4\\0 & k+1 & k+1 & k^2+4\\0 & -2 & 2-k & -8\end{pmatrix}$$

$$\xrightarrow{r_2\leftrightarrow r_3}\begin{pmatrix}1 & 1 & k & 4\\0 & -2 & 2-k & -8\\0 & k+1 & k+1 & k^2+4\end{pmatrix}\xrightarrow{-\frac{1}{2}r_2}\begin{pmatrix}1 & 1 & k & 4\\0 & 1 & \frac{k-2}{2} & 4\\0 & k+1 & k+1 & k^2+4\end{pmatrix}$$

$$\xrightarrow[r_3-(k+1)r_2]{r_1-r_2}\begin{pmatrix}1 & 0 & \frac{k+2}{2} & 0\\0 & 1 & \frac{k-2}{2} & 4\\0 & 0 & \frac{(k+1)(4-k)}{2} & k(k-4)\end{pmatrix}=\boldsymbol{C}$$

当 $k\neq-1$ 且 $k\neq4$ 时，$R(\boldsymbol{B})=R(\boldsymbol{A})=3$，方程组有唯一解.

为了求出唯一解，可再对增广矩阵 $\boldsymbol{B}$ 作行初等变换如下

$$B \xrightarrow{\text{行}} \begin{pmatrix} 1 & 0 & \frac{k+2}{2} & 0 \\ 0 & 1 & \frac{k-2}{2} & 4 \\ 0 & 0 & 1 & \frac{-2k}{k+1} \end{pmatrix} \xrightarrow{\text{行}} \begin{pmatrix} 1 & 0 & 0 & \frac{k^2+2k}{k+1} \\ 0 & 1 & 0 & \frac{k^2+2k+4}{k+1} \\ 0 & 0 & 1 & \frac{-2k}{k+1} \end{pmatrix}$$

写出最后矩阵对应的同解方程组，就得唯一解为

$$x_1=\frac{k^2+2k}{k+1},x_2=\frac{k^2+2k+4}{k+1},x_3=\frac{-2k}{k+1}$$

当 $k=-1$ 时，增广矩阵化为

$$B \to C = \begin{pmatrix} 1 & 0 & \frac{1}{2} & 0 \\ 0 & 1 & -\frac{3}{2} & 4 \\ 0 & 0 & 0 & 5 \end{pmatrix}$$

可见 $R(\boldsymbol{A})=2,R(\boldsymbol{B})=3,R(\boldsymbol{A})\neq R(\boldsymbol{B})$，方程组无解.

当 $k=4$ 时，增广矩阵化为

$$B \to C = \begin{pmatrix} 1 & 0 & 3 & 0 \\ 0 & 1 & 1 & 4 \\ 0 & 0 & 0 & 0 \end{pmatrix}$$

$R(\boldsymbol{B})=R(\boldsymbol{A})=2<3$，方程组有无穷多组解.

写出同解方程组，得 $\begin{cases} x_1+3x_3=0 \\ x_2+x_3=4 \end{cases}$ 或 $\begin{cases} x_1=-3x_3 \\ x_2=4-x_3 \end{cases}$

令 $x_3=k$，得通解为 $x_1=-3k,x_2=4-k,x_3=k$.（$k$ 为任意常数），写成列向量形式为

$$\boldsymbol{x}=\begin{pmatrix} x_1 \\ x_2 \\ x_3 \end{pmatrix}=\begin{pmatrix} -3k \\ 4-k \\ k \end{pmatrix}=k\begin{pmatrix} -3 \\ -1 \\ 1 \end{pmatrix}+\begin{pmatrix} 0 \\ 4 \\ 0 \end{pmatrix}$$

## 习题 8-4

### A. 基本题

1. 求下列齐次线性方程组的通解：

$$\begin{cases} x-y+2z=0 \\ 3x-5y-z=0 \\ 3x-7y-8z=0 \end{cases}$$

2. 设齐次线性方程组为

$$\begin{cases} x_1-2x_2+5x_3+x_4=0 \\ 2x_1-3x_2+4x_3-2x_4=0 \\ 3x_1+4x_2+5x_3-10x_4=0 \end{cases}$$

求方程组的基础解系及通解.

**B. 一般题**

3. 已知非齐次线性方程组

$$\begin{cases} 2x_1-4x_2+2x_3-3x_4=1 \\ -3x_1+6x_2+4x_3+2x_4=2 \\ x_1-x_2+5x_3+15x_4=-1 \end{cases}$$

求所有的解.

**C. 提高题**

4. 写出一个以 $x=c_1\begin{pmatrix} 2 \\ -3 \\ 1 \\ 0 \end{pmatrix}+c_2\begin{pmatrix} -2 \\ 4 \\ 0 \\ 1 \end{pmatrix}$为通解的齐次线性方程组.

# 8.5 矩阵的特征值与特征向量

**定义 8-5-1** 设 $\boldsymbol{A}$ 是 $n$ 阶方阵,如果数 $\lambda$ 和 $n$ 维非零向量 $x$ 使 $\boldsymbol{Ax}=\lambda\boldsymbol{x}$ 成立,则称数 $\lambda$ 为方阵 $\boldsymbol{A}$ 的特征值,非零向量 $\boldsymbol{x}$ 称为 $\boldsymbol{A}$ 的对应于特征值 $\lambda$ 的特征向量.

称关于 $\lambda$ 的一元 $n$ 次方程 $|\lambda\boldsymbol{E}-\boldsymbol{A}|=0$ 为矩阵 $\boldsymbol{A}$ 的特征方程,称 $\lambda$ 的一元 $n$ 次多项式 $f(\lambda)=|\lambda\boldsymbol{E}-\boldsymbol{A}|$ 为矩阵 $\boldsymbol{A}$ 的特征多项式.

注:$n$ 阶方阵 $\boldsymbol{A}$ 的特征值 $\lambda$,就是使齐次线性方程组 $(\lambda\boldsymbol{E}-\boldsymbol{A})x=0$ 有非零的值,即满足方程 $|\lambda\boldsymbol{E}-\boldsymbol{A}|=0$ 的 $\lambda$ 都是矩阵 $\boldsymbol{A}$ 的特征值.

特征值与特征向量的求法:

(1) 计算 $\boldsymbol{A}$ 的特征多项式 $f(\lambda)=|\lambda\boldsymbol{E}-\boldsymbol{A}|$;

(2) 求出特征方程 $f(\lambda)=|\lambda\boldsymbol{E}-\boldsymbol{A}|=0$ 的全部根 $\lambda_1,\cdots,\lambda_n$,即为 $\boldsymbol{A}$ 的全部特征值;

(3) 对每个 $\lambda_i$,求出齐次线性方程组 $(\lambda_i\boldsymbol{E}-\boldsymbol{A})\boldsymbol{X}=0$ 的基础解系 $\alpha_1,\cdots,\alpha_{n-r}$,其中 $r$ 为矩阵 $\lambda_i\boldsymbol{E}-\boldsymbol{A}$ 的秩,则矩阵 $\boldsymbol{A}$ 的属于特征值 $\lambda_i$ 的全部特征向量为 $k_1\alpha_1+k_2\alpha_2+\cdots+k_{n-r}\alpha_{n-r}$,其中 $k_1,\cdots,k_{n-r}$ 为不全为零的常数.

**【例 8-5-1】** 求 $\boldsymbol{A}=\begin{pmatrix} 0 & -1 & -1 \\ -1 & 0 & -1 \\ -1 & -1 & 0 \end{pmatrix}$的特征值及对应的特征向量.

**解** $\lambda\boldsymbol{E}-\boldsymbol{A}=\begin{vmatrix} \lambda & 1 & 1 \\ 1 & \lambda & 1 \\ 1 & 1 & \lambda \end{vmatrix}=\begin{vmatrix} \lambda+2 & 1 & 1 \\ \lambda+2 & \lambda & 1 \\ \lambda+2 & 1 & \lambda \end{vmatrix}=(\lambda+2)\begin{vmatrix} 1 & 1 & 1 \\ 1 & \lambda & 1 \\ 1 & 1 & \lambda \end{vmatrix}$

$$=(\lambda+2)\begin{vmatrix} 1 & 1 & 1 \\ 0 & \lambda-1 & 0 \\ 0 & 0 & \lambda-1 \end{vmatrix}=(\lambda+2)(\lambda-1)^2$$

令 $|\lambda\boldsymbol{E}-\boldsymbol{A}|=0$ 得：$\lambda_1=\lambda_2=1,\lambda_3=-2$.

当 $\lambda_1=\lambda_2=1$ 时，解齐次线性方程组 $(\boldsymbol{E}-\boldsymbol{A})\boldsymbol{X}=0$.

$$\text{即：}\boldsymbol{E}-\boldsymbol{A}=\begin{pmatrix}1&1&1\\1&1&1\\1&1&1\end{pmatrix}\to\begin{pmatrix}1&1&1\\0&0&0\\0&0&0\end{pmatrix}$$

可知 $r(\boldsymbol{E}-\boldsymbol{A})=1$，取 $x_2,x_3$ 为自由未知量，对应的方程为 $x_1+x_2+x_3=0$.

求得一个基础解系为 $\alpha_1=(-1,1,0)^{\mathrm{T}},\alpha_2=(-1,0,1)^{\mathrm{T}}$，所以 $\boldsymbol{A}$ 的属于特征值 1 的全部特征向量为 $K_1\alpha_1+K_2\alpha_2$，其中 $K_1,K_2$ 为不全为零的常数.

当 $\lambda_3=-2$ 时，解齐次线性方程组 $(-2\boldsymbol{E}-\boldsymbol{A})\boldsymbol{X}=0$，

$$-2\boldsymbol{E}-\boldsymbol{A}=\begin{pmatrix}-2&1&1\\1&-2&1\\1&1&-2\end{pmatrix}\to\begin{pmatrix}1&1&-2\\1&-2&1\\-2&1&1\end{pmatrix}\to\begin{pmatrix}1&1&-2\\0&-3&3\\0&-3&3\end{pmatrix}\to\begin{pmatrix}1&1&-2\\0&1&-1\\0&0&0\end{pmatrix}$$

$r(-2\boldsymbol{E}-\boldsymbol{A})=2$，取 $x_3$ 为自由未知量，对应的方程组为 $\begin{cases}x_1+x_2-2x_3=0\\ -x_2+x_3=0\end{cases}$.

求得它的一个基础解系为 $\alpha_3=\begin{pmatrix}1\\1\\1\end{pmatrix}$，所以 $\boldsymbol{A}$ 的属于特征值 $-2$ 的全部特征向量为 $K_3\alpha_3$，其中 $K_3$ 是不为零的常数.

# 习题 8-5

## A. 基本题

1. 求 $\boldsymbol{A}=\begin{pmatrix}0&1&0\\0&0&1\\0&0&0\end{pmatrix}$ 的特征值及对应的特征向量.

2. 求 $\boldsymbol{A}=\begin{pmatrix}2&-2&0\\-2&1&-2\\0&-2&0\end{pmatrix}$ 的特征值及对应的特征向量.

3. 求 $\boldsymbol{A}=\begin{pmatrix}1&2&2\\2&1&-2\\-2&-2&1\end{pmatrix}$ 的特征值及对应的特征向量.

## B. 一般题

4. 若三阶方阵 $\boldsymbol{A}$ 的特征值为 $\lambda_1=6,\lambda_2=\lambda_3=3$，其对应的特征向量为 $\alpha_1=(1,\ 1,\ 1)^{\mathrm{T}}$，$\alpha_2=(-1,\ 0,\ 1)^{\mathrm{T}},\alpha_3=(1,\ -2,\ 1)^{\mathrm{T}}$，求 $\boldsymbol{A},|\boldsymbol{A}^5|$.

### C. 提高题

5. 已知 $\boldsymbol{\alpha}=\begin{pmatrix}1\\1\\-1\end{pmatrix}$是 $\boldsymbol{A}=\begin{pmatrix}2&-1&2\\5&a&3\\-1&b&-2\end{pmatrix}$的一个特征向量，试确定参数 $a$，$b$ 及特征向量 $\boldsymbol{\alpha}$ 所对应的特征值.

## 复习题 8

1. 计算下列行列式.

(1) $\begin{vmatrix}1&2&1\\2&4&2\\10&14&13\end{vmatrix}$；　　(2) $\begin{vmatrix}1&2000&2001&2002\\0&-1&0&2003\\0&0&-1&2004\\0&0&0&2005\end{vmatrix}$.

2. 设

$$D=\begin{vmatrix}1&2&3&4\\3&3&4&4\\1&5&6&7\\1&1&2&2\end{vmatrix}$$

求(1) $\boldsymbol{D}$ 中第二行各元素的代数余子式之和 $A_{21}+A_{22}+A_{23}+A_{24}$；

(2) $\boldsymbol{D}$ 中第三行各元素余子式之和 $M_{31}+M_{32}+M_{33}+M_{34}$.

3. 设 $\boldsymbol{A}=\begin{pmatrix}1&2&1\\2&1&2\\1&2&3\end{pmatrix}$，$\boldsymbol{B}=\begin{pmatrix}4&3&2\\-2&1&-2\\0&-1&0\end{pmatrix}$，

求：(1) $3\boldsymbol{A}-\boldsymbol{B}$；

(2) $2\boldsymbol{A}+3\boldsymbol{B}$；

(3) 若 $\boldsymbol{X}$ 满足 $\boldsymbol{A}+\boldsymbol{X}=\boldsymbol{B}$，求 $\boldsymbol{X}$.

4. 设 $\boldsymbol{A}=\begin{pmatrix}1&1&1\\1&1&-1\\1&-1&1\end{pmatrix}$，$\boldsymbol{B}=\begin{pmatrix}1&2&3\\-1&-2&4\\0&5&1\end{pmatrix}$，求 $3\boldsymbol{AB}-2\boldsymbol{A}$ 及 $\boldsymbol{A}^{\mathrm{T}}\boldsymbol{B}$.

5. 计算

(1) $\begin{pmatrix}3&-2\\5&-4\end{pmatrix}\begin{pmatrix}3&4\\2&5\end{pmatrix}$；　(2) $\begin{pmatrix}4&3&1\\1&-2&3\\5&7&0\end{pmatrix}\begin{pmatrix}7\\2\\1\end{pmatrix}$；

(3) $\begin{pmatrix}2\\1\\3\end{pmatrix}(1,2)$；(4) $(1,2,3)\begin{pmatrix}3\\2\\1\end{pmatrix}$.

6. 设 $\boldsymbol{A}$ 为 $n$ 阶方阵，$n$ 为奇数，且 $\boldsymbol{A}\boldsymbol{A}^{\mathrm{T}}=E$，$|\boldsymbol{A}|=1$，求 $|\boldsymbol{A}-\boldsymbol{E}|$.

7. 判断下列矩阵可逆并求其逆矩阵

(1) $\begin{pmatrix} a & b \\ c & d \end{pmatrix}$，$(ad-bc=1)$；　(2) $\begin{pmatrix} 2 & 2 & 3 \\ 1 & -1 & 0 \\ -1 & 2 & 1 \end{pmatrix}$；　(3) $\begin{pmatrix} 1 & 2 & 3 & 4 \\ 0 & 1 & 2 & 3 \\ 0 & 0 & 1 & 2 \\ 0 & 0 & 0 & 1 \end{pmatrix}$.

8. 设 $\boldsymbol{A}=\begin{pmatrix} 1 & 0 & 1 \\ 0 & 2 & 0 \\ 1 & 0 & 1 \end{pmatrix}$，且 $\boldsymbol{AB}+\boldsymbol{E}=\boldsymbol{A}^2+\boldsymbol{B}$，求 $\boldsymbol{B}$.

9. 解下列矩阵方程

(1) $\begin{pmatrix} 1 & -5 \\ -1 & 4 \end{pmatrix}X=\begin{pmatrix} 3 & 2 \\ 1 & 4 \end{pmatrix}$；

(2) $X\begin{pmatrix} 2 & 1 & -1 \\ 2 & 1 & 0 \\ 1 & -1 & 1 \end{pmatrix}=\begin{pmatrix} 1 & -1 & 3 \\ 4 & 3 & 2 \end{pmatrix}$.

10. 用初等变换求下列方阵的逆阵

(1) $\begin{pmatrix} 3 & 2 & 1 \\ 3 & 1 & 5 \\ 3 & 2 & 3 \end{pmatrix}$；　(2) $\begin{pmatrix} 3 & -2 & 0 & -1 \\ 0 & 2 & 2 & 1 \\ 1 & -2 & -3 & -2 \\ 0 & 1 & 2 & 1 \end{pmatrix}$.

11. 求下列矩阵的秩，并求一个最高阶非零子式

(1) $\begin{pmatrix} 3 & 1 & 0 & 2 \\ 1 & -1 & 2 & -1 \\ 1 & 3 & -4 & 4 \end{pmatrix}$；　(2) $\begin{pmatrix} 1 & -1 & 2 & 1 & 0 \\ 2 & -2 & 4 & 2 & 0 \\ 3 & 0 & 6 & -1 & 1 \\ 0 & 3 & 0 & 0 & 1 \end{pmatrix}$.

12. 设 $\boldsymbol{\alpha}=(2,\ 0,\ -1,\ 3)^{\mathrm{T}}$，$\boldsymbol{\beta}=(1,\ 7,\ 4,\ -2)^{\mathrm{T}}$，$\boldsymbol{\gamma}=(0,\ 1,\ 0,\ 1)^{\mathrm{T}}$

(1) 求 $2\boldsymbol{\alpha}+\boldsymbol{\beta}-3\boldsymbol{\gamma}$；

(2) 若有 $x$，满足 $3\boldsymbol{\alpha}-\boldsymbol{\beta}+5\boldsymbol{\gamma}+2x=0$，求 $x$.

13. 已知矩阵 $\boldsymbol{A}=\begin{pmatrix} 1 & 2 & -1 \\ 2 & 3 & 4 \\ 3 & 5 & 3 \end{pmatrix}$ 与向量 $\boldsymbol{\beta}=(2,\ 9,\ 11)^{\mathrm{T}}$

(1) 写出矩阵 $\boldsymbol{A}$ 的列向量组与行向量组；

(2) $\boldsymbol{\beta}$ 能否用 $\boldsymbol{A}$ 的列向量组线性表示？$\boldsymbol{\beta}^{\mathrm{T}}$ 能否用 $\boldsymbol{A}$ 的行向量组线性表示？若能线性表示，则写出表达式.

14. 判定下列向量组是线性相关还是线性无关？

(1) $\boldsymbol{\alpha}_1=(-1,\ 3,\ 1)^{\mathrm{T}}$，$\boldsymbol{\alpha}_2=(2,\ 1,\ 0)^{\mathrm{T}}$，$\boldsymbol{\alpha}_3=(1,\ 4,\ 1)^{\mathrm{T}}$；

(2) $\boldsymbol{\alpha}_1=(1,\ 1,\ 1)^{\mathrm{T}}$，$\boldsymbol{\alpha}_2=(1,\ 2,\ 3)^{\mathrm{T}}$，$\boldsymbol{\alpha}_3=(1,\ 3,\ 6)^{\mathrm{T}}$.

15. 已知向量组 $\boldsymbol{\alpha}_1=(1,\ 3,\ 2)^{\mathrm{T}}$，$\boldsymbol{\alpha}_2=(2,\ 7,\ a)^{\mathrm{T}}$，$\boldsymbol{\alpha}_3=(0,\ a,\ 5)^{\mathrm{T}}$ 线性无关，求 $a$ 的值.

16. 设向量组 $\boldsymbol{\alpha}_1=(a,\ 3,\ 1)^{\mathrm{T}}$,$\boldsymbol{\alpha}_2=(2,\ b,\ 3)^{\mathrm{T}}$,$\boldsymbol{\alpha}_3=(1,\ 2,\ 1)^{\mathrm{T}}$,$\boldsymbol{\alpha}_4=(2,\ 3,\ 1)^{\mathrm{T}}$ 的秩为 2,求 $a$,$b$.

17. 求下列向量组的秩和一个极大无关组,并将其余向量表示成极大无关组的线性组合.

(1) $\boldsymbol{\alpha}_1=(1,\ -2,\ 3,\ -1)^{\mathrm{T}}$,$\boldsymbol{\alpha}_2=(2,\ -1,\ 1,\ 0)^{\mathrm{T}}$,$\boldsymbol{\alpha}_3=(1,\ -5,\ 8,\ -3)^{\mathrm{T}}$;

(2) $\boldsymbol{\alpha}_1=(3,\ 0,\ 1,\ 2)^{\mathrm{T}}$,$\boldsymbol{\alpha}_2=(1,\ 4,\ 7,\ 2)^{\mathrm{T}}$,

$\boldsymbol{\alpha}_3=(1,\ 10,\ 17,\ 4)^{\mathrm{T}}$,$\boldsymbol{\alpha}_4=(4,\ 1,\ 3,\ 3)^{\mathrm{T}}$.

18. 求下列矩阵的特征值与特征向量.

(1) $\begin{pmatrix}1 & 2 & 3\\ 2 & 1 & 3\\ 3 & 3 & 6\end{pmatrix}$;　　(2) 1 $\begin{pmatrix}1 & 1 & 1 & 1\\ 1 & 1 & -1 & -1\\ 1 & -1 & 1 & -1\\ 1 & -1 & -1 & 1\end{pmatrix}$.

# 第 9 章　概率与统计初步

在自然界和人类的日常生活中，随机现象非常普遍，比如每期福利彩票的中奖号码. 概率论是根据大量同类随机现象的统计规律，对随机现象出现某一结果的可能性做出一种客观的科学判断，对这种出现的可能性做出一种客观的科学判断，并做出数量上的描述；比较这些可能性的大小. 数理统计是应用概率的理论研究大量随机现象的规律性，使人们能从一组样本判定是否能以相当大的概率来保证某一判断是正确的，并可以控制发生错误的概率. 这章将介绍概率与数理统计的基础知识.

## 9.1　随机事件的概率

自然界发生的现象是多种多样的. 有一类现象，在一定条件下必然要发生，例如，向上抛出一块石头必然下落，同性电荷必不相互吸引，等等. 这类现象称为确定性现象. 在自然界还存在着另一类现象，例如，在相同条件下抛同一枚硬币，其结果可能是正面朝上，也可能是反面朝上，并且在每次抛币之前无法肯定抛掷的结果是什么；用同一门炮向同一目标射击，各次弹着点不尽相同，在一次射击之前无法预测弹着点的确切位置. 这类现象在一定的条件下可能出现这样的结果，也可能出现那样的结果，而在试验或观察之前不能预知确切的结果. 但人们经过长期实践并深入研究之后，发现这类现象在大量重复试验或观察之下，它的结果却呈现出某种规律性. 多次重复抛一枚硬币，得到正面朝上的次数大致有一半；同一门炮射击一定目标的弹着点按一定的规律分布等等. 我们把这种在大量重复试验或观测下，其结果所呈现出的固有规律性，称为统计规律性. 而把这种在个别试验中呈现出不确定性，在大量重复试验中其结果又具有统计规律性的现象，称之为**随机现象**.

概率统计的理论与方法的应用是很广泛的，几乎遍及所有科学技术领域、工农业生产和国民经济中. 例如，使用概率统计方法可以进行气象预报、水文预报及地震预报、产品的抽样验收；在研制新产品时，为寻求最佳生产方案可用以进行试验设计和数据处理；在可靠性工程中，使用概率统计方法可以给出元件或系统的使用可靠性及平均寿命的估计；在自动控制中用以给出数学模型以便通过计算机控制工业生产；在通信工程中可用以提高信号的抗干扰性和分辨率等等.

### 9.1.1　随机事件的概念、关系和运算

我们遇到过各种试验，在这里我们把试验作为一个含义广泛的术语，它包括各种各样的科学实验，甚至对某一事物的某一特征的观察也认为是一种试验. 下面举一些试验的例子.

$E_1$:抛一枚硬币，观察正面 $H$，反面 $T$ 出现的情况.

$E_2$:将一枚硬币抛掷三次，观察正面 $H$，反面 $T$ 出现的情况.

$E_3$:将一枚硬币抛掷三次，观察出现正面 $H$ 的次数.

$E_4$:抛一颗骰子，观察出现的点数.

$E_5$:记录每分钟进入义乌市场的人数.

$E_6$:在一批液晶显示器中任意抽取一台，测试它的使用寿命.

上面举出了六个试验的例子，它们有着共同的特点.例如，试验 $E_1$ 有两种可能的结果，出现 $H$ 或者出现 $T$，且这个试验可以在相同条件下重复地进行.又如试验 $E_6$，我们知道显示器的寿命(以小时计)$t\geqslant 0$，但在测试之前不能确定它的寿命有多长，这一试验也可以在相同条件下重复地进行.概括起来，这些试验具有以下的特点：

(1) 可以在相同的条件下重复地进行；

(2) 试验的所有可能结果是事先知道的，而且不止一个；

(3) 进行一次试验之前不能确定哪一个结果会出现.

在概率论中，我们将具有上述特点的试验称为**随机试验**，以后提到的试验都是随机试验.

对于随机试验，尽管在每次试验之前不能预知试验的结果，但试验的所有可能结果组成的集合是已知的.我们将随机试验 $E$ 的所有可能结果组成的集合称为 $E$ 的**样本空间**，记为 $S$.样本空间的元素，即 $E$ 的每个结果，称为**样本点**.

**【例 9-1-1】** 写出前面试验 $E_k(k=1,2,\cdots,6)$ 的样本空间 $S_k$.

**解** $S_1$: $\{H, T\}$；

$S_2$:$\{HHH,HHT,HTH,THH,HTT,THT,TTH,TTT\}$；

$S_3$:$\{0,1,2,3\}$；

$S_4$:$\{1,2,3,4,5,6\}$；

$S^5$:$\{0,1,2,3\cdots\}$；

$S^6$:$\{t|t\geqslant 0\}$.

在实际中，在进行随机试验时，人们常常关心满足某种条件的那些样本点所组成的集合.例如，若规定某种显示器的寿命(小时)小于 5000 为次品，则在 $E_6$ 中关心显示器的寿命是否 $t\geqslant 5000$.满足这一条件的样本点组成 $S_6$ 的一个：$A=\{t|t\geqslant 5000\}$，我们称 $A$ 为试验 $E_6$ 的一个随机事件.显然，当且仅当子集:$A$ 中的一个样本点出现时，有 $t\geqslant 5000$.

一般称试验 $E$ 的样本空间 $S$ 的子集为 $E$ 的**随机事件**,简称事件.在每次试验中,当且仅当这一子集中的一个样本点出现时，称这一事件发生.

特别，由一个样本点组成的单点集，称为**基本事件**.例如，试验 $E_1$ 有两个基本事件 $\{H\}$和$\{T\}$；试验 $E_4$ 有 6 个基本事件$\{1\},\{2\},\cdots,\{6\}$.

样本空间 $S$ 包含所有的样本点，它是 $S$ 自身的子集，在每次试验中它总是发生的，称为**必然事件**.空集$\varnothing$不包含任何样本点，它也作为样本空间的子集，它在每次试验中都不发生，称为**不可能事件**.

下面还是以前面试验为例.

在 $E_2$ 中事件 $A_1$:“第一次出现的是 $H$”，即 $A_1=\{HHH,HHT,HTH,HTT\}$.事件 $A_2$:“三次出现同一面”，即 $A_2=\{HHH,TTT\}$.

在 $E_6$ 中，事件 $A_3$:“寿命小于 10000 小时”，即 $A_3=\{t|0\leqslant t<10000\}$.

一个样本空间 $\Omega$ 中，可以有很多的随机事件. 概率论的任务之一，是研究随机事件发生的可能性的大小. 为此，下面引进事件之间的一些重要关系和运算，通过研究事件间的各种关系，进而研究事件间的概率的各种关系，就有可能利用较简单事件的概率去推算较复杂的事件的概率.

设试验 $E$ 的样本空间为 $S$，而 $A,B,A_k(k=1,2,\cdots)$ 是 $S$ 的子集.

(1) 事件的包含与相等：若事件 $A$ 发生必然导致事件 $B$ 发生，则称事件 $B$ 包含事件 $A$，记为 $B\supset A$ 或者 $A\subset B$；若 $A\subset B$ 且 $B\subset A$ 即 $A=B$，则称事件 $A$ 与事件 $B$ 相等.

(2) 事件的和：事件 $A$ 与事件 $B$ 至少有一个发生的事件称为事件 $A$ 与事件 $B$ 的和事件，记为 $A\cup B$. 事件 $A\cup B$ 发生意味着：或事件 $A$ 发生，或事件 $B$ 发生，或事件 $A$ 与事件 $B$ 都发生.

事件的和可以推广到多个事件的情景，设有 $n$ 个事件 $A_1,A_2,\cdots,A_n$，定义它们的和事件为 $\{A_1,A_2,\cdots,A_n$ 中至少有一个发生$\}$，记为 $\bigcup\limits_{k=1}^{n}A_i$.

(3) 事件的积：事件 $A$ 与事件 $B$ 都发生的事件称为事件 $A$ 与事件 $B$ 的积事件，记为 $A\cap B$，也简记为 $AB$. 事件 $A\cap B$(或 $AB$)发生意味着事件 $A$ 发生且事件 $B$ 也发生，即 $A$ 与 $B$ 都发生.

类似地，可以定义 $n$ 个事件 $A_1,A_2,\cdots,A_n$ 的积事件 $\bigcap\limits_{k=1}^{n}A_i=\{A_1,A_2,\cdots,A_n$ 都发生$\}$.

(4) 事件的差：事件 $A$ 发生而事件 $B$ 不发生的事件称为事件 $A$ 与事件 $B$ 的差事件，记为 $A-B$

(5) 互斥事件：若事件 $A$ 与事件 $B$ 不能同时发生，即 $AB=\Phi$，则称事件 $A$ 与事件 $B$ 是互斥的，或互不相容的. 若事件 $A_1,A_2,\cdots,A_n$ 中的任意两个都互斥，则称这些事件是两两互斥的.

(6) 对立事件："$A$ 不发生"的事件称为事件 $A$ 的对立事件(或逆事件)，记为 $\bar{A}$. $A$ 和 $\bar{A}$ 满足：$A\cup\bar{A}=S$，$A\bar{A}=\Phi$，$\bar{\bar{A}}=A$.

(7) 事件运算满足的定律：设 $A,B,C$ 为事件，则有

交换律：$A\cup B=B\cup A$，$AB=BA$；

结合律：$(A\cup B)\cup C=A\cup(B\cup C)$，$(AB)C=A(BC)$；

分配律：$(A\cup B)C=(AC)\cup(BC)$，$(AB)\cup C=(A\cup C)(B\cup C)$；

对偶律：$\overline{A\cup B}=\bar{A}\cap\bar{B}$，$\overline{A\cap B}=\bar{A}\cup\bar{B}$.

这些运算律和集合的运算律是一致的.

**【例 9-1-2】**　在【例 9-1-1】中有

$$A_1\cup A_2=\{HHH,HHT,HTH,HTT,TTT\},$$
$$A_1\cap A_2=\{HHH\},$$
$$A_2-A_1=\{TTT\},$$
$$\overline{A_1\cup A_2}=\{THT,TTH,THH\}.$$

**【例 9-1-3】**　向指定目标射三枪，观察射中目标的情况. 用 $A_1,A_2,A_3$ 分别表示事件"第一、二、三枪击中目标"，试用 $A_1,A_2,A_3$ 表示以下各事件：

(1) 只击中第一枪；(2) 只击中一枪；(3) 三枪都没击中；(4) 至少击中一枪.

**解**　(1) 事件"只击中第一枪"，意味着第二枪不中，第三枪也不中. 所以可以表示成

$A_1\overline{A_2}\,\overline{A_3}$.

(2) 事件“只击中一枪”，并不指定哪一枪击中，三个事件“只击中第一枪”、“只击中第二枪”、“只击中第三枪”中，任意一个发生，都意味着事件“只击中一枪”发生. 同时，因为上述三个事件互不相容，所以可以表示成 $A_1\overline{A_2}\,\overline{A_3}+\overline{A_1}A_2\overline{A_3}+\overline{A_1}\,\overline{A_2}A_3$.

(3) 事件“三枪都没击中”，就是事件“第一、二、三枪都未击中”. 所以可以表示成 $\overline{A_1}\,\overline{A_2}\,\overline{A_3}$.

(4) 事件“至少击中一枪”，就是事件“第一、二、三枪至少有一次击中”，所以可以表示成 $A_1\cup A_2\cup A_3$ 或 $A_1\overline{A_2}\,\overline{A_3}+\overline{A_1}A_2\overline{A_3}+\overline{A_1}\,\overline{A_2}A_3+A_1A_2\overline{A_3}+A_1\overline{A_2}A_3+\overline{A_1}A_2A_3+A_1A_2A_3$.

### 9.1.2 随机事件的概率

除必然事件和不可能事件外，对于一个事件来说，它在一次试验中可能发生，也可能不发生，常常希望知道某些事件在一次试验中发生的可能性有多大. 例如，为了确定河堤的高度，就要知道河流在造河堤地段每年最大洪水达到某一高度这一事件发生的可能性大小. 因此需要找到一个合适的数来表示事件在一次试验中发生的可能性大小——概率.

**1. 概率的统计定义**

**定义 9-1-1** 在相同的条件下，进行了 $n$ 次试验，在这 $n$ 次试验中，事件 $A$ 发生的次数 $n_A$ 称为事件 $A$ 发生的频数. 比值$\frac{n_A}{n}$称为事件 $A$ 发生的频率，并记成 $f_n(A)$.

由定义，易见频率具有下述基本性质：

(1) $0\leqslant f_n(A)\leqslant 1$；

(2) $f_n(S)=1$ ；

由于事件 $A$ 发生的频率是它发生的次数与试验次数之比，其大小表示 $A$ 发生的频繁程度. 频率越大，事件 $A$ 发生越频繁，这意味着 $A$ 在一次试验中发生的可能性越大. 直观的想法是用频率来表示 $A$ 在一次试验中发生的可能性的大小. 但是否可行，先看下面的例子.

**【例 9-1-4】** 在同样条件下，多次抛一硬币，考查“正面朝上”的次数(表 9-1).

**表 9-1**

| 投掷次数 $n$ | 出现正面次数 $n_A$ | 频率 $\frac{n_A}{n}$ |
|---|---|---|
| 2048 | 1061 | 0.5180 |
| 4040 | 2048 | 0.5068 |
| 12000 | 6019 | 0.5016 |
| 24000 | 12012 | 0.5005 |

分析:【例 9-1-4】中，频率在 0.5 附近摆动，当 $n$ 增大时，逐渐稳定于 0.5;这就是说，当试验次数充分多时，事件 $A$ 出现的频率常在一个确定的数值附近摆动. 当 $n$ 较小时，频率 $f_n(A)$ 在 0 与 1 之间随机波动，其幅度较大，当 $n$ 逐渐增大时，频率 $f_n(A)$ 逐渐稳定于某个常数. 在 $n$ 次试验中，事件 $A$ 出现的次数 $n_A$ 不确定，因而事件 $A$ 的频率$\frac{n_A}{n}$也不确定. 但是当试验重复多次时，事件 $A$ 出现的频率具有一定的稳定性. 因而，当 $n$ 较小时用频率来表示事件发生的可能性大小显然是不合适的. 对于每一个事件 $A$ 都有这样一个客观存在的常数与之对应，这种“频率稳定性”即通常所说的统计规律性.

但是，在实际中，不可能对每一个事件都做大量的试验，从中得到频率的稳定值.同时，为了理论研究的需要，从频率的稳定性和频率的性质得到启发，可以给出如下度量事件发生可能性大小的频率的定义.

**定义 9-1-2**　在一个随机试验中，如果随着试验次数的增大，事件 $A$ 发生的频率$\frac{n_A}{n}$稳定地在某一常数 $p$ 附近摆动，则称事件 $A$ 发生的概率为 $p$，记作 $P(A)=p$. 这就是概率的**统计定义**.

数值 $p$，就是在一次试验中对事件 $A$ 发生的可能性大小的数量描述. 例如，在【例 9-1-4】中用 0.5 来描述掷一枚匀称硬币“正面朝上”出现的可能性；在【例 9-1-5】中用$\frac{2}{3}$来描述摸出的一个乒乓球是白球出现的可能性.

由概率的定义，可以推得概率的一些重要性质.

**性质 1**　$P(\varnothing)=0$.

**性质 2**　若 $A_1,A_2,\cdots,A_n$ 是两两互不相容的事件，则有

$$P(A_1\cup A_2\cup\cdots\cup A_n)=P(A_1)+P(A_2)+\cdots+P(A_n)$$

称为概率的有限可加性.

**性质 3**　设两个事件，若 $A\subset B$，则有

$$P(B-A)=P(B)-P(A)$$
$$P(B)\geqslant P(A)$$

**性质 4**　对于任一事件 $A$，$P(A)\leqslant 1$.

**性质 5**　对于任一事件 $A$，有 $P(\bar{A})=1-P(A)$.

**性质 6**　对于任意两事件 $A$，$B$ 有 $P(A\cup B)=P(A)+P(B)-P(AB)$.

**【例 9-1-5】**　设事件 $A$、$B$ 的概率分别为$\frac{1}{3}$、$\frac{1}{2}$，在下列三种情况下分别求 $P(B\bar{A})$的值：(1) $A$ 与 $B$ 互斥；(2) $A\subset B$；(3) $P(AB)=\frac{1}{8}$.

**解**　由性质(5)$P(B\bar{A})=P(B)-P(AB)$，

(1) 因为 $A$ 与 $B$ 互斥，所以 $AB=\Phi$，$P(B\bar{A})=P(B)-P(AB)=P(B)=\frac{1}{2}$；

(2) 因为 $A\subset B$，所以 $P(B\bar{A})=P(B)-P(AB)=P(B)-P(A)=\frac{1}{2}-\frac{1}{3}=\frac{1}{6}$；

(3) $P(B\bar{A})=P(B)-P(AB)=\frac{1}{2}-\frac{1}{8}=\frac{3}{8}$.

**2. 古典概型**

对于某些随机事件，不必通过大量的试验去确定它的概率，而是通过研究它的内在规律去确定它的概率.

观察“投掷硬币”、“掷骰子”等试验，发现它们具有下列特点：

(1) 试验结果的个数是有限的，即基本事件的个数是有限的. 如“投掷硬币”试验的结果只有 2 个：{正面向上}和{反面向上}；

(2) 每个试验结果出现的可能性相同，即每个基本事件发生的可能性是相同的. 如“投掷

硬币”试验中出现{正面向上}和{反面向上}的可能性都是$\frac{1}{2}$；

(3) 在任一试验中，只能出现一个结果，也就是有限个基本事件是两两互斥的. 如“投掷硬币”试验出现{正面向上}和{反面向上}是互斥的.

满足上述条件的试验模型称为古典概型. 根据古典概型的特点，我们可以定义任一随机事件 $A$ 的概率.

**定义 9-1-3** 如果古典概型中的所有基本事件的个数是 $n$，事件 $A$ 包含的基本事件的个数是 $m$，则事件 $A$ 的概率为 $P(A)=\frac{m}{n}$.

概率的这种定义，称为概率的古典定义.

古典概率具有如下性质：

性质 1 对任一事件 $A$，有 $0\leqslant P(A)\leqslant 1$；

性质 2 $P(S)=1$，$P(\varnothing)=0$；

性质 3 对两个互斥的事件 $A,B$，有 $P(A+B)=P(A)+P(B)$；

性质 4 设事件 $A,B$ 满足 $A\subset B$，那么有 $P(A)\leqslant P(B)$.

古典概型是等可能概型，实际中古典概型的例子很多. 例如：袋中摸球；产品质量检查等试验，都属于古典概型.

**【例 9-1-6】** 设盒中有 8 个球，其中红球 3 个，白球 5 个.

(1) 若从中随机取出一球，用 $A$ 表示{取出的是红球}，$B$ 表示{取出的是白球}，求 $P(A)$，$P(B)$；

(2) 若从中随机取出两球，用 $C$ 表示{两个都是白球}，$D$ 表示{一红一白}，求 $P(C)$，$P(D)$；

(3) 若从中随机取出 5 球，设 $E$ 表示{取到的 5 个球中恰有 2 个白球}，求 $P(E)$.

**解** (1) 从 8 个球中随机取出 1 个球，取出方式有 $C_8^1$ 种，即基本事件的总数为 $C_8^1$，事件 $A$ 包含的基本事件的个数为 $C_3^1$，事件 $B$ 包含的基本事件的个数为 $C_5^1$. 故

$$P(A)=\frac{C_3^1}{C_8^1}=\frac{3}{8},\quad P(B)=\frac{C_5^1}{C_8^1}=\frac{5}{8}$$

(2) 从 8 个球中随机取出 2 个球，基本事件的总数为 $C_8^2$，事件 $C$ 包含的基本事件的个数为 $C_5^2$，事件 $D$ 包含的基本事件的个数为 $C_3^1C_5^1$. 故

$$P(C)=\frac{C_5^2}{C_8^2}=\frac{5\times 4}{2\times 1}\cdot\frac{2\times 1}{8\times 7}=\frac{5}{14}\approx 0.357$$

$$P(D)=\frac{C_3^1C_5^1}{C_8^2}=\frac{3\times 5\times 2\times 1}{8\times 7}=\frac{15}{28}\approx 0.536$$

读者可以自己算一算取出 2 个都是红球的概率是多少.

(3) 从 8 个球中任取 5 个球，基本事件的总数为 $C_8^5$，{取到的 5 个球中恰有 2 个白球}包含的基本事件的个数为 $C_3^3\times C_5^2$. 故

$$P(E)=\frac{C_3^3\times C_5^2}{C_8^5}=\frac{1\times 5\times 4}{2\times 1}\times\frac{5\times 4\times 3\times 2\times 1}{8\times 7\times 6\times 5\times 4}\approx 0.179$$

### 9.1.3 几类常见的概率问题

#### 1. 条件概率

在实际问题中，常常会遇到这样的问题：在已知事件 $A$ 发生的条件下，求事件 $B$ 发生的

概率.这时，因为求 $B$ 的概率是在已知 $A$ 发生的条件下，所以称为在事件 $A$ 发生的条件下事件 $B$ 发生的条件概率，记为 $P(B|A)$.

**定义 9-1-4** 设 $A,B$ 是随机试验的两个事件，且 $P(A)\neq 0$，称 $P(B|A)=\dfrac{P(AB)}{P(A)}$ 为在事件 $A$ 发生的条件下事件 $B$ 发生的**条件概率**.

**【例 9-1-7】** 设大熊猫能活 20 年以上的概率为 80%，活 25 年以上的概率为 40%，现有一只成活 20 年的大熊猫，问它能活 25 年以上的概率?

**解** 设事件 $A=\{$能活 20 岁以上$\}$;事件 $B=\{$能活 25 岁以上$\}$.按题意，$P(A)=0.8$,由于 $B\subset A$,因此 $P(AB)=P(B)=0.4$,由条件概率有 $P(B|A)=\dfrac{P(AB)}{P(A)}=\dfrac{0.4}{0.8}=0.5$.

**2. 乘法公式**

由条件概率的定义容易推得概率的

乘法公式 设 $P(A)\neq 0$，则有 $P(AB)=P(A)P(B|A)$

将 $A$，$B$ 的位置对换，则得乘法公式的另一种形式

$$P(AB)=P(B)P(A|B)(P(B)\neq 0)$$

利用乘法公式可以计算积事件的概率，乘法公式可以推广到 $n$ 个事件的情形：若 $P(A_1A_2\cdots A_n)>0$，则 $P(A_1A_2\cdots A_n)=P(A_1)P(A_2|A_1)\cdots P(A_n|A_1\cdots A_{n-1})$.

**【例 9-1-8】** 在一箱由 90 件正品，3 件次品组成的保暖内衣中，不放回接连抽取两件产品,问第一件取正品，第二件取次品的概率.

**解** 设事件 $A=\{$第一件取正品$\}$，事件 $B=\{$第二件取次品$\}$.按题意，$P(A)=\dfrac{90}{93}$，$P(B|A)=\dfrac{3}{92}$，由乘法公式 $P(AB)=P(A)P(B|A)=\dfrac{90}{93}\times\dfrac{3}{92}=0.0315$.

**3. 全概率公式**

为了计算复杂事件的概率,经常把一个复杂事件分解为若干个互不相容的简单事件的和，通过分别计算简单事件的概率，来求得复杂事件的概率.

全概率公式:$A_1,A_2,\cdots,A_n$ 为样本空间 $S$ 的一个事件组，且满足：

(1) $A_1,A_2,\cdots,A_n$ 互不相容，且 $P(A_i)>0(i=1,2,\cdots,n)$；

(2) $A_1\cup A_2\cup\cdots\cup A_n=S$，则对 $S$ 中的任意一个事件 $B$ 都有：

$$P(B)=P(A_1)P(B|A_1)+P(A_2)P(B|A_2)+\cdots+P(A_n)P(B|A_n)$$

**【例 9-1-9】** 七人轮流抓阄，抓一张参观票，问第二人抓到的概率?

**解** 设 $A_i=\{$第 $i$ 人抓到参观票$\}(i=1,2)$，

于是 $$P(A_1)=\frac{1}{7},P(\overline{A_1})=\frac{6}{7},P(A_2|A_1)=0,P(A_2|\overline{A_1})=\frac{1}{6}$$

由全概率公式 $P(A_2)=P(A_2A_1)+P(A_2\bar{A}_1)=P(A_1)P(A_2|A_1)+P(\overline{A_1})P(A_2|\overline{A_1})=\dfrac{1}{7}$

我们可以看到，第一个人和第二个人抓到参观票的概率一样；事实上，每个人抓到的概率都一样，这就是“抓阄不分先后原理”.

**【例 9-1-10】** 设一仓库有一批产品，已知其中 50%、30%、20%依次是甲、乙、丙厂生产的,且甲、乙、丙厂生产的次品率分别为 $\dfrac{1}{10},\dfrac{1}{15},\dfrac{1}{20}$，现从这批产品中任取一件，求取得正品的

概率.

**解** 以 $A_1,A_2,A_3$ 表示诸事件"取得的这箱产品是甲、乙、丙厂生产"；以 $B$ 表示事件"取得的产品为正品"，于是

$$P(A_1)=0.5,P(A_2)=0.3,P(A_3)=0.2,P(B|A_1)=\frac{9}{10},P(B|A_2)=\frac{14}{15},P(B|A_3)=\frac{19}{20}$$

由全概率公式有 $P(B)=P(A_1)P(B|A_1)+P(A_2)P(B|A_2)+P(A_3)P(B|A_3)=0.92$.

**4. 贝叶斯公式**

设 $B$ 是样本空间 $S$ 的一个事件，$A_1,A_2,\cdots,A_n$ 为 $S$ 的一个事件组，且满足：

(1) $A_1,A_2,\cdots,A_n$ 互不相容，且 $P(A_i)>0(i=1,2,\cdots,n)$；(2)$A_1\cup A_2\cup\cdots\cup A_n=S$.

则
$$P(A_k|B)=\frac{P(A_kB)}{P(B)}=\frac{P(A_k)P(B|A_k)}{P(A_1)P(B|A_1)+\cdots+P(A_n)P(B|A_n)}$$

这个公式称为**贝叶斯公式**,也称为后验公式.

**【例 9-1-11】** 发报台分别以概率 0.6 和 0.4 发出信号"."和"—",由于通信系统受到干扰，当发出信号"."时，收报台未必收到信号"."，而是分别以 0.8 和 0.2 收到"."和"—"；同样，发出"—"时分别以 0.9 和 0.1 收到"—"和".". 求如果收报台收到"."，它没收错的概率.

**解** 设 $A=\{$发报台发出信号"."$\}$，$\bar{A}=\{$发报台发出信号"—"$\}$，$B=\{$收报台收到"."$\}$，$\bar{B}=\{$收报台收到"—"$\}$；于是，$P(A)=0.6$，$P(\bar{A})=0.4$，$P(B|A)=0.8$，$P(\bar{B}|A)=0.2$，$P(B|\bar{A})=0.1$，$P(\bar{B}|\bar{A})=0.9$；由贝叶斯公式有

$$P(A|B)=\frac{P(AB)}{P(B)}=\frac{P(A)P(B|A)}{P(A)P(B|A)+P(\bar{A})P(B|\bar{A})}=\frac{0.6\times0.8}{0.6\times0.8+0.4\times0.1}=\frac{12}{13}$$

所以没收错的概率为$\frac{12}{13}$.

# 习题 9-1

## A. 基本题

1. 将一枚均匀的硬币抛两次,事件 $A,B,C,C$ 分别表示"第一次出现正面","两次出现同一面","至少有一次出现正面",试写出样本空间及事件 $A,B,C$ 的样本点.

2. 设 $P(A)=0.1,P(A\cup B)=0.3$,且 $A$ 与 $B$ 互不相容,求 $P(B)$.

## B. 一般题

3. 10 个人中有一对夫妇,他们随意坐在一张圆桌周围,求该对夫妇正好坐在一起的概率.

4. 从 5 双不同的鞋子中任取 4 只,问这 4 只鞋子中至少有两只配成一双的概率是多少?

5. 设 10 件产品中有 4 件不合格品,从中任取 2 件,已知所取 2 件产品中有 1 件不合格品,求另一件也是不合格品的概率.

# 9.2　随机变量及其应用

在随机现象中，有很大一部分问题与实数之间存在着某种客观的联系. 例如，在产品检验问题中，我们关心的是抽样中出现的废品数；在车间供电问题中，我们关心的是某时期正在工作的车床数；在电话问题中，我们关心的是某一段时间内的话务量等. 对于这类随机现象，其试验结果显然可以用数值来描述，并且随着试验的结果不同而取不同的数值. 然而，有些初看起来与数值无关的随机现象，也常常能联系数值来描述. 比如，在投硬币问题中，每次实验出现的结果为正面或反面，与数值没有联系，但我们可以通过指定数“1”代表正面，“0”代表反面. 为了计算 $n$ 次投掷中出现的正面的次数，就只需计算其中“1”出现的次数了，从而使这一随机试验的结果与数值发生联系.

不管随机试验的结果是否具有数量的性质，我们都可以建立一个样本空间和实数空间的对应关系，使之与数值发生联系. 为了全面研究随机试验的结果，揭示随机现象的统计规律性，我们将随机试验的结果与实数对应起来，将随机试验的结果数量化，引入随机变量的概念.

## 9.2.1　随机变量

前面讨论过不少随机试验，其中有些试验的结果就是数量，有些虽然本身不是数量，但可以用数量来表示试验的结果.

**【例 9-2-1】** 从一批废品率为 $p$ 的产品中有放回地抽取 $n$ 次，每次取一件产品，记录取到废品的次数，这一试验的样本空间为 $S=\{1,2,\cdots,n\}$. 如果用 $X$ 表示取到废品的次数，那么，$X$ 的取值依赖于实验结果，当实验结果确定了，$X$ 的取值也就随之确定了. 比如，进行了一次这样的随机试验，试验结果 $\omega=1$，即在 $n$ 次抽取中，只有一次取到了废品，则 $X=1$.

**【例 9-2-2】** 掷一枚匀称的硬币，观察正面、背面的出现情况，这一试验的样本空间为 $S=\{H,T\}$. 其中 $H$ 表示“正面朝上”，$T$ 表示“背面朝上”. 如果引入变量 $X$，对实验的两个结果，将 $X$ 的值分别规定为 1 和 0，即：$X=\begin{cases}1, & \text{当出现 } H \text{ 时} \\ 0, & \text{当出现 } T \text{ 时}\end{cases}$.

一旦实验的结果确定了，$X$ 的取值也就随之确定了.

从上述两个例子可以看出：无论随机试验的结果本身与数量有无联系，我们都能把实验的结果与实数对应起来，即可把实验的结果数量化. 由于这样的数量依赖实验的结果，而对随机试验来说，在每次试验之前无法断言会出现何种结果，因而也就无法确定它会取什么值. 即它的取值具有随机性，称这样的变量为随机变量. 事实上，随机变量就是随着试验结果的不同而变化的量. 因此可以说，随机变量是随机试验结果的函数. 可以把【例 9-2-1】中的 $X$ 写成 $X=X(\omega)=\omega$，其中 $\omega=\{0,1,2,\cdots,n\}$，把【例 9-2-2】中的 $X$ 写成

$$X=X(\omega)=\begin{cases}1, & \text{当 } \omega=H \text{ 时} \\ 0, & \text{当 } \omega=T \text{ 时}\end{cases}$$

**定义 9-2-1** 设 $E$ 为一随机试验，$S$ 为它的样本空间，若 $X=X(\omega),\omega\in S$，为单值实函数，且对于任意实数 $X$，集合 $\{\omega|X(\omega)\leqslant x\}$ 都是随机事件，则称 $X$ 为**随机变量**. 随机变量主要有离散型随机变量和连续型随机变量两大类型.

随机变量与普通实函数这两个概念既有联系又有区别.它们都是从一个集合到另一个集合的映射.它们的区别主要在于:普通实函数无须做试验便可依据自变量的值确定函数值,而随机变量的取值在做试验之前是不确定的，只有在做了试验之后，依据所出现的结果才能确定.定义中要求对任一实数 $x$，$\{\omega|X(\omega)\leqslant x\}$都是事件，这说明并非任何定义在 $S$ 上的函数都是随机变量.

根据随机变量的取值情况，可以把随机变量分为两类：离散型随机变量和非离散型随机变量.若随机变量 $X$ 的所有可能取值是可以一一列举出来的(即取值是可列个)，则称 $X$ 是离散型随机变量.如【例 9-2-1】中次品数取值是 0,1,2,…，可列个值，是离散型随机变量.非离散型随机变量的范围很广，其中最重要的是连续型随机变量.若随机变量 $X$ 的所有取值不能一一列举出来的，而是依照一定的概率规律在数轴上的某个区间上取值的，则称 $X$ 为连续型随机变量.

### 9.2.2 常见离散型随机变量

**定义 9-2-2** 设离散型随机变量 $X$ 的所有取值为 $x_1,x_2,\cdots,x_n,\cdots$,且 $X$ 取这些值的概率为：$P(X=x_k)=p_k(k=1,2,\cdots,n,\cdots)$，则称上述一系列等式为随机变量 $X$ 的**概率分布**.

为了直观起见，有时将 $X$ 的取值及其对应的概率列表如表 9-2 所示.

**表 9-2**

| $X$ | $x_1$ | $x_2$ | …… | $x_n$ | … |
|---|---|---|---|---|---|
| $P$ | $p_1$ | $p_2$ | …… | $p_n$ | … |

称此表为离散型随机变量 $X$ 的概率分布表，下式

$$P(X=x_k)=p_k(k=1,2,\cdots,n,\cdots)$$

和概率分布表都称为离散型随机变量 $X$ 的分布率.

由概率的定义知，离散型随机变量 $X$ 的概率分布具有以下两个性质：

(1) $p_k\geqslant 0,(k=1,2,\cdots,n,\cdots)$；(非负性)

(2) $\sum\limits_{k=1} p_k=1$.(归一性)

这里当 $X$ 取有限个值 $n$ 时，记号为 $\sum\limits_{k=1}^{n}$，当 $X$ 取无限可列个值时,记号为 $\sum\limits_{k=1}^{\infty}$.

**【例 9-2-3】** 设袋中装有 6 个球，编号为{−1，2，2，2，3，3}，从袋中任取一球，求取到的球的号 $X$ 的分布率.

**解** 因为 $X$ 可取的值为−1,2,3,而且 $P(X=-1)=\dfrac{1}{6}$,$P(X=3)=\dfrac{1}{3}$,

$P(X=2)=\dfrac{1}{2}$，所以 $X$ 的分布律如表 9-3 所示.

**表 9-3**

| $X$ | −1 | 2 | 3 |
|---|---|---|---|
| $p_k$ | $\frac{1}{6}$ | $\frac{1}{2}$ | $\frac{1}{3}$ |

下面介绍几种常用的离散型随机变量的概率分布(简称分布).

**1. 两点分布**

如果随机变量 $X$ 只可能取 0 和 1 两个值，且它的概率分布为

$$P(X=k)=p^k\ (1-p)^{1-k},k=0,1(0<p<1)$$

则称 $X$ 服从两点分布(或 0－1 分布),两点分布的概率分布表如表 9-4 所示.

**表 9-4**

| $X$ | 1 | 0 |
|---|---|---|
| $P$ | $P$ | $1-p$ |

**2. 二项分布**

设在一次试验中只考虑两个互逆的结果:$A$ 或非 $A$，或者形象地把两个互逆结果称为“成功”和“失败”. 再设我们重复地进行 $n$ 次独立试验(“重复”是指试验中各次试验条件相同)，每次试验成功的概率都是 $p$，失败的概率都是 $q=1-p$. 这样的 $n$ 次独立重复试验称作 $n$ 重贝努里试验，简称**贝努里试验**或贝努里概型，且有 $P_n(k)=C_n^k p^k q^{n-k}\quad k=0,1,\cdots,n,0<p<1,q=1-p$. 二项分布描述的是 $n$ 重贝努里试验中出现“成功”次数 $X$ 的概率分布.

如果随机变量 $X$ 只可能取的值为 $0,1,2,\cdots,n$,它的分布列为

$$P(X=k)=C_n^k p^k q^{n-k}(k=0,1,2,\cdots,n)$$

其中 $0<p<1,q=1-p$，则称 $X$ 服从参数为 $n,p$ 的二项分布，记为 $X\sim B(n,p)$.

二项分布常适用于产品检查、婴儿性别调查等. 当 $n=1$ 时,二项分布就是两点分布.

**【例 9-2-4】** 某车间有 8 台 5.6 千瓦的车床，每台车床由于工艺上的原因，常要停车. 设各车床停车是相互独立的，每台车床平均每小时停车 12 分钟. 求

(1 )在某一指定的时刻车间恰有两台车床停车的概率；

(2) 全部车床用电超过 30 千瓦的可能有多大?

**解** 由于每台车床使用是独立的，而且每台车床只有开车与停车两种情况，停车的概率为 $\frac{12}{60}=0.2$，因此，这是一个 8 重贝努里试验. 若用 $X$ 表示任意时刻同时工作的车床数，则 $X\sim B(8,0.8)$，其分布律为 $P(X=k)=C_8^k\ (0.8)^k\ (0.2)^{8-k}(k=0,1,2,\cdots,8)$.

(1) 所求概率为 $P(X=6)=C_8^6\ (0.8)^6\ (0.2)^2\approx 0.2936$.

(2) 由于 30 千瓦的电量只能供 5 台车床同时工作，“用电超过 30 千瓦”意味着有 6 台或 6 台以上的车床同时工作. 这一事件的概率为

$$\begin{aligned}P(X\geqslant 6)&=P(X=6)+P(X=7)+P(X=8)\\&=C_8^6\ (0.2)^2\ (0.8)^6+C_8^7\ (0.2)^1\ (0.8)^7+C_8^8\ (0.2)^0\ (0.8)^8\approx 0.7968\end{aligned}$$

**3. 泊松分布**

如果随机变量 $X$ 的取值为 $0,1,2,\cdots$,其相应的概率为

$$P(X=k)=\frac{\lambda^k}{k!}e^{-\lambda}(k=0,1,2,\cdots,\lambda>0)$$

则称 $X$ 服从参数为 $\lambda$ 的泊松分布，记为 $X\sim p(\lambda)$.

泊松分布在各领域中有着广泛的应用，例如某段时间内电话机接到的呼叫次数；候车的乘客数;单位时间内走进商店的顾客数；放射性物质在某段时间内放射的粒子数；纺纱机的

断头数；某页书上的印刷错误的个数等等都可以用泊松分布来描述. 前面已知当 $n$ 较大、$p$ 很小，且 $np$ 是一个大小适当的数(通常 $0<np<8$)，可以用泊松分布近似代替二项分布(取 $\lambda=np$)，即 $P(X=k)=\frac{\lambda^k}{k!}e^{-\lambda}$，$(k=0,1,2,\cdots,\lambda>0)$.

**【例 9-2-5】** 某商店出售某种商品，根据经验，此商品的月销售量 $X$ 服从 $\lambda=3$ 的泊松分布. 问在月初进货时要库存多少件此种商品，才能以 99%的概率满足顾客要求？

**解** 设月初库存 $M$ 件，依题意 $P(X=k)=\frac{3^k}{k!}e^{-3}\,(k=0,1,2,\cdots)$，

那么 $P(X\leqslant M)=\sum\limits_{k=0}^{M}\frac{3^k}{k!}e^{-3}\geqslant 0.99$，即 $\sum\limits_{k=M+1}^{\infty}\frac{3^k}{k!}e^{-3}<0.01$

查表可知 $M$ 最小是 8，即月初进货时要库存 8 件此商品，才能以 99%的概率满足顾客要求.

### 9.2.3 常见连续型随机变量

引入了随机变量之后，随机事件就可以用随机变量来描述. 例如，在某城市中考查人口的年龄结构，年龄在 80 岁以上的长寿者，年龄介于 18 岁至 35 岁之间的年轻人，以及不到 12 岁的儿童，它们各自的比率如何. 从表面上看，这些是孤立事件，但若引进一个随机变量 $X$ 表示随机抽取一个人的年龄，上述几个事件可以分别表示成 $\{X>80\}$、$\{18\leqslant X\leqslant 35\}$及 $\{X<12\}$. 由此可见，随机事件的概念是被包容在随机变量这个更广的概念之内的.

对于随机变量 $X$，不只是看它取哪些值，更重要的是看它以多大的概率取哪些值. 由随机变量的定义可知，对于每一个实数 $x$，$\{X<x\}$都是一个事件，因此有一个确定的概率 $P\{X<x\}$与 $x$ 相对应. 所以，概率 $P\{X<x\}$是 $x$ 的函数，这个函数在理论和应用中都是很重要的.

**定义 9-2-3** 设 $X$ 为一个随机变量，$x$ 为任意实数，称函数 $F(x)=P\{X\leqslant x\}$为 $X$ 的分布函数，记作 $X\sim F(x)$.

连续型随机变量的所有可能取值无法像离散型随机变量那样一一列出，因而也就不能用离散型随机变量的分布律来描述它的概率分布. 刻画这种随机变量的概率分布可以用分布函数，但在理论上和实践中更常用的方法是用所谓的概率密度.

**定义 9-2-4** 设 $X$ 为随机变量，$F(x)$为其分布函数，如果存在非负可积函数 $f(x)$，使对一切实数 $x$，有 $F(x)=\int_{-\infty}^{x}f(u)\mathrm{d}u$，则称 $f(x)$ 为 $X$ 的**分布密度函数**(或概率密度函数)，简称分布密度(或概率密度).

由分布密度的定义及概率的性质可知分布密度 $f(x)$必须满足：

(1) $f(x)\geqslant 0$；

从几何上看，分布密度函数的曲线在横轴的上方.

(2) $\int_{-\infty}^{+\infty}f(x)\mathrm{d}x=1$；

这是因为 $-\infty<x<+\infty$ 是必然事件，所以 $\int_{-\infty}^{+\infty}f(x)\mathrm{d}x=P(-\infty<X<+\infty)=1$. 从几何上看，对于任一连续型随机变量，分布密度函数与数轴所围成的面积是 1.

(3) 对于任意实数 $a,b$，且 $a\leqslant b$，有 $P(a<X\leqslant b)=F(b)-F(a)=\int_{a}^{b}f(x)\mathrm{d}x$；

(4) 若 $f(x)$ 在点 $x$ 处连续，则 $F'(x)=f(x)$，这是密度函数与分布函数之间的关系.

对于任意实数 $a$ 有 $P(x=a)=0$，即连续型随机变量取某一实数值的概率为零. 从而有：

$$P(a<X\leqslant b)=P(a<X<b)=P(a\leqslant X\leqslant b)=P(a\leqslant X<b)=\int_a^b f(x)\mathrm{d}x.$$

该式说明，当计算连续型随机变量在某一区间上取值的概率时，区间端点对概率无影响.

**【例 9-2-6】** 设随机变量 $X$ 具有概率密度 $f(x)=\begin{cases}Ke^{-3x}, & x>0\\ 0, & x\leqslant 0\end{cases}$，(1) 试确定常数 $K$；(2)求 $P(X>0.1)$；(3)求 $F(x)$.

**解** (1) 由于 $\int_{-\infty}^{+\infty}f(x)\mathrm{d}x=1$，即 $\int_{-\infty}^{+\infty}f(x)\mathrm{d}x=\int_0^{\infty}Ke^{-3x}\mathrm{d}x$

$$=\frac{1}{-3}\int_0^{\infty}Ke^{-3x}\mathrm{d}(-3x)=\frac{K}{3}=1\text{，得 }K=3$$

(2) $P(X>0.1)=\int_{0.1}^{+\infty}f(x)\mathrm{d}x=\int_{0.1}^{+\infty}3e^{-3x}\mathrm{d}x=0.741.$

(3) 由定义 $F(x)=\int_{-\infty}^{x}f(t)\mathrm{d}t$，当 $x\leqslant 0$ 时，$F(x)=0$；当 $x>0$ 时，

$$F(x)=\int_{-\infty}^{x}f(t)\mathrm{d}t=\int_0^x 3e^{-3t}\mathrm{d}t=1-e^{-3x}$$

所以
$$F(x)=\begin{cases}1-e^{-3x}, x>0\\ 0, x\leqslant 0\end{cases}$$

下面介绍几种常用的连续型分布.

**1. 均匀分布**

如果随机变量 $X$ 的概率密度为 $f(x)=\begin{cases}\dfrac{1}{b-a}, & a\leqslant x\leqslant b\\ 0, & \text{其他}\end{cases}$，则称 $X$ 服从 $[a,b]$ 上的均匀分布，记作 $X\sim U[a,b]$.

如果 $X$ 服从 $[a,b]$ 上的均匀分布，那么对于任意满足 $a\leqslant c<d\leqslant b$ 的 $c,d$，应有 $P(c\leqslant X\leqslant d)=\int_c^d f(x)\mathrm{d}x=\dfrac{d-c}{b-a}$. 该式说明 $X$ 取值于 $[a,b]$ 中任意小区间的概率与该小区间的长度成正比，而与该小区间的具体位置无关. 这就是均匀分布的概率意义.

**2. 指数分布**

如果随机变量 $X$ 的概率密度为 $f(x)=\begin{cases}\lambda e^{-\lambda}, & x\geqslant 0\\ 0, & x<0\end{cases}(\lambda>0)$，则称 $X$ 服从以 $\lambda$ 为参数的指数分布，记作 $X\sim E(\lambda)$.

指数分布也被称为寿命分布，如电子元件的寿命、电话通话的时间、随机服务系统的服务时间等都可近似看作是服从指数分布的.

**3. 正态分布**

如果随机变量 $X$ 的概率密度为

$$f(x)=\frac{1}{\sqrt{2\pi}\sigma}e^{-\frac{(x-\mu)^2}{2\sigma^2}}(-\infty<x<+\infty,\ \sigma>0)$$

则称 $X$ 服从参数为 $\sigma,\mu$ 的正态分布或高斯(*Gauss*)分布，记为 $X\sim N(\mu,\sigma^2)$.

由微积分知识可知，

(1) 当 $x=\mu$ 时，$f(x)$ 达到最大值 $\frac{1}{\sqrt{2\pi}\sigma}$；在 $x=\mu\pm\sigma$ 处，曲线 $y=f(x)$ 有拐点 $\left(\mu-\sigma,\frac{1}{\sqrt{2\pi e}\sigma}\right),\left(\mu+\sigma,\frac{1}{\sqrt{2\pi e}\sigma}\right)$；

(2) $f(x)$ 的图形关于直线 $x=\mu$ 对称；

(3) $f(x)$ 以 $x$ 轴为渐近线；

(4) 若固定 $\sigma$，改变 $\mu$ 值，则曲线 $y=f(x)$ 沿 $x$ 轴平行移动，曲线的几何图形不变；

(5) 当 $\mu$ 固定时，改变 $\sigma$，曲线形状随 $\sigma$ 的不同而改变. $\sigma$ 越大，曲线越扁平，即分布越分散；$\sigma$ 越小，曲线越陡峭，即分布越集中.

特别地，当 $\mu=0,\sigma^2=1$ 时，称 $X$ 服从标准正态分布，即 $X\sim N(0,1)$，密度函数为

$$\varphi(x)=\frac{1}{\sqrt{2\pi}}e^{-\frac{x^2}{2}}\ (-\infty<x<+\infty)$$

分布函数为

$$\Phi(x)=P(X<x)=\int_{-\infty}^{x}\frac{1}{\sqrt{2\pi}}e^{-\frac{t^2}{2}}dt\text{（编有专门的标准正态函数表供查用）}.$$

对标准正态分布,有下列等式

$$\Phi(-a)=1-\Phi(a),(a>0);\Phi(0)=\frac{1}{2}$$

$$P(a<X\leqslant b)=\int_a^b\varphi(x)dx=\Phi(b)-\Phi(a)$$

对于 $X\sim N(\mu,\sigma^2)$，只要设 $\frac{x-\mu}{\sigma}=t$，就有 $t\sim N(\mu,\sigma^2)$，即 $\frac{x-\mu}{\sigma}$ 服从正态分布.

所以对于一般的正态分布，可以通过变量替换化为标准正态分布，如果 $X\sim N(\mu,\sigma^2)$，那么

$$P(a<X<b)=P\left\{\frac{a-\mu}{\sigma}<t<\frac{b-\mu}{\sigma}\right\}=\Phi\left(\frac{b-\mu}{\sigma}\right)-\Phi\left(\frac{a-\mu}{\sigma}\right)$$

服从正态分布 $N(\mu,\sigma^2)$ 的随机变量 $X$ 落在区间 $(\mu-3\sigma,\mu+3\sigma)$ 内的概率为 $P(\mu-3\sigma<\zeta<\mu+3\sigma)=2\Phi(3)-1=0.9973$,落在该区间外的概率只有 0.0027.也就是说,$X$ 几乎不可能在区间 $(\mu-3\sigma,\mu+3\sigma)$ 之外取值,这就是统计当中的“$3\sigma$”原则.

# 习题 9-2

## A. 基本题

1. 随机变量的特征是什么?

2. 设随机变量 $X$ 的分布律为 $P\{X=k\}=\frac{k}{15},k=1,2,3,4,5$

求:(1) $P\left\{\frac{1}{2}<X<\frac{5}{2}\right\}$； (2) $P\{1\leqslant X\leqslant 3\}$； (3) $P\{X>3\}$.

**B. 一般题**

3. 设自动生产线在调整以后出现废品的概率 $p=0.1$，当生产过程中出现废品时立即进行调整，$X$ 代表在两次调整之间生产的合格品数，试求：

(1) $X$ 的概率分布；　　(2) $P\{X\geqslant5\}$；

(3) 在两次调整之间能以 0.6 的概率保证生产的合格品数不少于多少？

4. 设 $F(x)=\begin{cases}0, & x<0\\ \dfrac{x}{2}, & 0\leqslant x<1\\ 1, & x\geqslant1\end{cases}$，问 $F(x)$ 是否为某随机变量的分布函数.

## 9.3　随机变量的数学期望与方差

前面讨论了随机变量的分布函数以及其如何完整地描述随机变量的统计特性和规律. 但在一些实际问题中，不需要去全面考查随机变量的整个变化情况，而只需知道随机变量的某些统计特征. 例如，在检查一批棉花的质量时，只需要注意纤维的平均长度，以及纤维长度与平均长度的偏离程度. 如果平均长度较大、偏离程度较小，质量就越好. 从这个例子看到，某些与随机变量有关的数字，虽然不能完整地描述随机变量，但能概括描述它的基本面貌. 这些能代表随机变量的主要特征的数字称为数字特征.

### 9.3.1　随机变量的数学期望

**1. 离散型随机变量的数学期望**

**【例 9-3-1】**　一批灯泡 5 万只，为了评估灯泡的使用寿命(设每只灯泡的寿命是一个随机变量$X$(小时))，现从中随机抽取 100 只，测试结果如表 9-5 所示.

表 9-5

| 寿命 $t$(小时) | 1050 | 1100 | 1150 | 1200 | 1250 |
|---|---|---|---|---|---|
| 灯泡数 $n$(个) | 6 | 20 | 32 | 26 | 16 |
| 频率 $f$ | $\frac{6}{100}$ | $\frac{20}{100}$ | $\frac{32}{100}$ | $\frac{26}{100}$ | $\frac{16}{100}$ |

**解**　可求得该 100 只灯泡的平均寿命为

$$\frac{1050\times6+1100\times20+1150\times32+1200\times26+1250\times16}{100}$$
$$=1050\times\frac{6}{100}+1100\times\frac{20}{100}+1150\times\frac{32}{100}+1200\times\frac{26}{100}+1250\times\frac{16}{100}$$
$$=1163(\text{小时})$$

由此不难发现由灯泡的平均寿命 $\dfrac{\sum nt}{N}=\sum\dfrac{n}{N}t=\sum ft$，数值 $\sum ft$（频率的权重的加权平均）可以用来计算灯泡的平均寿命，且其大小完全由随机变量 $t$ 的分布确定，反映了平均

数 $\bar{t}$ 的大小.

**定义 9-3-1** 设离散型随机变量 $X$ 的分布律为 $P\{X=x_k\}=p_k$，$k=1,2,3\cdots$，若级数 $\sum_{k=1}^{\infty}x_kp_k$ 绝对收敛，则称级数 $\sum_{k=1}^{\infty}x_kp_k$ 为随机变量 $X$ 的数学期望，记为 $E(X)$，即

$$E(X)=\sum_{k=1}^{\infty}x_kp_k$$

**【例 9-3-2】** 已知顾客对商店中某种食品每天的需求量 $\xi$(单位：袋)的分布如下：

$$\xi\sim\begin{pmatrix}0 & 1 & 2 & 3 & 4 & 5 & 6 & 7 & 8\\ 0.05 & 0.10 & 0.10 & 0.25 & 0.20 & 0.15 & 0.05 & 0.05 & 0.05\end{pmatrix}$$

每出售一袋食品商店可获利 4 元，但若当天卖不完，每袋食品将损失 3 元，商店希望利润达到极大，那么每天对这种食品应进货多少袋?

分析：由于对该食品的需求量是随机的，因此事先无法确定利润，也无法使某天的利润达到极大，但由于商店天天营业，可以通过控制进货使该食品的平均利润达到极大.

**解** 这种食品平均每天的需求量$=0\times0.05+1\times0.1+2\times0.1+3\times0.25+4\times0.2+5\times0.15+6\times0.05+7\times0.05+8\times0.05=3.65$（袋).

**【例 9-3-3】** 设随机变量 $X$ 服从二项分布 $B(n,p)$，求它的数学期望.

**解** 由于 $p_k=C_n^kp^kq^{n-k}(0\leqslant k\leqslant n)$，因而

$$E(X)=\sum_{k=0}^{n}kp_k=\sum_{k=0}^{n}kC_n^kp^kq^{n-k}$$

$$=np\sum_{k=0}^{n}C_{n-1}^{k-1}p^{k-1}q^{(n-1)-(k-1)}=np(p+q)^{n-1}=np$$

**2. 连续型随机变量的数学期望**

**定义 9-3-2** 设连续型随机变量 $X$ 的密度函数为 $f(x)$，若积分 $\int_{-\infty}^{\infty}xf(x)\mathrm{d}x$ 绝对收敛，则称积分 $\int_{-\infty}^{\infty}xf(x)\mathrm{d}x$ 的值为随机变量 $X$ 的**数学期望**，记为 $E(X)$.

即 $E(X)=\int_{-\infty}^{\infty}xf(x)\mathrm{d}x$.

**【例 9-3-4】** 设随机变量 $X$ 服从$[a,b]$上的均匀分布，求 $E(X)$.

**解** 由于均匀分布的密度函数为 $f(x)=\begin{cases}\dfrac{1}{b-a}, & a\leqslant x\leqslant b\\ 0, & 其他\end{cases}$

$$E(X)=\int_a^b xf(x)\mathrm{d}x=\int_a^b\frac{x}{b-a}\mathrm{d}x=\frac{b^2-a^2}{2(b-a)}=\frac{a+b}{2}$$

**3. 数学期望的性质**

(1)设 $C$ 是常数，则有 $E(C)=C$；

(2)设 $X$ 是随机变量，设 $C$ 是常数，则有 $E(CX)=CE(X)$；

(3)设 $X,Y$ 是随机变量，则有 $E(X+Y)=E(X)+E(Y)$(该性质可推广到有限个随机变量之和的情况).

## 9.3.2 随机变量的方差

数学期望描述了随机变量一切可能取值的平均水平，但在一些实际问题中，仅知道平均

值是不够的，因为它有很大的局限性，还不能够完全反映问题的实质. 例如，某厂生产两类手表，甲类手表日走时误差均匀分布在－10～10 s 之间；乙类手表日走时误差均匀分布在－20～20 s 之间. 易知其数学期望均为 0，即两类手表的日走时误差平均来说都是 0，所以由此并不能比较出哪类手表走得好. 但我们从直觉上易得出甲类手表比乙类手表走得较准，这是由于甲的日走时误差与其平均值偏离度较小，质量稳定. 由此可见，我们有必要研究随机变量取值与其数学期望值的偏离程度——即方差.

**定义 9-3-3**　设 $X$ 是一个随机变量，若 $E\{[X-E(X)]^2\}$ 存在，则称 $E\{[X-E(X)]^2\}$ 为 $X$ 的方差，记为 $D(X)$ 或 $\mathrm{Var}(X)$. 即 $D(X)=\mathrm{Var}(X)=E\{[X-E(X)]^2\}$，并称 $\sqrt{D(X)}$ 为 $X$ 的**标准差或均方差**.

随机变量 $X$ 的方差表达了 $X$ 的取值与其均值的偏离程度. 按此定义，若 $X$ 是离散型随机变量，分布律为 $P\{X=x_k\}=p_k, k=1,2,\cdots$，则 $D(X)=\sum\limits_{K=1}^{\infty}[x_k-E(X)]^2 p_k$；若 $X$ 是连续型随机变量，密度函数为 $f(x)$，则 $D(X)=\int_{-\infty}^{+\infty}[x-E(X)]^2 f(x)\mathrm{d}x$.

一般情况下，方差常用下面公式计算：$D(X)=E(X^2)-[E(X)]^2$

事实上

$$
\begin{aligned}
D(X)&=E\{[X-E(X)]^2\}=E\{X^2-2XE(X)+E^2(X)\}\\
&=E(X^2)-2E(X)E(X)+E^2(X)=E(X^2)-E^2(X)
\end{aligned}
$$

**【例 9-3-5】**　三人射击，随机变量 $X,Y,Z$ 分别表示三人的命中环数，其分布律如表 9-6 所示.

**表 9-6**

| | 甲 | 乙 | 丙 |
|---|---|---|---|
| 8 环 | 0.1 | 0.4 | 0.2 |
| 9 环 | 0.8 | 0.2 | 0.6 |
| 10 环 | 0.1 | 0.4 | 0.2 |

问三人谁的技术好？

**解**　$E(X)=9, E(Y)=9, E(Z)=9$

又
$$E(X^2)=8^2\times 0.1+9^2\times 0.8+10^2\times 0.1=81.2$$

所以
$$D(X)=E(X^2)-[E(X)]^2=81.2-81=0.2$$

类似可得
$$D(Y)=0.8, D(Z)=0.4$$

从稳定性上说，甲技术最好.

**【例 9-3-6】**　设随机变量 $X$ 服从 $[a,b]$ 上的均匀分布，求 $D(X)$.

**解**　由于均匀分布的密度函数为

$$f(x)=\begin{cases}\dfrac{1}{b-a}, & a\leqslant x\leqslant b\\ 0, & \text{其他}\end{cases}$$

$$E(X)=\frac{a+b}{2}$$

$$E(X^2)=\int_a^b \frac{x^2}{b-a}\mathrm{d}x=\frac{b^3-a^3}{3(b-a)}=\frac{b^2+ab+a^2}{3}$$

$$D(X)=\frac{b^2+ab+a^2}{3}-\left(\frac{a+b}{2}\right)^2=\frac{(b-a)^2}{12}$$

随机变量的方差有以下性质：

(1) 设 $C$ 是常数，则有 $D(C)=0$；

(2) 设 $C$ 是常数，则有 $D(CX)=C^2D(X)$；

(3) 设 $X,Y$ 是相互独立的随机变量，则有 $D(X+Y)=DX+DY$.

### 9.3.3 几种常见随机变量分布的数学期望与方差

(1) 两点分布 $X\sim(0-1)$，$E(X)=p$，$D(X)=p(1-p)$；

(2) 二项分布 $X\sim B(n,p)$，$E(X)=np$，$D(X)=np(1-p)$；

(3) 泊松分布 $X\sim\pi(\lambda)$，$E(X)=\lambda$，$D(X)=\lambda$；

(4) 均匀分布 $X\sim U(a,b)$，$E(X)=\dfrac{a+b}{2}$，$D(X)=\dfrac{(b-a)^2}{12}$；

(5) 指数分布 $X\sim E(\lambda)$，$E(X)=\dfrac{1}{\lambda}$，$D(X)=\dfrac{1}{\lambda^2}$；

(6)正态分布 $X\sim N(\mu,\sigma^2)$，$E(X)=\mu$，$D(X)=\sigma^2$.

## 习题 9-3

**A. 基本题**

1. 袋子中有 $n$ 张卡片，记有号码 $1,2,3,\cdots,n$，现从中有放回地抽出 $k$ 张卡片来，求号码之和 $X$ 的数学期望.

2. 设连续随机变量 $X$ 的概率密度为 $f(x)=\begin{cases}kx^a, & 0<x<1\\ 0, & \text{其他}\end{cases}$，其中 $k,a>0$，又已知 $E(x)=0.75$，求 $k,a$.

**B. 一般题**

3. 设随机变量 $X$ 服从泊松分布，且 $3P\{X=1\}+2P\{X=2\}=4P\{X=0\}$，求 $X$ 的期望与方差.

4. 设对某目标连续射击，直到命中 $m$ 次为止，每次射中的命中率为 $p$，求子弹消耗量 $X$ 的期望与方差.

## 9.4 统计初步

在解决某个具体统计问题时，我们要解决的就是弄清楚这个总体有什么样的数量特征，这也是我们统计推断的根本目的. 为了进行统计推断，对总体随机抽样，虽然样本是总体的代表，含有总体的信息，但仍较分散. 所以样本一般不能直接用于统计推断. 为了使统计推断成为可能，首先必须把分散在样本中的信息集中起来，用样本的某个函数表示，这种函数在统计学中称为**统计量**.

例如，某车间生产一批零件，现从这批零件中随机抽取 16 件，测得零件长度(单位：mm)为

2. 14，210，2. 12，2. 15，2. 13，2. 11，2. 10，2. 09

2. 10，215，2. 13，2. 14，2. 13，2. 11，2. 13，2. 12

现在欲对这批零件长度进行一下统计推断.

这里，我们可以用统计量 $T=\bar{X}=\frac{1}{16}\sum_{i=1}^{16}x_i$ 进行统计推断，这里 $x_i(i=1,\cdots,16)$ 是样本观测值. 通过计算可得 $T\approx 2.12$，这时就可以推断该车间生产的零件长度大体为 2. 12 mm，这就是统计量的应用.

从样本构造统计量，实际上是对样本所含的总体信息按某种要求进行加工，把分散在样本中的信息集中到统计量的取值上，不同的统计推断要求构造不同的统计量. 统计量在统计学中的地位是十分重要的. 我们最常用的样本统计量有以下两种：

(1) $\bar{X}=\frac{1}{n}\sum_{i=1}^{n}X_i$，这是样本的算术平均，该统计量反映了总体中所有个体的平均取值状况.

(2) $S_n^2=\frac{1}{n}\sum_{i=1}^{n}(X_i-\bar{X})^2$，这个统计量反映了样本取值关于样本算术平均 $\bar{X}$ 的偏差程度，反映了总体中个体之间的离散程度，$S_n^2$ 越大个体偏差越大，表明个体之间的离散程度较大，$S_n^2$ 越小个体偏差越小，表明个体之间的离散程度较小.

**【例 9-4-1】** 某企业生产一批空调，从销售出的产品中随机跟踪了其中 10 台，得使用寿命如下(单位：千小时)

72. 1　73. 4　76. 8　80. 4　78. 0　70. 7　75. 8　82. 5　78. 8　77. 9

试求这批样本的 $\bar{X}$，$S_n^2$.

**解**　$\bar{X}=\frac{72.1+73.6+76.8+80.4+78.0+70.7+75.8+82.5+18.8+77.9}{10}$

$=76.7$

$S_n^2=\frac{1}{10}[(72.1-76.7)^2+(73.6-76.7)^2+(76.8-76.7)^2+(80.4-76.7)^2$

$+(78.0-76.7)^2+(70.7-76.7)^2+(75.8-76.7)^2$

$+(82.5-76.7)^2+(18.8-76.7)^2+(77.9-76.7)^2]=12.2$

# 习题 9-4

## A. 基本题

1. 从总体中任意抽取一个容量为 10 的样本，样本值为

4. 5　2. 0　1. 0　1. 5　3. 5　4. 5　6. 5　5. 0　3. 5　4. 0

试求此组样本的 $\bar{X}, S_n^2$.

(1) 为了检测某超市花生油的质量，随机抽取该超市 10 瓶花生油检测；

(2) 为了研究某高级化妆品的消费者层次，向 10 位消费者进行了调查问卷.

### B. 一般题

2. 某纺织厂进行纱的强度试验试，抽取 8 缕，试验结果如下(单位：千克)

25　27　22　24　29　24　26　25

试求此组样本的 $\bar{X}, S_n^2$.

# 复习题 9

1. 两封信随机投向 4 个邮箱，求这两封信恰好投入到同一邮箱的概率.

2. 某宾馆一楼有 3 部电梯，今有 5 人要乘坐电梯，假定各人选哪部电梯是随机的，求每部电梯中至少有一人的概率.

3. 一批零件共 100 个，次品率为 10%，每次从中任取一个零件，取后不放回，如果取到一个合格品就不再取下去，求在三次内取到合格品的概率.

4. 一盒子中有 5 个纪念章，编号为 1、2、3、4、5，在其中可能地任取 3 个，用 $X$ 表示取出的 3 个纪念章上的最大号码，求随机变量 $X$ 的分布律与分布函数.

5. 设连续随机变量 $X$ 的分布密度为

$$f(x)=\begin{cases} x, & 0<x\leqslant 1 \\ 2-x, & 1<x\leqslant 2 \\ 0, & \text{其他} \end{cases}$$

求其分布函数 $F(x)$.

6. 设 $X$ 服从参数为 1 的指数分布，且 $Y=X+\mathrm{e}^{-2X}$，求 $E(Y)$ 与 $D(Y)$.

# 附　录　初等数学常用公式

## 1. 代数

(1) 绝对值

① 定义：$|x|=\begin{cases}x, x\geqslant 0\\ -x, x<0\end{cases}$

② 性质：

$$|x|=|-x|,\quad |xy|=|x||y|,\quad \left|\frac{x}{y}\right|=\left|\frac{x}{y}\right|(y\neq 0)$$

$$|x|\leqslant a\Leftrightarrow -a\leqslant x\leqslant a(a\geqslant 0),\quad |x+y|\leqslant|x|+|y|,\quad |x-y|\leqslant|x|-|y|$$

(2) 指数

① $a^m\cdot a^n=a^{m+n}$　② $\dfrac{a^m}{a^n}=a^{m-n}$　③ $(ab)^m=a^m\cdot b^m$　④ $(a^n)^m=a^{mn}$

⑤ $a^{\frac{m}{n}}=\sqrt[n]{a^m}$　⑥ $a^{-m}=\dfrac{1}{a^m}$　⑦ $a^0=1(a\neq 0)$　⑧ $\sqrt{a^2}=|a|=\begin{cases}a, a>0\\ 0, a=0\\ -a, a<0\end{cases}$

(3) 对数

① 定义：$b=\log_a N\Leftrightarrow a^b=N(a>0, a\neq 1)$

② 性质：$\log_a 1=0$，　$\log_a a=1$，　$a^{\log_a N}=N$

③ 运算法则：$\log_a(xy)=\log_a x+\log_a y$

$$\log_a\frac{x}{y}=\log_a x-\log_a y$$

$$\log_a x^p=p\log_a x$$

④ 换底公式：$\log_a b=\dfrac{\log_c b}{\log_c a}$，　$\log_a b=\dfrac{1}{\log_b a}$

(4) 数列

① 等差数列

通项公式：$a_n=a_1+(n-1)d$

求和公式：$S_n=\dfrac{n(a_1+a_n)}{2}=na_1+\dfrac{n(n-1)d}{2}$

② 等比数列

通项公式：$a_n=a_1q^{n-1}$

求和公式：$S_n=\dfrac{a_1(1-q^n)}{1-q}(q\neq 1)$

**2. 几何**

在下面的公式中，$S$ 表示面积，$S_{侧}$ 表示侧面积，$S_{全}$ 表示全面积，$V$ 表示体积.

(1) 三角形的面积

$S=\frac{1}{2}ah$ （$a$ 为底，$h$ 为高）

$S=\frac{1}{2}ab\sin\theta$ （$a$，$b$ 为两边，夹角是 $\theta$）

(2) 平行四边形的面积

$S=ah$ （$a$ 为一边，$h$ 是 $a$ 边上的高）

$S=ab\sin\theta$ （$a$，$b$ 为两邻边，$\theta$ 为这两边的夹角）

(3) 梯形的面积

$S=\frac{1}{2}(a+b)h$ （$a$，$b$ 为两底边，$h$ 为高）

(4) 圆、扇形的面积

① 圆的面积：$S=\pi r^2$（$r$ 为半径）

② 扇形的面积

$S=\frac{\pi n r^2}{360}$ （$r$ 为半径，$n$ 为圆心角的度数）

$S=\frac{1}{2}rL$ （$r$ 为半径，$L$ 为弧长）

(5) 圆柱、球的面积和体积

① 圆柱

$S_{侧}=2\pi rH$，$S_{全}=2\pi r(H+r)$

$V=\pi r^2 H$ （$r$ 为底面半径，$H$ 为高）

② 球

$S_{全}=4\pi R^2$

$V=\frac{4}{3}\pi R^3$ （$R$ 为球的半径）

**3. 三角**

(1) 度与弧度的关系

$$1^\circ=\frac{\pi}{180}\text{rad}, \qquad 1\text{rad}=\frac{180^\circ}{\pi}$$

(2) 三角函数的符号

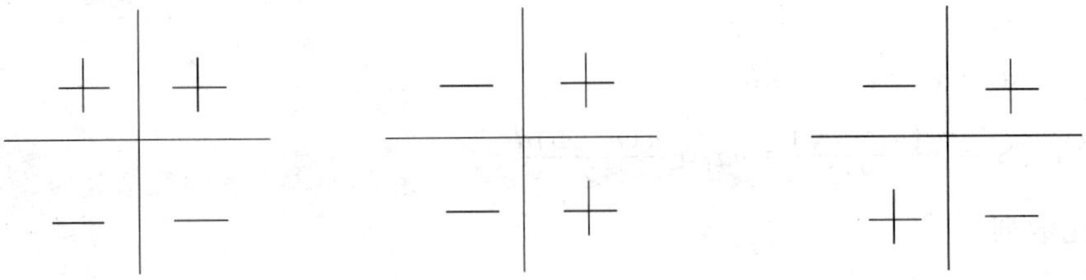

$\sin\alpha$ $\cos\alpha$ $\tan\alpha$

(3) 特殊角的三角函数值如附表所示.

附表 1-1

| $\alpha$ | 0 | $\frac{\pi}{6}$ | $\frac{\pi}{4}$ | $\frac{\pi}{3}$ | $\frac{\pi}{2}$ |
|---|---|---|---|---|---|
| $\sin\alpha$ | 0 | $\frac{1}{2}$ | $\frac{\sqrt{2}}{2}$ | $\frac{\sqrt{3}}{2}$ | 1 |
| $\cos\alpha$ | 1 | $\frac{\sqrt{3}}{2}$ | $\frac{\sqrt{2}}{2}$ | $\frac{1}{2}$ | 0 |
| $\tan\alpha$ | 0 | $\frac{\sqrt{3}}{3}$ | 1 | $\sqrt{3}$ | 不存在 |
| $\cot\alpha$ | 不存在 | $\sqrt{3}$ | 1 | $\frac{\sqrt{3}}{3}$ | 0 |

(4) 同角三角函数的关系

① 平方和关系

$$\sin^2 x+\cos^2 x=1,\qquad 1+\tan^2 x=\sec^2 x,\qquad 1+\cot^2 x=\csc^2 x$$

② 倒数关系

$$\sin x\csc x=1,\qquad \cos x\sec x=1,\qquad \tan x\cot x=1$$

③ 商数关系

$$\tan x=\frac{\sin x}{\cos x},\qquad \cot x=\frac{\cos x}{\sin x}$$

(5) 和差公式

$$\sin(x\pm y)=\sin x\cos y\pm\cos x\sin y$$

$$\cos(x\pm y)=\cos x\cos y\mp\sin x\sin y$$

$$\tan(x\pm y)=\frac{\tan x\pm\tan y}{1\mp\tan x\tan y}$$

(6) 二倍角公式

$$\sin 2x=2\sin x\cos x$$

$$\cos 2x=\cos^2 x-\sin^2 x=2\cos^2 x-1=1-2\sin^2 x$$

$$\tan 2x=\frac{2\tan x}{1-\tan^2 x}$$

(7) 半角公式

$$\sin\frac{x}{2}=\pm\sqrt{\frac{1-\cos x}{2}},\qquad \cos\frac{x}{2}=\pm\sqrt{\frac{1+\cos x}{2}}$$

$$\tan\frac{x}{2}=\pm\sqrt{\frac{1-\cos x}{1+\cos x}}=\frac{\sin x}{1+\cos x}=\frac{1-\cos x}{\sin x}$$

(8) 和差化积公式

$$\sin x+\sin y=2\sin\frac{x+y}{2}\cos\frac{x-y}{2}$$

$$\sin x-\sin y=2\cos\frac{x+y}{2}\sin\frac{x-y}{2}$$

$$\cos x+\cos y=2\cos\frac{x+y}{2}\cos\frac{x-y}{2}$$

$$\cos x-\cos y=-2\sin\frac{x+y}{2}\sin\frac{x-y}{2}$$

(9) 积化和差公式

$$\sin x\cos y=\frac{1}{2}[\sin(x+y)+\sin(x-y)]$$

$$\cos x\sin y=\frac{1}{2}[\sin(x+y)-\sin(x-y)]$$

$$\cos x\cos y=\frac{1}{2}[\cos(x+y)+\cos(x-y)]$$

$$\sin x\sin y=-\frac{1}{2}[\cos(x+y)-\cos(x-y)]$$

**4. 平面解析几何**

(1) 两点间的距离

已知两点 $P_1(x_1,y_1)$, $P_2(x_2,y_2)$，则

$$|P_1P_2|=\sqrt{(x_2-x_1)^2+(y_2-y_1)^2}$$

(2) 直线方程

① 直线的斜率

已知直线的倾斜角为 $\alpha$，则 $k=\tan\alpha\left(\alpha\neq\frac{\pi}{2}\right)$.

已知直线过两点 $P_1(x_1,y_1)$, $P_2(x_2,y_2)$，则 $k=\frac{y_2-y_1}{x_2-x_1}(x_2\neq x_1)$

② 直线方程的几种形式

点斜式：$y-y_1=k(x-x_1)$

斜截式：$y=kx+b$

两点式：$\frac{y-y_1}{y_2-y_1}=\frac{x-x_1}{x_2-x_1}$

截距式：$\frac{x}{a}+\frac{y}{b}=1$

参数式：$\begin{cases}x=x_0+t\cos\alpha\\ y=y_0+t\sin\alpha\end{cases}$ （$t$ 为参数）

(3) 二次曲线的方程

① 圆：$(x-a)^2+(y-b)^2=r^2$，$(a,b)$ 为圆心，$r$ 为半径.

② 椭圆：$\frac{x^2}{a^2}+\frac{y^2}{b^2}=1(a>b>0)$，焦点在 $x$ 轴上.

③ 双曲线：$\frac{x^2}{a^2}-\frac{y^2}{b^2}=1(a>b>0)$，焦点在 $x$ 轴上.

④ 抛物线：

$y^2=2px(p>0)$，焦点为 $\left(\frac{p}{2},0\right)$，准线为 $x=-\frac{p}{2}$；

$x^2=2py(p>0)$，焦点为 $\left(0,\frac{p}{2}\right)$，准线为 $y=-\frac{p}{2}$；

$y=ax^2+bx+c(a\neq0)$，顶点为 $\left(-\frac{b}{2a},\frac{4ac-b^2}{4a}\right)$，对称轴为 $x=-\frac{b}{2a}$.

# 习题参考答案

## 第 1 章

### 习题 1-1

1. (1) 不同；　(2) 相同；　(3) 不同；　(4) 相同

2. $f(-1)=1; f(0)=2; f(3)=\frac{1}{2}; f(6)=2$

3. $f(0)=7; f(4)=27; f\left(-\frac{1}{2}\right)=9; f(a)=2a^2-3a+7; f(x+1)=2x^2+x+6$

4. (1) $D=(-\infty,1]\cup[3,+\infty)$；　(2) $D=(-1,2]$；　(3) $D=(-2,+\infty)$

5. (1) $y=\sqrt{u}, u=3x-1$；　(2) $y=u^5, u=1+\lg x$；
   (3) $y=\mathrm{e}^u, u=-x$；　(4) $y=\ln u, u=1-x$

6. (1) $D=[2,4]$；　(2) $D=(-1,1)$；　(3) $D=[3,+\infty)$；
   (4) $D=[-4,-3]\cup[2,3]$；　(5) $D=(-\infty,-1)\cup(-1,1)\cup(1,3)$

7. (1) 偶；　(2) 奇；　(3) 偶；　(4) 非奇非偶；　(5) 奇

8. (1) $y=\frac{2(x+1)}{(x-1)}$；　(2) $y=\sqrt[3]{x-2}$；　(3) $y=\frac{10^x}{20}+\frac{3}{2}$

9. (1) $y=\ln u, u=\sqrt{v}, v=1+x$；　(2) $y=\arccos u, u=1-x^2$；
   (3) $y=\mathrm{e}^u, u=\sqrt{v}, v=x+1$；　(4) $y=u^3, u=\sin v, v=2x^2+3$；
   (5) $y=\ln u, u=\sin v, v=w^2, w=2x+1$；　(6) $y=u^2, u=\arctan v, v=\frac{2x}{1-x^2}$

10. $f(f(x))=x^4; f(\varphi(x))=4^x; \varphi(f(x))=2^{x^2}$

11. 证明略

12. $y=\ln(\sqrt{x^2+1}+x), x\in R$

13. $A=2\left(\pi r^2+\frac{V}{r}\right)$

14. 有界

### 习题 1-2

1. (1)收敛，其极限等于 1；　(2)发散；　(3)收敛，其极限等于 0

2. (1) 5；　(2) 1；　(3) 1；　(4) 0

## 习题 1-3

1. (1) 4；　(2) 4；　(3) 0；　(4) 4
2. $\lim\limits_{x\to1^-}f(x)=2,\lim\limits_{x\to1^+}f(x)=2,\lim\limits_{x\to1}f(x)=2$
3. $\lim\limits_{x\to1^-}f(x)=4$，$\lim\limits_{x\to1^+}f(x)=4$；$\lim\limits_{x\to1}f(x)=4$
4. (1) $\lim\limits_{x\to\infty}\frac{1}{x^3}=0$；　(2) $\lim\limits_{x\to\frac{\pi}{2}}\sin x=1$

## 习题 1-4

1. (1) 无穷小；　(2) 无穷小；　(3) 无穷小；　(4) 无穷大
2. (1) 同阶；　(2) 等价

## 习题 1-5

1. (1) 2；　(2) 0；　(3) $\frac{5}{3}$；　(4) $\infty$；　(5) $\frac{2}{3}$
2. (1) $-9$；　(2) $\infty$；　(3) $\frac{2}{3}$；　(4) 0；　(5) $\frac{3}{20}$；　(6) $\infty$；　(7) $-1$；
   (8) 0；　(9) 1；　(10) $\frac{27}{8}$
3. $a=-7,b=6$

## 习题 1-6

1. (1) $\frac{3}{2}$；　(2) 2；　(3) $\frac{1}{2}$；　(4) $e^{-\frac{1}{2}}$；　(5) $e^2$
2. (1) $\frac{2}{5}$；　(2) $\frac{1}{16}$；　(3) $e^5$；　(4) $e^{\frac{1}{3}}$；　(5) $e^{-3}$；　(6) e；　(7) e；
   (8) $x$
3. (1) $\frac{25}{2}$；　(2) $3\sqrt{2}$

## 习题 1-7

1. 1.75；$-1.25$
2. (1) $x=0$ 是第一类间断点；　(2) $x=0$ 是第二类间断点；
   (3) $x=1$ 是第一类间断点
3. 连续，因 $\lim\limits_{x\to1}f(x)=f(1)=1$
4. 不连续，因 $\lim\limits_{x\to1^-}f(x)=0$，$\lim\limits_{x\to1^+}f(x)=4$
5. $k=2$

6. (1) 不连续,因 $\lim\limits_{x\to 0^-} f(x)=0$, $\lim\limits_{x\to 0^+} f(x)=2$;　(2) 连续,因 $\lim\limits_{x\to 0} f(x)=f(0)=2$

7. $a=4, b=-2$

## 复习题 1

一、1. B　2. B　3. C　4. A　5. C　6. D　7. C　8. B　9. B
　10. A　11. C　12. A　13. C　14. C　15. B　16. C　17. B　18. B
　19. B

二、1. 2　2. $\frac{1}{2}$　3. 16　4. 0　5. $-4$　6. $e^{-2}$　7. $\frac{1}{4}$

三、1. $-\frac{1}{3}$　2. $a=2, b=1$　3. $-\frac{1}{2}$　4. (1) $a=1$;　(2) $y=3e^3x+1$;
　5. 1　6. $e^{-1}$

# 第 2 章

## 习题 2-1

1. (1) $-2$;　(2) $-6$　2. (1) $2x-1$;　(2) $\frac{1}{2\sqrt{x}}$

3. (1) $-x^{-2}$;　(2) $\frac{1}{3}x^{-\frac{2}{3}}$;　(3) $\frac{5}{2}x^{\frac{3}{2}}$;　(4) $\frac{7}{8}x^{-\frac{1}{8}}$

4. 4　5. $y-6x+9=0$　6. $(6,36)$; $\left(\frac{3}{2},\frac{9}{4}\right)$　7. 连续,不可导

8. $\frac{\theta(t)-\theta(0)}{t}$; $\theta'(0)$

## 习题 2-2

1. (1) $y'=6x-1$;　(2) $y'=4x+\frac{5}{2}x^{\frac{3}{2}}$;　(3) $y'=2x-\frac{5}{2}x^{-\frac{7}{2}}-3x^{-4}$;
　(4) $y'=\frac{1}{\sqrt{x}}+\frac{1}{x^2}$;　(5) $y'=3\sqrt{x}-\frac{3}{2\sqrt{x}}-\frac{2}{\sqrt{x^3}}$;　(6) $y'=-\frac{1}{2\sqrt{x^3}}-\frac{1}{2\sqrt{x}}$;
　(7) $y'=x-\frac{4}{x^3}$

2. (1) $(\pi+2)\frac{\sqrt{2}}{8}$;　(2) $\frac{8}{(\pi+2)^2}$

3. (1) $y'=\frac{2}{(1-x)^2}$;　(2) $y'=20x+65$;　(3) $y'=xe^x(2+x)$;
　(4) $y'=\frac{3^x(x^3\ln 3+\ln 3-3x^2)+3x^2}{(x^3+1)^2}$;　(5) $y'=\sec^2 x$;
　(6) $y'=\frac{\sin x-x\ln x\cos x}{x\sin^2 x}$;　(7) $y'=\frac{x(1+x^2)\cos x+(1-x^2)\sin x}{(1+x^2)^2}$

4. (0,1)　　5. $y'=e^x(\cos x+x\cos x-x\sin x)$

## 习题 2-3

1. (1) $y'=2x\cos(x^2+1)$；　(2) $y'=\dfrac{1}{\sqrt{2x+3}}$；　(3) $y'=-e^{-x}$；

(4) $y'=\dfrac{2x+1}{x^2+x+1}$；　(5) $y'=-3x^2\sin x^3$；　(6) $y'=-3\sin x\cos^2 x$；

(7) $y'=3x^2\cos x^3$；　(8) $y'=3\sin^2 x\cos x$

2. (1) $y'=4x(1+x^2)$；　(2) $y'=(3x-5)^3(5x+4)^2(105x-27)$；

(3) $y'=\dfrac{2+x-4x^2}{\sqrt{1-x^2}}$；　(4) $y'=\dfrac{45x^3+16x}{\sqrt{1+5x^2}}$；　(5) $y'=\dfrac{(2x+5)(6x+1)}{(3x+4)^2}$；

(6) $y'=\dfrac{x-1}{\sqrt{x^2-2x+5}}$；　(7) $y'=\dfrac{3+x}{(1-x^2)^{\frac{3}{2}}}$；　(8) $y'=\dfrac{4x}{3+2x^2}$；

(9) $y'=2xe^{x^2-1}$；　(10) $y'=2\sin x\cos 3x$；　(11) $y'=-\dfrac{3}{4}\cos\dfrac{x}{2}\sin x$；

(12) $y'=2x\sin\dfrac{1}{x}-\cos\dfrac{1}{x}$；　(13) $y'=-e^{-x}(\cos 3x+3\sin 3x)$

3. $(e^x+ex^{e-1})f'(e^x+x^e)$

## 习题 2-4

1. (1) $\dfrac{2x-y}{x+2y}$；　(2) $-\dfrac{\sqrt{y}}{\sqrt{x}}$；　(3) $y'=\dfrac{-e^y-ye^x}{xe^y+e^x}$；　(4) $y'=\dfrac{2xy-x^2}{y^2-x^2}$

2. (1) $y'=(\cos x)^{\sin x}\left(\cos x\ln\cos x-\dfrac{\sin^2 x}{\cos x}\right)$；　(2) $y'=\sqrt{\dfrac{1-x}{1+x}}\cdot\dfrac{1-x-x^2}{1-x^2}$；

(3) $y'=\dfrac{\sqrt{x+2}(3-x)}{(2x+1)^5}\left[\dfrac{1}{2(x+2)}-\dfrac{1}{3-x}-\dfrac{10}{2x+1}\right]$；

(4) $y'=2x^{\sqrt{x}}\left(\dfrac{\ln x}{2\sqrt{x}}+\dfrac{1}{\sqrt{x}}\right)$；　(5) $y'=(\sin x)^{\ln x}\left(\dfrac{1}{x}\ln\sin x+\cot x\ln x\right)$

3. $y-2=\dfrac{2}{3}(x-1)$

4. (1) $2-\dfrac{1}{x^2}$；　(2) $-2\sin x-x\cos x$；　(3) $\dfrac{4}{(1+x)^3}$；　(4) $\dfrac{512-32\pi^2}{(16+\pi^2)^2}$

5. (1) $\dfrac{1-y\cos x}{\sin x+e^y}$；　(2) $-1$

6. (1) 54,90；　(2) $-\dfrac{\sqrt{3}\pi A}{12},\dfrac{\pi^2 A}{72}$

7. $\dfrac{t}{2}$

8. (1) $y''=\dfrac{-2(1+x^2)}{(1-x^2)^2}$；　(2) $y''=-4\sin 2x$；(3) $y^{(4)}=\dfrac{6}{x}$

9. (1) $y^{(n)}=e^x(x+n)$；　(2) $y^{(n)}=\dfrac{(-1)^{n-1}(n-1)!}{(1+x)^n}$

### 习题 2-5

1. (1) $\Delta y = dy = 0.06$；　(2) $\Delta y = -0.2975$；　$dy = -0.3$

2. (1) $dy|_{x=0} = dx, dy|_{x=1} = \frac{1}{4}dx$；　(2) $dy|_{x=0} = dx, dy|_{x=\frac{\pi}{4}} = e^{\frac{\sqrt{2}}{2}}\frac{\sqrt{2}}{2}dx$

3. (1) $dy = (4x^3 + 5)dx$；　(2) $dy = \left(-\frac{1}{x^2} + \frac{1}{\sqrt{x}}\right)dx$；　(3) $dy = 3\cos 3x e^{\sin 3x} dx$；

4. (1) $dy = 2(e^{2x} - e^{-2x})dx$；　(2) $dy = \frac{1}{(1+x^2)^{\frac{3}{2}}}dx$；　(3) $dy = \frac{\sin x - 1}{(x + \cos x)^2}dx$

5. (1) 10.0333；　(2) 1.01667

6. (1) 如果 $R$ 不变，$\alpha$ 减少 $30'$，问面积大约改变了 $\Delta S_1 \approx 43.63$；
   (2) 如果 $\alpha$ 不变，$R$ 增加 1 cm，问面积大约改变了 $\Delta S_2 \approx 104.72$

7. $dy = -\frac{y}{x + e^y}dx$

### 复习题 2

一、1. A　2. A　3. D　4. C　5. D

二、1. 2　2. $-\frac{1}{x\ln 2}$　3. $\frac{1}{\ln 3}(x-1)$　4. $e^{-1}$　5. $-6$

　6. $\ln 2$　7. $x + y = 0$　8. 4　9. $x - y - 1 = 0$　10. $x + 2y - 3 = 0$

三、1. $-\frac{1}{4}$　2. 3　3. (1) $a = 1$；　(2) $y = 3e^3 x + 1$

　4. $a = 2, b = -1$　5. 2　6. $t$　7. $\frac{1}{\sqrt{2}}$　8. 2　9. $e^2$　10. 2

　11. $\frac{1 + e^{-t}}{2e^{2t}}$　12. $-2\cos 2x + \frac{1 - x^2}{(1 + x^2)^2}$　13. $\frac{2}{3}$　14. $-\frac{1}{x^2}\sin\frac{2}{x} - 2^x \ln 2$

　15. 1

# 第 3 章

### 习题 3-1

1. (1) $\xi = 1$；　(2) $\xi = \frac{\pi}{2}$；

2. (1) $\xi = \frac{4}{3}$；　(2) $\xi = \frac{5 \pm \sqrt{13}}{12}$

3. 略.　4. 略.

5. (2,4)

6. 略.　7. 略.

## 习题 3-2

1. (1) 27；　(2) 1；　(3) $\frac{1}{6}$；　(4) 2；　(5) 0；　(6) $\frac{1}{2}$

(7) 1；　(8) 3

2. (1) $-\frac{1}{2}$；　(2) 1；　(3) 2；　(4) $\frac{1}{2}$；　(5) $\frac{1}{2}$；　(6) 9

3. $\lim\limits_{x\to 0}\frac{x^2\sin\frac{1}{x}}{\tan x}=\lim\limits_{x\to 0}\frac{x}{\tan x}\cdot\lim\limits_{x\to 0}x\sin\frac{1}{x}=1\cdot 0=0$,

而$\lim\limits_{x\to 0}\frac{\left(x^2\sin\frac{1}{x}\right)'}{(\tan x)'}=\lim\limits_{x\to 0}\frac{2x\sin\frac{1}{x}-\cos\frac{1}{x}}{\sec^2 x}$不存在，故不能用洛必达法则

4. 1

## 习题 3-3

1. (1) 递减区间：$[-1,3]$；递增区间：$(-\infty,-1)$，$(3,+\infty)$；

(2) 递减区间：$[-\sqrt{2},0)$，$(0,\sqrt{2}]$；递增区间：$(-\infty,-\sqrt{2})$，$(\sqrt{2},+\infty)$；

(3) 递减区间：$(-\infty,1]$；递增区间：$(1,+\infty)$

2. (1) $y'=-2x+2$，$y''=-2<0$ 故曲线在$(-\infty,+\infty)$上是凸的，无拐点；

(2) 凹区间：$(0,+\infty)$；凸区间：$(-\infty,0)$；在定义域内无拐点；

(3) 凹区间：$(0,\sqrt[3]{2})$；凸区间：$(-1,0)$，$(\sqrt[3]{2},+\infty)$；拐点：$(0,0)$，$(\sqrt[3]{2},\ln 3)$

3. (1) 递减区间：$[-2,1]$；递增区间：$(-\infty,-2)$，$(1,+\infty)$；

(2) 递减区间：$(0,+\infty)$；递增区间：$(-\infty,0)$；

(3) 递减区间：$(-1,0]$；递增区间：$(0,+\infty)$

4. 和 5. 证明略

6. (1) 凹区间：$(-\infty,2-\sqrt{2})$，$(2+\sqrt{2},+\infty)$；凸区间：$(2-\sqrt{2},2+\sqrt{2})$；

拐点：$(2-\sqrt{2},(6-4\sqrt{2})e^{\sqrt{2}-2}+1)$，$(2+\sqrt{2},(6+4\sqrt{2})e^{-\sqrt{2}-2}+1)$；

(2) 凹区间：$(-1,1)$；凸区间：$(-\infty,-1)$，$(1,+\infty)$；拐点：$(-1,\ln\sqrt{2})$，$(1,\ln\sqrt{2})$

7. $a=-\frac{3}{32}$，$b=\frac{9}{8}$

8. 证明略

## 习题 3-4

1. (1)极小值 $f(1)=-1$；　(2)极小值 $f(0)=0$；极大值 $f(-\sqrt{2})=4$，$f(\sqrt{2})=4$；

(3) 极大值 $f\left(\frac{3}{4}\right)=\frac{5}{4}$；

2. (1) 极大值 $f(-1)=11$；极小值 $f(3)=-53$；

(2) 极大值 $f\left(\frac{2}{3}\right)=\frac{1}{3}$；极小值 $f(1)=0$

(3) 极小值 $f(-\ln\sqrt{2})=2\sqrt{2}$

3. $a=2$，极大值 $f\left(\frac{\pi}{3}\right)=\sqrt{3}$

## 习题 3-5

1. (1) 最小值 $y|_{x=0}=0$，最大值 $y|_{x=4}=8$；
   (2) 最小值 $y|_{x=2}=2$，最大值 $y|_{x=10}=66$；
   (3) 最大值 $y|_{x=0.01}=1000.001$，最小值 $y|_{x=1}=2$；
   (4) 最小值 $y|_{x=0}=-1$，最大值 $y|_{x=4}=\frac{3}{5}$

2. 当小正方形的边长为 $\frac{1}{3}(10-2\sqrt{7})$ 时，盒子的容积最大

3. 取 $\frac{24\pi}{4+\pi}$ 厘米的一段作圆，$\frac{96}{4+\pi}$ 厘米的一段作正方形

4. 底半径为 $\sqrt[3]{\frac{150}{\pi}}$ 米，高为底半径的两倍

5. $x=0$

6. $q=3000$；$\bar{C}(3000)=46$(元)；$C'(3000)=46$(元)

## 习题 3-6

1. (1) 水平渐近线 $y=0$；　(2) 水平渐进线 $y=1$，铅直渐近线 $x=-5$；
   (3) 水平渐进线 $y=0$，铅直渐近线 $x=1$

3. 略

## 习题 3-7

1. (1) $k=0$；　(2) $k=\frac{6}{[4+5\sin^2\theta]^{\frac{3}{2}}}$

## 复习题 3

一、1. A　2. C　3. D　4. C　5. B　6. C　7. B　8. A

二、1. $y=e^{-5}$　2. 1　3. 3　4. $y=0$　5. $\frac{1}{2}$　6. $y=1$　7. $-\frac{3}{2}$；$\frac{9}{2}$

三、1. 函数在 $(-\infty,0]$ 上单调递减，在 $(0,+\infty)$ 上单调递增，$f(0)=0$ 是极小值
   2. 曲线在 $(-\infty,0)$ 上是凹的，在 $(0,+\infty)$ 是凸的，$(0,\ln 2)$ 是拐点
   3. 函数在 $(-\infty,-1]$ 及 $(0,+\infty)$ 上单调递增，在 $(-1,0)$ 上单调递减，
   $f(0)=-e^{\frac{\pi}{4}}$ 是极小值，$f(-1)=2$ 是极大值
   4. $-1$　5. $-\frac{1}{8}$　6. $a=-\frac{2}{e}$；$b=3$　7. 2
   8. 最大值为 2；最小值为 0　9. 0

四、1. 凸函数

2. (1) 单调递增区间为$(-1,1)$;单调递减区间为$(-\infty,-1)$、$(1,+\infty)$;

(2) 极大值为 $e^{-\frac{1}{2}}$;极小值为$-e^{-\frac{1}{2}}$

# 第 4 章

## 习题 4-1

1. (1) $\frac{1}{3}x^3-\frac{3}{2}x^2+2x+C$; (2) $12\arctan x+C$; (3) $\arctan x+\arcsin x+C$;

(4) $2x-\frac{5\left(\frac{2}{3}\right)^x}{\ln 2-\ln 3}+C$

2. $y=\frac{1}{3}x^3+1$

3. (1) $-\frac{2}{3}x^{-\frac{3}{2}}+C$; (2) $-\frac{4}{x}+\frac{4}{3}x+\frac{1}{27}x^3+C$; (3) $e^{x+1}+C$;

(4) $\sin x+\cos x+C$; (5) $-\cot x-x+C$; (6) $x-\arctan x+C$;

(7) $\frac{1}{4}x^4+\frac{1}{\ln 3}3^x+C$; (8) $\frac{1}{2}x^2-x+2\sqrt{x}-\ln|x|+C$; (9) $x-e^x+C$;

(10) $-\frac{1}{x}-\arctan x+C$; (11) $\sin x+\cos x+C$; (12) $\frac{1}{2}x-\frac{1}{2}\sin x+C$

4. (1) $\sec x+C$; (2) $\tan x+\sec x+C$; (3) $2\arctan x+\ln|x|+C$;

(4) $\frac{1}{2}\tan x+C$

5. $f(x)=x^3-6x^2-15x+2$

## 习题 4-2

1. (1) $-\frac{1}{7}$; (2) $\frac{1}{9}$; (3) $-2$; (4) $-\frac{3}{2}$;

(5) $-\frac{1}{5}$; (6) $\frac{1}{3}$; (7) $-1$; (8) $-1$

2. (1) $-\frac{1}{2}\ln|1-2x|+C$; (2) $-\frac{1}{18}(1-3x)^6+C$; (3) $\arcsin\frac{x}{\sqrt{2}}+C$;

(4) $-\frac{1}{2}\ln(1-x^2)+C$; (5) $e^{e^x}+C$; (6) $\frac{1}{\cos x}+C$

3. (1) $-\frac{1}{2}(2-3x)^{\frac{2}{3}}+C$; (2) $-\frac{1}{3}e^{1-3x}+C$; (3) $-\frac{1}{3}\cot 3x+C$;

(4) $-\frac{1}{2}\ln[\cos(2x-5)]+C$; (5) $\arcsin(\ln x)+C$; (6) $\arctan e^x+C$;

(7) $\frac{1}{6}\tan^6 x+C$; (8) $\frac{1}{2}\arctan(\sin^2 x)+C$; (9) $\cos\frac{1}{x}+C$;

(10) $\cos x+\sec x+C$

4. (1) $\sqrt{x^2-9}-3\arccos\frac{3}{x}+C$；　(2) $\frac{1}{4}x\sqrt{4-x^2}(x^2-2)+2\arcsin\frac{x}{2}+C$；

(3) $\arccos\frac{1}{x}+C$；　(4) $\frac{x}{\sqrt{1+x^2}}+C$；

(5) $-\frac{\sqrt{a^2-x^2}}{x}+\arcsin\frac{x}{a}+C$；　(6) $2\arctan[\sqrt{e^x-1}]+C$

5. (1) $-6\ln[1+x^{\frac{1}{6}}]+\ln x+C$；　(2) $\sqrt{3+2x}-2\ln[2+\sqrt{3+2x}]+C$；

(3) $\arcsin x-\sqrt{1-x^2}+C$；　(4) $\arcsin(2x-1)+C$

6. (1) $\tan\frac{x}{2}+C$；　(2) $\frac{2}{(1+\sqrt[4]{x})^2}-\frac{4}{1+\sqrt[4]{x}}+C$

7. $f(x)=x+e^x+C$

## 习题 4-3

1. (1) $\frac{1}{2}xe^{2x}-\frac{1}{4}e^{2x}+C$；　(2) $\frac{x^3}{3}\ln x-\frac{x^3}{9}+C$；

(3) $\frac{x}{2}\sin 2x-\frac{1}{4}\cos 2x+C$；　(4) $(x^2-1)\sin x+2x\cos x-2\sin x+C$

2. (1) $-\frac{1}{4}x\cos 2x+\frac{1}{8}\sin 2x+C$；　(2) $x\ln^2 x-2x\ln x+2x+C$；

(3) $-e^{-x}(x^2+2x+2)+C$；　(4) $-\frac{1}{x}(1+\ln x)+C$

3. (1) $(\sqrt{2x-1}-1)e^{\sqrt{2x-1}}+C$；　(2) $\frac{1}{2}e^{-x}(\sin x-\cos x)+C$

4. $\frac{1-2\ln x}{x}+C$

## 习题 4-4

1. (1) $\ln\left|\frac{x+1}{x+2}\right|+C$；　(2) $-5\ln|x-2|+6\ln|x-3|+C$；

(3) $2\ln(x^2-2x+5)+\arctan\frac{(x-1)}{2}+C$；　(4) $\frac{x^2}{2}+x+6\ln|x-3|-5\ln|x-2|+C$

2. (1) $\tan x-x+\sec x+C$；　(2) $\frac{1}{\sqrt{5}}\arctan\frac{3\tan\frac{x}{2}+1}{\sqrt{5}}+C$；

(3) $\frac{2}{5}\ln|\cos x+2\sin x|+\frac{1}{5}x+C$；　(4) $\tan\frac{x}{2}+C$

3. (1) $-\frac{1}{2(x^2-2x+5)}+C$；　(2) $\ln|x|-\frac{2}{x-1}+C$

## 复习题 4

一、1. C　2. D　3. D　4. D　5. D　6. B

二、1. $\frac{1}{\pi}$　　2. $(1-x)e^{-x}$　　3. $\frac{1}{6}[f(x^3)]^2+C$

三、1. $2(\sqrt{x+2}-\arctan\sqrt{x+2})+C$　　2. $\ln\left|\frac{\sqrt{3+x}-1}{\sqrt{3+x}+1}\right|+C$

3. $\frac{1}{\cos x}+\cos x+C$　　4. $x\ln(1+x^2)-2x+2\arctan x+C$

5. $\frac{\sqrt{x^2-1}}{x}+C$　　6. $-\frac{1}{\sin x}-\cot x-x+C$

7. $x\arctan\sqrt{x}-\sqrt{x}+\arctan\sqrt{x}+C$　　8. $-\ln(1+\cos x)+x-\sin x+C$

9. $\frac{2^x}{\ln 2}+\frac{1}{6(3x+2)^2}+\arcsin\frac{x}{2}+C$　　10. $\arcsin(2x-1)+C$

11. $\frac{3}{2}x^{\frac{2}{3}}-\ln|x|+\frac{3^x}{\ln 3}-\cot x+C$

# 第 5 章

## 习题 5-1

1. $\int_{-1}^{2}(x^2+1)dx$

2. (1) $\frac{26}{3}$；　(2) $-\frac{10}{3}$

3. 证明略

4. (1) $1\leqslant\int_0^1 e^x dx\leqslant e$；　(2) $6\leqslant\int_1^4(x^2+1)dx\leqslant 51$

5. (1) $\int_0^1 x^2dx\geqslant\int_0^1 x^3dx$；　(2) $\int_1^2\ln x dx\geqslant\int_1^2(\ln x)^2dx$

(3) $\int_0^1 e^x dx\geqslant\int_0^1(1+x)dx$；　(4) $\int_0^{\frac{\pi}{2}}x dx\geqslant\int_0^{\frac{\pi}{2}}\sin x dx$

6. $\int_0^1 x^2dx=\frac{1}{3}$

7. $3v_0+\frac{9}{2}a$

## 习题 5-2

1. (1) $-e^{2x}\sin x$；　(2) $xe^{\sqrt{x}}$；　(3) $2xe^{-x^4}-e^{-x^2}$；　(4) $\cos^3x+\sin^3x$

2. (1)20；　(2) $a^3-\frac{a^2}{2}+a$；　(3) $\frac{21}{8}$；　(4) $\frac{271}{6}$

3. (1) $\frac{40}{3}$；　(2) $1-\frac{\pi}{4}$；　(3) $-1$；　(4) $\frac{\pi}{2}$；　(5) $\sqrt{3}-1-\frac{\pi}{12}$

4. (1) 0；　(2) 1；　(3) $\frac{1}{2}$

5. 极小值为 0

6. $\frac{5}{6}$

7. $f(x)=\frac{x}{2}$

8. $f(x)=x-1$

9. $\frac{9}{2}$

## 习题 5-3

1. (1) $\arctan 2-\frac{\pi}{4}$；　(2) $\frac{3}{2}$；　(3) $1-e^{-\frac{1}{2}}$；　(4) $\frac{5}{3}$；

   (5) $\frac{3}{2}\left[-2\sqrt[3]{3}+\sqrt[3]{3^2+2\ln(1+\sqrt[3]{3})}\right]$；　(6) 0；　(7) 0；　(8) $\frac{2}{3}$

2. (1) $\frac{1}{2}\ln\frac{3}{2}$；　(2) $\pi$；　(3) $\frac{\sqrt{2}}{2}$；　(4) $\frac{\pi^2}{32}$；　(5) $2(\sqrt{2}-1)$；

   (6) $\arctan e-\frac{\pi}{4}$

3. (1)1；　(2) $\frac{\pi}{8}$；　(3) $\frac{1}{2}(1+e^{\frac{\pi}{2}})$；　(4) $\frac{\pi^2}{72}+\frac{\sqrt{3}}{6}\pi-1$；

   (5) $-\frac{\sqrt{3}}{2}+\ln(2+\sqrt{3})$；　(6) 1；　(7) $\left(\frac{1}{2}-\frac{1}{2e^2}\right)\ln 3$；　(8) $1-e^{-\pi}-\pi$

4. 8

5. 证明略

## 习题 5-4

1. (1) $\frac{1}{3}$；　(2) 发散；　(3) 发散；　(4) $\pi$；　(5) 发散；　(6) 1

2. 3

3. (1) 发散；　(2) $\frac{1}{9}$；　(3) $\frac{\pi}{4}$

4. 当 $k\leqslant 1$ 时发散，当 $k>1$ 时收敛

## 习题 5-5

1. (1) $\frac{4}{3}$；　(2) $\frac{3}{2}-\ln 2$；　(3) $\frac{1}{2}$

2. (1) $V_x=\frac{32\pi}{3}$；　(2) $V_x=\frac{8\pi}{5}, V_y=2\pi$

3. (1) $\frac{9}{2}$；　(2) $2\pi+\frac{4}{3}, 6\pi-\frac{4}{3}$；　(3) $\frac{3}{2}-\ln 2$；　(4) $\frac{\pi}{4}+\frac{1}{2}$；　(5) $\frac{e}{2}-1$

4. $\frac{32}{105}\pi a^3$

5. $\frac{128}{7}\pi, \frac{64}{5}\pi$

6. 24.9 吨

7. $C(q)=0.2q^2+2q+20$；$L(q)=-0.2q^2+16q-20$；$q=40$ 时利润最大

8. $\frac{9}{4}$

9. $2a\pi^2R^2$

10. $V\approx 1250\ \mathrm{m}^3$

## 复习题 5

一、1. D　2. D　3. C　4. B　5. C

二、1. $\frac{1}{5}$　2. $\pi$　3. $-2$　4. $\frac{\pi}{2}$　5. 2　6. 4　7. $\frac{1}{2}\pi(\mathrm{e}^2-1)$

8. $\ln\frac{3}{4}$　9. $\frac{1}{2}$

三、1. $2(\sqrt{3}-1)-\frac{\pi}{3}$　2. 1　3. $3-\frac{\pi}{4}$　4. $2-2(\arctan 3-\arctan 2)$

5. $\frac{1}{3}$　6. $\ln 2$　7. $\ln 2-2+\frac{\pi}{2}$　8. $\frac{4}{3}$　9. $\frac{64}{5}\pi$

10. $\ln(\sqrt{2}+1)-\sqrt{2}+1$　11. 0　12. $\frac{\pi}{6}$　13. $\frac{\sqrt{3}}{4}\pi$　14. $\frac{1}{108}$　15. 4

16. 2　17. $8\ln 2-4$　18. $\frac{4}{3}$

四、1. $\frac{\pi}{8}-\frac{1}{4}$　2. $\frac{\pi}{9}$

3. (1) $f'(\mathrm{e}^2)=-\mathrm{e}^2$；　(2) $\int_1^{\mathrm{e}^2}\frac{1}{2}f(x)\mathrm{d}x=\frac{1}{2}(\mathrm{e}^4-1)$

4. (1) $y=\mathrm{e}x$；　(2) $\frac{\mathrm{e}}{2}-1$；　(3) $\frac{\pi}{6}\mathrm{e}^2-\frac{\pi}{2}$

5. 单调递增区间为：$(-\infty,0)$，$(1,+\infty)$；单调递减区间为：$(0,1)$；极大值为 0；极小值为 $-\frac{1}{6}$

6. (1) $f(x)=\left(1+\frac{2}{x}\right)^x\left[\ln\left(1+\frac{2}{x}\right)-\frac{2}{x+2}\right]$；　(2) $\frac{1}{2}\mathrm{e}^2-2$

7. (1) $\mathrm{e}-\frac{3}{2}$；　(2) $\left(\frac{1}{2}\mathrm{e}^2-\frac{5}{6}\right)\pi$

8. 有且仅有一实根

9. 3

# 第 6 章

## 习题 6-1

1. (1) $(2,-1,-3)$;$(-2,-1,3)$;$(2,1,3)$;　(2) $(-2,1,-3)$;
(3) $(2,1,-3)$;$(-2,-1,-3)$;$(-2,1,3)$

2. $3\sqrt{14}$

## 习题 6-2

1. (1) $f\left(\frac{1}{x},\frac{2}{y}\right)=\frac{1}{x^3}-\frac{4}{xy}+\frac{12}{y^2}$;　(2) $f\left(\frac{x}{y},\sqrt{xy}\right)=\left(\frac{x}{y}\right)^3-2\frac{x\sqrt{xy}}{y}+3xy$

2. (1) $\{(x,y)\mid y-x>0,x\geqslant 0,x^2+y^2<1\}$;　(2) $\{(x,y)\mid x\geqslant 0,y\geqslant 0,x^2\geqslant y\}$;
(3) $\{(x,y)\mid x^2+y^2\geqslant 1\}$;　(4) $\{(x,y)\mid x+y>0,x-y>0\}$

## 习题 6-3

1. (1) $\frac{\partial z}{\partial x}=e^{x+y}[\cos(x-y)-\sin(x-y)],\frac{\partial z}{\partial y}=e^{x+y}[\sin(x-y)+\cos(x-y)]$;
(2) $\frac{\partial z}{\partial x}=y^2(1+xy)^{y-1},\frac{\partial z}{\partial y}=(1+xy)^y\left[\ln(1+xy)+\frac{xy}{1+xy}\right]$;
(3) $\frac{\partial z}{\partial x}=\frac{2}{y}\csc\frac{2x}{y},\frac{\partial z}{\partial y}=-\frac{2x}{y^2}\csc\frac{2x}{y}$;
(4) $\frac{\partial z}{\partial x}=y\tan(xy)\sec(xy),\frac{\partial z}{\partial y}=x\tan(xy)\sec(xy)$

2. $f'_x(2,1)=\frac{2}{5},f'_y(1,y)=\frac{2}{2+y}$　3. 证明略

4. (1) $\frac{\partial^2 z}{\partial x^2}=\frac{2xy}{(x^2+y^2)^2},\frac{\partial^2 z}{\partial y^2}=-\frac{2xy}{(x^2+y^2)},\frac{\partial^2}{\partial x\partial y}=\frac{y^2-x^2}{(x^2+y^2)^2}$;
(2) $\frac{\partial^2 z}{\partial x^2}=\frac{\partial^2 z}{\partial y^2}=\frac{e^{x+y}}{e^x+e^y},\frac{\partial^2 z}{\partial x\partial ye}=-\frac{e^{x+y}}{e^x+e^y}$

5. 证明略

## 习题 6-4

1. $\Delta z=0.040792,dz=0.04$

2. (1) $e^{3xy+y^2}[3ydx+(3x+2y)dy]$;　(2) $-\frac{1}{x}e^{\frac{y}{x}}\left(\frac{y}{x}dx-dy\right)$;
(3) $\frac{1}{\sqrt{1-(xy)^2}}(ydx+xdy)$;　(4) $[\cos(x-y)-x\sin(x-y)]dx+x\sin(x-y)dy$

3. $0.25e$　4. 2.95　5. $\frac{2xy}{x^2+y^2}dx-\frac{x^2}{x^2+y^2}dy$

6. $\left(2x\arctan\frac{y}{x}-y\right)\mathrm{d}x+\left(x-2y\arctan\frac{x}{y}\right)\mathrm{d}y$

## 习题 6-5

1. (1) $\iint\limits_D \ln(x+y)\mathrm{d}x\mathrm{d}y \geqslant \iint\limits_D [\ln(x+y)]^2\mathrm{d}x\mathrm{d}y$；

(2) $\iint\limits_D [\ln(x+y)]^2\mathrm{d}x\mathrm{d}y \geqslant \iint\limits_D \ln(x+y)\mathrm{d}x\mathrm{d}y$

2. (1) $0\leqslant I\leqslant 2$；　(2) $0\leqslant I\leqslant \pi^2$；

## 复习题 6

一、1. A　2. D　3. D　4. A　5. A

二、1. 0　2. $\frac{1}{3}$　3. $2y$　4. 0

三、1. $\frac{\partial z}{\partial x}=6y\,(3x+y)^{2y-1},\frac{\partial z}{\partial y}=(3x+y)^{2y}\left[2\ln(3x+y)+\frac{2y}{3x+y}\right]$

2. $\frac{\partial z}{\partial x}=-\frac{yx^{y-1}+z}{3z^2+x},\frac{\partial z}{\partial y}=-\frac{x^y\ln x}{3z^2+x}$

# 第 7 章

## 习题 7-1

1. 证明略

2. (1) 三阶，常微分方程；　(2) 一阶，常微分方程

3. (1) 通解为 $y=2x^2+C$；　(2) 特解为 $y=2x^2+2$

4. $\alpha=1$ 或 $\alpha=-4$

5. (1) 证明略；　(2) 特解为 $y=\frac{x^4}{12}-\frac{x^2}{x}+x+2$；　(3) 特解为 $y=\frac{x^4}{12}-\frac{x^2}{x}-x+\frac{47}{12}$

6. $\begin{cases}\frac{\mathrm{d}x}{\mathrm{d}t}+\frac{4}{10-t}x=3\\ x(t)\big|_{t=0}=2\end{cases}$

## 习题 7-2

1. $y=\sqrt[3]{x^3+C}$　2. $y=-\frac{1}{x^2+C}$

3. $y=\ln(\mathrm{e}^x+C)$　4. $y=\tan(-\arctan x+C)$

5. $y=\ln\left(\frac{\mathrm{e}^c}{\mathrm{e}^x+1}+1\right)$

## 习题 7-3

1. $x^2=cy+y^2$

2. $y=\begin{cases} x\,[\ln(-x)+C]^2 & (\ln(-x)+C>0) \\ 0 & (\ln(-x)+C\leqslant 0) \end{cases}$

3. $\cos\dfrac{y}{x}=\dfrac{c}{x}$

4. $\sin\dfrac{y}{x}=\ln cx$

5. $x+\sqrt{x^2+y^2}=c$ 或 $x+\sqrt{x^2+y^2}=cy^2$

## 习题 7-4

1. $y=ce^{\frac{x}{2}}+e^x$

2. $y=\dfrac{1}{x}\left(\int\sin x\mathrm{d}x+C\right)=\dfrac{1}{x}(-\cos x+C)$

3. $y=\dfrac{x}{\cos x}$

4. $y=\ln x-1+\dfrac{C}{x}$

5. $x=\dfrac{1}{2}y^2(y+1)$

## 复习题 7

一、1. B　2. C　3. C　4. D　5. C　6. B　7. A

二、1. $\dfrac{\mathrm{d}y}{\mathrm{d}x}=g\left(\dfrac{y}{x}\right)$　2. $\dfrac{\mathrm{d}y}{\mathrm{d}x}+p(x)y=f(x)$　3. $y=C_1\cos 2x+C_2\sin 2x$

4. $C_1y_1(x)+C_2y_2(x)$　5. $\sin y=Ce^{\frac{x^3}{3}}$　6. $n$

7. $\dfrac{\mathrm{d}y}{\mathrm{d}x}=f(x)g(y)$　8. $\dfrac{\mathrm{d}y}{\mathrm{d}x}=\dfrac{3}{5}x^2+x$　9. $y=ux$

10. $y=Ce^{-\int p(x)\mathrm{d}x}$

三、1. $y=-\dfrac{1}{x^2+C}$　2. $x=e^{\int P(y)\mathrm{d}y}\left(\int Q(y)e^{-\int P(y)\mathrm{d}y}\mathrm{d}y+C\right)=y^2(C-\ln|y|)$

3. $e^{-y^2}=e^{2x}-\dfrac{1}{2}$　4. $\dfrac{x}{y}=\dfrac{x}{2}-\dfrac{\sin 2x}{4}+c$

5. $x=C_1e^{3t}+C_2e^{-t}-t+\dfrac{1}{3}$　6. $y^2=C_1x+C_2\ (C_1=2C)$

# 第 8 章

## 习题 8-1

1. (1) 5;　(2) $-59$;　(3) $-60$

2. (1) 15； (2) 30； (3) −8； (4) 24

3. −3

## 习题 8-2

1. $\begin{pmatrix}2 & 0 & 6\\4 & 2 & 0\end{pmatrix}$； $\begin{pmatrix}10 & 1\\7 & 3\end{pmatrix}$； $\begin{pmatrix}6 & 1 & 12\\1 & 1 & -3\\2 & 0 & 6\end{pmatrix}$； $\begin{pmatrix}1 & 0\\2 & 1\end{pmatrix}$； $\begin{pmatrix}1 & 0 & 3\\2 & 1 & 0\\0 & 0 & 0\end{pmatrix}$

2. $\begin{pmatrix}1 & 2 & 0\\2 & 3 & -1\\0 & -1 & 5\end{pmatrix}$； −6； $\begin{pmatrix}-\frac{7}{3} & \frac{5}{3} & \frac{1}{3}\\\frac{5}{3} & -\frac{5}{6} & -\frac{1}{6}\\\frac{1}{3} & -\frac{1}{6} & \frac{1}{6}\end{pmatrix}$

3. (1) $\begin{pmatrix}-\frac{1}{3} & \frac{2}{3}\\\frac{2}{3} & -\frac{1}{3}\end{pmatrix}$； (2) $\begin{pmatrix}-\frac{13}{6} & 1 & \frac{5}{6}\\-\frac{3}{2} & 1 & \frac{1}{2}\\\frac{1}{6} & 0 & \frac{1}{6}\end{pmatrix}$

4. $r(A)=4$；$r(B)=1$；$r(C)=2$

5. $\begin{pmatrix}-2 & 13 & 22\\-2 & -17 & 20\\-4 & 29 & -2\end{pmatrix}$； $\begin{pmatrix}0 & 5 & 8\\0 & -5 & 6\\2 & 9 & 0\end{pmatrix}$

6. (1) $X=\begin{pmatrix}-17 & -28\\-4 & -6\end{pmatrix}$； (2) $X=\begin{pmatrix}-2 & 2 & 1\\-\frac{8}{3} & 5 & -\frac{2}{3}\end{pmatrix}$

7. (1) $\begin{pmatrix}\frac{7}{6} & \frac{2}{3} & -\frac{3}{2}\\-1 & -1 & 2\\-\frac{1}{2} & 0 & \frac{1}{2}\end{pmatrix}$； (2) $\begin{pmatrix}1 & 1 & -2 & -4\\0 & 1 & 0 & -1\\-1 & -1 & 3 & 6\\2 & 1 & -6 & -10\end{pmatrix}$

## 习题 8-3

1. $(1,-2,-3,2)$；$(4,-5,6,-3)^{\mathrm{T}}$；$(3,-3,9,-5)$；$(-7,11,3,-3)$

2. $(-1,-1,7)$；$(-3,-4,-4)$；$(5,13,-5)$

3. $\beta$能由$\alpha_1,\alpha_2,\alpha_3$线性表示

4. $r=4$，一个最大无关组$\alpha_1,\alpha_2,\alpha_3,\alpha_4$

5. $r=3$

## 习题 8-4

1. $c_1(2,-2,1,0)^{\mathrm{T}}+c_2\left(\frac{5}{3},-\frac{4}{3},0,1\right)^{\mathrm{T}}$

2. 基础解系为$\left(\frac{161}{50},\frac{19}{25},-\frac{27}{50},1\right)^{\mathrm{T}}$；通解为$c\left(\frac{161}{50},\frac{19}{25},-\frac{27}{50},1\right)^{\mathrm{T}}$

3. $\left(0,-\frac{4}{21},\frac{13}{21},\frac{1}{3}\right)^{\mathrm{T}}+c\left(\frac{21}{10},\frac{67}{140},\frac{5}{14},1\right)^{\mathrm{T}}$

4. $\begin{cases}x_1+x_2+x_3=0\\x_1-x_2+x_3+6x_4=0\\2x_1+2x_3+6x_4=0\\2x_2-6x_4=0\end{cases}$

## 习题 8-5

1. $\lambda_1=\lambda_2=\lambda_3=0$；$\alpha_1=(1,0,0)^{\mathrm{T}}$，$\alpha_2=(-1,0,0)^{\mathrm{T}}$，$\alpha_3=(1,0,0)^{\mathrm{T}}$

2. $\lambda_1=-2,\lambda_2=1,\lambda_3=4$；$\alpha_1=\left(-\frac{1}{3},-\frac{2}{3},-\frac{2}{3}\right)^{\mathrm{T}}$，$\alpha_2=\left(\frac{2}{3},\frac{1}{3},-\frac{2}{3}\right)^{\mathrm{T}}$，

$\alpha_3=\left(-\frac{2}{3},\frac{2}{3},-\frac{1}{3}\right)^{\mathrm{T}}$

3. $\lambda_1=1,\lambda_2=3,\lambda_3=-1$；$\alpha_1=(-0.6,0.6,-0.6)^{\mathrm{T}}$，$\alpha_2=(0,0.7,-0.7)^{\mathrm{T}}$，

$\alpha_3=(-0.7,0.7,0)^{\mathrm{T}}$

4. $\begin{pmatrix}4&1&1\\1&4&1\\1&1&4\end{pmatrix}$；459165024

5. $a=3,b=2,\lambda=1$

## 复习题 8

1. (1) 0；　(2) 2005

2. (1) $-3$；　(2) 10

3. (1) $\begin{pmatrix}-1&3&1\\8&2&8\\3&7&9\end{pmatrix}$；　(2) $\begin{pmatrix}14&13&8\\-2&5&-2\\2&1&6\end{pmatrix}$；　(3) $\begin{pmatrix}3&1&1\\-4&0&-4\\-1&-3&-3\end{pmatrix}$

4. $\begin{pmatrix}-2&13&22\\-2&-17&20\\4&29&-2\end{pmatrix}$；　$\begin{pmatrix}0&5&8\\0&-5&6\\2&9&0\end{pmatrix}$

5. (1) $\begin{pmatrix}5&2\\7&0\end{pmatrix}$；　(2) $(35,6,49)^{\mathrm{T}}$；　(3) $\begin{pmatrix}2&4\\1&2\\3&6\end{pmatrix}$；　(4) 10

6. 0

7. (1) 可逆，$\begin{pmatrix}d&-b\\-c&a\end{pmatrix}$；　(2) 可逆，$\begin{pmatrix}1&-4&-3\\1&-5&-3\\-1&6&4\end{pmatrix}$；

(3) 可逆，$\begin{pmatrix} -1 & -2 & 1 & 0 \\ 0 & 1 & -2 & 1 \\ 0 & 0 & 1 & -2 \\ 0 & 0 & 0 & 1 \end{pmatrix}$

8. $\begin{pmatrix} 2 & 0 & 1 \\ 0 & 3 & 0 \\ 1 & 0 & 2 \end{pmatrix}$

9. (1) $\begin{pmatrix} -17 & -28 \\ -4 & -6 \end{pmatrix}$；　(2) $\begin{pmatrix} -2 & 2 & 1 \\ -\frac{8}{3} & 5 & -\frac{2}{3} \end{pmatrix}$

10. (1) $\begin{pmatrix} \frac{7}{6} & \frac{2}{3} & -\frac{3}{2} \\ -1 & -1 & 2 \\ -\frac{1}{2} & 0 & \frac{1}{2} \end{pmatrix}$；　(2) $\begin{pmatrix} 1 & 1 & -2 & -4 \\ 0 & 1 & 0 & -1 \\ -1 & -1 & 3 & 6 \\ 2 & 1 & -6 & -10 \end{pmatrix}$

11. (1) $r=2$，$\begin{pmatrix} 1 & 0 \\ -1 & 2 \end{pmatrix}$；　(2) $r=3$，$\begin{pmatrix} -1 & -3 & -1 \\ 3 & 1 & -3 \\ 5 & -1 & -8 \end{pmatrix}$

12. (1) $(5,4,2,1)^T$；　(2) $\left(-\frac{5}{2},1,\frac{7}{2},-8\right)^T$

13. (1) 列向量组 $\alpha_1=(1,2,3)^T$，$\alpha_2=(2,3,5)^T$，$\alpha_3=(-1,4,3)^T$；
行向量组 $\beta_1=(1,2,-1)$，$\beta_2=(2,3,4)$，$\beta_3=(3,5,3)$；
(2) $\beta$ 能用 $A$ 的列向量组线性表示，$\beta=\alpha_1+\alpha_2+\alpha_3$；$\beta^T$ 不能用 $A$ 的行向量组线性表示

14. (1) 线性相关；　(2) 线性无关

15. $a\neq-1,5$

16. $a=2,b=5$

17. (1) $r=2$，$\alpha_1,\alpha_2$ 为 $\alpha_1,\alpha_2,\alpha_3$ 的极大无关组，$\alpha_3=3\alpha_1-\alpha_2$；
(2) $r=2$，$\alpha_1,\alpha_2$ 为 $\alpha_1,\alpha_2,\alpha_3,\alpha_4$ 的极大无关组，$\alpha_3=-\frac{1}{2}\alpha_1+\frac{5}{2}\alpha_2$，$\alpha_4=\frac{5}{4}\alpha_1+\frac{1}{4}\alpha_2$

18. (1) $\lambda_1=-1,\lambda_2=0,\lambda_3=9$；$\alpha_1=(0.7,-0.7,0)^T$，$\alpha_2=(0.6,0.6,-0.6)^T$
$\alpha_3=(0.4,0.4,0.8)^T$；
(2) $\lambda_1=-2,\lambda_2=\lambda_3=\lambda_4=2$；$\alpha_1=(-0.5,0.5,0.5,0.5)^T$，
$\alpha_2=(-0.1,0.7,-0.7,0)^T$，$\alpha_3=(0.3,-0.3,-0.3,0.9)^T$，
$\alpha_4=(-0.8,-0.5,-0.3,0)^T$

# 第 9 章

## 习题 9-1

1. $S=\{$(正,正),(正,反),(反,正),(反,反)$\}$　$A=\{$(正,正),(正,反)$\}$

$B=\{(正,正),(反,反)\}$ $C=\{(正,正),(正,反),(反,正)\}$

2. 0.2 3. $\frac{2}{9}$ 4. $\frac{13}{21}$ 5. $\frac{1}{5}$

## 习题 9-2

1. 答案略

2. (1) $\frac{1}{5}$; (2) $\frac{2}{5}$; (3) $\frac{3}{5}$

3. (1) $(0.9)^k\times 0.1, k=0,1,2\cdots$; (2) $(0.9)^5$;

(3) 以 0.6 的概率保证在两次调整之间生产的合格品数不少于 5

4. 是

## 习题 9-3

1. $E(X)=\frac{k(n+1)}{2}$ 2. $k=3, a=2$

3. $E(X)=\lambda=1, D(X)=\lambda=1$

4. $E(X)=\frac{m}{p}, D(X)=\frac{mq}{p^2}$

## 复习题 9

1. $\frac{1}{4}$ 2. 0.62 3. 0.993

4.

| $X$ | 3 | 4 | 5 |
| --- | --- | --- | --- |
| $p_k$ | $\frac{1}{10}$ | $\frac{3}{10}$ | $\frac{6}{10}$ |

$$F(x)=\begin{cases}0, & x<3\\ \frac{1}{10}, & 3\leqslant x<4\\ \frac{2}{5}, & 4\leqslant x\leqslant 5\\ 1, & x\geqslant 5\end{cases}$$

5. $$F(x)=\begin{cases}0, & x\leqslant 2\\ \frac{x^2}{2}, & 0<x\leqslant 1\\ -1+2x-\frac{x^2}{2}, & 1<x\leqslant 2\\ 1, & x>2\end{cases}$$

6. $\frac{4}{3}, \frac{29}{45}$

# 参 考 文 献


[1] 冯兰军,赵国瑞.应用高等数学.北京:北京邮电大学出版社,2013.

[2] 皮利利,何月俏.经济应用数学.北京:北京邮电大学出版社,2015.

[3] 同济大学数学教研室.高等数学.5版.北京:高等教育出版社,2004.

[4] 顾静相.高等数学基础.2版.北京:高等教育出版社,2004.

[5] 李天然.高等数学.2版.北京:高等教育出版社,2008.

[6] 雷田礼.经济与管理数学.北京:高等教育出版社,2008.

[7] 武锡环,郭宗明.数学史与数学教育.成都:电子科技大学出版社,2003.

[8] (英)斯科特著.数学史.侯德闰、张兰译.桂林:广西师范大学出版社,2002.

[9] 陈笑缘,刘萍.经济数学.北京:北京交通大学出版社,2006.

[10] 《高等数学》编写组.高等数学(第二册).苏州:苏州大学出版社,2003.

高职高专教育“十三五”规划教材·公共基础类

# 工程数学练习册


主　编　赵国瑞　崔庆岳　何月俏
副主编　冯兰军　刘　君　左双勇
编　委　田振明　黎志宾　王荣涛　连　丽　印宝权



北京邮电大学出版社
www.buptpress.com

# 工程数学练习册

## 练习一

班级：________________ 姓名：________________ 学号：________________

### 一、填空题

1. $f(x)=\begin{cases}2^x, & -1\leqslant x<0\\ 2, & 0\leqslant x<1\\ x-1, & 1\leqslant x<3\end{cases}$，则 $f(0)=$________________，$f(1)=$________________，$f(-1)=$____________.

2. 设 $f(x)=\ln(2x+1)$，则 $f(x^2)=$______.

3. 下列函数为偶函数的有______________，为奇函数的是________________.

A. $y=1-x^3$ B. $y=x^2-3x$ C. $y=x\sin x$ D. $y=x\cos x$

4. 将分式、根式转换成幂函数：：$\sqrt[3]{x^2}=$________，$\frac{1}{x^3}=$__________；$\frac{1}{\sqrt[9]{x^7}}=$________.

5. 将幂函数化为根式、分式：$x^{\frac{5}{6}}=$______________；$x^{-\frac{2}{3}}=$______________.

### 二、计算题

1. 求函数 $f(x)=\ln(x+5)-\frac{1}{\sqrt{2-x}}$的定义域.

2. 将复合函数 $y=\sin(3x+2)$分解为简单函数.

3. 将复合函数 $f(x)=\sin^4 x$ 分解为简单函数.

4. 将复合函数 $y=(2+\lg x)^3$ 分解成简单函数.

## 三、选做题

1. 求函数 $f(x)=\sqrt{x-3}+\dfrac{1}{\ln(4-x)}$ 的定义域.

2. 求函数 $f(x)=\arcsin(x^2-1)$ 的定义域.

3. 将复合函数 $f(x)=\ln[\sin(2x-1)]$ 分解为简单函数.

4. 已知函数 $f(\sin x)=\cos 2x$，求 $f(x)$.

# 练习二

班级：______________ 姓名：______________ 学号：______________

## 一、填空题

1. 若$\lim\limits_{x\to 0}f(x)=3$，则$\lim\limits_{x\to 0^+}f(x)=$______________.

2. 若$\lim\limits_{x\to 0^-}f(x)=3$，$\lim\limits_{x\to 0^+}f(x)=2$，则$\lim\limits_{x\to 0}f(x)$______________.

3. $\lim\limits_{x\to 0}x\cdot\sin\dfrac{1}{x}=$______________.

## 二、求下列极限

1. $\lim\limits_{x\to 2}\dfrac{2x^2-3x}{x-1}$

2. $\lim\limits_{x\to -1}\dfrac{x^2-1}{x+1}$

3. $\lim\limits_{x\to 1}\dfrac{x^2-2x+1}{x^2-4x+3}$

4. $\lim\limits_{x\to \infty}\dfrac{2x^2+x-3}{4x^2-2x+1}$

## 三、选做题

1. 计算$\lim\limits_{x\to 0}\frac{\sqrt{x+1}-\sqrt{1-x}}{x}$.

2. 已知$\lim\limits_{x\to \infty}\frac{ax^2-bx+1}{3x+2}=5$,求 $a$,$b$.

3. 计算$\lim\limits_{x\to +\infty}(\sqrt{x^2+3x}-x)$.

# 练习三

班级：________________ 姓名：________________ 学号：________________

## 一、填空题

1. $\lim\limits_{x \to o} \dfrac{\sin 3x}{x} =$ __________.

2. 如果$\lim\limits_{x \to 0} \dfrac{\sin kx}{x} = 2$，则 $k =$ __________.

3. $\lim\limits_{x \to \infty} \left(1 + \dfrac{1}{2x}\right)^{x} =$ ________.

4. $\lim\limits_{x \to 0} (1 + 3x)^{\frac{1}{x}} =$ ____________.

5. 设$\lim\limits_{x \to \infty} \left(1 + \dfrac{2}{x}\right)^{kx} = e^{-3}$，则 $k =$ ________________.

## 二、计算题

1. $\lim\limits_{x \to \infty} \dfrac{\sin(x^2 - 1)}{x - 1}$.

2. $\lim\limits_{x \to 0} \dfrac{\sin 5x}{\tan 3x}$.

3. $\lim\limits_{x \to \infty} \left(1 + \dfrac{3}{x}\right)^{2x}$.

4. $\lim\limits_{x \to 0} (1 - 2x)^{\frac{2}{x}}$.

## 三、选做题

1. 计算$\lim\limits_{x\to 0}\dfrac{x-\sin 2x}{x+\sin 2x}$.

2. 计算$\lim\limits_{x\to\infty}\left(1-\dfrac{2}{x}\right)^{x+3}$.

3. 计算$\lim\limits_{x\to 0}\left(\dfrac{1-x}{1+x}\right)^{\frac{1}{x}}$.

# 练习四

班级：________ 姓名：________ 学号：________

## 一、填空题

1. 若 $f(x)$ 在点 $x_0$ 处连续，且 $f(x_0)=2$，则 $\lim\limits_{x\to x_0} f(x)=$________.

2. 函数 $f(x)=\dfrac{x+1}{4x^2-2x}$ 在________点不连续，连续区间是________.

3. 函数 $f(x)=\dfrac{(x+2)(x+1)}{(x-1)(x+2)}$ 在________点不连续，连续区间是________.

## 二、求解下列各题

1. 验证函数 $f(x)=\begin{cases}\dfrac{x^2-1}{x^2-3x+2}, & x\neq 1\\ -2, & x=1\end{cases}$ 在 $x=1$ 处是否连续？

2. 若函数 $f(x)=\begin{cases}a+x^2, & x\geqslant 0\\ \dfrac{\sin 2x}{x}, & x<0\end{cases}$ 在 $x=0$ 处连续，求 $a$.

## 三、选做题

1. 已知函数 $f(x)=\begin{cases}\dfrac{\sin kx}{x}, & x>0\\ \dfrac{2}{5}+ax, & x\leqslant 0\end{cases}$，当 $k,a$ 为何值时，$f(x)$ 在 $x=0$ 处连续.

2. 已知函数 $f(x)=\begin{cases}\dfrac{\tan ax}{x}, & x\neq 0\\ (x+1)^3+3, & x=0\end{cases}$ 在点 $x=0$ 处连续，则 $a=$?

# 练习五

班级：__________ 姓名：__________ 学号：__________

## 一、填空题

1. $(\ln\sqrt{5})'=$________， $(3^x)'=$________， $(\log_3 x)'=$________.

2*. 设 $f(x)$在 $x_0$ 可导，则 $\lim\limits_{\Delta x\to 0}\dfrac{f(x_0+2\Delta x)-f(x_0)}{\Delta x}=$____________.

3. 一物体的运动方程为 $S=t^3+10$，则该物体在 $t=3$ 时的瞬时速度为__________.

4. 设 $f(x)=e^x-\ln x$，则 $f'(1)=$______________ .

5. 曲线 $y=3x-2\sqrt{x}+1$ 过点(1,2)的切线方程是________________________ .

## 二、求下列函数的导数

1. $y=\sqrt{x}+\sin x-\cos x+5$.

2. $y=x^a+a^x+a^a$ ($a$ 为常数).

3. $y=x^3+\ln x-\dfrac{1}{\sqrt[3]{x}}$.

4. $y=\sqrt[3]{x^2}+\dfrac{1}{x^2}+\sqrt{e}$.

**三、曲线 $y=x^2+2x+3$ 在哪一点处的切线平行于直线 $2x+y+4=0$？**

**四、选做题**

1. 设 $f'(1)=1$，则 $\lim\limits_{x\to 1}\dfrac{f(x)-f(1)}{x^2-1}=$________________.

2. 设 $f(x)=\cos x$，则 $\lim\limits_{x\to a}\dfrac{f(x)-f(a)}{x-a}=$________________.

3. 求 $y=3^x+x^3+\sqrt{x}+\dfrac{1}{x}+\cos\dfrac{\pi}{6}-\ln 2$ 的导数.

4. 求 $y=\dfrac{x^2+x-2}{\sqrt[3]{x}}$ 的导数.

# 练习六

班级：________ 姓名：________ 学号：________

## 一、填空题

1. 函数曲线 $y=x^3\ln x-2$ 在 $x=1$ 处的切线方程为________.

2. 已知 $y=x^2\sin x$，则 $y'(0)=$________.

## 二、求下列函数的导数

1. $y=\left(\frac{1}{x}+2x\right)(x^3-2x^2)$.

2. $y=x\cos x-\sqrt{x}\ln x$.

3. $y=\frac{2x-3\sqrt{x}+4x^2}{x}$.

4. $y=\frac{e^x+\cos x}{x}$.

5. $y=\frac{\sin x}{1-\cos x}$.

## 三、选做题

1. 求函数 $y=\dfrac{3^x-1}{x^3+1}$ 的导数.

2. 求函数 $y=x^2 e^x \sin x$ 的导数.

3. 求函数 $y=\dfrac{x\sin x}{1+x^2}$ 的导数.

# 练习七

班级：______________ 姓名：______________ 学号：______________

## 一、填空题

1. 已知 $y=\ln\cos x$，则 $y'(x)=$__________.

2. 已知 $y=\ln(x+\sqrt{1+x})$，则 $y'(0)=$__________.

3. 已知 $y=\sin x^4$，则 $y'=$__________.

4. 已知 $y=\cos^3 x$，则 $y'=$__________.

## 二、求下列各函数的导数

1. $y=e^{2x+1}$.

2. $y=\sqrt{e^x+x^2}$.

3. $y=\sin\ln x$.

4. $y=\cos(3x-5)+\sqrt{2x-1}$.

## 三、选做题

1. 求函数 $y=e^{-x}\cos 3x$ 的导数.

2. 求函数 $y=\ln\left(x+\sqrt{1+x^2}\right)$ 的导数.

3. 求函数 $y=e^{\sin\frac{1}{x}}$ 的导数.

# 练习八

班级：________________ 姓名：________________ 学号：________________

## 一、求下列由方程所确定的隐函数 $y(x)$ 的导数

1. $x^2+y^2=R^2$（$R$ 为常数）.

2. $e^y-x^2y=2x$.

3. $\sin y+xy^2=3y$.

## 二、求下列函数的二阶导数 $y''$ 及 $y''(1)$

1. $y=x^3+2x+\ln x$.

2. $y=\sin e^x$.

3. $y=2x-\sqrt{x}+\dfrac{3}{x}$.

## 三、选做题

1. 已知由方程确定的隐函数为 $\ln(x+y)=xy$,求该隐函数的导数.

2. 已知由方程确定的隐函数为 $e^{xy}=3x+y$,求该隐函数的导数.

3. 已知 $y=\ln(1-x^2)$,求 $y''$.

4. 已知 $y^{(n-2)}=(3-2x)^5$,求 $y^{(n)}$.

# 练习九

班级：________ 姓名：________ 学号：________

## 一、填空题

1. 已知 $y=\sin(3x+2)$，则 $dy=$________.
2. 已知 $y=\ln\sin x$，则 $dy=$________.
3. 已知 $y=x^3\ln x$，则 $dy=$________.
4. 已知 $y=\ln(3+x^2)$，则 $dy=$________.

## 二、求下列函数的微分

1. $y=\ln(x^2+3\cos x-5)$.

2. $y=\dfrac{\cos x}{2-3x^2}$.

3. $y=e^{-3x}$.

4. $y=\sin^3 x$.

## 三、用微分求 $\sqrt[3]{8.1}$ 的近似值.

## 四、选做题

1. 求函数 $y=\cos^2 3x$ 的微分.

2. 求函数 $y=\frac{\ln x}{2x}+xe^{2x}$ 的微分.

3. 求函数 $y=\ln\sqrt{1+x^2}$ 的微分.

# 练习十

班级：________ 姓名：________ 学号：________

## 一、填空题

1. 若 $x_0$ 是可导函数 $y=f(x)$ 的极大值点，则 $f'(x_0)=$________.

2. 函数 $y=x^2+\dfrac{16}{x}$ 的驻点有________.

3. 设 $f(x)=x^3-3x$，则 $y=f(x)$ 的极大值点是________，极小值点是________.

## 二、求下列函数的单调区间和极值

1. $f(x)=2x^3-3x^2$.

2. $y=x^2+4\ln(x-3)$.

3. $y=(x^2-1)^3+2$.

## 三、选做题

1. 求函数 $f(x)=2e^x\cos x$ 在 $x\in[0,\pi]$ 的极值与单调区间.

2. 求函数 $y=(x-3)^2(x-2)$ 的极值.

3. 如果函数 $f(x)=a\sin x+\frac{1}{3}\sin 3x$ 在 $x=\frac{\pi}{3}$ 取得极值,求 $a$ 的值,它是极大值还是极小值?

# 练习十一

班级：________　姓名：________　学号：________

## 一、填空题

1. 函数 $y=f(x)$ 在区间 $[a,b]$ 上恒有 $f'(x)>0$，则函数在 $[a,b]$ 上的最大值是__________，最小值是__________.

2. 函数 $y=x^3-3x^2+6x-2$ 在区间 $[-1,1]$ 上的最大值为________ 最小值为____.

## 二、应用题

1. 要做一个长方体的带盖的箱子，其体积为 72 $cm^3$，长与宽的比为 2∶1，问长、宽、高各为多少时，才能使箱子的表面积最小？

2. 要做一个容积为 $250\pi$ 立方米的无盖圆柱体蓄水池，已知池底单位造价为池壁单位造价的两倍，问蓄水池的尺寸应怎样设计，才能使总造价最低？

## 三、选做题

1. 从长为 8 厘米、宽为 5 厘米的矩形纸板的四个角上减去相同的小正方形，折成一个无盖的盒子，要使盒子的容积最大，减去相同小正方形的边长应为多少？

2. 欲建一座底面是正方形的平顶仓库，设仓库容积是 1500 $m^3$，已知单位面积仓库屋顶的造价是四周墙壁造价的 3 倍，求仓库的边长和高，使总造价最低.

# 练习十二

班级：________ 姓名：________ 学号：________

## 一、计算下列各题

1. 求函数 $f(x)=x^4-2x^3+6x^2-8$ 的凸、凹区间和拐点.

2. 求函数的 $y=\frac{1}{3}x^3-x^2-3x+4$ 的凸、凹区间和拐点.

3. 用洛必达法则求下列函数的极限.

(1) $\lim\limits_{x\to 0}\frac{1-e^x}{x^2-x}$　　(2) $\lim\limits_{x\to 1}\frac{x^3-3x+2}{x^3-x^2-x+1}$　　(3) $\lim\limits_{x\to +\infty}\frac{(\ln x)^2}{x}$

## 二、选做题

1. 已知(2,4)是曲线 $y=x^3+ax^2+bx+c$ 的拐点，且曲线在 $x=3$ 处取得极值，求 $a,b,c$.

2. 求极限 $\lim\limits_{x\to 0^+}\dfrac{x-\sin x}{\ln\cos x}$.

3. 求极限 $\lim\limits_{x\to 0}\dfrac{e^x-e^{-x}-2x}{x-\sin x}$.

4. 求极限 $\lim\limits_{x\to 1}\left(\dfrac{1}{\ln x}-\dfrac{1}{x-1}\right)$.

# 练习十三

班级：________ 姓名：________ 学号：________

## 一、填空题

1. 已知 $f(x)$ 的一个原函数为 $e^{-2x}$，则 $f(x)=$________.
2. 已知 $f(x)$ 的一个原函数为 $\ln x$，则 $f'(x)=$________.
3. 已知 $f'(x)=1+x$，则 $f(x)=$________.
4. $\int f'(x)\mathrm{d}x=$________.
5. 若 $f(x)$ 连续，则 $(\int f(x)\mathrm{d}x)'=$________.

## 二、求下列不定积分

1. $\int \frac{x+2\sqrt{x}-4\sqrt[3]{x}}{x}\mathrm{d}x$

2. $\int (2-\sqrt[3]{x}+\sqrt{x})x^2\mathrm{d}x$

3. $\int (2\cos x+e^x+6)\mathrm{d}x$

4. $\int \frac{1-e^{2x}}{1+e^x}\mathrm{d}x$

## 三、一曲线通过点 $(e^2,3)$，且在任一点处的切线的斜率等于该点横坐标的倒数，求该曲线的方程.

## 四、选做题

1. 若 $f(x)$的导函数是 $\sin x$,则 $f(x)$的所有原函数为________________.

2. $\int \frac{1}{x^2(1+x^2)}\mathrm{d}x$ .

3. $\int \frac{(x+1)^2}{x(1+x^2)}\mathrm{d}x$ .

# 练习十四

班级：________ 姓名：________ 学号：________

## 一、计算下列各题

1. $\int \sin(2x-5)\mathrm{d}x$

2. $\int \cos^3 x\sin x\mathrm{d}x$

3. $\int \frac{(\ln x)^3}{x}\mathrm{d}x$

4. $\int x\sin x^2\mathrm{d}x$

5. $\int \sqrt{3x+2}\,\mathrm{d}x$

6. $\int \frac{1}{3-4x}\mathrm{d}x$

7. $\int \left[\frac{1}{(2t-5)^2}+\frac{1}{t+1}\right]\mathrm{d}t$

8. $\int \frac{\ln^2(x+1)}{x+1}\mathrm{d}x$

## 二、选做题：求下列不定积分

1. $\int \frac{1}{(x+1)(x-2)}\mathrm{d}x$

2. $\int \frac{2}{x^2}\cos\frac{1}{x}\mathrm{d}x$

3. $\int \frac{1}{\mathrm{e}^x+\mathrm{e}^{-x}}\mathrm{d}x$

# 练习十五

班级：________ 姓名：________ 学号：________

## 一、求下列不定积分

1. $\int x^2\sqrt{1+x}\,dx$

2. $\int \frac{1}{1+\sqrt{2x-1}}dx$

3. $\int \frac{1}{\sqrt{x}+\sqrt[3]{x}}dx$

4. $\int \frac{x}{\sqrt{x-1}}dx$

5. $\int \frac{x}{\sqrt[3]{1-x}}dx$

## 二、选做题:求下列不定积分

1. $\int \frac{\sqrt[3]{x}}{x(\sqrt{x}+\sqrt[3]{x})}\mathrm{d}x$

2. $\int \frac{2-\sqrt{2x+3}}{1-2x}\mathrm{d}x$

3. 设 $f'(\ln x)=1+x$,求 $f(x)$

# 练习十六

班级：________ 姓名：________ 学号：________

## 一、求下列不定积分

1. $\int x\sin x\mathrm{d}x$

2. $\int x^2\ln x\mathrm{d}x$

3. $\int xe^{-x}\mathrm{d}x$

4. $\int \ln(x-1)\mathrm{d}x$

5. $\int xe^{2x}\mathrm{d}x$

6*. $\int e^{\sqrt{x}}\mathrm{d}x$

## 二、选做题：求下列不定积分

1. $\int x\cos 2x\mathrm{d}x$

2. $\int \mathrm{e}^{\sqrt{2x-1}}\mathrm{d}x$

3. $\int xf''(x)\mathrm{d}x$

# 练习十七

班级：________ 姓名：________ 学号：________

## 一、计算下列各题

1. $\int_{0}^{2}(2x^{2}-3x+1)\mathrm{d}x$

2. $\int_{1}^{4}\frac{2x+3\sqrt{x}-1}{x}\mathrm{d}x$

3. $\int_{0}^{1}\sqrt{x}\,(1+2\sqrt{x})^{2}\mathrm{d}x$

4. $\int_{1}^{3}|x-2|\,\mathrm{d}x$

5. $\int_{0}^{1}\mathrm{e}^{2x+1}\mathrm{d}x$

**二、设函数** $f(x)=\begin{cases} x^2+2, & x<0 \\ 3\sqrt{x}, & 0\leqslant x<3 \end{cases}$，求 $\int_{-1}^{1} f(x)\mathrm{d}x$.

**三、选做题**

1. $\int_{-2}^{1}(2+|x+1|)\mathrm{d}x$.

2. 设函数 $f(x)=\begin{cases} x^2+1, & x\leqslant 1 \\ x-1, & x>1 \end{cases}$ 求 $\int_{0}^{2} f(x)\mathrm{d}x$.

3. 设 $f(x)=x+2\int_{0}^{1} f(t)\mathrm{d}t$，其中 $f(x)$ 为连续函数，求 $f(x)$.

# 练习十八

班级：________ 姓名：________ 学号：________

## 一、填空题

1. $\int_{-\pi}^{\pi} x^2 \sin x\,dx =$ ________.

2. $\int_{-1}^{1} \frac{x^2 \sin x}{1+\cos x}dx =$ ________.

## 二、计算下列定积分

1. $\int_{0}^{1} x\sqrt{1-x^2}\,dx$

2. $\int_{-1}^{1} \frac{dx}{\sqrt{5-4x}}$

3. $\int_{0}^{3} \frac{x}{1+\sqrt{1+x}}dx$

## 三、计算下列定积分

1. $\int_{0}^{1} xe^x\,dx$

2. $\int_{-\frac{\pi}{2}}^{\frac{\pi}{2}} x\sin x\,dx$

## 四、选做题:求下列不定积分

1. $\int_0^4 \frac{\sqrt{x}}{1+\sqrt{x}}\mathrm{d}x$

2. $\int_0^8 \frac{1}{\sqrt[3]{x}+1}\mathrm{d}x$

3. $\int_0^1 \mathrm{e}^{\sqrt{x}}\mathrm{d}x$

4. $\int_{-1}^1 \mathrm{e}^{-x^2}\sin x\mathrm{d}x$

# 练习十九

班级：________ 姓名：________ 学号：________

## 一、求由下列各曲线所围成的平面图形的面积

1. $y=x^2, x=1, x=3$ 以及 $x$ 轴.

2. $xy=1, y=2, x=1$.

3. $y=x^2-1, y=x+1$.

## 二、求下列曲线所围成的图形绕 $x$ 轴旋转所得的旋转体的体积

1. $y=x^2, x=1$ 以及 $x$ 轴.

2. $y=x^2$ 与 $y^2=8x$.

3. $y=x^2$ 与 $y=-x^2+2$.

## 三、选做题

1. 求由曲线 $y=x^3$ 与直线 $y=4x$ 所围成的平面图形的面积.

2. 求由曲线 $y=\frac{1}{x}$,$y=x$ 与直线 $x=\frac{1}{2}$,$x=2$ 及 $x$ 轴所围成的图形的面积.

3. 求由曲线 $y=x^2$ 与直线 $y=2x+3$ 所围成图形绕 $x$ 轴旋转一周得到旋转体的体积.

# 练习二十

班级：______________ 姓名：______________ 学号：______________

## 一、求下列函数的一阶偏导数及全微分

1. $z=2x\sin 2y$

2. $z=\ln(3x+5y^2)$

3. $z=e^{2x-y^2}$

4. $z=x^{2y}+y^{3x}$

## 二、求下列函数的二阶偏导数

1. $z=xy^2-2x^3y+e^y$

2. $z=x^3y^2+\ln y$

## 三、选做题

1. 求二元函数 $z=e^{xy}\sin x$ 的一阶偏导数及全微分.

2. 求二元函数 $z=\sqrt{\cos(xy)}$ 的一阶偏导数及全微分.

3. 求二元函数 $z=\ln(e^x+e^y)$ 的二阶偏导数.

# 练习二十一

班级：________ 姓名：________ 学号：________

## 一、计算题

1. 求一阶微分方程$\frac{dy}{dx}=4x$的通解；并求它通过点(1,4)的特解.

2. 试确定$\alpha$的值，使函数$y=e^{\alpha x}$是微分方程$y''+3y'-4y=0$的解.

3. 用分离变量法求下列微分方程的通解.

(1) $\frac{dy}{dx}=\frac{x^2}{y^2}$

(2) $\frac{dy}{dx}=e^{x-y}$

(3) $\frac{dy}{dx}=-2x(y-2)$

## 二、选做题

1. 求微分方程$(1+x^2)dy+(1+y^2)dx=0$的通解.

2. 求微分方程$\frac{dy}{dx}=(1+x+x^2)y$的通解.

3. 求微分方程$(e^{x+y}-e^x)dx+(e^{x+y}+e^y)dy=0$的通解.

# 练习二十二

班级：________________ 姓名：________________ 学号：________________

## 一、计算题

1. 求齐次微分方程 $x^2\mathrm{d}y=(xy+y^2)\mathrm{d}x$ 的通解.

2. 求齐次微分方程 $\frac{\mathrm{d}y}{\mathrm{d}x}=\frac{y^2}{xy-2x^2}$ 的通解.

3. 求一阶微分方程 $xy'+y=\cos x$ 的通解.

4. 求一阶微分方程 $(y^2-6x)y'+2y=0$ 满足初始条件 $y(1)=1$ 的特解.

## 二、选做题

1. 求微分方程 $x\frac{\mathrm{d}y}{\mathrm{d}x}+2\sqrt{xy}=y\,(x<0)$ 的通解.

2. 求微分方程 $y'=\frac{y+\ln x}{x}$ 的通解.

3. 求微分方程 $yy'+\mathrm{e}^{2x+y^2}=0$ 满足初始条件 $y(0)=\sqrt{\ln 2}$ 的一个特解.

# 练习二十三

班级：________________ 姓名：________________ 学号：________________

## 一、计算下列行列式的值

1. $\begin{vmatrix} -2 & 3 \\ -1 & 5 \end{vmatrix}$

2. $\begin{vmatrix} \cos\alpha & -\sin\alpha \\ \sin\alpha & \cos\alpha \end{vmatrix}$

3. $\begin{vmatrix} 1 & -1 & 3 \\ 2 & -1 & 1 \\ 1 & 2 & 0 \end{vmatrix}$

4. $\begin{vmatrix} 2 & 7 & -3 \\ -5 & -4 & 1 \\ 10 & 3 & 7 \end{vmatrix}$

## 二、设行列式

$$\boldsymbol{D}=\begin{vmatrix} 1 & 2 & 3 \\ 2 & 3 & 4 \\ 4 & 5 & 6 \end{vmatrix}$$

求：(1) $\boldsymbol{D}$ 中第二行各元素的代数余子式之和 $A_{21}+A_{22}+A_{23}$；

(2) $\boldsymbol{D}$ 中第三行各元素余子式之和 $M_{31}+M_{32}+M_{33}$.

## 三、选做题

1. 计算行列式$\begin{vmatrix} 0 & 1 & 0 & 0 & \cdots & 0 & 0 \\ 0 & 0 & 2 & 0 & \cdots & 0 & 0 \\ \vdots & \vdots & \vdots & \vdots & \vdots & \vdots & \\ 0 & 0 & 0 & 0 & \cdots & 0 & n-1 \\ n & 0 & 0 & 0 & \cdots & 0 & 0 \end{vmatrix}$的值.

2. 计算行列式$\begin{vmatrix} 0 & 0 & \cdots & 0 & a_{1n} \\ 0 & 0 & \cdots & a_{2(n-1)} & a_{2n} \\ \vdots & \vdots & & \vdots & \vdots \\ 0 & a_{(n-1)2} & \cdots & a_{(n-1)(n-1)} & a_{(n-1)n} \\ a_{n1} & a_{n2} & \cdots & a_{nn-1} & a_{nn} \end{vmatrix}$的值.

# 练习二十四

班级：________ 姓名：________ 学号：________

## 一、计算题

1. 设 $\boldsymbol{A}=\begin{pmatrix}1 & 2 & 3\\ -1 & 1 & -1\\ 2 & -1 & 1\end{pmatrix}$，$\boldsymbol{B}=\begin{pmatrix}3 & 2 & 1\\ 1 & -2 & 4\\ 0 & 5 & -1\end{pmatrix}$， 求 $\boldsymbol{AB}-2\boldsymbol{A}$ 及 $\boldsymbol{A}^{\mathrm{T}}\boldsymbol{B}$.

2. 设 $\boldsymbol{A}=\begin{pmatrix}3 & 2 & 1\\ 3 & 1 & 5\\ 3 & 2 & 3\end{pmatrix}$，求 $\boldsymbol{A}^{-1}$.

3. 设 $\boldsymbol{A}=\begin{pmatrix}2 & -1 & 0 & 1\\ 3 & 1 & 2 & -1\\ 1 & -3 & 4 & -4\end{pmatrix}$，求矩阵的秩 $r(\boldsymbol{A})$.

4. 设 $\mathbf{A}=\begin{pmatrix} -1 & 2 & 3 \\ 3 & 1 & -2 \\ 1 & -3 & 2 \end{pmatrix}$,求矩阵的特征值与特征向量.

## 二、选做题

1. 求下列向量组 $\boldsymbol{\alpha}_1=(-1,\ 2,\ 3,\ -1)^{\mathrm{T}}$,$\boldsymbol{\alpha}_2=(2,\ -1,\ 2,\ 0)^{\mathrm{T}}$,$\boldsymbol{\alpha}_3=(1,\ -2,\ 2,\ -3)^{\mathrm{T}}$;的秩和一个极大无关组,并将其余向量表示成极大无关组的线性组合.

2. 求矩阵 $A=\begin{pmatrix} 2 & 1 & 3 & 1 \\ 1 & -1 & 1 & -1 \\ 2 & -1 & 3 & 1 \\ 1 & 1 & -1 & -1 \end{pmatrix}$的特征值与特征向量.